四川省资源环境承载力监测预警的实践与探索

马赟 甘泉 黄勤 杨渺 等编著

科学出版社

北京

内 容 简 介

在中国经济新常态以及经济社会转型发展的大背景下，结合党的十八大以来对资源环境承载力监测预警的总体部署和要求，本书以"人地关系理论"、"可持续发展理论"为支撑，对资源环境承载力监测评价预警相关概念、科学内涵开展综述研究。本书建立资源环境承载力监测预警指标体系、模型，在此基础上，利用四川省第一次全国地理国情普查数据、四川省地理省情监测数据等成果，融合规划、经济、人口、交通、气象等专题数据，针对四川省不同类型主体功能区县域建立了监测指标体系，开展了资源环境承载力监测工作（包括基础性指标监测和专题性指标监测），并在此基础上开展资源环境承载力预警工作，分析试点区域资源环境承载力状况，验证资源环境承载力监测技术方法的有效性，总结试点经验，形成可复制推广的技术路线，指导后期我省主体功能区资源环境承载力监测预警工作。

本书可以供规划部门、地理国情监测、资源与环境、遥感等专业与技术人员参考。

图书在版编目(CIP)数据

四川省资源环境承载力监测预警的实践与探索 / 马赟等编著. —北京：科学出版社, 2017.3
ISBN 978-7-03-052121-7

Ⅰ.①四… Ⅱ.①马… Ⅲ.①自然资源–环境承载力–环境监测–预警系统–研究–四川 Ⅳ.①X372.71

中国版本图书馆 CIP 数据核字 (2017) 第 048926 号

责任编辑：张 展 罗 莉 / 责任校对：张子良
封面设计：墨创文化 / 责任印制：罗 科

科 学 出 版 社 出版

北京东黄城根北街16号
邮政编码：100717
http://www.sciencep.com

四川煤田地质制图印刷厂印刷
科学出版社发行 各地新华书店经销

*

2017 年 3 月第 一 版　　开本：787×1092 1/16
2017 年 3 月第一次印刷　　印张：26
字数：680 千字

定价：228.00 元
(如有印装质量问题，我社负责调换)

《四川省资源环境承载力监测预警的实践与探索》

编写委员会

主　编：马　赟　甘　泉　黄　勤　杨　渺

副主编：张　云　应国伟　杨　健　李国明

编　委：（按姓氏笔画排名）：

王　恒　石江南　龙　泉　申学林　刘　江　刘　斌

刘东丽　任彦霖　孙晓鹏　李　赵　李　亮　李俊斌

何　鑫　陈丹蕾　陈朝高　吴晓萍　吴崇丹　张夏颖

张德飞　林　鑫　徐　庆　曹伟超　曾衍伟　谢　强

霍　健

序

近年来，我国经济高速增长，有的地方片面追求经济总量的增长，忽略了质的提升，资源消耗和环境容量过载、超载形势严峻，造成了区域经济发展可持续性不强，自然资源与生态环境破坏严重等问题。党的十八大以来，以习近平同志为核心的党中央站在中华民族永续发展的高度，提出了"五位一体"总布局，把生态文明建设摆在更加重要位置。开展区域资源环境承载力的评价、监测和预警成为推进生态文明建设的一项基础性、保障性工作。

资源环境承载力的评价、监测和预警对于推进生态文明建设具有重要意义，主要表现在一是开展资源环境承载力监测预警，可实时了解、掌握资源环境承受能力、状况及其可能的演变趋势，制定适应符合资源环境承载力的发展战略、空间布局、保护措施及相关政策，特别是找准风险因子、制约因素和薄弱环节，及时化解矛盾，避免开发过度，守住资源环境承载力的底线。二是开展资源环境承载力监测预警，可作为评价主体功能区规划、战略和制度实施成效的重要标准，同时也是主体功能区划方案调整的重要依据。三是开展资源环境承载力监测预警，可为优化国土空间开发格局，控制开发强度，调整空间结构，促进生产空间集约高效、生活空间宜居适度、生态空间山清水秀提供重要支撑。

"十二五"期间，四川省测绘地理信息局大力实施转型发展升级、供给侧结构性改革，在资源环境承载力监测预警方面做了大量探索性工作，获得了较为成熟的技术和经验。全面完成第一次地理国情普查工作，建成四川省地理国情数据库，搭建自然与人文资源地理空间基础数据库框架，为资源环境承载力监测预警提供了数据基础；将地理国情监测作为测绘地理信息保障服务工作的重要任务，与省发展改革委、四川大学、成都理工大学联合成立了四川省地理国情与资源环境承载力监测工程技术研究中心，利用地理国情普查成果数据，开展资源环境承载力监测预警技术攻关，并选取四川省典型区域进行了实证研究。

《四川省资源环境承载力监测预警实践与探索》一书是在充分吸纳已有研究成果、全面总结试点工作经验基础上形成的主要成果。全书分三大内容共9章。一是综述部分，分别对四川省资源、环境和生态现状做了深度分析，对已有资源环境承载力监测预警理论与方法做了综述研究；二是四川省资源环境承载力监测预警技术体系部分，结合四川省实际，构建了资源环境承载力监测指标体系和资源环境承载力预警模型，形成了较为完善的概念框架、指标体系、技术方法和预警模型；三是实证部分，在全省范围内，选择重点生态功能区、农产品主产区、重点开发区、扶贫开发区等4类典型区域开展实证分析，得出了资源环境承载力监测预警结论。

四川省资源环境承载力监测预警研究是一个崭新领域和开创性工作，将工作中取得的技术方法和成果整理成书并发行，是希望能够为相关从业者提供有益的参考和借鉴，同时也期待获得不断完善工作的意见和建议，使之为我省落实主体功能区规划、优化空间格局，进而推进生态文明建设，发挥更大作用。

前 言

2013 年，《中共中央关于全面深化改革若干重大问题的决定》明确提出要建立资源环境承载力监测预警机制，对水土资源、环境容量和海洋资源超载区域实行限制性措施。2014 年，《关于印发建立资源环境承载能力监测预警机制的总体构想和工作方案的通知》（〔2014〕3051 号）中对相关工作进行了科学部署。2015 年，《中共中央国务院关于加快推进生态文明建设的意见》中再次强调，要严守资源环境生态红线。建立资源环境承载能力监测预警机制是建设生态文明的重要抓手，开展资源环境承载力监测工作有利于实时了解、掌握资源环境承受能力、状况及其可能的演变趋势，制定适应符合资源环境承载力的发展战略、空间布局、保护措施及相关政策，特别是找准风险因子、制约因素和薄弱环节，及时化解矛盾，避免开发过度，守住资源环境承载力的底线。

2015 年，中共中央、国务院颁发了《生态文明体制改革总体方案》，该方案第四十八条明确指出：建立资源环境承载能力监测预警机制。研究制定资源环境承载能力监测预警指标体系和技术方法，建立资源环境监测预警数据库和信息技术平台，定期编制资源环境承载能力监测预警报告，对资源消耗和环境容量超过或接近承载能力的地区，及时预警，及时采取措施，及时化解风险，避免造成大的或不可挽回的危害。

四川省是国土大省、人口大省、资源大省、生态大省、经济大省。自然环境和生态系统复杂，几乎拥有除海洋以外的所有全国生态环境类型，区域差异大，近几十年来社会经济快速发展，城乡面貌、土地利用、生态环境资源开发等发生了巨大的变化。资源环境在支撑了全省社会经济发展的同时，也面临着巨大的挑战：区域自然环境与区域经济发展不匹配不协调、区域发展不均衡、城乡差异扩大、耕地减少过快、粮食安全压力大、水资源短缺、资源开发利用粗放、生态系统退化、环境污染较突出。因此，四川省委省政府认真贯彻落实党中央和国务院自"十八大"以来一系列指导性文件，强化对全省资源环境的监测和管理，编制《四川省主体功能区规划》，大力推进生态文明建设，提出生态红线实施方案，优化国土空间布局，全面贯彻"创新、协调、绿色、开放、共享"发展战略。

为此，对全省地理国情的监测、分析、预警提出了新的战略需求，为资源环境承载力监测预警创造了发展的新空间，提出了新思路、新要求。本书正是这种新形势下的新探索、新产物。本书以人地关系理论、可持续发展理论为指导，对资源环境承载力监测预警的科学内涵、理论支撑、分析方法、指标体系等进行了研究，建立了资源环境承载力监测预警指标体系和模型。在此基础上，利用四川省第一次全国地理国情普查数据、四川省地理省情监测数据等成果，融合规划、经济、人口、交通、气象等专题数据，针对不同类型区县建立了差异化的资源环境监测指标体系，并运用该指标体系对四川不同类型区域的资源环境承载力预警进行了实证分析。技术路线如图 1 所示。

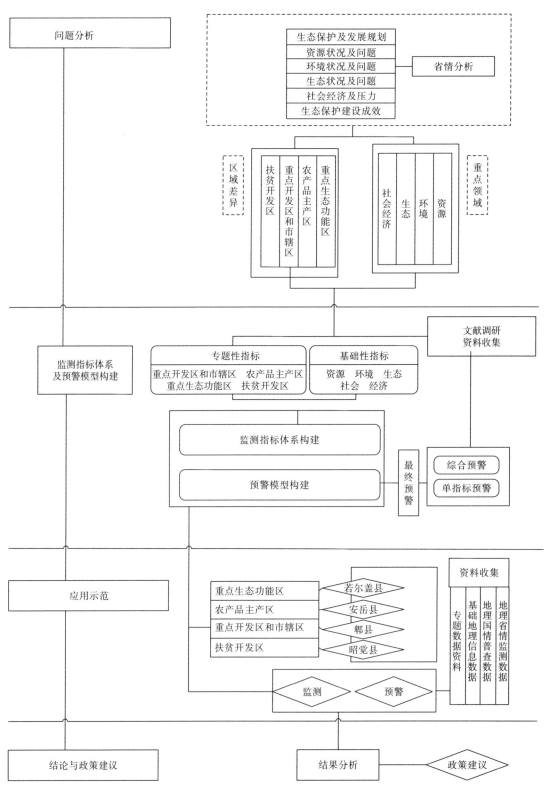

图 1　技术路线图

本书分为8章，各章内容如下：

第1章。着重分析四川在全国的生态地位以及在国家和省层面的发展战略；分析四川资源环境现状及面临的问题，以及社会经济发展过程中给资源环境保护带来的压力；回顾四川省在生态环境保护、污染减排方面取得的成效。以期为科学性和针对性提出四川省资源环境承载力监测、预警指标体系提供依据。

第2章。梳理资源环境承载力的基本概念和评价体系，剖析资源环境承载力的科学内涵和本质特征，对资源环境承载力评价方法和预警一般方法进行总结，探讨资源环境承载力监测预警的内涵功能、学术机理和技术路线等，为构建四川资源环境承载力监测指标体系和预警模型提供理论依据。

第3章。基于指数评价法建立四川省资源环境承载力的监测指标体系，包括基础性指标和专题性指标两个方面。基础性指标主要从资源、环境、生态和社会经济四个方面构建，专题性指标主要针对重点生态功能区、农产品主产区、重点开发区和市辖区、扶贫开发区四类区域进行构建。

第4章。针对资源环境承载力预警提出现状预警和趋势预警的概念。现状预警为某时间节点，某一区域，在特定社会发展水平下，生存资源的消耗以及生活生产废物的排放与各级生态环境危害的接近度；趋势预警则是通过资源环境承载力历史数据，预测某一区域，在未来某一时间点，生存资源的可能消耗，以及生活生产废物的预计排放与可能造成的各级生态环境危害的接近度。本章以综合预警为主，同时结合单指标预警，构建基于线性变换的资源环境承载力现状预警模型。

第5章至第8章主要开展四川省资源环境承载力监测预警试点。在资源环境承载力监测预警理论、技术方法研究的基础上，选择四川省不同的典型主体功能区类型开展资源环境承载力监测试点工作，包括将重点生态功能区若尔盖县、重点开发区和市辖区郫县、农产品主产区安岳县、扶贫开发区昭觉县等四个区域作为试点，范围如图2所示，以此验证监测预警技术方法的可行性，为四川省主体功能区资源环境承载力监测的全面开展提供参考，为国土空间规划的实施提供技术支撑，为四川省主体功能区规划的实施成效提供依据。

图2　四川省资源环境承载力监测预警试点区域范围

我们希望本书从地理国情监测着眼社会经济与生态环境协调发展，从资源环境承载力监测预警内涵、监测指标体系、监测技术方法、预警模型及典型区域的示范应用，开展四川省资源环境承载力监测评价与现状预警，能对我省生态文明建设、落实主体功能区规划，优化空间格局，实施"多规合一"等起到积极、独特的作用。

　　在项目的实施和本书的撰写过程中，得到了四川省测绘地理信息局领导和同事，中国科学院水利部成都山地灾害与环境研究所陈国阶研究员、刘绍权研究员，成都理工大学杨武年教授，四川大学邓玲教授，四川师范大学辜寄荣教授，四川省发展和改革委员会曾勇高工，四川省林业厅符镇研究员等的精心指导和帮助，以及承担"四川省地理国情与资源环境承载力监测工程技术研究中心"开放基金项目的中国科学院遥感与数字地球研究所邓兵博士，中国科学院水利部成都山地灾害与环境研究所刘斌涛博士、贾洋博士等的大力支持，在此表示衷心感谢！

　　本书所反映的研究工作虽然取得了一定的进展，但由于时间和作者水平所限，尽管我们数易其稿，字斟句酌，又多次征求专家意见，集思广益，但书中难免存在疏漏和不足之处，恳请读者不吝批评和指正。

目 录

第1章 四川省资源环境现状与问题分析 ·· 1

1.1 区域概况 ·· 1

1.1.1 自然地理 ··· 1

1.1.2 社会经济 ··· 4

1.2 区域生态地位与发展战略 ··· 5

1.2.1 四川生态地位 ··· 6

1.2.2 空间战略规划 ··· 8

1.3 资源现状与问题分析 ·· 12

1.3.1 水资源 ·· 12

1.3.2 耕地资源 ·· 14

1.3.3 可利用土地资源 ·· 14

1.4 环境现状及治理成效 ·· 17

1.4.1 环境质量状况 ·· 17

1.4.2 环境保护面临的压力 ·· 19

1.4.3 总量减排 ·· 31

1.5 生态问题 ·· 32

1.5.1 森林现状及问题 ·· 32

1.5.2 草地现状及问题 ·· 33

1.5.3 自然灾害 ·· 33

1.6 生态环境保护与建设成效 ·· 39

1.6.1 生态省建设情况 ·· 39

1.6.2 林业生态建设 ·· 39

1.6.3 草地生态建设 ·· 39

1.6.4 湿地生态保护 ·· 40

1.6.5 生物多样性保护 ·· 40

1.7 小结 ·· 41

第2章 资源环境承载力监测预警理论与方法 ···································· 43

2.1 资源环境承载力概念 ·· 43

  2.1.1 承载力概念的演变 ·· 43

  2.1.2 资源环境承载力的科学含义 ·· 44

2.2 资源环境承载力监测预警的内涵和机理 ···························· 46

  2.2.1 资源环境承载力监测预警的内涵 ···································· 46

  2.2.2 资源环境承载力监测预警的机理 ···································· 47

  2.2.3 资源环境承载力监测预警的功能 ···································· 50

2.3 相关研究综述 ·· 50

  2.3.1 资源环境承载力评价研究现状 ······································ 50

  2.3.2 预警相关研究 ·· 54

2.4 资源环境承载力监测预警的方法 ···································· 57

  2.4.1 资源环境承载力评价的方法 ·· 57

  2.4.2 资源环境承载力定量研究常用数学模型 ···························· 61

  2.4.3 预警研究的一般方法 ·· 64

  2.4.4 资源环境承载力预警方法——线性空间变化法 ···················· 64

2.5 小结 ·· 64

第3章 四川省资源环境承载力监测指标体系构建 ···················· 66

3.1 基础性指标 ·· 67

  3.1.1 资源 ·· 67

  3.1.2 环境、生态 ·· 72

  3.1.3 社会经济 ·· 80

3.2 专题性指标 ·· 81

  3.2.1 重点生态功能区 ·· 81

  3.2.2 农产品主产区 ·· 85

  3.2.3 重点开发区和市辖区 ·· 86

  3.2.4 扶贫开发区 ·· 90

3.3 小结 ·· 94

第4章 四川省资源环境承载力预警模型构建 ························ 95

4.1 资源环境承载力综合预警 ·· 95

4.1.1 预警标准矩阵构建 ·· 95

4.1.2 基于线性变换的综合预警过程 ··· 102

4.2 限制性指标预警 ·· 105

4.2.1 重点生态功能区限制性单指标预警 ·· 105

4.2.2 农产品主产区限制性单指标预警 ··· 105

4.2.3 重点开发区和市辖区限制性单指标预警 ································· 105

4.2.4 扶贫开发区限制性单指标预警 ··· 106

4.3 资源环境承载力最终预警级别确定 ·· 106

4.4 小结 ··· 106

第5章 重点生态功能区资源环境承载力监测预警——以若尔盖县为例 ········· 108

5.1 区域概况 ·· 108

5.1.1 地理位置 ·· 108

5.1.2 地形地貌 ·· 108

5.1.3 气候水文 ·· 108

5.1.4 交通经济 ·· 109

5.2 监测结果与分析 ·· 110

5.2.1 资源 ··· 110

5.2.2 环境、生态 ··· 115

5.2.3 社会经济 ·· 139

5.2.4 专题指标 ·· 143

5.3 预警结果 ·· 162

5.3.1 2010 年预警结果 ··· 162

5.3.2 2014 年预警结果 ··· 164

5.3.3 2010~2014 年资源环境承载力变化 ·· 166

5.4 小结 ··· 168

5.4.1 结论 ··· 168

5.4.2 建议与对策 ··· 170

第6章 农产品主产区资源环境承载力监测预警——以安岳县为例 ················ 172

6.1 区域概况 ·· 172

6.1.1 地理位置 ·· 172

6.1.2 地形地貌 ·· 172

6.1.3 气候水文 ·· 173

6.1.4 交通经济 ·· 173

6.2 监测结果与分析 ··· 174

6.2.1 资源 ·· 174

6.2.2 环境、生态 ··· 186

6.2.3 社会经济 ··· 215

6.2.4 专题指标 ··· 226

6.3 预警结果 ··· 236

6.3.1 2010 年预警结果 ··· 236

6.3.2 2014 年预警结果 ··· 243

6.3.3 2010~2014 年资源环境承载力变化 ························ 249

6.4 小结 ··· 251

6.4.1 结论 ··· 251

6.4.2 建议与对策 ··· 253

第 7 章 重点开发区和市辖区资源环境承载力监测预警——以郫县为例 ······· 254

7.1 区域概况 ··· 254

7.1.1 地理位置 ··· 254

7.1.2 地形地貌 ··· 254

7.1.3 气候水文 ··· 255

7.1.4 交通经济 ··· 255

7.2 监测结果 ··· 256

7.2.1 资源 ··· 256

7.2.2 环境、生态 ··· 262

7.2.3 社会经济 ··· 285

7.2.4 专题指标 ··· 289

7.3 预警结果 ··· 298

7.3.1 2010 年预警结果 ··· 298

7.3.2 2014 年预警结果 ··· 300

7.3.3 2010~2014 年资源环境承载力变化 ························ 302

7.4 小结 ··· 304

7.4.1　结论　·· 304

7.4.2　建议与对策　··· 306

第8章　扶贫开发区资源环境承载力监测预警——以昭觉县为例 ············· 308

　8.1　监测区域概况　··· 308

　　8.1.1　地理位置　··· 308

　　8.1.2　地形地貌　··· 309

　　8.1.3　气候水文　··· 309

　　8.1.4　交通经济　··· 309

　8.2　监测结果　·· 309

　　8.2.1　资源　·· 309

　　8.2.2　环境、生态　··· 315

　　8.2.3　社会经济　··· 340

　　8.2.4　专题指标　··· 349

　8.3　预警结果　·· 375

　　8.3.1　2010 年预警结果　·· 375

　　8.3.2　2014 年预警结果　·· 380

　　8.3.3　2010~2014 年资源环境承载力变化　····························· 385

　8.4　小结　·· 387

　　8.4.1　结论　·· 387

　　8.4.2　建议与对策　··· 388

结论 ·· 390

主要参考文献 ·· 392

第1章 四川省资源环境现状与问题分析

1.1 区 域 概 况

1.1.1 自然地理

1.1.1.1 地理位置

四川省简称川(别称蜀),位于中国西南部,北邻青海、甘肃及陕西三省,南与云南、贵州省接壤,东临重庆市,西傍西藏自治区。地理位置介于东经97°21′至108°28′、北纬26°03′至34°19′之间,东西长1075km,南北宽921km,土地面积48.6万km²(图1-1)。

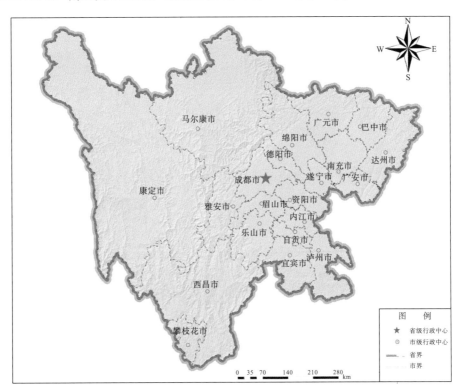

图1-1 四川省地理位置图

1.1.1.2 地形地貌

四川省地处我国自西向东三个台阶的一、二台阶的过渡地带，整个地势西部为世界屋脊青藏高原之东南边缘，东部为四川盆地，地貌形态类型多样，拥有平原、丘陵、山地和高原，西高东低，高差悬殊，河流纵横，切割强烈，山丘广布，平原狭小。境内最高点是西部大雪山主峰贡嘎山，海拔 7556m；最低点在东部邻水县幺滩镇御临河出境处，海拔 186.77m。高山、极高山的地貌景观类型主要集中于西部，中山分布于凉山、盐源及盆周地区，低山、丘陵主要分布于东部盆地内，平原则分布在成都附近及安宁河谷。其中山地和高原占全省面积的 81.4%。

四川省是我国地貌类型最为丰富的省份之一，总体地貌特征为：东部以盆地为中心，周围群山环抱，而西部多高山高原(图 1-2)。

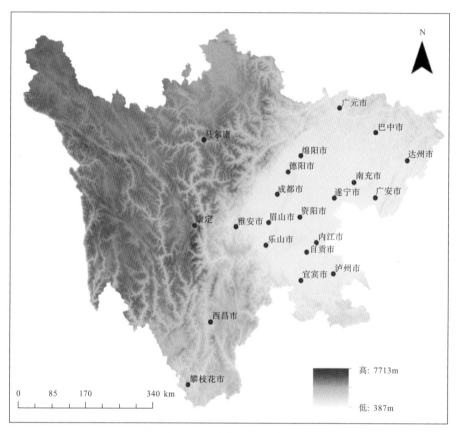

图 1-2　四川省地形地貌图

1.1.1.3 气候

四川省南北跨 9 个纬度区，地处中纬度、亚热带地区，处于我国东部季风区、西部青藏高寒区和西北干旱区三大自然区交接地带。受太阳辐射、大气环流和地面地形的综合影响，具有：①气候类型多，②山地气候垂直差异大，③季风气候明显，④季节气候区域特色鲜明，⑤气象灾害种类多、发生频率高、灾情较重等五大气候特点。

1.1.1.4　土壤

四川土壤资源有 25 个土类、66 个亚类、137 个土属、380 个土种，区域分布特征十分明显。东部盆地丘陵为紫色土区域，东部盆周山地为黄壤区域，川西南山地河谷为红壤区域，川西北高山为森林土区域，川西北高原为草甸土区域。

1.1.1.5　植被

四川位于中国西南，是我国植被类型最丰富的省区之一。显著的水平差异和垂直差异造就了四川独特的地形、地貌、气候、水文和土壤，从而孕育了丰富的生态系统多样性，四川有除海洋和沙漠生态系统外的森林、草地、湿地等多种自然生态系统。从东南向西北可依次划分为四川盆地常绿阔叶林地带、川西高山峡谷亚高山针叶林地带和川西北高原高山灌丛、草甸地带(图 1-3)。

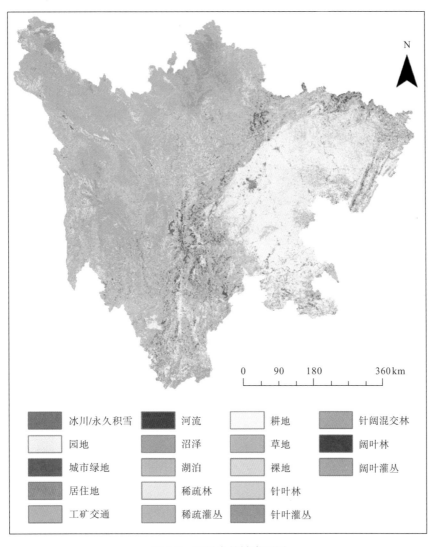

图 1-3　四川省植被类型图

1.1.1.6　水系

四川地处长江、黄河上游，境内河流密布。全省有 7 个水系区，其中长江流域 6 个，流域区面积占全省总面积的 96.5%；黄河流域 1 个，流域区面积占全省总面积的 3.5%。流域面积 100km² 以上河流有 1065 条；其中流域面积在 500km² 以上的河流 325 余条，大于 1000km² 以上的 146 条，大于 10000km² 的河流 19 条。四川湖泊绝大部分分布在西部地区，多属于构造断裂湖泊，较大者有泸沽湖、邛海和马湖。

1.1.1.7　生物多样性保护

四川地处青藏高原向平原、丘陵过渡的地带，地貌复杂奇特，气候类型多样，孕育了类型丰富、独具特色的生物多样性。四川有除海洋和沙漠生态系统外的森林、草地、湿地等自然生态系统，类型多样，是我国植被类型最丰富的省区之一。根据植被类型等特点，四川的陆生生态系统可划分为：四川盆地农业生态系统、常绿阔叶林生态系统、硬叶常绿阔叶林生态系统、常绿落叶阔叶混交林生态系统、落叶阔叶林生态系统、暖性针叶林生态系统、温性针叶林生态系统、寒温性针叶林生态系统、针叶与阔叶混交林生态系统、竹林生态系统、高山灌丛生态系统、干旱河谷灌丛生态系统、干热河谷稀树灌丛生态系统、山地草甸生态系统、亚高山草甸生态系统、高山草甸生态系统、沼泽化草甸生态系统、沼泽植被生态系统、高山流石滩植被生态系统和湿地生态系统。各系统因纬度、海拔气候、土壤等因素的不同分布着各种各样的动物和植物，形成各具特色不同类型的生态系统。

四川是全球生物多样性保护热点地区之一，四川有种子植物 191 科 1520 属 8553 种，其中国家 I 级重点保护野生植物 18 种，国家 II 级重点保护野生植物 55 种。四川拥有各类野生经济植物 5500 余种，其中药用植物 4600 多种，芳香植物 300 余种，野生果类 100 多种，油脂植物 300 余种，纤维植物 220 多种；四川还有许多特有植物。

四川省有脊椎动物 1323 种，其中，鱼类 9 目 21 科 241 种和亚种，两栖动物 2 目 10 科 111 种（亚种），爬行动物 2 目 12 科 105 种和亚种，鸟类 20 目 78 科 647 种，兽类 219 种；有国家 I、II 级重点保护动物 142 种。四川省兽类物种数全国第一。

据调查统计，四川省境内中国特有物种目前记录的数量为 6656 种。其中，植物特有种 6245种，包括裸子植物 64 种，被子植物 6181 种。动物特有种 403 种，包括哺乳类 79 种，鸟类 43 种，两栖类 69 种，爬行类 66 种，鱼类 146 种。有高等植物近万种，占全国总数的 33%，位居全国第 2位。四川是大熊猫的故乡，根据第四次全国大熊猫调查结果，现有野生大熊猫 1387 只和人工圈养大熊猫 337 只。大熊猫栖息地 202.7 万 hm²，占全国总量的 78.7%。

1.1.2　社会经济

1.1.2.1　行政区划

四川共有 21 个地级行政区划单位(18 个地级市、3 个自治州)，183 个县级行政区划单位(49 个市辖区、15 个县级市、115 个县、4 个自治县)。四川省会为成都市。

1.1.2.2 人口

2014 年四川省年末户籍总人口 9159.1 万人，其中农业人口 2694.0 万人。成都市人口最多，超过 1000 万人。四川省人口主要分布在四川盆地，这里人口密度最大，甘孜州、阿坝州和凉山州人口密度较小(图 1-4)。

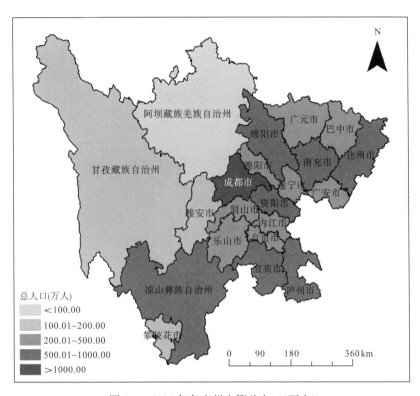

图 1-4 2014 年各市州户籍总人口(万人)

1.1.2.3 经济状况

2014 年全省生产总值 28536.6677 亿元，比上年增长 8%，增速比上年回落 2 个百分点。2014 年四川省三大产业对经济增长的贡献率分别为 7.1%、21.6% 和 71.3%。其中，第一产业增加值 162.39 亿元，增长 7.8%；第二产业增加值 490.36 亿元，增长 3.6%；第三产业增加值 1623.14 亿元，增长 17.2%。三大产业结构为 12.4 : 48.9 : 38.7。四川省各市州生产总值区域差异较大，成都市地区生产总值最高，阿坝州、甘孜州、广元市和巴中市生产总值较低(图 1-5)。

1.2 区域生态地位与发展战略

四川省地处青藏高原东南缘，是长江、黄河的重要水源发源地及涵养区。全省地表水资源约占整个长江水系径流量的三分之一，三峡库区 80% 的水量和 60% 的泥沙来自四川境内。四川省黄河

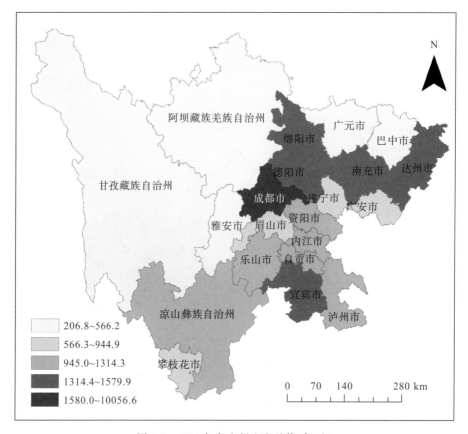

图 1-5　2014 年各市州生产总值(亿元)

水系区域是黄河流域的多雨区和黄河上游的重要供水区,水量充沛,年均径流量 47.6 亿 m³,占整个黄河径流量的 8.21%。四川省陆地生态系统被誉为"重要的绿色生态屏障",既是"中国水塔"、"生物多样性宝库",也是未来长江经济带发展的保障、水资源保护的核心区域、全球气候变化的敏感区。四川是长江上游生态屏障重要组成部分,生态保护与建设,对于保障长江、黄河流域生态安全具有重要意义。

1.2.1　四川生态地位

1.2.1.1　与全国生态功能区划的关系

在《全国生态功能区划》确定的 50 个重要生态服务功能区域中,四川省涉及的重要生态服务功能区域有 6 处,分别是:若尔盖水源涵养重要区、秦巴山地水源涵养重要区、岷山—邛崃山生物多样性保护重要区、横断山生物多样性保护重要区、川滇干热河谷土壤保持重要区和三江源(川西北)水源涵养重要区,如图 1-6 所示。

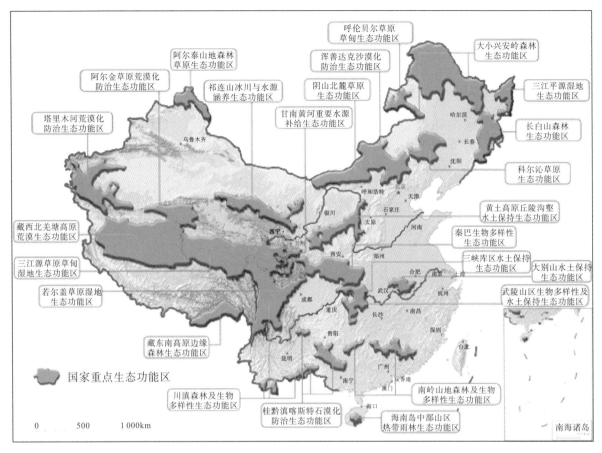

图 1-6　国家重点生态功能区示意图(引自《四川省主体功能区规划》)

1.2.1.2　与全国主体功能区划关系

《全国主体功能区规划》中，提出了以"两屏三带"为主体构建我国的生态安全战略格局。青藏高原生态屏障，主要任务是重点保护好多样、独特的生态系统，发挥涵养大江大河水源和调节气候的作用；川滇生态屏障，主要任务是重点加强水土流失防治和天然植被保护，发挥保障长江中下游地区生态安全的作用。青藏高原生态屏障、川滇生态屏障的相当一部分位于四川境内，四川在"两屏"的建设中占据重要位置。

1.2.1.3　与全国重要生态功能区划关系

《全国重要生态功能区划》根据对我国生态安全具有重要作用的 9 类生态服务功能(即水源涵养、生物多样性保护、土壤保持、防风固沙、洪水调蓄、农产品提供、林产品提供以及大都市群和重点城镇群等)进行了全国生态功能区划，分析了各类生态功能区的空间分布特征、面临的问题和保护方向。四川省川西北高原属于水源涵养极重要区域，盆周山地属于生物多样性保护方面极重要区域，川滇交界的金沙江下游河谷区属于水土保持重要区。

1.2.2　空间战略规划

1.2.2.1　国家层面发展战略

成渝经济区四川部分面积 15.8 万 km²，包括成都、绵阳、德阳、内江、资阳、遂宁、自贡、泸州、宜宾、南充、广安、达州、眉山、乐山和雅安 15 个地市。在《全国主体功能区规划》中（图 1-7），成渝经济区是我国经济发展的重要战略区域，在西部崛起中具有重要地位，被列为国家层面的重点开发区域之一。成渝经济区承接东部产业转移，将装备制造、电子信息、化工、能源等作为主导产业，以能源和矿产资源开发作为产业发展的重点，产业布局主要在长江干流沿岸城市和主要支流流经的重点城市。区内的成都、德阳、自贡、绵阳等地属于国家《西部大开发"十一五"规划》确定的重大装备制造业基地和国家级研发生产基地。

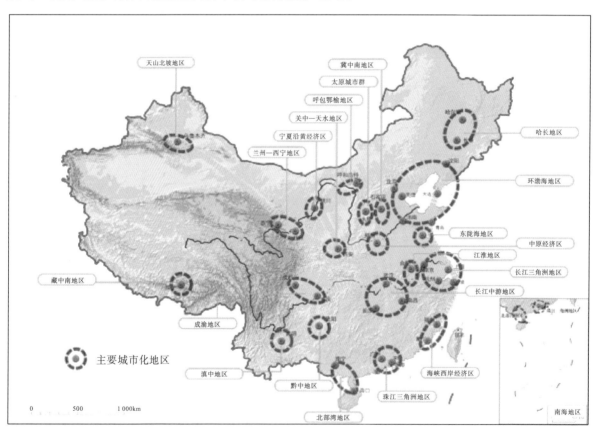

图 1-7　国家城市化战略格局示意图（引自《全国主体功能区规划》）

《全国主体功能区规划》提出构建"七区二十三带"为主体的农业战略格局（图 1-8）。其中长江流域农产品主产区，要建设优质水稻、优质专用小麦、优质棉花、油菜、畜产品和水产品产业带。四川省除甘孜州、阿坝州、凉山州以外大部分区域是长江流域农产品主产区的重要组成部分。

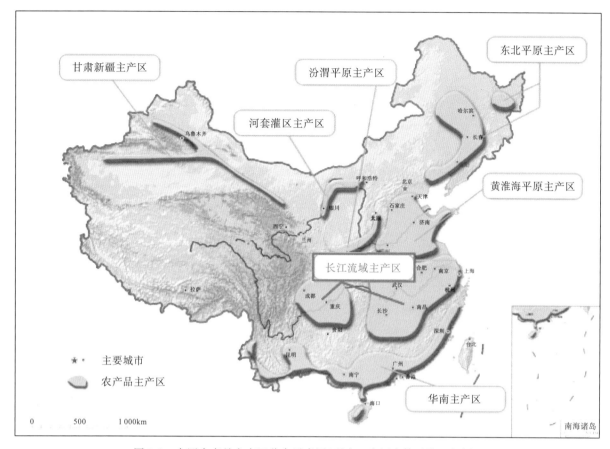

图 1-8 全国农产品主产区分布示意图(引自《全国主体功能区规划》)

1.2.2.2 省域发展战略空间规划

《四川省主体功能区规划》树立了新的国土空间开发理念,优化了空间布局,调整了开发内容,构建了高效、协调、可持续的国土空间开发格局。通过《四川省主体功能区规划》,如图 1-9 所示,四川省构建了"一核、四群、五带"为主体的城镇化战略格局、五大农产品主产区为主体的农业战略格局和四类重点生态功能区为主体的生态安全战略格局。

1. 生态安全战略格局

构建以若尔盖高原湿地、川滇森林及生物多样性功能区、秦巴生物多样性生态功能区、大小凉山水土保持及生物多样性生态功能区等为主体(图 1-10),以长江干流、金沙江、嘉陵江、沱江、岷江等主要江河水系为骨架,以山地、森林、草原、湿地等生态系统为重点,以点状分布的世界遗产地、自然保护区、森林公园、湿地公园和风景名胜区等为重要组成的生态安全战略格局。实施生态保护和建设重点工程,加强防灾减灾工程建设,强化开发建设中的生态保护和污染治理,全面推进长江上游生态屏障建设。

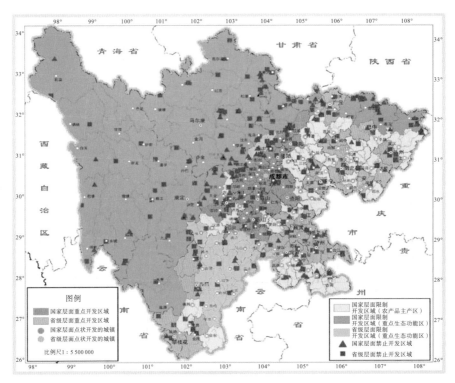

图1-9　四川省主体功能区划分总图（引自《四川省主体功能区规划》）

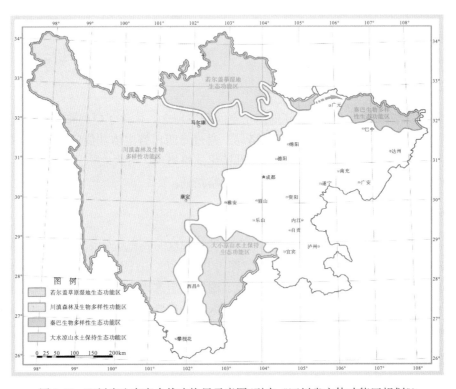

图1-10　四川省生态安全战略格局示意图（引自《四川省主体功能区规划》）

2. 城镇化战略格局

《四川省主体功能区规划》提出构建"一核、四群、五带"为主体的城镇化战略格局。依托区域性中心城市和长江黄金水道、主要陆路交通干线，形成成都都市圈发展极核，成都平原、川南、川东北、攀西四大城市群，成德绵广（元）、成眉乐宜泸、成资内（自）、成遂南广（安）达与成雅西攀五条各具特色的城镇发展带。重点推进成都平原、川南、川东北和攀西地区工业化城镇化基础较好、经济和人口集聚条件较好、环境容量和发展潜力较大的部分县（市、区）加快发展，使之成为全省产业、人口和城镇的主要集聚地（图 1-11）。

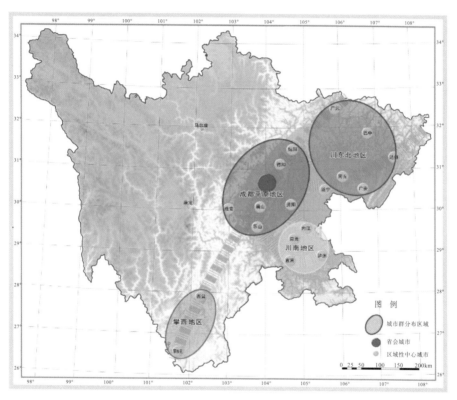

图 1-11　四川省城市化战略格局示意图（引自《四川省主体功能区规划》）

3. 农业战略格局

《四川省主体功能区规划》提出构建五大农产品主产区为主体的农业战略格局。以基本农田为基础，构建以盆地中部平原浅丘农产品主产区、川南中低山农产品主产区、盆地东部丘陵山地农产品主产区、盆地西部丘陵山地农产品主产区和安宁河流域农产品主产区为主体（图 1-12），以其他农业地区为重要组成的农业战略格局。

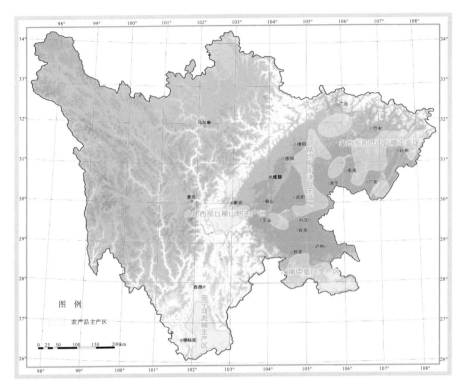

图 1-12　四川省农业战略格局示意图(引自《四川省主体功能区规划》)

1.3　资源现状与问题分析

1.3.1　水资源

据四川省水利厅《2014 四川省水资源公报》统计，2014 年全省水资源总量为 2557.66 亿 m³，其中，地表水资源量 2556.51 亿 m³，地下水资源量 605.09 亿 m³，与地表水资源不重复为 1.15 亿 m³。

四川省水资源地域分布不均，加之各地市州人口分布、产业配置差异大，水资源供需矛盾较突出。按 2014 年常住人口计算，全省人均水资源量 3142m³，其中西部(阿坝、甘孜、攀枝花)人均水资源量 18623m³，东部(除阿坝、甘孜、攀枝花外其余地区)人均水资源量 1473m³；甘孜州人均水资源量为全省最高，达 58795m³；遂宁市人均水资源量全省最低，为 377m³，详见图 1-13。

用水量区域分布特点与人均水资源量分布并不一致，按四川东、西部统计，东部盆地区用水量 207.99 亿 m³(占全省总用水量的 87.8%)；西部高山高原区用水量 28.88 亿 m³(占全省总用水量的 12.2%)。

四川省水资源利用强度的空间分布具有盆中丘陵地区高、川西高原及盆周山区低的特点。低于 5% 的主要为甘孜州、阿坝州、凉山州、攀枝花市、宜宾市、泸州市、广元市、雅安市等地区；大于 50% 的 5 个区均属于成都市和绵阳市的建成区(图 1-14)。

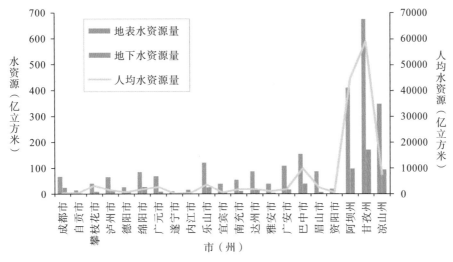

图 1-13　2014 年四川省水资源及人均水资源状况图

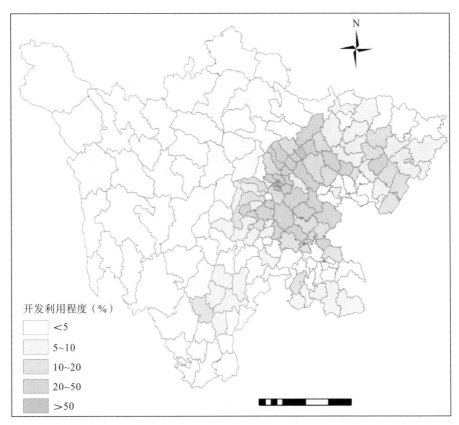

图 1-14　2010 年四川省水资源利用强度空间分布图

　　随着国民经济的高速发展、人口不断增加，四川省对水资源的需求不断增加，水资源利用强度总体呈现升高趋势，据统计，2010 年比 2000 年增加 7.7%。供需矛盾有逐渐增大的趋势。多年来，四川省不断加强对水资源的利用管理，优化产业结构，推行科技节水和循环用水技术，全省用水效率持续提升，万元 GDP 用水量呈现较显著的下降趋势。2014 年四川省万元 GDP 用水量为 83m³/万元GDP，较 1998 年下降了约 86%，一定程度上缓解了水资源供需矛盾。四川省用水以生产性用水为主，其第一产业用水占 60% 以上，在提高第一产业用水效率上仍有很大提升空间。

1.3.2　耕地资源

四川省地域辽阔，但山地高原占全省土地面积 50% 以上，适宜耕作的土地数量少。2014 年年末实有耕地面积 399.25 万 hm²，其中机耕面积 459.79 万 hm²，有效灌溉面积 266.63 万 hm²，农作物总播种面积 966.86 万 hm²（表 1-1）。四川省耕地主要分布于盆地底部，其次是盆周丘陵和川西南山区，川西北地区分布较少，21 个市（州）中，耕地主要分布于成都、南充、宜宾、绵阳、资阳、达州、凉山等地，其余市（州）耕地面积分布较少。

表 1-1　四川省耕地面积　　　　　　　　单位：万 hm²

年份	年末实有耕地面积	机耕面积	有效灌溉面积	农作物总播种面积
2010	401.07	219.02	255.31	947.30
2011	398.34	275.50	260.10	956.00
2012	399.15	330.28	256.62	964.32
2013	399.38	409.47	261.65	968.22
2014	399.25	459.79	266.63	966.86

2000~2010 年，全省耕地面积呈局部增加、总体减少的趋势，特别是成都平原及盆中丘陵区的耕地面积减少显著，攀西地区的耕地面积略有增加（图 1-15，图 1-16）。成都市 10 年间耕地减少约 7 万 hm²，其次为资阳市及绵阳市，耕地减少面积分别为 4.3 万 hm² 和 3.6 万 hm²；凉山州的耕地则呈显著增加趋势，10 年增加近 5 万 hm²，这与当地农业结构调整，积极推广特色农产品种植栽培有关。随着近几年土地开发、复垦、整理等工程的实施，耕地锐减的势头正逐步缓解，基本保持耕地总量的动态平衡。

1.3.3　可利用土地资源

近年来，随着四川省经济、社会的不断持续发展，全省建设用地的面积呈逐步上升趋势。从全省建设用地空间格局来看，由于自然条件和经济社会发展水平的差异，建设用地在省内空间分布不均衡，主要集中于地势较为平坦、经济发达的成渝经济区。用建设用地指数（即建设用地面积占整个目标单元总面积的百分比）来反映建设用地开发程度。2014 年，全省 21 个市（州）中，以成都市、德阳市建设用地开发程度最大，建设用地指数与 2000 年相比分别增长了 5.80 和 2.05，川西北高原及山区地区由于地广人稀，建设用地指数普遍偏低（图 1-17，图 1-18）。

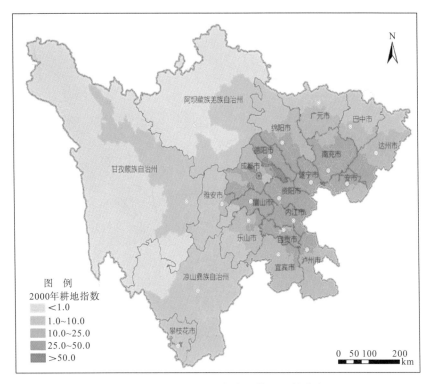

图 1-15　2000 年四川省各市州耕地指数分布图

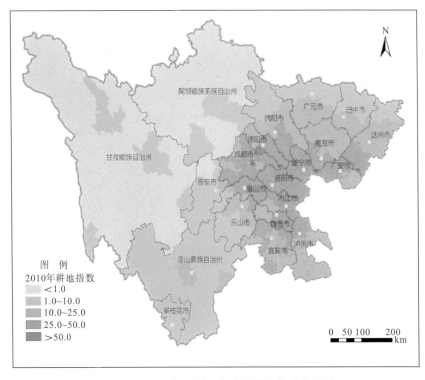

图 1-16　2010 年四川省各市州耕地指数分布图

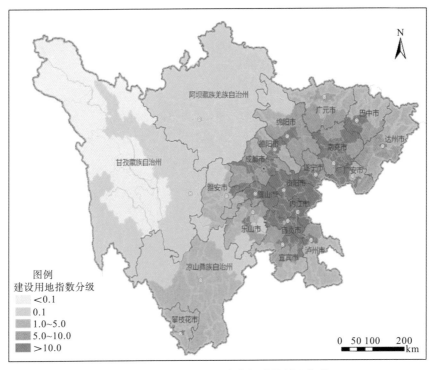

图 1-17　2000 年四川省各市州建设用地指数

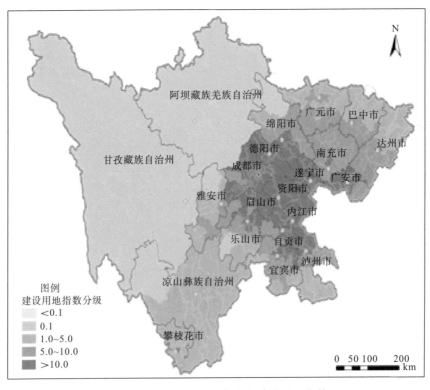

图 1-18　2014 年四川省各市州建设用地指数

1.4　环境现状及治理成效

据 2014 年四川省环境质量公报，全省当年各主要环境质量要素基本稳定，环境质量总体较稳定。全省城市空气质量总体较上年有小幅度提高，主要表现在城市空气质量达标天数同比增加 9天，全年达到国家空气质量二级以上标准的城市增加 1 个，三级城市减少 1 个；2014 年，全省河流水质总体受到轻度污染，全省 139 个省控断面中，64.8% 的断面达标，6 个出川断面均达标，嘉陵江的清平镇(广安入重庆)、渠江的赛龙乡(广安入重庆)、涪江的老池(遂宁入重庆)为Ⅱ类水质；长江的沙溪口(泸州入重庆)、御临河的幺滩(广安入重庆)、琼江的大安(遂宁入重庆)为Ⅲ类水质；2014 年四川省城市声环境质量总体较好。区域声环境与道路交通声环境比无明显变化城市功能区声环境质量达标率总体有所上升。

1.4.1　环境质量状况

1.4.1.1　地表水水环境质量

2014 年四川省地表水总体受到轻度污染。139 个省控监测断面有 90 个达标，达标率 64.8%，同比下降 5.7 个百分点。其中，Ⅰ－Ⅲ类水质断面 92 个，占 66.2%；Ⅳ类水质断面 18 个，占12.9%；Ⅴ类水质断面 10 个，占 7.2%；劣Ⅴ类水质断面 19 个，占 13.7%(详见图 1-19)。主要污染指标为总磷、氨氮、化学需氧量(chemical oxygen denand，COD)。5 个入川断面水质有 3 个达标。6 个出川断面水质均达标。

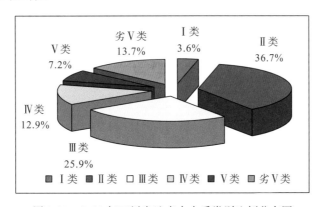

图 1-19　2014 年四川省地表水水质类别比例分布图

2014 年四川省五大流域干流达标率 59.6%，支流达标率 67.4%。长江干流(四川段)、金沙江水系、嘉陵江水系总体水质为优，岷江、沱江水系总体水质为中度污染。2014 年五大水系水质状况见图 1-20。

长江干流(四川段)水质达标率 100%。

金沙江水系干流水质达标率 100%，支流达标率 100%。

岷江水系干流水质为轻度污染，断面达标率 30.8％，主要受总磷污染，眉山糖厂河段还受到氨氮污染；支流水质为中度污染，断面达标率 59.3％，主要污染指标为总磷、氨氮和 COD。

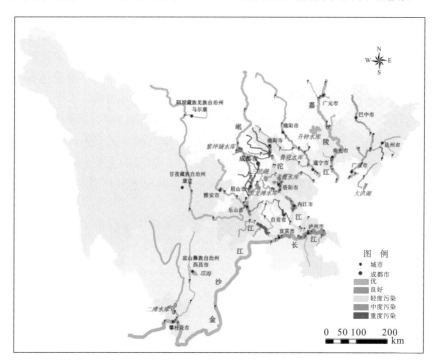

图 1-20　2014 年四川省五大水系水质状况

沱江水系干流水质为轻度污染，断面达标率 33.3％，除资阳拱城铺渡口段至资阳出境段、内江银山镇段至内江出境段外的江段均不同程度受到总磷污染，成都三皇庙段至资阳入境段还受到氨氮、生化需氧量（biochemical oxygen demand，BOD）的污染；支流水质为中度污染，断面达标率 30.4％，主要污染指标为总磷、氨氮和 CDD。

嘉陵江水系干流水质达标率 100％；支流水质总体优，断面达标率 93.0％，主要污染指标为 COD、BOD、总磷。

1.4.1.2　环境空气质量

1. 城市空气质量

2014 年，四川省 21 个市（州）政府所在地城市环境空气质量平均达标天数为 330 天，比例为 90.8％。21 个省控城市中，17 个城市空气质量达到二级标准（占 81.0％）；成都、自贡、内江和南充市空气质量为三级（占 19.0％）。按照国家和四川省工作要求，成都、德阳、绵阳、南充、自贡、宜宾、泸州和攀枝花 8 个环保重点城市在 2014 年开始实施《环境空气质量标准》（GB3095－2012）。按此标准评价，2014 年，8 个环保重点城市空气质量优良天数的比例为 71.4％。PM2.5、PM10 年均浓度均超过二级标准。成都市细颗粒物（PM2.5）年均浓度 77$\mu g/m^3$，优良天数比例为 65.7％，最大日均值为 427$\mu g/m^3$。

2. 农村空气

全省 15 个农村环境空气自动监测站位于成都平原和盆地的川西、川中和川北地区，反映成都、德阳、绵阳、广元、南充、眉山、巴中和遂宁 8 个市的农村环境空气质量状况，监测项目为二氧化硫、二氧化氮、可吸入颗粒物、一氧化碳和臭氧。

全省农村环境空气质量总体较好。按《环境空气质量标准》(GB3095−2012)评价，全年平均达标天数为 293 天。首要污染物为可吸入颗粒物。全省农村环境空气中的二氧化硫、二氧化氮和可吸入颗粒物的年均值浓度均低于所在城市。8 月空气质量最好，12 月和 1 月空气质量最差。

3. 酸雨状况

国家确定的四川省酸雨控制区范围包括成都市、自贡市、攀枝花市、泸州市、德阳市、绵阳市、遂宁市、内江市、乐山市、南充市、宜宾市、广安市和眉山市共 13 个市辖区域。四川省降水监测 25 个省控城市包括成都、都江堰、自贡、攀枝花、泸州、德阳、广汉、绵阳、江油、广元、遂宁、内江、乐山、峨眉山、南充、宜宾、广安、达州、雅安、马尔康、康定、西昌、巴中、资阳和眉山。

2014 年，全省城市降水 pH 年均值范围为 4.50(泸州)～7.25(康定)。降水 pH 均值为 5.24，酸雨 pH 均值为 4.56。酸雨发生频率为 21.9%。按不同降水酸度划分：酸雨城市 8 个，其中重酸雨区城市 1 个，中酸雨区城市 2 个，轻酸雨区城市 5 个；非酸雨区城市 17 个。

酸雨分布主要集中在成都经济区的江油市；川南经济区的泸州、自贡及峨眉山市；攀西经济区的攀枝花、西昌及雅安市；川东北经济区的广元市。川西北生态经济区未出现酸雨。泸州市是全省酸雨最严重的区域。

1.4.2 环境保护面临的压力

1.4.2.1 土地退化状况分析

1. 水土流失

四川省土壤侵蚀有水力侵蚀、风力侵蚀、冻融侵蚀、重力侵蚀及人为因素所造成的侵蚀，以水力侵蚀为主，分布广，面积大。2013 年监测中，轻度以上侵蚀面积为 16.94 万 km^2(包括风蚀和冻融侵蚀面积)，占总土地面积的 34.86%。

20 世纪 50 年代至 80 年代，四川省水土流失呈明显增长趋势，90 年代以后，随着"长防"工程、天然林保护工程及退耕还林工程等生态建设工程的积极开展，四川省水土流失状况整体有所好转，水土流失发展趋势基本受到控制，水土保持生态环境状况总体上正在得到逐步改善。但四川盆地边缘山地、川西南山地以及川西高原的河谷地带水土流失形势依然严峻。

受 5·12 汶川特大地震的影响，全省水土保持较大影响，地震造成全省新增水土流失面积 14812km^2，新增水土流失面积的平均土壤侵蚀模数达 12784t/(km^2 · a)，盆地边缘山地、川西南山地以及川西高原的河谷地带水土流失形势严峻。同时，因为水电、公路、矿山及城市建设等各种开发建设项目原因，造成的工程性水土流失呈发展趋势。

2. 土地沙化

2014 年，四川省沙化土地总面积 86.3 万 hm²，主要分布于 18 个市(州)85 个县(市、区)。据前期监测结果，2003 年全省沙化土地 91.44 万 hm²，2010 年全省沙化土地总面积 91.38 万 hm²。通过多期结果比较可知，四川省沙化土地面积总体得到了控制，沙化土地的面积和沙化程度自 2000 年以来有所减轻。但是，有明显沙化趋势的土地面积呈扩大趋势。特别是四川省川西北地区沙化形势依然十分严峻。

川西北地区沙化土地总面积为 82.19 万 hm²，主要集中在阿坝和甘孜两州。2004 年两州沙化面积为 73.20 万 hm²，占全省沙化土地面积的 80.1%，2009 年两州沙化面积达 82.19 万 hm²，占全省沙化土地面积的 89.9%，2014 年两州沙化面积达 79.7 万 hm²，占全省沙化土地面积的 92.35%。阿坝州和甘孜州的沙化土地面积仍呈发展蔓延势头。川西北地区沙化以中轻度高寒草地沙化为主，沙化类型齐全，主要为露沙地具有规模大、分布广、呈斑块状等特点，但总体尚处于初始阶段，以轻度和中度沙化为主，重度和极重度居次。从土地沙化监测结果上看，我省土地沙化存在总体改善、局部恶化的趋势。

3. 土地荒漠化

根据四川省第四次荒漠化土地监测调查结果，截至 2009 年，全省荒漠化土地面积 46.79 万 hm²，占全省土地面积的 1.0%，主要位于西南边陲横断山脉北段，金沙江东岸高山峡谷地带，行政区划上属巴塘、得荣和乡城三县范围。

全省荒漠化土地类型以水蚀类型为主，面积为 27.96 万 hm²，占荒漠化土地总面积的 59.7%；其次为冻融类型，面积 9.76 万 hm²，占总面积的 20.9%。风蚀类型面积 9.07 万 hm²，占总面积的 19.4%。全省土地荒漠化程度以轻度为主，面积 21.66 万 hm²，占荒漠化土地总面积的 46.3%；其次为中度，面积 18.71 万 hm²，占荒漠化土地总面积的 40.0%；重度面积 5.65 万 hm²，占荒漠化土地总面积的 12.1%；极重度面积 0.77 万 hm²，占荒漠化土地总面积的 1.7%。

4. 土地石漠化

石漠化是当前四川省面临的最为严重的三大生态问题之一，也是岩溶地区首要的生态问题。四川省石漠化区域特征明显。石漠化土地在川西南山地区呈集中连片分布，以攀西(昌)盐源侵蚀宽谷盆地中山区最为严重，石漠化类型最多、面积最大；峨眉山大凉山侵蚀中山区潜在石漠化面积较大；四川盆地周山地区呈不连续分散分布。

据 2012 年第二次石漠化监测结果显示，四川省石漠化具有以下特点：

(1)面积较大，四川省石漠化达到 731926.3hm²，占岩溶区面积 2764322hm² 的 26.5%，占石漠化所在县(市、区)国土总面积的 6.6%。

(2)分布范围广，四川省石漠化区域涉及四川省 10 个市州 46 个县市区，分别占四川省地级、县级行政区划的 47.6% 和 22.8%。

(3)四川省石漠化程度深，据 2012 年第二次石漠化监测，全省石漠化土地 731926.3hm²，潜在石漠化土地 768797.1hm²。在石漠化土地中，轻度石漠化 177120.4hm²，中度石漠化

404334.9hm²，<u>重度石漠化 127422.2hm²</u>，极重度石漠化 23048.8hm²，以上四类等级石漠化土地分别占石漠化土地总量的 24.2%、55.3%、17.4% 和 3.1%。

1.4.2.2　水体污染物排放分析

1. 废水排放

2014 年全省废水排放总量 33.13 亿 t。其中，工业废水排放量 6.76 亿 t，占废水排放总量的 20.40%；城镇生活污水排放量 26.35 亿 t，占废水排放总量的 79.53%；集中式污染治理设施(不含污水处理厂)废水排放量 0.02 亿 t，占废水排放总量的 0.06%。阿坝州、甘孜州、凉山州、雅安市、广元市等单位国土面积废水排放量较低，其余市单位国土面积废水排放量较高，其中成都市单位国土面积废水排放量最高(图 1-21)。

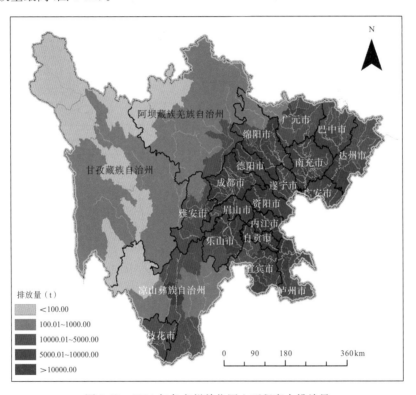

图 1-21　2014 年各市州单位国土面积废水排放量

2000 年(图 1-22)以来，全省单位国土面积废水排放量总体呈现不断增加的趋势。由于工业结构调整及企业节水降耗工作开展，从 2005 年开始，工业废水排放量有所下降，但生活废水排放量不断增加。由于各区域经济社会发展水平的差异，污水排放量在省内空间分布不均衡。排放量大的主要集中于地势较为平坦、经济发达的成都经济区区域，而川西北高原由于地广人稀，工业发展滞后，单位国土面积污水排放量较小。十年来，全省单位国土面积污水排放量的空间格局大致相同，并没有发生明显变化。

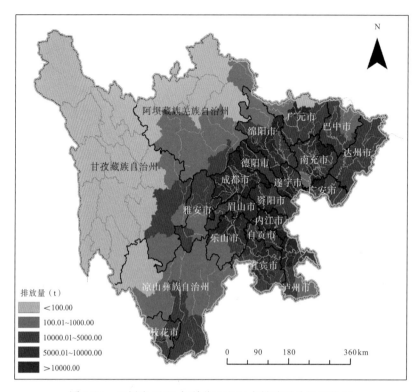

图 1-22　四川省 2000 年单位面积污水排放量分级评价图

2. COD 排放

2014 年，四川省废水中 COD 排放量 121.63 万 t。其中，工业废水中 COD 排放量 10.53 万 t，占 COD 排放总量的 8.66%；城镇生活污水中 COD 排放量 58.69 万 t，占 COD 排放总量的 48.25%；农业源 COD 排放量为 51.86 万 t，占 COD 排放总量的 42.64%；集中式污染治理设施(不含污水处理厂)COD 排放量 0.55 万 t，占 COD 排放总量的 0.45%(图 1-23)。

主要由于工业结构减排、工程减排和管理减排的大力推进，城市污水管网完善、城镇生活污染治理设施建设及运营效率提高，农业畜禽养殖减排收到了成效。由于经济社会发展水平的差异，COD 排放量在省内空间分布不均衡，排放量大的主要集中于人口密集、工业发达的成都经济区和川东经济区，川西北高原虽然生产工艺、污染治理设施比较落后，但是由于地广人稀，工业不发达，单位国土面积 COD 排放量仍然很少。2000 年以来，全省单位国土面积 COD 排放量呈现下降趋势，环境压力逐渐减轻(图 1-24)。

按照重点工业 COD 排放量的大小，以 200t/a、500t/a 和 1000t/a 作为限值将其划分为 4 个等级。可以发现，四川省重点工业污染源的分布与单位国土面积 COD 排放量的空间分布具有较强的空间上的相关性(图 1-25)。

COD 排放量<200t/a：该等级分布的污染源个数共 79 个，占重点废水污染源总数的 54.1%。该等级集中分布在成都平原及川南地区，其余零星分布在攀西地区和川东北丘陵山区。

COD 排放量为 201~500t/a：该等级污染源个数共 47 个，占四川省重点废水污染源总数的 32.2%，主要位于成都平原的成都、绵阳、德阳和眉山及川南地区的自贡、内江、宜宾、泸州等地。

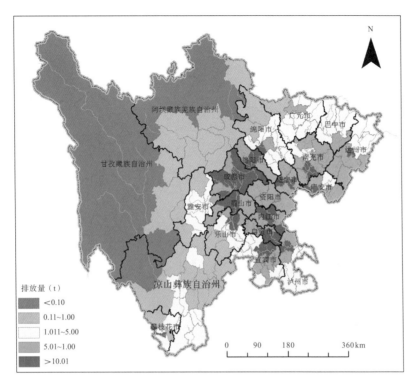

图 1-23　2014 年各市州单位国土面积 COD 排放量

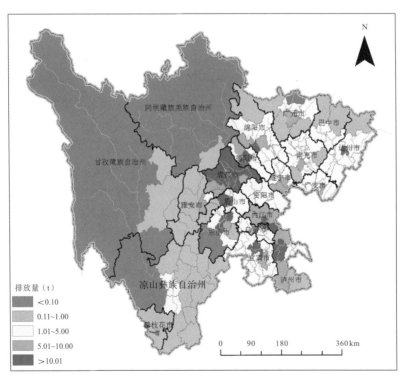

图 1-24　2000 年四川省单位国土面积 COD 排放量分级评价图

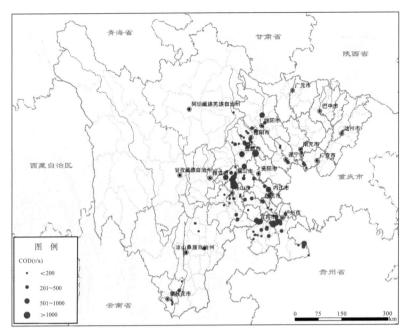

图 1-25　四川省重点工业 COD 污染源分布图

COD 排放量为 501～1000t/a：该等级污染源个数共 15 个，占四川省重点废水污染源总数的 10.3％，主要位于成都平原的成都和眉山以及川南地区的内江、宜宾、泸州等地。

COD 排放量＞1000t/a：该等级污染源个数仅 5 个，占重点废水污染源总数的 3.4％，主要位于平原地区的成都金堂县和眉山青神县以及川南山区的宜宾翠屏区和江安县。

3. 氨氮排放

2014 年四川省废水中氨氮排放量 13.47 万 t，其中，工业氨氮排放量 0.52 万 t，占氨氮排放总量的 3.86％；生活氨氮排放量 7.46 万 t，占氨氮排放总量的 55.38％；农业源氨氮排放量为 5.42 万 t，占氨氮排放总量的 40.24％；集中式污染治理设施(不含污水处理厂)废水中氨氮排放量 0.07 万 t，占氨氮排放总量的 0.52％。工业用水重复利用率 88.60％，比上年降低 1.12 个百分点。

由图 1-26 可见，排放强度较大的市为成都市，另外德阳、遂宁、南充、广安、资阳、眉山、内江、自贡等市排放强度也较大。按照重点工业氨氮排放量的大小，以 10t/a、20t/a 和 100t/a 作为限值将其划分为 4 个等级，四川省重点工业氨氮污染源分布与单位国土面积氨氮排放强度具有空间上的一致性，见图 1-27。

氨氮排放量＜10t/a：该等级分布的污染源个数共 72 个，占重点废水污染源总数的 56.7％。该等级集中分布在成都平原及川南地区，其余零星分布在攀西地区和川东北丘陵山区。

氨氮排放量为 11～20t/a：该等级污染源个数共 25 个，占四川省重点废水污染源总数的 19.7％。该等级主要位于成都平原的绵阳、德阳、眉山和乐山及川南地区的自贡、内江、宜宾等地。

氨氮排放量为 21～100t/a：该等级污染源个数共 24 个，占四川省重点废水污染源总数的 18.9％。该等级主要位于成都平原的德阳、眉山和乐山，川南地区的自贡、内江、宜宾、泸州及川东北地区的遂宁、南充等地。

　　氨氮排放量>100t/a：该等级污染源个数共 6 个，占四川省重点废水污染源总数的 4.7%。该等级主要位于成都平原的成都、德阳和眉山及川南地区的自贡、宜宾等地。

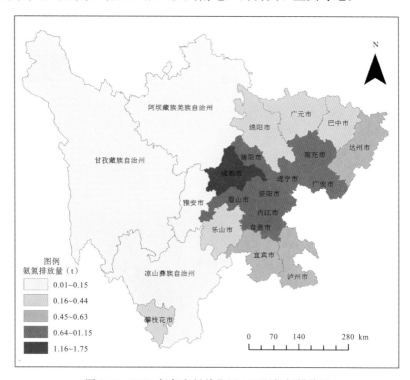

图 1-26　2014 年各市州单位国土面积氨氮排放量

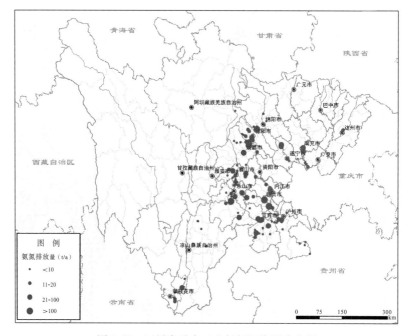

图 1-27　四川省重点工业氨氮污染源分布图

1.4.2.3 大气污染排放分析

1. SO₂排放量

2014年，四川省废气中SO₂排放量79.64万t，其中，工业源SO₂排放量为72.57万t，占SO₂排放总量的91.13%；在统计的工业行业中，SO₂排放量较大的行业仍然集中在火力发电、非金属制造、钢铁、黑色金属冶炼及压延加工行业；城镇生活源排放量为7.05万t，占SO₂排放总量的8.85%；集中式污染治理设施（不含污水处理厂）SO₂排放量0.02万t，占SO₂排放总量的0.02%。

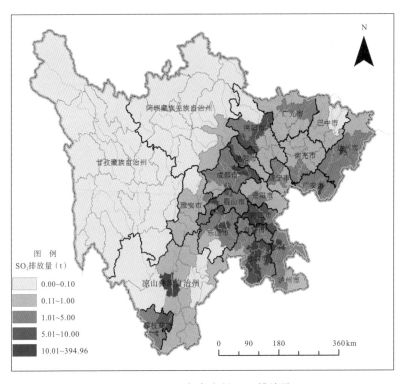

图1-28　2014年各市州SO₂排放量

由图1-28可见，单位国土面积SO₂排放量大的区域都主要集中于人口密集，工业发达的成都经济区和川东经济区，SO₂排放量较大的行业主要是集中在电力、钢铁、非金属制造、化工等行业。川西北高原由于地广人稀，工业不发达，单位国土面积SO₂排放量都很小。受重点工业废气SO₂排放源分布影响，成都市、攀枝花市和内江市三个市的单位国土面积SO₂排放量全省前列，对全省SO₂排放总量贡献最大。2000年（图1-29）以来，全省单位国土面积SO₂排放量呈现下降趋势，对环境压力有所减轻。

按照重点工业废气SO₂排放量的大小，以1000t/a、5000t/a和10000t/a作为限值将其划分为4个等级，各等级分布情况如图1-30。

SO₂排放量<1000t/a：该等级分布的污染源个数共168个，占重点废水污染源总数的69.7%。

该等级集中分布在成都平原的成都、德阳、绵阳、乐山和眉山，川南地区的自贡、内江和宜宾及川东北地区的广安、达州等区县，其余零星分布在攀西地区、川东北丘陵山区。

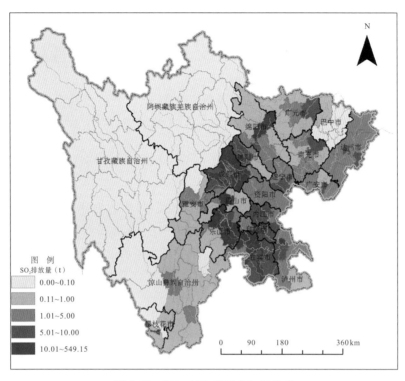

图 1-29　2000 年各市州 SO$_2$ 排放量

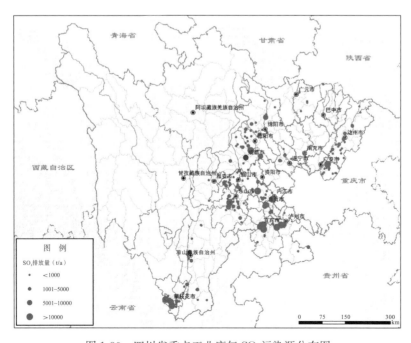

图 1-30　四川省重点工业废气 SO$_2$ 污染源分布图

SO₂排放量为 1001~5000t/a：该等级分布的污染源个数共 48 个，占重点废水污染源总数的 19.8%。该等级集中分布在成都平原的成都、德阳、绵阳、乐山和眉山，川西南地区的攀枝花和凉山州，川南地区的自贡、内江和宜宾及川东北丘陵山区的达州、广安、遂宁等地。

SO₂排放量为 5001~10000t/a：该等级分布的污染源个数共 12 个，占重点废水污染源总数的 4.9%。该等级污染源主要分布在成都平原的成都、绵阳和乐山，川南地区的自贡、泸州和宜宾及川东北丘陵山区的广元、广安等地。

SO₂排放量>10000t/a：该等级分布的污染源个数共 13 个，占重点废水污染源总数的 5.6%。该等级污染源主要分布在成都平原的成都和乐山，川南地区的内江、泸州和宜宾及川西南攀枝花等地。

2. 氮氧化物（NOx）排放量

2014 年废气中 NOx 排放量为 58.54 万 t（图 1-31）。其中，工业源排放量为 36.86 万 t，占 NOx 排放总量的 62.97%；城镇生活排放量为 11628.86t，占 NOx 排放总量的 1.99%；机动车排放量为 20.49 万 t，占 NOx 排放总量的 35.01%；集中式污染治理设施（不含污水处理厂）NOx 排放量 0.02 万 t，占 NOx 排放总量的 0.04%。

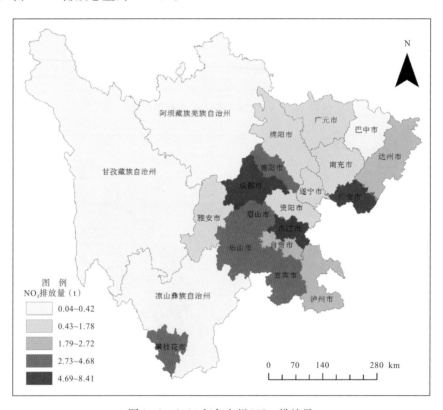

图 1-31　2014 年各市州 NOx 排放量

按照重点工业废气 NOx 排放量的大小，以 800t/a、2000t/a 和 10000t/a 作为限值将其划分为 4 个等级，各等级分布情况如图 1-32。

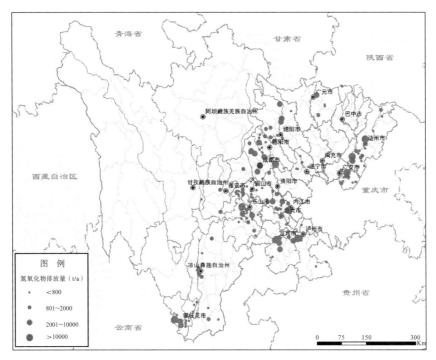

图 1-32　四川省重点工业废气 NOx 污染源分布图

NOx 排放量<800t/a：该等级分布的污染源个数共 164 个，占重点废水污染源总数的 67.8%。该等级集中分布在成都平原的成都、德阳、绵阳、乐山和眉山，川西南地区的攀枝花及川东北地区的广安、遂宁、达州等地。

NOx 排放量为 800~2000t/a：该等级分布的污染源个数共 45 个，占重点废水污染源总数的 15.6%。该等级集中分布在成都平原的成都、德阳、绵阳、乐山和眉山，川西南地区的攀枝花和凉山州，川南地区的自贡、内江、宜宾和泸州及川东北丘陵山区的广安、达州等地。

NOx 排放量为 2000~10000t/a：该等级分布的污染源个数共 25 个，占重点废水污染源总数的 10.3%。该等级污染源主要分布在成都平原的成都、德阳、绵阳和乐山，川南地区的宜宾和内江及川东北丘陵山区的广元、广安、达州等地。

NOx 排放量>10000t/a：该等级分布的污染源个数共 8 个，占重点废水污染源总数的 3.3%。该等级污染源主要分布在成都平原的成都和乐山，川南地区的内江和泸州，川东北地区的达州、广安和川西南攀枝花等地。

1.4.2.4　土壤化肥施用现状分析

四川省土壤污染来自于自然本底和人为污染两方面。自然本底主要来自于自然岩层或矿带影响土壤成土母质，使得某些化学元素高于正常值；人为污染主要来自于工业污染源、农业污染源、生活污染源及交通污染源等带来的污染。四川是全国 13 个粮食主产区之一，长期以来粮食的增收，主要依赖化肥等农业投入品的不断增加。化肥的过量和低效施用破坏了农业生态环境，不仅导致土壤板结、保水保肥能力下降、水源污染，还使农产品中硝酸盐、亚硝酸盐、重金属等有害物质残留量严重超标。本小节主要分析化肥施用对土壤质量造成的压力。

2014 年，四川省化肥施用量为（折纯）252.13 万 t，和 2013 年的 251.14 万 t 相比增加了 0.99 万 t，较 2010 年增加了 4.13 万 t。其中氮肥 125.71 万 t，磷肥 49.88 万 t，钾肥 17.72 万 t、复合肥 56.88 万 t。按播种面积计 2014 年四川省化肥施用强度为 260.77kg/hm²，与 2013 年的 259.38kg/hm² 相比略有增加，较 2010 年的 261.8kg/hm² 有所下降，2014 年四川省各市州化肥施用情况见表 1-2。

表 1-2 2014 年四川省各市州化肥施用情况表

市州	化肥施用量(折纯)(万 t)	氮肥(万 t)	磷肥(万 t)	钾肥(万 t)	复合肥(万 t)
成都市	15.63	5.99	3.23	1.93	4.28
自贡市	9.40	4.37	2.55	0.94	4.49
攀枝花市	2.93	1.06	0.31	0.33	1.23
泸州市	11.11	5.52	2.11	0.64	2.68
德阳市	19.32	9.90	3.20	0.89	5.29
绵阳市	21.88	10.56	5.76	1.08	4.48
广元市	12.26	5.90	2.40	0.92	2.15
遂宁市	14.54	7.26	3.03	1.04	3.07
内江市	12.62	8.04	2.83	0.31	1.39
乐山市	9.68	5.39	1.59	0.38	2.31
南充市	22.38	11.56	5.37	1.07	4.29
眉山市	15.00	5.81	2.03	2.33	4.75
宜宾市	9.06	3.59	1.67	0.78	3.02
广安市	11.00	6.98	2.38	0.73	0.88
达州市	21.94	12.54	3.64	1.61	3.95
雅安市	5.12	2.47	0.70	0.54	1.41
巴中市	14.04	6.61	2.33	1.13	3.96
资阳市	8.98	5.31	1.88	0.08	1.71
阿坝州	1.31	0.57	0.37	0.08	0.29
甘孜州	0.33	0.24	0.04	0.01	0.05
凉山州	13.61	6.04	2.46	0.90	4.18
四川省	252.13	125.71	49.88	17.72	56.88

近年来，随着测土配方施肥、生态农业以及农产品"三品"认证等工作的推进，农用化肥施用量有所降低，农村面源污染控制取得了一定成效，化肥施用对土壤质量保护的压力有所降低。

1.4.3 总量减排

1.4.3.1 减排工作开展情况

四川省高度重视减排工作,在组织机构方面成立了省长任组长,分管副省长任副组长,省级有关部门为成员的节能减排工作领导小组。将四项主要污染物减排指标列为各地经济社会发展的约束性指标,严格实行目标责任制;法规制度方面,我省认真贯彻落实国家《关于坚决遏制产能严重过剩行业盲目扩张的通知》,印发并出台了一系列法规制度,控制"两高"行业和产能过剩行业的发展,并严格执行污染物排放总量指标前置审查制度,对没有总量指标来源的新建项目不予审批,依次控制污染物排放增量。政策方面,通过强化减排监督管理,健全减排约束激励机制,完善统计体系、监测体系和考核体系减排"三大体系",促进总量减排工作的实施。"十二五"期间,四川省根据国家产业结构要求,制定淘汰落后产能年度计划,倒逼产业结构调整。化工、黑色金属冶炼、非金属矿等六大高耗能和高污染行业工业总产值逐年下降,电子信息产业、装备制造业和汽车制造业增势强劲,服务业比重逐年提高,2014 年已成为全国 12 个服务业总量超万亿元的大省之一。另外,通过进一步加大投入,加快环保重点工程建设,省级以上财政累计环保投入总额为 62.8 亿元,比"十一五"期间增加 35.5 亿元,增长 129.9%。通过努力,2015 年,全省 COD、氨氮、SO_2 和 NO_x 排放量分别为 118.6 万 t、13.1 万 t、71.8 万 t 和 53.4 万 t,同比 2014 年分别下降 2.5%、2.5%、9.9% 和 8.7%;分别比 2010 年下降 10.4%、9.7%、22.6% 和 13.9%,完成"十二五"目标任务 148.8%、113.1%、251.0% 和 201.0%,均全面超额完成"十二五"减排目标任务。省政府与国家签订的"十二五"减排目标责任书中应完成的 157 个重点减排项目全部按时完成。

1.4.3.2 COD 排放总量削减情况

四川省"十二五"期间 COD 排放的削减目标是 7.00%,在"十二五"每年均超额完成年度削减目标的基础上,截至 2015 年度全省 COD 排放量总量为 118.6 万 t,已累计削减 10.4%,完成"十二五"目标的 148.8%。

1.4.3.3 氨氮排放总量削减情况

四川省"十二五"期间氨氮排放的减目标是 8.6%,在"十二五"每年均超额完成年度削减目标的基础上,截至 2015 年度氨氮排放总量 13.1 万 t,已累计削减 9.7%,完成"十二五"目标的 113.1%。

1.4.3.4 SO_2 排放总量削减情况

四川省"十二五"期间 SO_2 排放的削减目标是 9.0%,在"十二五"每年均超额完成年度削减目标的基础上,截至 2015 年 SO_2 排放量 71.8 万 t,已累计削减 22.6%,完成"十二五"目标的 251.0%。

1.4.3.5 NOx 排放总量削减情况

四川省"十二五"期间 NOx 排放的总目标是削减 6.9%，"十二五"期间，除 2011 年 NOx 排放量新增超过预期外，在 2012 年～2015 年均超额完成年度削减目标的基础上，截至 2015 年 NOx 排放量为 53.4 万 t，已累计削减 13.9%，完成"十二五"目标的 201.0%。

1.5 生 态 问 题

1.5.1 森林现状及问题

2000 年以来，四川全省森林覆盖率总体呈现上升趋势，除 2008 年受汶川地震影响森林覆盖率下降外，其他年份都有不同程度的升高。截至 2014 年年底，全省森林面积为 1738.16 万 hm²，在空间分布上具有区域差异性，盆地丘陵区、盆周山地区、川西南山地区和川西高山高原区森林面积分别为 245.82 万 hm²、498.80 万 hm²、247.56 万 hm² 和 745.98 万 hm²。

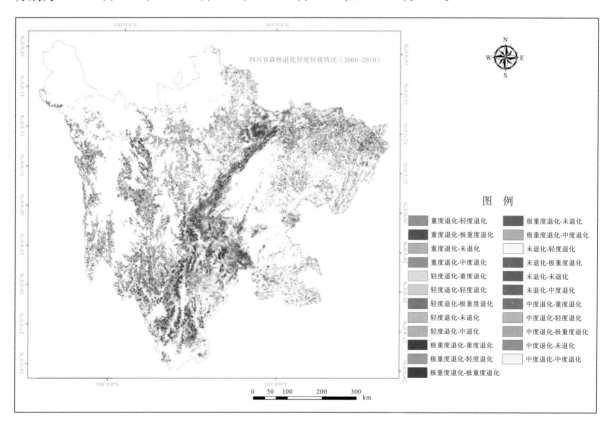

图 1-33　四川森林退化类型转化

四川省森林退化类型以重度退化、极重度退化为主。2000～2010 年，十年间未退化森林地面积从占国土面积的 0.01%，上升到占国土面积的 0.08%，增加了 0.07 个百分点，极重度退化面积减少了 24491.12km²，四川森林退化状况有所减轻。

从空间分布上看图 1-33，川西北森林退化严重，退化程度相对较轻的区域主要位于在川东北、川东和川东南部分区域。森林状况有所好转的区域主要集中分布在成都平原盆周山区，川东北广元部分县市，川东安岳以及川东南叙永、古蔺等县。岷山—邛崃山一带是四川省生物多样性主要集中区，各种级别的自然保护区、森林公园和世界自然遗产地集中分布，保护和生态建设力度的较大，森林退化恢复情况较好，受"5·12"汶川地震影响，岷山—邛崃山一带也有大面积森林的质量发生恶化。

1.5.2　草地现状及问题

截至 2014 年年底，四川省草原面积共有 2086.67 万 hm²，占全省土地面积的 43%，以天然草原为主，可利用天然草原面积 1766.16 万 hm²，占全省草原总面积的 84.7%。全省天然草原主要集中连片分布在甘孜、阿坝和凉山三个州海拔 2800～4500m 的地带，面积约 1633 万 hm²。

四川省草地生态系统中以较低和中覆盖度草地为主，占全省草地面积的 87.28%，覆盖度较高的草地主要集中分布于阿坝县、红原县和若尔盖县等水源涵养生态功能区，省内其他区域的草地覆盖度普遍偏低。草地覆盖度的年际间变幅较大，尤其是甘孜西北部草地覆盖度年变异系数较高。

根据四川省畜牧食品局《2014 年四川省草原监测报告》，2014 年全省各类饲草产量共计 2890.2 亿 kg，折合干草 786.0 亿 kg，载畜能力 8712.7 万羊单位。三州草原实际载畜量共 3712.1 万羊单位，合理载畜量为 3355.2 万羊单位。全省牧区平均超载率 10.6%。同时，草原鼠害、草原虫害、草原毒害草、草原火灾、牧草病害、草地沙化等严重制约四川省草地资源建设，以若尔盖、红原、阿坝、石渠、理塘等县较为严重。

总体来说四川省草地以轻度退化为主。2000～2010 年(图 1-34、图 1-35)，四川省退化草地面积略有减少，退化草地的退化程度也有所降低，未退化面积占国土面积的比例提升了 0.98%。四川省草地总体恶化的趋势得到遏制，草地建设初见成效，但草原退化形势依然严峻，局部恶化的问题仍然突出。

1.5.3　自然灾害

四川省自然灾害类型主要有森林病虫害、草原病虫害、草原鼠害、森林火灾、草原火灾、干旱、洪涝以及滑坡和泥石流等。森林病虫害发生在森林分布区，历年灾情在空间上并无明显聚集特征，草原病虫害、鼠害广泛发生在三州草原区域。攀西地区是森林火灾发生较为频繁区域，也极易发生旱灾。

洪涝、滑坡、泥石流往往对自然生态环境和社会经济有着严重影响。四川省较大的洪涝灾害基本都发生在主汛期，2010 年，全省 21 个市(州)162 县(市、区)2790 余万人受灾，农作物受灾面积 68.1 万 hm²，成灾 33 万 hm²，直接经济损失 410 亿元。洪涝往往会引起特别严重的山洪地质灾害。2010 年汛期，四川省共发生山洪地质灾害 1627 起。最大、最强的山洪地质灾害主要发生在地震重灾区，地震与山地灾害的叠加，使灾害破坏特别大、损失特别重。仅 8·13 过程，全省就有 8 个县

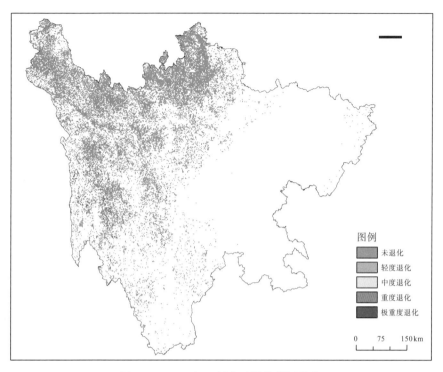

图 1-34　2000 年四川草地退化等级分布

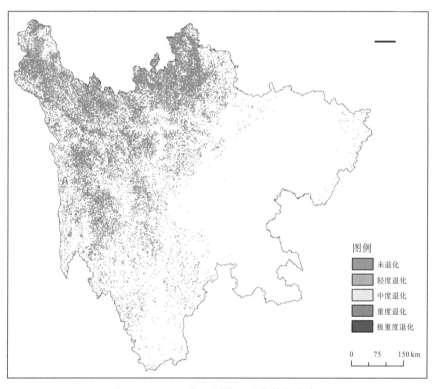

图 1-35　2010 年四川草地退化等级分布

20 余个乡镇发生了特大山洪泥石流灾害，群发性、突发性、破坏性极强，使包括绵竹、什邡、北川、平武、安县、汶川、都江堰等在内的地震重灾地区遭到严重二次毁坏。

本节主要分析四川省滑坡、泥石流地质灾害点分布特点，并重点分析"5·12"汶川特大地震对极重灾区自然生态环境的影响，以及恢复进程。

1.5.3.1　四川省地质灾害点分布

1. 滑坡

四川地质构造复杂，地震和断裂活动频繁，加上大气降水充沛，使四川成为我国滑坡集中分布、危害比较严重的地区之一。其滑坡不仅数量多、分布广、规模大，而且发生的频率和成灾概率都大。据有关资料记载，目前已发现新老滑坡、崩塌 10 余万处，其中灾害性滑坡、崩塌近万处，影响范围达 135 个县(市、区)。

四川省滑坡空间上具有分布地域广、带状集中的特点(图 1-36)。广布的滑坡以集中带状形式分布于川西高原、川西南山地的深切河谷地带，以及盆地周围山地区。在雅砻江、岷江、沱江、嘉陵江上游河谷多发生侵蚀性破碎岩石滑坡崩塌，到了下游，这些巨川大河在攀枝花、宜宾、泸州以及现在重庆市的万州区等峡谷地段又常发生岩石大滑坡。山区滑坡主要集中在米仓山和重庆大巴山交界区，以碎土石型滑坡和顺层岩体滑坡为主。盆地西北边缘的龙门山区也是滑坡多发区，主要分布于山麓断层破碎带、泥页岩与堆积层以及主要河流峡谷。盆地中滑坡分布相对轻微和松散，多分布在丘陵的中生代红色地层中。

图 1-36　四川滑坡分布

2. 泥石流

四川泥石流分布具有显著的东、西差异性，它与本省的地貌的东、西差异的分布相一致（图 1-37）。另外，研究表明，泥石流发育受构造断裂的控制，分布与大断裂走向一致。第四纪断裂带往往是泥石流集中发育地带。四川泥石流分布成带性的特征，与本省的构造断裂带，特别是活动断裂带的分布相一致。从全省看，大断裂主要分布在四川西部山地，占全川境内断裂数的 90％ 以上。四川东部泥石流规模大小、活动性和复杂性远不能与四川西部相比，泥石流发育远不如西部地区。

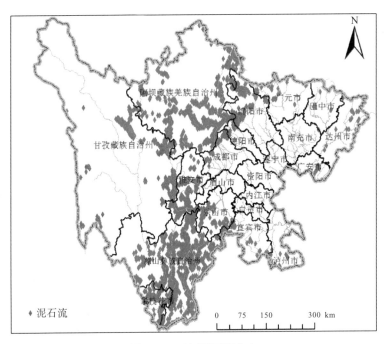

图 1-37　四川泥石流分布

四川泥石流具有突出的成块状集中分布的特征，与本省的地震活动，特别是强地震活动的分布相一致。四川是强地震全部发生四川西部，集中分布在鲜水河断裂带、龙门山断裂带和安宁河断裂带内。这一区域也是四川泥石流集中分布的区域。泥石流活动与本省的年降水分布的地带性相一致。川西高原东半部属于明显存在泥石流活动性强的地带，每年都要发生严重的泥石流。大致年降雨量范围，西界在 700~800mm，东界在 1000~1200mm，雨量值由北向南增多，泥石流活动性也由北向南加强。

1.5.3.2　"5·12"汶川地震

四川是我国大陆内多地震和强地震活动频度最高的地区之一。2008 年 5 月 12 日 14 时 28 分，四川省汶川县映秀镇发生了里氏 8 级的地震。据国家及地方有关部门公布的灾情信息，数据统计截至 2008 年 8 月 25 日，全国遇难 69226 人，受伤 374643 人，失踪 17923 人。数据统计截至 2009 年 5 月 7 日，四川省遇难 68712 人，失踪 17921 人。地震造成直接经济损失 8451 亿人民币，其中四川省占 91.3％。对汶川地震及次生灾害的调查表明，地质灾害多达 12000 多处，潜在隐患点 8700 处，危险堰塞湖 30 多座。地震造成四川省林地面积损毁 32.87 万 hm²。地震带来了严重的人员和生态环境和社会经济损失。

1. 极重灾区地震破坏情况

地震极重灾区 10 县(市)人员伤亡占四川遇难人数的 94.5%，直接经济损失超过 6000 亿元，占全省受灾损失的 70% 以上。地震引起的地质灾害共损毁土地 1152.49km²。林地、草地和耕地三种生态系统类型损毁面积分别为 934.47km²、148.22km² 和 56.95km²。

2. 极重灾区震后生态恢复的复杂性

分别以 2007 年、2009 年和 2013 年三个阶段代表地震前、地震后以及恢复期三个时期。对三个时期水土保持功能进行两两相减，评价极重灾区水土保持功能、水源涵养功能和生物多样性维持功能的演变情况。汶川地震极重灾区的水土保持功能(图 1-38)、水源涵养功能(图 1-39)和以及生物多样性保护功能(图 1-40)在震后遭到了严重破坏。

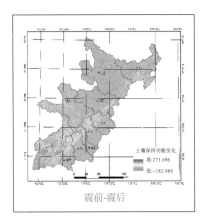
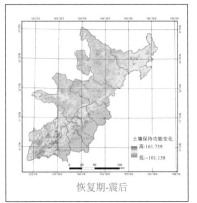

图 1-38　三个时期水土保持能力分级变化示意图

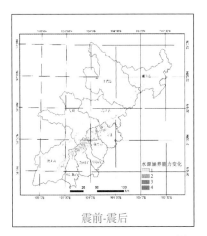
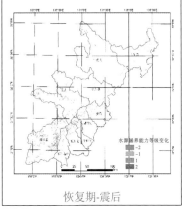
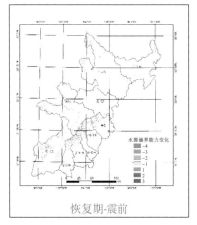

图 1-39　三个时期水源涵养能力分级变化示意图

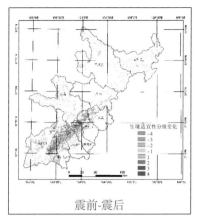  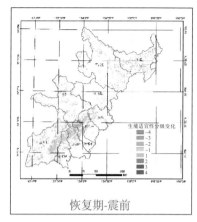

图 1-40　三时期生境适宜性分级变化示意图

　　10 个县市"5·12"汶川地震前平均土壤侵蚀模数为 3024.5t·km^{-2}·a^{-1}，震后平均土壤侵蚀模数上升为 3039.2t·km^{-2}·a^{-1}，通过 5 年恢复后土壤侵蚀模数下降为 3026.8t·km^{-2}·a^{-1}，但仍然高于震前水平。

　　汶川地震前，10 个县市平均林冠截留能力为 83694.89t/hm^2，震后下降为 80465.38t/hm^2。至 2013 年，林冠截留能力平均为 81687.20t/hm^2，较震后有所提高，但仍低于震前水平。

　　对各时期分级为中等及以上的生境适宜性面积进行统计：震前为 19915.78km^2，震后为 19718.79km^2，较震前减少了 196.99km^2；恢复期为 9496.31km^2，较震后增加了 31.47km^2，但仍小于震前面积。

　　总体来说，经过 5 年恢复，区域生态服务功能得到了一定程度的恢复，但未达到震前水平。植被状况是影响生态系统服务水平的重要因素。汶川地震造成严重的生态破坏，植被覆盖度总体下降。震后 5 年，10 个极重灾县范围内植被覆盖度总体恢复到震前的 98%，成为生态服务功能得以恢复的重要因素。

　　在极重灾区 10 个县市中，北部 4 个县市（茂县、北川、平武和青川）的水土保持功能、水源涵养功能、生物多样性保护功能在地震中总体受损程度相对中南部 6 个县市较小；位于中南部的 6 个县市（汶川、都江堰、什邡、彭州、绵竹和安县）在地震中总体受损程度较大。中南部是地震后大型滑坡最为集中发育段，滑坡数量多且规模大，处于这个区域的红白—茶坪段，在地震中受损最为严重。龙门山和茶坪山大部分区域为典型的高山峡谷地貌，东部迎风坡雨泽充沛，是四川著名的鹿头山暴雨区所在地；西部背风坡岷江河谷雨水稀少，气候干燥，但降雨集中，多局地性暴雨。上述条件使得该区域在震前就成为中国西部泥石流、滑坡的活跃区，该区域在震前水土保持功能、水源涵养功能和生物多样性功能就低于其他区域，是受地震影响更大且受损更为严重的原因之一。

　　震后汶川地震灾区因降雨诱发滑坡泥石流敏感性极高，只要经历较大的降雨都将导致滑坡泥石流的活动。根据相关研究，近 10 年内，汶川强震区的滑坡和泥石流活动趋势是强烈的。因此，北川、安县、绵竹、彭州和什邡一带，由于位于暴雨中心，其生态服务功能将有可能进一步恶化。震后国家和四川省启动了灾后重建，一定程度上改善了区域生态功能状况，加快了生态功能恢复进程，部分区域生态服务功能的状况也得到提高。但是，灾后重建过程中以人居环境和基础设施建设为主，存在对生态系统修复以及生态功能的恢复与维持重视不足等问题。另外，部分灾后重建项目的实施，甚至又导致局部地区出现新的、进一步的生态功能退化。

1.6　生态环境保护与建设成效

1.6.1　生态省建设情况

截至 2014 年年底，四川省建成省级生态县(市、区)39 个，其中 33 个已获省政府命名(第一批命名 9 个，第二批命名 24 个)；完成省级生态县(市、区)技术评估 18 个，其中双流区、温江区、郫县、蒲江县、青白江区、新都区和新津县被命名为国家生态县(区)，崇州市、锦江区和龙泉驿区通过国家生态县验收；建成命名国家级生态乡镇 297 个，省级生态乡镇 725 个。

1.6.2　林业生态建设

四川省森林资源丰富，是全国第二大林区——西南林区的主体部分。1998 年四川省在全国率先启动天然林资源保护工程，紧紧围绕建设长江上游生态屏障的奋斗目标，按照"停、造、转、保"的工作思路实施天保工程，全面停止天然林的砍伐，落实森林管护，实施公益林建设和保护。据统计，1998~2009 年全省公益林建设面积 7679.6 万亩，其中人工造林 1834.8 万亩，封山育林 4778.3 万亩，飞播造林 1066.5 万亩。2010 年公益林建设人工造林约 130 万亩，封山育林约 270 万亩。1999 年在全国率先实施退耕还林工程。到 2008 年年底，全省累计完成退耕还林工程 2777.4 万亩，中央投入建设资金 222.6 亿元、省财政投资 15 亿元。从建设规模看，四川省是全国退耕还林工程重点建设省份之一，完成的退耕地还林任务位居全国第三，占全国总量的 9.6%。2009 年起，退耕还林工程建设进入重要的转型阶段。四川省制定了《四川省巩固退耕还林成果专项规划》，通过加强林木后期管护，切实巩固来之不易的退耕还林生态建设成果。截至 2014 年年底，森林面积 1738.16 万 hm²，全省森林覆盖率达到 35.76%。

1.6.3　草地生态建设

2003 年以来，四川省累计完成天然草原退牧还草工程面积 12230 万亩，占规划面积的 79.7%。已实施的退牧还草面积占川西北天然草原可利用面积的 57.4%。2014 年，牧区有效推行草原禁牧、草畜平衡两项制度，落实禁牧补助 7000 万亩，草畜平衡奖励 1.42 亿亩，规范、有序发放各项补奖资金 8.59 亿元，采购优良牧草 5252.57t，种植和更新人工草地 714.13 万亩。三州牧区完成减畜任务 217.07 万羊单位，牲畜超载率下降到 10.6%，较上年下降了 2.7 个百分点。草原生态补奖机制有效改善了草原生态环境，草原综合植被盖度 83.5%，较上年减少了 0.6 个百分点。草原生态建设工程区内植被较快恢复，生态环境明显改善，有力地推动了草原牧区生态、社会和经济的协调发展。2014 年，全省防控草原鼠害 1406 万亩。

1.6.4 湿地生态保护

四川省湿地生态系统包括沼泽、湖泊、河流和库塘等类型(不计稻田/冬水田),全省湿地总面积 174.78 万 hm^2,占全省国土面积的 3.6%。截至 2014 年年底,全省共有湿地类型保护区 52 个。湿地公园建设对于完善四川省湿地保护网络、维护湿地生物多样性、加强湿地保护宣传教育、促进地方经济社会发展和改善人居环境具有积极的作用。四川省湿地公园数量达到 33 个,其中国家湿地公园 20 个(含试点),省级湿地公园 13 个。广元南河和西昌邛海通过国家湿地公园验收。

1.6.5 生物多样性保护

多年来四川省通过大力实施生物多样性保护性工程,逐步建立生物多样性保护政策体系及自然保护区、湿地等管理实体,在生物多样性保护方面取得了显著成绩。

1.6.5.1 生物多样性保护政策体系建设

1990 年四川省即配套颁布并实施了《四川省〈中华人民共和国野生动物保护法〉实施办法》,并制定公布了《四川省重点保护野生动物名录》、《四川省新增重点保护野生动物名录》、《四川省自然保护区管理条例》、《四川省森林公园管理条例》、《四川省生态功能区划》等,形成了较为完备的法规体系,从而把全省野生动物保护和管理纳入了依法保护的轨道。2007 年四川省在全国率先启动编制《四川省生物多样性保护战略与行动计划》,2011 年经四川省人民政府授权发布。

1.6.5.2 生物多样性保护工程

1992 年四川省开始实施"中国保护大熊猫及其栖息地工程",新建了一批大熊猫保护区,设置了省级大熊猫工程管理机构。2001 年到 2010 年,重点实施了大熊猫、金丝猴、麝类、苏铁、兰科植物等 15 类珍稀濒危物种的拯救和繁育,同时新建了一批野生动植物种源繁育基地和野生动植物培育基地。

1.6.5.3 自然保护区、湿地等管理实体建设

截至 2014 年底,四川省已建立不同级别、多种类型的自然保护区 169 个(详见表 1-3),各级风景名胜区 90 个,森林公园 87 处,湿地公园 5 处,地质公园 23 处,世界遗产 5 处,国家重要生态功能区 6 处,水产种质资源保护区 16 处,建成白龙湖生态功能保护区、大坝镇大鲵生态功能保护区、徐家沟生态功能保护区、骊马河生态功能保护区、丹井山生态功能保护区、无量河生态功能保护区和邛海生态功能保护区 7 个市级生态功能保护区。

自然保护区基本涵盖了全省天然林区生物多样性最丰富的精华之地,已初步形成了以大熊猫、川金丝猴、四川山鹧鸪、黑颈鹤、麝、达氏鲟、川陕哲罗鲑和胭脂鱼等珍稀濒危野生动物,紫果云杉、红豆杉、水青冈、桫椤等珍稀植物,典型森林生态系统、湿地生态系统、草原与草甸生态系统、自然地质遗迹等为主要保护对象的自然保护区网络,使全省 70% 的陆地生态系统种类、80% 的野生动物和 70% 的高等植物,特别是国家重点保护的珍稀濒危动植物绝大多数在自然保护区里得到

较好的保护。

表 1-3　2014 年全省自然保护区级别结构表

级别	数量			总数
	总数量(个)	占总数的比例(%)	占全省总面积的比例(%)	
国家级	22	3.02	4.38	
省级	64	7.87	7.10	169
市级	36	21.3	2.32	
县级	47	7.81	3.63	

1.7　小　　结

1. 区域生态地位极重要，生态环境脆弱

生态环境是人类生存和经济社会可持续发展的基础。四川地处长江、黄河上游的重要水源涵养地和水源供给地，被称为"中华水塔"，是长江上游生态屏障重要组成部分。四川也是生物多样性保护重要区。因此，该区域的生态保护与建设，对于保障长江、黄河流域生态安全具有重要意义。构筑长江上游生态屏障，对确保长江中下游经济社会持续、快速、健康、协调发展具有举足轻重的作用，关系到长江流域、黄河流域乃至国家的生态安全、环境安全。四川省是我国重要的藏、羌、彝等少数民族聚居地是内地连接西藏的重要通衢，自古就是"汉藏走廊"，是连接内地和西藏的重要区域。"稳藏必先安康"，维护四川藏区稳定在维护藏区稳定方面具有重要作用。因此，在加强该区域生态环境保护和建设的同时，促进其经济社会可持续发展，实现国家"稳藏安康"的大政方针，维护少数民族地区安定团结的政治局面具有重大意义。

四川西部地区地质条件复杂，是我国灾害的高发区，地震灾害和地质灾害(泥石流、滑坡等)频发。作为青藏高原独特环境的一部分，该区域生态环境极其脆弱，是全球气候变化的敏感区域。随着人类生产活动日趋活跃，近年来森林的减少，湿地退化，冰川萎缩，草原沙化等已成为重大的生态环境问题，不仅关系四川省经济社会的可持续发展，也直接影响"长江经济带"地区的生态平衡与稳定。

2. 四川省区域差异巨大，发展与保护矛盾突出

四川省自然生态系统类型和社会经济发展在空间分布上具有区域差异性。

四川省森林和灌丛主要分布在川西高山区、川北秦巴山地和川西南山地区，草地主要分布在川西高原地区，这些地区人为干扰强度低、社会经济实力相对较弱，是我省生物多样性保护、水源涵养和水土保持的重要区域。但存在地质灾害频繁、水土流失严重、土地沙化、土地荒漠化等问题，也存在生物多样性保护与扶贫开发等问题。

四川省成都平原区域经济和人口集聚条件较好，发展潜力较大，也是全省产业、人口和城镇的主要集聚地。从可利用土地资源来看，由于自然条件和经济社会发展水平的差异，建设用地主要集

中于地势较为平坦、经济发达的成渝经济区，而川西北高原及山区地区由于地广人稀，建设用地指数普遍偏低。从对环境有重要影响的重点工业污染源分布来看，重点工业 COD 污染源、重点工业氨氮污染源、重点工业废气 SO_2 污染源、重点工业废气 NOx 污染源也主要分布在该区域，造成区域单位国土面积废水排放量、单位国土面积 COD 排放量、单位国土面积氨氮排放量、单位国土面积 SO_2 排放量、单位国土面积 NOx 排放量普遍高于其他区域。

综合考虑四川省不同区域社会经济发展水平，以及主体生态功能保护目标的差异，四川省委办公厅、省政府办公厅印发了《关于完善县域经济发展工作推进机制的意见》和《四川省县域经济发展考核办法》，将全省 183 个县(市、区)划分为重点开发区和市辖区、农产品主产区、重点生态功能区和扶贫开发区四大类别，根据不同区域特点，实行分类指导，以便突出比较优势，实现差异化、特色化、可持续发展。《四川省县域经济发展考核办法》的实施，可从政策层面缓解区域社会经济发展与生态环境保护目标之间的矛盾，促进资源有序利用和环境有有效保护。

3. 加强承载力监测预警，助推生态文明

保持生态系统完整性，实现生态系统良性循环运转，是实现四川社会可持续发展的必由之路。随着四川省人口的增长，工业化、城镇化和农业现代化进程的日益加快，资源环境的瓶颈制约也进一步突显，发展与保护的矛盾日益突出，各种生态环境历史问题和新型环境问题交织，将加剧影响和制约我省经济社会的可持续发展。

为筑牢生态屏障，四川省先后实施了长防工程、退耕还林工程和天保工程等。为恢复水环境和大气环境，四川省高度重视减排工作，成立了省长任组长，分管副省长任副组长，省级有关部门为成员的节能减排工作领导小组，印发并出台了一系列法规制度，并制定了减排目标。四川省测绘部门对基础地理国情开展了例行监测，环境保护部门对污染源也开展了在线监测。林业、草业、水利等相关职能部门也对相应的生态环境要素开展了不同规模和频率的专项监测。但是，对于四川省资源环境承载力现状及发展趋势，尚缺乏综合监测预警。

目前，四川省迫切需要挖掘科技潜力，充分发挥遥感卫星、地理信息系统、无人机等空间信息技术优势，针对四川省不同区域资源环境承载力特点(即独特的生态条件、目前的环境现状和面临的压力强度)建立天空地一体化资源环境承载力监测与评价预警服务系统；以遥感监测数据为基础，综合地面调查、生态定位研究、环境监测、社会经济统计数据，全面分析四川省生态系统格局、质量以及生态系统服务功能等生态问题；分析土壤质量、水环境质量、空气质量等环境问题，分析社会经济活动对生态系统保护、人居环境的压力，以及生态系统、环境系统对人类活动胁迫的响应。在对资源环境承载力现状以及面临压力监测分析的基础上，预测资源环境承载力的演变趋势，及时对社会经济发展过程中资源环境承载力的可能超载状态提出预警，有助于管理层有针对性地提出并制定新时期生态环境保护和资源可持续利用的对策建议和政策措施，为四川省加强生态环境保护、确保生态安全、保障区域社会经济可持续发展、科学实施区域开发战略和建设生态文明保驾护航。

第2章 资源环境承载力监测预警理论与方法

本章通过梳理承载力以及资源环境承载力的研究脉络，厘清资源环境承载力的基本内涵和本质特征，总结资源环境承载力评价与监测预警的方法，提出资源环境监测预警的技术路线，为构建四川资源环境承载力监测指标体系和预警模型提供理论依据。

2.1 资源环境承载力概念

2.1.1 承载力概念的演变

承载力(bearing capacity，carrying capacity)，最初作为一个力学概念，其本意是指地基所能承受建筑物荷载的最大能力。承载力概念被引用到经济社会领域研究后，其内涵和应用范围不断拓展，逐步形成了以描述自然环境与人类活动之间相互作用及协调程度为核心的资源环境承载力概念。

在经济社会研究中，承载力的思想最早可追溯到18世纪。1758年，法国经济学家奎士纳(Francois Quesnay)在《经济核算表》中论述了土地生产力与经济财富的关系，为以后的承载力研究起到了启示性的作用。

马尔萨斯(T. Malthus)首次阐述了食物对人口增长的约束作用，并奠定了承载力研究的基本框架。1798年，在其著作《人口学原理》中，他提出，人口的增长比生存资料增长得要快，人口是按几何级数增长的，而生存资料是按算数级数增长的，人口的成倍增长又会使得粮食的增产变得毫无意义，最终，人口与生存资料之间将实现均衡，但是这种均衡不是自然实现的，而是种种"抑制"的产物，动植物的生长繁衍因为空间和滋养物的缺乏会受到抑制，而人类的生长繁衍则会因为粮食的缺乏而受到抑制。马尔萨斯资源有限并影响人口增长的理论奠定了承载力研究的基本框架——即根据限制因子的状况分析研究对象的极限值，此后，这一框架被生态学、人口学、地理学等学科广泛采纳。1837年，德国生物学家弗赫斯特(Verhulst)将马尔萨斯的理论数值化，提出逻辑斯缔方程(logistic equation)：

$$\frac{\mathrm{d}N}{\mathrm{d}t} = rN\frac{K-N}{K}$$

其中，N为人口规模，r为人口增长率(即"马尔萨斯参数"，为常数)，K为渐近线，即人口承载力。

后来，珀尔(Peal)对模型加以改进，形成的Verhulst-Peal模型被应用于人口预测，但是，由于模型的适用条件苛刻，且对人口增长的其他因素欠考虑，其应用也受到较大限制。

1921 年，人类生态学者帕克（Park）和伯吉斯（Burgess）首次确切地提出了承载力概念，认为承载力，即"某一特定环境条件下（主要指生存空间、营养物质、阳光等生态因子的组合），某种个体存在数量的最高极限。"区域人口数量可根据某一地区的食物资源确定。之后，哈德文（Hadwen）和帕马尔（Palmer）在研究了阿拉斯加驯鹿的数量波动后，将承载力定义为：在草场条件不至于威胁到牲畜的变化范围内所能支持的牲畜的最大数量。这些定义试图克服 Verhulst-Pearl 模型忽视环境约束的缺陷，但却难以界定变化范围的大小。此后，很多学者都试图对承载力进行重新定义，以期弥补改善逻辑曲线模型的不足。

20 世纪 60 年代末至 70 年代初，承载力概念被广泛用于讨论人类活动所导致的环境影响。1972 年罗马俱乐部发表《增长的极限》，将限制因素增加为粮食、资源和环境，大大拓展了承载力这一概念的内涵。《增长的极限》认为，人类社会的增长是工业化急剧发展、人口增多、粮食私有制、不可再生资源枯竭以及生态环境日益恶化五种因素共同作用的结果，五种因素均以指数形式增长，人类活动是导致环境问题的主要因素之一，而环境的好坏又涉及价值判断和制度安排。因此，承载力的内涵拓展为环境系统所提供的资源（包括自然资源和容量资源）对人类社会系统良性发展的支持能力。研究的核心变为，人口的急剧增长与资源的加速消耗对生态系统自身物质循环的干扰所导致的对社会经济发展的制约。

随着承载力内涵的拓展，承载力概念自然地由生态学延伸到其他学科，决定承载力的变量再也不是单纯的生态环境因子，更重要的是社会消费模式、技术发展状况、社会制度安排、社会价值观念等经济社会因子。承载力概念演进如表 2-1 所示。

表 2-1　承载力概念演进

限制因子	承载力的核心思想	代表学者（派）	涉及学科	意义
粮食	粮食对人口增长的最终约束	马尔萨斯、弗赫斯特	人口学	奠定了承载力研究的基础框架
生存空间、营养物质、阳光等	生态因子的组合对个体存在数量的限制	帕克、伯吉斯	人类学、应用生态学	首次明确提出承载力概念
群种群与环境限制因素	畜载量	哈德文和帕马尔	生态学	试图克服 Verhulst-Pearl 模型忽视环境约束的缺陷，但却难以界定变化范围的大小
粮食、资源和环境	环境系统所提供的资源对人类社会系统良性发展的支持能力	罗马俱乐部	经济学、社会学、生态学	承载力的内涵更广泛

2.1.2　资源环境承载力的科学含义

承载力，从其最原始的意义上讲，无非是指一个承载体对承载对象的支撑能力，包含承载体和承载对象两个系统，承载对象是"施力者"，承载体是"受力者"，承载力正是描述二者之间相互作用的一个术语。因此，在资源环境承载力这一概念中，资源环境是"承载体"和"受力者"，人类的生产生活活动是"承载对象"和"施力者"，资源环境承载力就是描述二者之间相互作用的一个概念。这里，"资源环境"泛指影响人类生产生活活动的所有自然条件，包括资源、环境、生态、灾害等，资源环境承载力中的"资源环境"只是综合自然条件的代名词而已。根据承载体属性的不同，资源环境承载力可划分为四大类，即资源类承载力、生态类承载力、环境类承载力和灾害类承载力。不同类别的内部，按照其系统构成或介质类型又可进一步划分，如按资源要素的不同，资源类承载力可分为土地资源承载力、水资源承载力和矿产资源承载力，生态类承载力则主要包括湿地、森林、草地等不同生态系统的承载力，按环境介质类型不同，环境类承载力分为大气环境承载力、水环境承载力和土壤环境承载力三类。

　　科学认知资源环境承载力，必须从自然基础条件(承载体)和社会经济发展(承载对象)两个维度进行综合认识。一方面是承载体的支持能力，即资源环境系统的供容能力，这是资源环境承载力的支持部分；另一方面则是承载对象的活动与消费能力，也就是资源环境系统能够维持的人类社会经济活动的水平和规模，即阈限，这是资源环境承载力的压力部分。着眼于资源环境系统，资源环境承载力可以表达为，在承载不断变化的人类生产生活活动时，资源环境系统进入不可持续过程时的阈值或阈值区间，即资源环境系统对社会经济发展具有上限约束作用，对相同规模和类型的人类生产生活活动，不同的自然结构和自然功能，其约束上限的阈值或阈值区间是不同的，资源环境承载能力同自然结构和自然功能有着紧密的关系；着眼于人类生产生活活动，资源环境承载力表达为，在维系自然基础可持续过程的同时能够承载的最大经济规模或人口规模。显然，在同样的自然基础条件下，不同的开发功能和利用效率，其可承载的经济规模或人口规模是不同的，即资源环境承载能力同发展方式和发展水平有着紧密的关系。可见，资源环境承载力描述的不仅仅是自然环境特征，也不是单纯的人类社会经济活动，它反映人类活动与环境功能结构相互作用的协调程度，是区域社会、经济和环境协调发展的纽带。

　　基于两个维度的基本认识，学者们在定义资源环境承载力或各有侧重，或兼而有之。总结起来，关于资源环境承载力的定义可归纳为四种着眼点：支撑能力、外部作用、供给容量以及人口和经济社会活动发展规模。

　　就支撑能力角度而言，主要是指特定生产力水平发展目标下资源环境的支撑能力。相关定义诸如，"环境承载力是指在某一时期、某种环境状态下，某一区域环境对人类经济社会活动的支持能力的阈值"，"环境承载力指某一时刻环境系统所能承受的人类社会、经济活动的能力阈值"，"环境承载力是指在某一时期、某种状态或条件下，某地区的环境所能承受的人类活动作用的阈值"，"水资源承载力是指某一地区的水资源，在一定社会历史和科学技术发展阶段，在不破坏社会和生态系统时，最大可承载的农业、工业、城市规模和人口的能力"，"环境承载力是自然或人造环境系统在不会遭到严重退化的前提下，对人口增长的容纳能力"，"环境承载力是指在一定的时期和一定区域范围内，在维持区域环境系统结构不发生质的改变，区域环境功能不朝恶性方向转变的条件下，区域环境系统所能承受的人类各种经济社会活动的能力"，"环境承载力是指在一定时期、一定状态或条件下，一定环境系统所能承受的生物和人文系统正常运行的最大支持阈值"，"环境承载力是指在人类健康与自然生态不致受害的前提下，区域环境所能容纳污染物的最大负荷量"，"水环境承载力是指水环境系统功能在可持续正常发挥的前提下接纳污染物的能力(即纳污能力)和承受对其基本要素改变的能力(缓冲弹性力)"，环境承载力因此往往也被称为环境容量。

　　从外部作用角度的定义看，主要优先考虑外部条件的制约性。如"环境承载力表明在维持一个可以接受的生活水平前提下，一个区域所能永久地承载的人类活动的强烈程度"，"流域水环境承载力是流域水环境系统结构特征与功能不发生质的变化的前提下，流域水环境系统所能承受的最大外部作用"。

供给容量角度的定义强调资源的保证度，如"水资源承载力指在一定经济技术水平和社会生产条件下，水资源供给工农业生产、人民生活和生态环境保护等用水的最大能力，即水资源的最大开发容量。"

人口和(或)经济社会活动发展规模角度的定义具有尺度的阈限性。如，"资源环境承载力是指在一定时空范围内，在一定的技术条件下，在可持续发展的前提下，资源与环境所能维持的经济社会发展规模和水平"，"水资源承载力是指在未来不同的时间尺度上，一定生产条件下，在保证正常的社会文化准则的物质生活水平下，一定区域(自身水资源)用直接或间接方式开发的资源所能持续供养的人口数量"，"资源环境承载力是指在可以预见的时期内，利用本地的能源和其他资源以智力、技术等，在保证与其社会文化准则相符的物质生活水平下能够持续供养的人口数量"。

也有一些定义兼顾多个角度，如"环境承载力是指在一定生活水平和环境质量要求下，在不超出生态系统弹性限度条件下环境子系统所能承纳的污染物数量以及可支撑的经济规模与相应人口数量"。

根据资源环境承载力内涵，资源环境承载力具有以下特征：①客观性和主观性；②动态性和静态性；③易变性和可控性；④多向性和多层次性的特征。人类活动与区域环境的协调发展应当包括三个方面：①人类社会经济活动不应超出资源环境承载力范围；②在资源环境承载力允许的范围内，利用科技创新驱动社会经济发展；③采取合理的活动方式和消费方式，提高资源环境承载力及其可持续性。

2.2　资源环境承载力监测预警的内涵和机理

2.2.1　资源环境承载力监测预警的内涵

监测(monitor)，是指长时间对同一物体的动态变化进行实时检测并掌握它的变化，资源环境承载力监测，是对自然基础条件变化过程的认知和掌握。预警(early warning)，则是指在警情发生之前对其进行预测和报警，即运用现有知识技术，通过对事物发展规律的总结和认识，分析事物现有状态及特定信息，判断、描述和预测事物的变化趋势，并与预期的目标量进行比较，利用设定的方式和信号，进行预告和警示，以便预警主体有足够的时间采取相应的对策和反应措施。预警一词最早源于军事，指通过预警飞机、预警雷达、预警卫星等工具来提前发现、分析和判断敌人的进攻信号，并把这种进攻信号和威胁程度报告给指挥部门，并提前采取应对措施。广义来讲，预警作为组织的一种信息反馈机制，随着社会发展的需要，这种反馈机制逐步超越了军事，进入了现代经济、技术、医疗、教育等领域。

资源环境承载力监测预警，虽然借用了监测、预警的概念，但有着特殊的涵义。所谓资源环境承载力监测预警，是指对资源环境承载力变化情况进行监测以及在此基础上对超载状态的预警。由于自然基础条件复杂、构成因素多样，有效的资源环境承载能力监测工作，应该以服务资源环境承载能力预警为指向，在指标选取、监测布点、精度标准、监测频率等方面，最大限度地满足预警要求。在人类对资源环境需求和资源环境供给能力之间相互作用过程中，如果将人类对资源环境需求表达为承载对象压力，随着承载对象压力不断增加，承载体——即资源环境的损耗将不断增加，资源环境供给能力随之下降，承载体的脆弱性不断增强(图 2-1)。承载对象压力曲线与承载体脆弱性曲线形成有 3 个重要的阈值节点(或阈值区间)，即点 A、B 和 C，分别为临界超载、超载和不可逆。这里，临界超载是指可能发生惯性逼近超载的状态，或治理与调控的成本激增的拐点。超载是指承载体难以满足承载对象压力增长需要或承载体将出现恶化的状态。不可逆则是指采取任何干扰措施无法恢复承载体的原有状态。因此，资源环境承载能力预警，既要对阈值进行研究并对相应状态进行预警，同时也要对阈值之间的变化过程(如 AB、BC 段)进行诊断并对相应状态进行预警。可见，资源环境承载力预警是以可持续性调控为功能定位，既可以通过确定资源环境约束上限或人口经济合理规模等关键阈值的方式进行超载状态的预警，也可通过自然环境系统的变化或资源利用和环境影响的变化态势进行可持续性的预警。

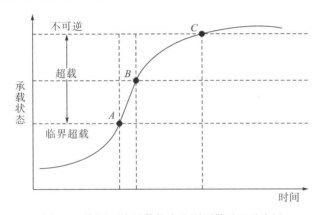

图 2-1　资源环境承载能力监测预警过程及内涵

2.2.2　资源环境承载力监测预警的机理

资源环境承载力监测预警，就是以区域可持续发展理论为基础，按照承载体(自然环境系统)同承载对象(人类生产生活活动)之间形成的"压力-状态-响应"过程，从资源环境约束上限或人口经济合理规模等关键阈值开展超载预警，以及从自然环境系统变化或资源利用和环境影响变化态势开展可持续性预警两个方面。

四类资源环境的承载力预警机理如下。

2.2.2.1　资源类承载力预警机理

从可持续性角度来看，资源可划分为可再生资源和不可再生资源。一般而言，不可再生资源供给总量在满足不断增长的人类生产生活活动需求时，是不断减少的，无节制地开发将加快不可再生资源的耗竭，使未来资源供给与人类需求之间出现短缺而影响人类正常发展，因代际不公平而出现不可持续发展过程(图 2-2a)，拐点(A_1)出现时的不可再生资源供给能力就是具有预警价值的重要阈值。可再生资源供给总量取决于资源恢复能力与消费需求之间的相互关系(图 2-2b)，显然，如果消费需求大于再生能力，意味着消费将动用可再生资源的基数，可再生资源也同样表现为与不可再生资源一样的减少过程，进入不可持续状态。因此，可再生资源的利用一旦出现消费需求大于再生能力时，即拐点(A_1')也同样具有预警价值。

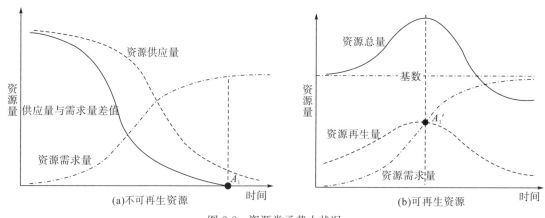

图 2-2　资源类承载力状况

2.2.2.2　环境类承载力预警机理

决定环境容量的主要因素有环境空间的大小、污染物在环境中的稳定性、输移条件和环境的功能特征及区域环境的背景状况，可用一简单公式表示如下：

$$Q(空量) = (C_0 - B)v + q$$

式中：C_0 为环境功能所决定的环境标准，B 为污染物的环境背景含量，v 为环境空间的容积，q 为污染物的环境净化量。

理论上，无论水环境、大气环境、土壤环境等各类环境都有一个可接纳污染物的合理容量，无论污染物属性、环境自净能力、累积效应等污染过程如何复杂，其结果均表现为环境质量的变化。随着社会经济发展，污染物排放不断占有环境容量，有可能逼近甚至超越环境合理容量，区域发展进入不可持续过程(图 2-3)。而且，在合理环境容量范围内有可能存在这样的阈值(即拐点 B_2)，一旦污染排放超越该阈值，其随后将路径依赖而演变为超越容量上限的过程，或环境治理成本出现增长拐点。因此，符合可持续发展要求的环境管理，应根据环境剩余容量对社会经济发展过程进行调控，而且预警的不应只是合理容量超越与否，而应同时超前给出临界预警。在环境容量没有具体给出之前，按照环境质量标准或环境质量变化状态进行管理就不失为一种有效且科学合理的方式。

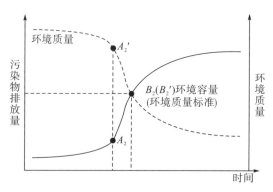

图 2-3　环境类承载力状况

2.2.2.3　生态类承载力预警机理

生态系统的属性决定着在资源环境承载能力监测预警中必须关注其内部性和外部性两个方面，内部性关注的重点是维系生态系统自身稳定性所需要保障的最小生态用水、最小生态空间等；外部性则更多关注生态服务功能以及其对人居环境感知的生态质量变化的影响。因此，自然生态类的预警涉及数量和质量两个方面。与数量相关的生态承载能力预警可比照资源类的评价，而与质量相关的生态类承载能力预警评估可参照环境类的方法。而且，生态系统具有一定的可恢复能力，在生态占用超出最小阈值、生态服务功能严重受损之后，生态系统有可能在一定的条件下得到完全恢复，但在受损达到一定程度后生态系统的恶化将呈现不可逆态势（即拐点 C_3），这也是预警须关注的重要阈值和过程（图 2-4）。

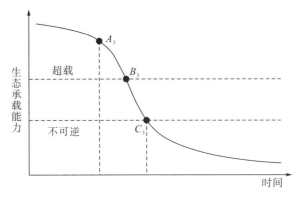

图 2-4　生态类承载力状况

2.2.2.4　灾害类承载力预警的机理

灾害往往发生时间短、但对资源环境承载能力改变往往比较显著，对承载能力改变的程度与受灾程度密切相关。灾害在承载能力监测预警中大体可分为可预测和不可预测两种类型，其对承载能力监测预警的方法选择和关键参数提取影响很大。针对可预测灾害，通常采用整治和避让的措施，整治意味着提高了区域承载能力，避让则意味着降低了承载能力。无法预测的灾害则是造成资源环境承载能力监测预警不确定性的主要原因，通常将风险评估引入技术流程中，提高预警的精准程度（图 2-5）。

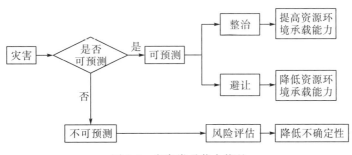

图 2-5　灾害类承载力状况

2.2.3 资源环境承载力监测预警的功能

樊杰(2015)进一步总结了资源环境承载力监测预警的三大功能。一是促进功能。资源环境承载力预警以区域可持续发展为指向，短期内有助于促进人口经济与资源环境相均衡，具有较强正向作用。二是约束功能。采用各时段的最高值意味着从严管理，有利于资源环境管理和保护，而作为约束条件，精细管理对预警研究的准确性提出更高的要求，特别是在社会经济发展与资源环境冲突剧烈、发展需求旺盛以及资源环境有限时，合理有效配置资源环境就需要更加精准的预警结果。三是应用导向功能。由于资源环境承载力对可持续发展最直接、显著的作用是"短板效应"，即制约区域发展的某个关键要素可能直接决定整体承载力的强弱，识别短板便可揭示可持续发展与资源环境矛盾的症结所在。消除短板后的理想状态是发展瓶颈得以突破，但也存在原有短板解决后新的短板效应立即突显的可能，而使综合治理成本进一步提高。因此，明确资源环境承载力内部结构也具有丰富的政策意义。

2.3 相关研究综述

2.3.1 资源环境承载力评价研究现状

2.3.1.1 国外研究现状

对资源环境承载力评价的研究可以追溯到 20 世纪 60 年代末至 70 年代初，以美国麻省理工学院 D. 梅多斯教授为首的学者组成的"罗马俱乐部"，对在世界范围内的土地、水、食物、矿产等资源和水、大气、声等环境与人的关系进行了系统的评价。在评价的过程中主要运用系统动力学模型，构建了著名的"世界模型"结构，这个结构深入分析了人口增加、经济发展同资源过度消耗、环境严重恶化和粮食生产减产之间相互制约的关系，并对其进行了科学预测，到 21 世纪时，全球经济增长中的预测值将达到最大阈值。为避免世界经济出现严重的衰退，这些学者提出了著名"经济零增长"发展模式。20 世纪 70 年代，R. Milfington 和 Gifford 采用多目标决策分析法，分析了人口发展与土地资源的关系，讨论了澳大利亚的土地承载力。英国学者 Slesser(1990)提出了一种计算承载力的新方法，即采用 ECCO 模型。该模型有一定的假设前提，即一切都是能量。在综合权衡人口、资源、环境与发展之间的相互关系，通过构建系统动力学模型，以能量为折算标准，模拟不同发展情景下，人口、资源、环境承载力大小与发展之间的弹性关系，进而确定最优的发展方案。通过对一些国家和地区的实际应用，该模型在实践中取得了良好的效果，并通过了联合国开发计划署的批准。1984 年，苏格兰资源利用研究所使用肯尼亚政府提供的数据，运用系统动力学模型进行试验性研究，取得了显著的成效。1995 年，诺贝尔经济学奖获得者 Arrow 在 *Science* 上发表题为"经济增长、环境和承载力"的论文，研究成果主要是环境与经济，该论文在学术界和政治界引起了很大的反响。1996 年，美国佛罗里达州社区事务厅和 URS 公司联合对佛罗里达群岛地区承载力进行深入研究。根据图形用户界面上所反映的社会经济和生活质量、财务、人力基础设施、综合水资源、海洋和陆地六个模块去构建一个承载力分析模型，允许划定不同的土地利用类型和土地利用变化的空间强度，用以预测区域资源环境对土地开发活动的承载能力的大小。这项研究虽然只是停留在概念阶段，对区域发展的指导价值不是那么明显，但其建模过程中发现对后来承载力的研究仍然具有重要意义。Witten 和 Bolin(2001)通过对地区资源禀赋及人为创造的资源承载力进行分析，并据此制定适当的综合计划、政策和规则，确保人类活动不超越承载力的阈值范围。2001 年，Ulgimi 基于能值分析法，研究了在确保资源和环境不遭到不利于人类社会经济发展前提下，所适宜发展的经济规模。2005 年，Kyushik 建立了基于地理信息系统的城市承载力评估系统。

尽管欧美发达国家最早关注到了资源环境承载力问题，但在 20 世纪 90 年代之后，持续研究资源环境承载力问题的不多，研究进展甚微，呈现这一现象的原因：一方面，资源环境承载力涉及面极为广泛，研究本身具有不确定性和不一致性；另一方面，也是很重要的现实原因，即欧美发达国家资源储备相对丰富，人口压力很小，整体处于优越的自然与社会环境之中，致使他们关注的焦点不在于此。而对尚处于工业化、城市化快速发展阶段的中国而言，经济发展与资源环境矛盾日益凸显，资源环境承载力问题自然引起更为广泛和持续的关注。

2.3.1.2　国内研究进展

早在 20 世纪 80 年代末，我国就开始了资源环境承载力的研究，最初主要是引进和学习国外资源环境承载力理论与评价方法。国家明确提出实施可持续发展战略特别是大力推进生态文明建设以来，资源环境承载力问题受到越来越多的关注，相关研究十分丰富。本书从资源承载力、环境承载力和资源环境承载三个方面对已有研究进行综述。

1.　资源承载力评价研究现状

我国资源承载力评价研究包括对土地、水、矿产、海洋和森林等单要素资源的承载研究，但主要集中于土地资源承载力研究和水资源承载力研究。根据 CNKI 文献查询，陈百明(1989)《中国土地资源的人口承载能力》最早将土地资源承载力引入国内，该文介绍了联合国粮农组织在世界范围内对土地资源人口承载量的研究，引入了联合国教科文组织研究资源承载力时所使用的系统动力学模型，随后，石玉林等(1989)对我国土地资源人口承载量和土地生产潜力进行了研究。中国科学院中国土地资源生产能力及人口承载量研究课题组的《中国土地资源生产能力及人口承载量研究》被普遍认为是土地资源承载力研究中具有较大影响的成果(封志明，1994；张红，2007；景跃军和陈英姿，2006)，研究以 2000 年和 2025 年为研究的时间尺度，探讨了无具体时间尺度的理想承载力，以及土地与食物的限制性，并提出了提高土地承载力、缓解我国人地矛盾的主要措施。封志明等(2008)较早对国内外土地资源承载力的理论和模型进行了梳理，他认为，以土地生产潜力为基础确定区域人口最大规模是土地资源承载力研究的核心内容，并以人粮关系为基础，采用单因素评价法，构建了土地资源承载力指数模型，从全国、省域、县域三个空间尺度评价了我国土地资源承载力演变的时空格局，以 2005 年为代表年份讨论了我国土地资源承载力状况，结论显示我国土地承载力仍处于低水平的人粮平衡状态。孙钰和李新刚(2013)基于城市土地支撑力水平和城市土地受压力强度两个方面，构建了城市土地综合承载力评价模型，并对山东省地级市进行了实证研究。水资源承载力是除土地资源承载力之外，研究较多的领域，我国较早开展水资源承载力研究的是新疆水资源软科学课题研究组，通过对新疆水资源的形成机理、特征优势、变化趋势和其潜力的分析，他们认为，其水资源能承载不超过 3000 万人的规模。夏军和朱一中（2002）将水资源承载力定义为，"在一定的水资源开发利用阶段，满足生态需水的可利用水量能够维系该地区人口、资源与环境有限发展目标的最大的社会—经济规模"，基于此，作者从水资源总量、生态需水量、可利用水资源量、水资源需求总量等 7 个维度构建了区域水资源承载力的评价模型，提出了水资源承载力的测算方法，并针对西北干旱区水资源承载力的关键问题进行了探讨。

此外，也有学者提出相对资源承载力的概念并进行了实证分析。刘兆德和虞孝感（2002）认为，相对资源承载力是以比研究区更大的一个或数个参照区作为对比标准，根据参照区的人均资源拥有量或消费量以及研究区域的资源存量，计算出研究区域的各类相对资源承载力，作者从相对自然资源承载力、相对经济资源承载力以及综合承载力 3 个维度建立相对资源承载力评价模型，并以我国其他区域作为参照区，对长江流域 7 个省 2 个市进行了相对资源承载力评价，分析其演化过程。孙慧和刘媛媛（2014）对相对资源承载力模型的指标体系进行了拓展，并以新疆为例进行了实证分析。

2. 环境承载力评价研究现状

早在 1991 年，北京大学环境科学中心课题组在福建省湄洲湾开发区的环境规划研究中就提出了"环境承载力"的概念（唐剑武和郭怀成，1997；唐剑武和叶文虎，1997），他们认为，环境承载力是，"在某一时期、某种状态或条件下，某地区的环境所能承受的人类活动的阈值"。相关研究主要涉及水、大气、生态、旅游等领域的环境承载力研究。黄涛珍和宋胜帮（2013）认为，水环境承载力是"水环境系统在某一时期，所能维持某地区经济社会发展的能力阈值，其承载能力的高低直接关系到整个生态环境系统的安全和人类社会的可持续发展"，通过构建流域水环境承载力评价指标体系，应用变量模型法对淮河流域的水环境承载力进行了评价。王金南等（2013）运用压力-状态-响应（PSR）结构模型，以环境所承载的水污染物排放作为模型中的压力，以水环境容量及其分布作为模型中的状态，以城市污染控制措施与社会经济发展政策调控作为模型中的响应，三者共同构成水环境承载力评估框架模型，分析了长江三角洲 16 个城市水环境承载力演变情况。王莉芳和陈春雪（2011）利用层次分析法对济南市的城市水环境承载力进行评价。徐大海和王郁（2013）将大气环境承载力理解为，"在某一时期、某一区域，在某种状态下环境对人类活动所排放大气污染物的最大可能负荷的支撑阈值"，依据生态足迹法的定义和评估方法，建立了测量大气环境承载力的烟云足迹法。陈新凤（2006）通过建立大气环境承载力评价模型，对山西省历年来和 11 个地市 2003 年的大气环境承载力现状进行评述，根据预测模型，采用警告型预测和目标导向型预测对山西省和 11 个地市大气环境承载力进行分析研究，发现山西环境承载力严重超载。夏军等（2004）基于多因素关联分析理论，选取社会福利、经济技术水平和生态环境质量 3 个维度建立指标体系，构建了生态环境承载力的定量分析方法，并对海河流域进行了生态环境承载力评价。崔凤军和杨永镇（1997）通过游客密度、旅游经济收益土地利用强度等指数构建了多指标旅游承载力指数模型。

也有学者综合多种环境因素对环境承载力进行研究。曾维华等（2007）将环境承载力（水环境容量、大气环境容量等）和社会经济开发强度（人口数量、工业总产值、污染物排放量等）作为两个子系统来构建环境承载力指标体系，并在环境承载力利用强度的基础上，提出了环境承载力综合指数，以此来衡量区域开发强度是否超载。

3. 资源环境承载力评价研究进展

总的来看，资源环境承载力研究内容比较丰富。刘殿生（1995）较早提出了资源环境承载力的概念，他认为，大气、水、土地、海洋、生物等资源以及大气环境和水环境的自净能力等综合因素构成的环境承载力就是"资源与环境综合承载力"，并采用专家咨询法和加权平均法确定秦皇岛市三个行政区 1993 年综合承载能力值与 2000、2010 年预测值。毛汉英和余丹林（2001）认为，资源环境承载力是由资源承载力和环境承载力演化而来的，是指不同尺度区域在一定时期内，在确保资源合理开发利用和生态环境良性循环的条件下，资源环境能够承载的人口数量及相应的经济社会总量的能力。作者探究了资源环境承载力的特征和内涵，并采用状态空间法和系统动力学法，建立评价指标体系，对我国渤海地区的资源环境承载力进行了定量评价与承载状况趋势模拟，评价与预测结果显示，环渤海地区三省两市 1995～2015 年的承载状况均处于超载状态。齐亚彬（2005）认为，资源环境承载力是由承载体、承载对象、环境承载率三要素组成，衡量承载力的指标可分为自然资源支持力、环境生产支持力和社会经济技术支持水平三项指标，并对可持续环境承载力（率）的测量提出了模型设计思路。王红旗等（2013）则从生态支撑系统、资源供给系统、社会经济系统及调节系统 4 个方面构建资源环境承载力评价指标体系，并运用集对分析模型对内蒙古自治区资源环境承力进行评价。付云鹏和马树才（2015）通过构建区域资源环境承载力的指标评价体系，采用主成分法与空间自相关分析对我国 31 个地区 2004～2013 年期间的资源环境承载力进行了综合评价，并在此基础上研究了我国区域资源环境承载力的时间和空间变化特征。

"十一五"我国提出推进形成主体功能区，"十二五"国家编制出台了《全国主体功能区规划》，并要求严格实施主体功能区制度，"十三五"则明确提出加快建设主体功能区。资源环境承载力作为主体功能区规划与方案调整的重要依据，对资源环境承载力进行评价、监测和预警，成为主体功能区建设和优化国土空间开发的一项基础性工作。在此背景下，我国资源环境承载力研究进入了一个新的阶段，研究内容逐步由资源环境承载力的概念界定、评价体系和方法探讨拓展为包括资源环境承载力评价、监测和预警的机理、功能和方法等更加系统的研究。中国科学院研究团队以资源环境承载力为核心建立了主体功能区规划指标体系，并对区域可利用土地资源承载力、可利用水资源承载力、环境承载力等开展了专项评价（樊杰，2013）。樊杰等（2015）提出了全国资源环境承载力预警的学术思路，按照承载体-自然基础同承载对象-人类生产生活活动之间形成的"压力-状态-响应"过程，建立了全国资源环境承载力评价指标体系，进行陆域、海域资源环境承载力专项评价和综合评价，并根据评价结果运用等权重方式确定关键阈值，对陆域和海域资源环境承载力进行集成评价（超载、临界超载、不超载）。

我国国土辽阔，区域发展不平衡。围绕人口密集的大都市区、城市群以及人口稀少和自然条件较差的山区、灾区等类型区域的资源环境承载力也开展了研究。

随着中国城市化进程的加快，城市群资源环境承载力问题日益凸显。刘晓丽和方创琳（2008）探究了城市群资源环境承载力研究的趋势和方向，张学良和杨朝远（2013）通过构建三级简单指标体系，采用因子分析法对 2011 年我国 22 个城市群的资源环境承载力进行了评价，研究发现，中国城市群资源环境承载力总体上呈现出"东高西低"的阶梯状空间分布格局。文魁和祝尔娟（2013）《京津冀发展报告（2013）——承载力测度与对策》主要从人口规模、水资源承载力、生态环境承载力和交通基础设施承载力 4 个方面对京津冀地区进行综合承载力评价，结论表明，北京承载力已进入危机状态,天津已达警戒线,河北发展空间有限。刘惠敏(2011)从资源的供给与需求角度,选取 12 项代表性指标,采用时序全局因子分析的方法,对 2000 年、2008 年长三角城市群 16 个城市的土地、水、交通和环境等单要素承载力进行评价,黄志基等(2012)以中国 16 个城市群为研究对象,从资源、环境和生态三个维度构建了基于国土开发压力的城市群承载力综合评价体系,采用熵值法对中国城市群的承载力进行了研究。

孙久文和罗标强(2007)以北京市七个山区县作为分析的目标区域,应用生态足迹分析法计算了该区域资源环境的生态足迹。吴映梅等(2006)通过多要素综合动态分析法,对西南山区资源环境的基础支撑能力进行了评价。汶川特大地震灾后恢复重建中,资源环境承载能力的综合评价被成功运用于重大规划决策,在决策层和学术界引起了极大影响,中国科学院研究团队先后进行了汶川灾后重建资源环境承载能力评价工作,其成果为灾后恢复重建工作的有序开展提供了重要科学基础。中国科学院牵头完成的《国家汶川地震灾后恢复重建规划资源环境承载能力评价》以自然地理环境、地质条件、次生灾害危险性、人口经济基础等评价为基础,对地区重建适宜性进行了评价(樊杰等,2008)。邓伟(2009)从土地资源、水资源、生物资源等方面研究了汶川地震灾区承载力的变化情况,并对灾区人口承载力变化特征进行了探讨,结论显示,灾区资源环境承载力总体呈下降趋势,且靠近地震断裂带附近下降最为明显。彭立等(2009)对汶川地震重灾区 10 个县地震后的水资源、环境容量和土地资源分别进行评价,根据"木桶短板效应",确定以土地资源的人口承载力来反映整个区域的资源环境承载力,并通过土地粮食承载人口、适宜建设用地承载人口和经济收入承载人口 3 个方面综合确定了人口的合理规模。中国科学院成都山地灾害与环境研究所从地震次生灾害危险性、自然地理环境、人口和经济基础条件等方面对芦山地震灾区进行了承载力评价(邓伟等,2015)。

总的来看,在吸收和学习国外资源环境承载力理论和方法的基础上,国内研究主要集中在资源环境承载力的概念界定、理论分析、评价体系,并对我国不同空间尺度、不同类型区域的资源环境承载力展开了大量的实证分析,在某些方面应该说已具有国际领先水平,如资源环境承载力评价在我国主体功能区划和灾后恢复重建中的成功应用,当然,随着国家生态文明建设的深入推进,现有研究仍需进一步创新和完善,存在进一步探索的空间。

2.3.2　预警相关研究

目前,关于资源环境承载力监测预警的研究刚刚起步,不过,预警理论和技术早已运用于军事、自然灾害管理、宏观经济分析等领域,取得了较好的社会经济效益,为开展资源环境承载力监测预警研究提供了参考和启发。

2.3.2.1　自然灾害预警研究

自然灾害预警分析作为多学科交叉的科学,它以灾害模型、抗灾性能模型、承灾体密度和灾害损失模型为基础来进行自然灾害风险动态监测与预警(霍治国等,2003)。美国学者 William J. Petak 和 Arthur A. Atkisson(1993)在《自然灾害风险评价与减灾政策》一书中对美国主要自然灾害的风险分析进行了详细的论述,研究小组对美国各县发生的自然灾害建立起了一套预测模型。自然灾害预警方面的研究,主要集中在气象灾害、地质灾害、海洋灾害、森林火灾和重大生物灾害等方面的预警。气象灾害预警方面，在国家科技攻关等计划的支持下，1995~2005 年，我国农业气象灾害研究取得了较多成果，基于 3S 技术和地面监测相结合，构建了农业气象灾害动态监测系统，从宏观和微观角度来全面监测农业气象灾害的发生发展，并且通过建立和完善卫星遥感监测系统，开展了干旱、洪涝、冷害等灾害的动态监测，逐步建立集 3S 于一体的高空时空分辨率的农业气象灾害监测预警系统(王春乙等，2005)。

地质灾害预警研究在国外开展较早，具有代表性的是，美国地质调查局(USGS)联合美国气象服务中心(NWS)在旧金山湾地区建立了一套滑坡灾害实时预警系统(刘传正等，2004；刘兴权等，2008)，主要依据降雨强度、岩土体渗透能力、含水量和气象变化，综合分析地质条件及降雨的空间分布，作出预警判断。地质灾害预警主要依托以 3S(GPS、RS 和 GIS)技术为核心的技术体系，通过地质灾害调查评价(或勘查评价)、观测(监测)系统建设与运行、灾害发展趋势分析会商、预警信息传播和适度的准备反应或防治对策 5 个步骤，来对地质灾害进行多个层次、多种精度的预测(1~10年以上)、预报(1月~1年)、临报(数日)和警报(数小时)等(刘传正，2000)。

目前，世界各国政府及从事海洋监测的科学家所公认的实施区域性海洋灾害监测及预警的总体目标是集成锚泊浮标网、岸基/平台基海洋监测站、巡航飞机、监测船及其他可利用的监测手段，组成海洋环境立体监测系统(惠绍棠，2000)。自 20 世纪 90 年代以来，国外海洋监测技术进入一个高技术发展时期，国外比较有代表性的区域性监测预警系统有缅因湾海洋观测系统(GOMOOS)、切萨皮克湾监测系统(CBOS)、墨西哥湾沿岸海洋观测系统(GCOOS)等。美国海洋监测的重点是近岸海洋环境监测系统的开发研制，其总体目标是促进和鼓励建立一体化、基于遥感和快速现场采样方法的海岸水域监测运行系统，以对海岸地区和资源进行可靠的评估、预测和管理(杜立彬等，2009)。虽然我国开展海洋预测预警技术的研究较晚，但在国家 863 技术成果的支持下，我国在区域性海洋监测系统建设方面取得了很大进步，先后建成了上海海洋立体监测系统示范区、福建海域海洋动力实时立体监测系统及珠江口海洋环境综合监测系统。此外，国内外还对森林火灾预警(覃先林等，2015)、重大生物灾害预警等方面展开了研究，此处不一一赘述。

2.3.2.2　生态环境预警研究

生态环境预警是对资源开发利用的生态后果、生态环境质量变化以及生态环境与社会经济协调发展的评价、预测和报警。国内外都十分重视生态环境预警(梅宝玲和陈舜华，2003)，1975 年全球环境监测系统(global environmental monitoring system, GEMS)建立，以及后来成立的怀特的洪水泛滥预警体系、罗马俱乐部全球发展综合预测、美国布内拉斯加大学研制的 AGENT 系统、英国斯莱瑟教授提出的以提高环境承载能力的 ECCO 模型、中国科学院国情小组对我国生态环境的预警，都从不同角度对生态环境预警进行了研究。在这个过程中，生态环境预警理论不断完善，技术方法和手段不断得以更新和提高，从单项预警发展到综合预警，从专题预警发展到区域预警(傅伯杰，1991)。

我国生态环境预警研究在内容上，以生态安全预警和可持续发展预警的研究为主。在研究区域上，西部生态脆弱地区和东部快速城市化地区一直为研究热点区域，同时城乡结合部的土地生态安全预警在近年来也引起了部分学者的重视(何志明和杨小雄，2007)。在空间尺度上，多数情况下是以区域(于文金和邹欣庆，2007；刘振波等，2004)和城市(郑荣宝等，2007)为对象，同时根据城市建设和发展的需要，部分研究者对开发区也进行了专门的生态安全预警研究(李捷等，2002)。在研究对象上，既有对城市土地生态系统整体的预警研究，也有对水环境等单要素系统的专项预警研究(李万莲，2008)。从研究技术方法来讲，包括模糊物元法、层次分析法、RBF神经网络法、状态-压力-响应法等，此外，GIS系统设计也逐渐与动态土地生态预警结合起来。中国科学院将"国家生态安全的监测、评价与预警系统"研究作为2000年的重大项目(郭中传，2001)。赵雪雁(2004)开展了西北干旱区城市化进程中的生态环境预警研究，对西北干旱区城市扩展的生态环境阈限、城市化进程中生态预警指标体系、预警方法以及预警程序都进行了探讨。孙凡等(2005)通过对重庆市生态环境质量与生态安全的综合评价，确立了重庆市生态安全评价与监测预警机制的理论与指标体系，建设了重庆市生态安全监测预警系统。郑荣宝等(2007)以广州市为例开展了土地生态安全预警研究，构建了包括监测、评价、预报、决策的土地资源安全预警系统。

2.3.2.3　宏观经济预警研究

宏观经济预警研究可以追溯到19世纪末期，1888年在巴黎统计学大会上，就提出了以不同色彩作为经济状态评价的论文。20世纪30年代中期，经济监测预警系统再度兴起，到20世纪50年代不断改进、发展并开始进入实际应用时期。20世纪60年代，经济预警方法逐步走向成熟。1961年，美国商务部正式在其刊物《经济循环发展》上逐月发表以数据和图表两种形式提供宏观景气动向的信号。20世纪70年代末期，预警系统本身已日趋成熟，且信息识别和基础理论研究方面仍在不断发展着。

我国宏观经济预警理论最初是对经济循环波动问题的研究，起始于20世纪80年代中期，其发展过程基本上可以分成两个阶段。1988年以前为第一阶段，这一阶段以引入西方的经济发展理论和经济波动的周期理论为主，并对我国的经济波动及其动因进行了分析。从1988年开始为第二阶段，主要工作是寻找我国经济波动的先行指标，一个重要变化就是从研究经济形态的长期波动转向研究经济形态的短期变化。特别是引入了西方景气循环指数方法，使这一研究取得了突飞猛进的发展。景气分析一般通过选取影响宏观经济运行的指标来构成景气评价指标体系，运用时差相关分析、K−L信息量、回归分析等指标分类法将景气评价指标体系分为滞后、同步和先行指标，通过计算得出合成指数，并与建立起的景气信号系统，分别为红灯(过热)、黄灯(偏热)、绿灯(稳定)、浅蓝灯(偏低)和蓝灯(过冷)进行对比，利用计算所得指数判断宏观经济运行状态，从而进行预报预警(张守一等，1991)。国家统计局于1996年成立了中国经济景气监测中心[①]，中心通过监测中国宏观经济景气的走向，预测发展趋势，并提供宏观经济景气监测信息及月度、年度分析报告，极大地推动了景气指数在我国的应用。近年来，采购经理指数(PMI)、消费者物价指数(CPI)、生产者物价指数(PPI)等宏观经济监测指数，在国内外得到了广泛的运用，其通过提供月度数据能较为准确地反映宏观经济的变化走向，具有较强的预测、预警作用。

2.3.2.4　金融危机预警研究

金融危机预警的研究始于20世纪70年代，90年代欧洲货币危机、墨西哥金融危机和亚洲金融危机的先后爆发进一步引发了对该领域的研究热潮。亚洲金融危机之前，金融危机的预警研究取得了较大进展，提出了较多金融危机预警模型，但这些模型却在预测亚洲金融危机中失灵，为此学者

---

① 中国经济景气监测中心网站，www.cemac.org.cn/Azhdt.html

们开始重新设计新的金融危机预警系统，并把注意力集中于评价预警模型和预警指标的有效性等方面。

金融危机预警主要可以分为模型预警和非模型预警两类。模型预警理论的基本方法是构造危机分辨指标、定义识别危机的极限边界值、比较危机前后的某些经济指标的变化特点，选取预警信号代表性诊断指标并界定相应的预警标准。非模型预警理论主要是根据一定的标准通过对经济体的一系列经济指标进行综合评价，评定该经济体发生危机的可能性，典型方法包括主要债券利差法、权威信用评级法和货币市场分析法。IMF 的研究表明，从 1990 年以后发生的金融危机来看，基于模型的预警法比非模型预警法准确性要高得多。

目前国际上比较流行的金融危机预警模型包括 1996 年 Frankel 和 Rose 根据许多发展中国家的样本数据开发的"概率模型"（FR 模型）、1996 年 Sachs，Tornell 和 Velasco 开发的"横截面回归模型"（STV 模型）、1997 年 Kaminsky、Lizondo 和 Reinhart 联合开发的"信号分析法"（KLR 模型）和 1999 年 Andrew Berg 和 Catherine Pattillo 针对新兴市场国家在 KLR 模型上改进的 DCSD 预警模型。国内在这方面的研究主要集中在对国外金融风险预警模型的对比研究上，也有一些学者尝试构建我国自身的中国金融风险预警指标体系，如郑振龙（1998）根据全球 25 个国家 1970～1996 年 120 次货币危机和银行危机的历史经验，建立了一套包含生产指数、股价指数等 20 个指标的监测货币危机和银行危机的预警系统。何建雄（2001）联系我国国情，提出了我国金融风险预警指标体系框架，其指标体系包括资本充足率、通货膨胀率和利率等三大类 60 余个指标。中国银行国际金融研究所课题组（2010）尝试构建了一套新的金融危机监测综合指标体系，并合成为一个综合指数，即金融危机风险指标，并运用美国的数据进行了检验，结果表明，该指标体系能对 2008 年美国金融危机进行一定程度上的监测。

2.4　资源环境承载力监测预警的方法

通过对资源环境承载力评价方法和预警一般方法的梳理，提出本书的技术路线，建立一种资源环境承载力监测预警的方法。

2.4.1　资源环境承载力评价的方法

2.4.1.1　生态足迹法

生态足迹（ecological footprint，EF）是 20 世纪 90 年代初由加拿大生态经济学家威廉（William）和瓦克纳戈尔（Wackernagel）提出的测量资源环境承载力的方法。该方法通过将区域的资源和能源消费转化为提供这种性质流所必需的各种生物生产土地的面积，并与区域能提供生物生产型土地面积进行比较，来定量判断一个区域的发展是否处于资源环境承载力的范围内。EF 模型主要是用来计算在一定人口与经济规模下，维持资源消费和处理废物所必需的生物生产面积（BPA）。生态足迹的计算基于两个条件之上：①人类可以确定在一定经济规模下自身消费的资源和产生的废物数量；②消费的资源和产生的废物能转换成相应的生物生产面积。因此，任何已知人口（地区、国家）的生态足迹是生产这些人口所消费的所有东西的资源和吸纳这些人口所产生的所有废弃物所需要的生物生产面积（包括陆地和水域）。

　　生态足迹法分析步骤：通过计算某区域总生态足迹（EF）和总生态承载力（EC）来得出该地区的生态赤字（ED＝EF－FC，EF＞EC）或生态盈余（ER＝EC－EF，EF≤EC）。生态足迹的计算公式为

$$EF = N \times r_i \times \sum_{i=1}^{6} aa_i$$

生态承载力的计算公式为

$$EC = N \times ec = N \times \sum_{i=1}^{6} a_i \times r_i \times y_i$$

其中，N 为总人口数；r_i 为均衡因子（因为不同类型土地生产能力差异很大，为了使计算结果转化为一个可比较的标准，必须要在每种类型生物生产面积前乘上一个均衡因子）；aa_i 为第 i 类交易商品折算的人均生物生产面积；a_i 为人均生物面积；y_i 为产量因子；ec 为人均生态承载力。生态足迹的核算中，生物生产土地面积主要考虑 6 种类型：耕地、草地、林地、化石燃料、建筑用地和水域。

　　生态足迹法分析步骤如图 2-6 所示。

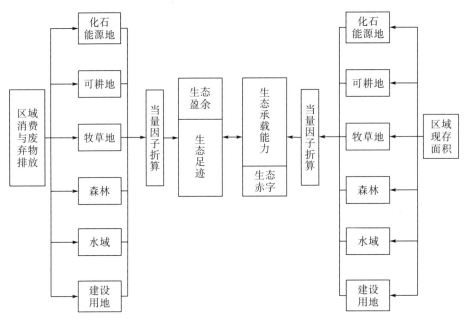

图 2-6　生态足迹法分析步骤

　　生态足迹法由于存在明显的优点，受到国内外学者的格外青睐，从而推动了它的迅速发展。优点主要表现为以下几点：①生态足迹分析法是涉及系统性、公平性和发展的综合指标。②具有可比性。生态足迹账户的计算结果以全球性生物生产面积表示，并通过均衡因子和产量因子消除不同类型土地和不同地区生产力的差别，可以进行不同国家或区域的比较。③结果形象，容易理解。生态足迹分析法以生态足迹与生态承载力的差值表示，即以生态超载和生态赤字表示，结果形象，不需要专业解释就能够理解。

　　然而，生态足迹法的不足和缺陷也是显而易见的：①生态足迹法与发展理论矛盾，生态足迹法

中没有考虑技术因素，而技术进步是发展的一个重要参数。②与历史数据存在矛盾，用生态足迹的方法，根据现有的计算数据，如果地球上的人都按照美国的方式生活，只要一个地球就可以了，这与其他一些方法所推出的五个地球矛盾。③零温室气体排放非最优，大气是可以容纳一部分温室气体的，而在生态足迹法中，只要排放温室气体就会产生生态足迹。④由全球生态足迹得出的限值有问题，由于地区之间存在贸易，因此由全球生态足迹得出的地区发展限值是有问题的。⑤体现单产提高对生态足迹的影响有局限。⑥没有考虑土地退化和生态足迹的关系。

生态足迹是一种测量和比较人类经济系统对自然生态系统服务的需求和自然生态系统的承载力之间差距的生物物理测量方法，生态足迹凭借其自身的特点和优势成为目前流行的定量测量人类对自然利用程度的主要方法。通过生态足迹的生态承载力的计算分析，形象地提供了人类对自然界和生态系统的依赖程度。学界早已经在运用生态足迹法进行研究，且研究成果颇丰。中国科学院寒区旱区环境与工程研究所(2002)对中国的 1999 年的生态足迹进行了研究分析。分析表明，1999 年中国人均生态足迹为 1.326hm²，但人均生态承载力为 0.681hm²，人均生态赤字 0.645hm²，赤字率为 94%。按照同样方法对我国 31 个省(市)的生态足迹进行了计算，结果表明北京市人均生态足迹最高，为人均 2.682hm²；云南省的人均生态足迹最低，为 0.447hm²；在所有计算的省(市)中，除江西、云南和西藏外，其余省份都存在不同程度的生态赤字，种种迹象表明，中国的承载力环境不容乐观。中国科学院寒区旱区环境与工程研究所(2016)对中国 2000~2010 年的生态足迹进行分析。10 年间，我国总生态足迹由 17.69 亿 GHA 增加到 32.59 亿 GPA，生态足迹年均增长 6.3%，并且明显快于同期世界各国生态足迹增速，也明显快于 1990~2000 年我国总生态足迹增速，但 10 年间，我国生态足迹增速有所放缓。

2.4.1.2　状态空间法

状态空间法(state-space techniques，ST)就是将实际的区域资源环境承载状况以及理想的区域资源环境承载力放在欧氏几何空间中进行分析和比较的方法，最早是由 R. E. 卡尔曼在 1960 年引入现代控制理论的。该方法是将实际的区域资源环境承载情况描述成欧氏空间中的一个点，同样也可将理想的资源环境承载力描述成欧氏空间中的一个点，然后再对比两点与远点所构成的向量模加以比较，就可以得出实际的资源环境承载状况是否超出理想的资源环境承载力。如图 2-7 所表示的三维状态空间包括作为承载体的区域资源环境和作为受载体的人口及其经济社会活动三个轴。状态空间中的不同承载状态点(如图 2-7 中 A、B 和 C 点)可表示一定时间尺度内区域的不同承载状况。不同的人类活动强度对资源环境的影响程度不同，反之，不同的资源环境组合对人类活动的影响也不同。所有不同状态空间中由不同资源环境组合形成的区域承载力点构成了区域承载力曲面，并且根据区域承载力在状态空间中的含义，任何低于曲面的点(如 C 点)都代表区域内人类社会经济活动低于区域承载能力，反之高于区域承载能力。

状态空间法的计算公式为

$$RCS = RCC \times \cos\theta$$

式中，RCS 为现实的区域承载状况，RCC 为理想的区域承载能力，θ 为现实的区域承载状况矢量与理想的区域承载状况矢量之间的夹角。通过比较实际资源环境承载力到坐标原点的距离(M)和理想资源环境承载力到坐标原点的距离(N)，可对区域的实际承载状况进行判断。通常有区域承载状况超载($M>N$)、满载($M=N$)与可载($M<N$)三种情况。

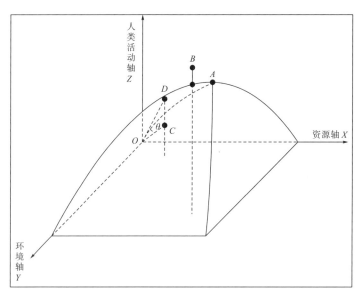

图 2-7　状态空间示意图

　　状态空间法有很多优点。由于采用矩阵表示，当状态变量、输入变量或输出变量的数目增加时，并不增加系统描述的复杂性。状态空间法是时间域方法，所以很适合于用数字电子计算机来计算。状态空间法能揭示系统内部变量和外部变量间的关系，因而有可能找出过去未被认识的系统的许多重要特性，其中能控性和能观测性尤其具有特别重要的意义。研究表明，从系统的结构角度来看，状态变量描述比经典控制理论中广为应用的输入输出描述（如传递函数）更为全面。但也存在承载力曲面构建比较困难，所需资料多等局限性。

　　通常确定区域理想承载力状态有以下三种思路：一是采用问卷调查法征集当地有关专家、学者和政府决策者的意见，并转换成相应的定量化数据；二是利用现有的一些国内及国际标准来确定不同时期的区域承载力理想状况；三是利用与研究区域条件相近，但更接近可持续发展状态的区域作为参考标准，而求得一定时期区域承载力的理想状态。中国科学院地理科学与资源研究所（2003）利用状态空间法对我国环渤海地区进行了资源环境承载力分析，计算得出环渤海地区 RCC=29.93，RCS=48.85，表明环渤海地区的区域承载状况已明显超载，系统已经无法满足在给定的人口、经济发展、生活质量前提下的需求。地区面临水土严重紧缺、生态环境状况堪忧、科技投入力度不足等主要问题，需从以上角度寻求提高区域资源环境承载力的对策。徐孝勇等（2015）在构建重庆市区域环境承载力评价指标体系基础上，运用状态空间法评价了重庆市 2006～2011 年的区域环境承载力。研究发现：重庆区域承载力虽呈现逐渐改良态势，但仍一直处于超载状态；重庆的区域承载力还有进一步提升空间。最后，论文提出加强污染物排放总量控制、加强环保执法、大力发展资源节约和环境友好型新兴产业等对策建议。

2.4.1.3　系统动力学法

　　系统动力学（system dynamics，SD）是由美国麻省理工学院福瑞斯特教授（1956）创立的一门分析研究信息反馈系统的学科。系统动力学法是一种研究复杂系统行为的方法，它集系统论、控制论和计算机仿真技术于一体，研究复杂信息反馈系统的动态变化趋势，它能够定性和定量地分析研究一个复杂的系统，是目前使用的一种重要的进行环境承载力评价的量化方法。

系统动力学方法分析步骤：第一步，要用系统动力学的理论、原理和方法对研究问题进行系统分析；第二步，进行系统的结构分析，划分系统层次与子块，确定总体的与局部的反馈机制；第三步，建立数学的、规范的模型；第四步，以系统动力学理论为指导，借助模型进行模拟与政策分析，可进一步剖析系统得到更多的信息，发现新的问题，然后又反过来再改造模型；第五步，检验评估模型。

我们可以将社会、经济、生态、环境等子系统看作一个互相耦合的复杂系统，利用系统动力学理论分析经济发展与生态环境保护间的相互依存关系，并最终提出在极限状态下的资源环境承载能力。因此，利用系统动力学模型可以较好地把握系统中众多因子的相互关系，分析系统结构，明确系统因素间的关联作用，通过因果反馈图和系统流图，建立系统动力学模型，模拟不同发展战略实现对系统结构、功能乃至发展趋势的模拟和预测。该方法的优点在于，能定量地分析各类复杂系统的结构和功能的内在关系，能定量分析系统的各种特性，擅长处理高阶非线性问题，比较适应宏观的长期动态趋势研究。中国科学院地理科学与资源研究所(2001)运用系统动力学模型对我国环渤海地区的承载力进行了研究预测，预测表明环渤海地区的资源环境承载力从 1999 年至 2015 年将从弱的可持续发展向较强的可持续方向发展，环渤海地区 2015 年的承载状况 RSC 值已接近此时段的区域承载力，并且差距处于逐步缩小的趋势。

2.4.1.4　小结

生态足迹分析法是一种静态指标分析方法，没有考虑诸如技术变化或社会适应能力等情况，在计算生态足迹时，该方法假定人口、技术和物质消费水平这些客观性指标是不变的，在一定程度上不能够反映未来的可持续趋势；状态空间法对数学模型要求很高，实际中往往难以获得高精度的模型；层次分析法的定量数据较少，定性成分多，有一些因素通过定量不能准确表达，且权重的选择有时存在较强的主观性，计算结果存在不准确性；主成分分析法的主成分的解释其含义一般多少带有点模糊性，不像原始变量的含义那么清楚、确切，且当主成分的因子负荷的符号有正有负时，综合评价函数意义就不明确；系统动力学模型的建立受建模者对系统行为动态水平认识的影响，由于参变量不好掌握，如果控制不好出现偏差，会导致不合理的结论。

2.4.2　资源环境承载力定量研究常用数学模型

资源环境承载力定量研究都涉及大量的计算，而计算离不开数学模型。除了简单的数学计算外，资源环境承载力定量研究中的常用数学模型主要有：模糊评价法、线性加权法、层次分析法、主成分分析法等。不同的模型的应用层面不同，数据需求各异，结果也就各不相同，需要根据实际情况选取恰当的模型。

2.4.2.1　层次分析法

层次分析法(analytic hierarchy process，AHP)是 20 世纪 70 年代美国匹兹堡大学萨蒂教授提出的一种多目标、多准则的决策方法。层次分析法把复杂的问题分解为各个组成因素，将组成因素按支配关系分组形成有序的层次结构，通过两两比较的方式确定层次中诸因素的相对重要性，然后综合人的判断对各因素的相对重要性进行排序，层次分析法可以将一些量化困难的问题通过严格的数学运算定量化。

层次分析法分析步骤：①构建判断矩阵。判断矩阵是层次分析法的基本信息。在判断矩阵实在总指标(A)的要求下，第一级指标层是(B_1，B_2，…，B_n)各要素进行两两比较建立起的。矩阵元素 B_{ij} 表示就总指标 A 而言的分指标层各要素 B_i 对 B_j 的相对重要性(重要性通常用 1～9 标度值来表示)；②确定权重值；③矩阵的一致性检验。每一判断矩阵都必须进行一致性比例检验，单一矩阵的一致性检验通过后，还要进行整体一致性检验；④综合指数计算。各指标层的计算公式为

$$Y = \sum_{i=1}^{n} W_i X_i$$

其中 Y 为各层指标的总格评价值；W_i 和 X_i 分别为第 i 个指标因子的权重和单项评价值。

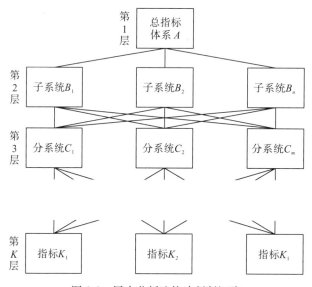

图 2-8　层次分析法构建判断矩阵

层次分析法既融合了专家评价的权威性，又不失定量化的精确性，具有严谨性和科学性，在资源环境承载力研究中得到了广泛运用。该方法的优点是对于无法测量的因素，只要通过对比进行合理的标度，并且定量信息的要求较少，可以通过用这种方法来度量各因素的相对重要性，是一种系统性的分析方法以及简洁实用的决策方法。但也存在着一些局限性，如只能在给定的策略中去选择最优的，而不能为决策提供新方案；所用的指标体系需要有专家系统的支持，如果给出的指标不合理则得到的结果也就不准确；定量数据较少，定性成分多，不易令人信服。

中国科学院大学(2014)运用层次分析法对我国黄河上游水电开发区域进行了资源环境承载力评价。分析表明，1985～2009 年，随着时间的推移，黄河上游水电开发区的社会经济系统对资源的利用强度不断增大，社会经济发展指标在区域环境承载力的计量上发挥了正向的作用，但人类社会经济活动对自然生态系统的作用是两面的，经济发展带来环境保障能力的提高和资源利用效率的提高，同时社会经济发展强度的增大也造成了区域资源压力的增大和生态系统条件的恶化，在社会经济发展的双重作用下，区域生态系统健康状态未发生显著变化。

2.4.2.2　主成分分析法

主成分分析法(principal component analysis，PCA)首先由 Karl Parson(1901)提出，是将多指

标化为少数几个综合指标的一种统计方法。它从原始变量中导出少数几个主分量，使它们尽可能多地保留原始变量的信息，且彼此互不相关。主成分分析法的分析步骤如下：

第一步，计算协方差矩阵：

$$\sum = (s_{ij})p$$

其中，$s_{ij} = \dfrac{1}{n-1}\sum_{k=1}^{n}(x_{ki}-\bar{x}_i)(x_{kj}-\bar{x}_j);i,j = 1,2,\cdots,p;$

第二步，求出 $\sum$ 的特征值 λ_i 及相应的正交化单位特征向量 a_i；

第三步，选择主成分即 F_1，F_2，$\cdots$，F_m。其中 F_m 中 m 的确定是通过方差(信息)累计贡献率 $G(m)$ 来确定，即 $G(m) = \sum_{i=1}^{m}\lambda_i / \sum_{k=1}^{p}\lambda_k$，当累积贡献率大于 85% 时，就认为能足够反映原来变量的信息了，对应的 m 就是抽取的前 m 个主成分；

第四步，计算主成分载荷，主成分载荷是反映主成分 F_i 与原变量 X_j 之间的相互关联程度：

$$P(Z_k,x_i) = \sqrt{\lambda_k}a_{ki}(i,=1,2,\cdots,p;k=1,2,\cdots,m)$$

第五步，计算主成分得分：

$$F_i = a_{1i}X_1 + a_{2i}X_2 + \cdots + a_{pi}X_p$$

$i=1$，2，$\cdots$，m。实际应用时，指标的量纲往往不同，所以在主成分计算之前应先消除量纲的影响。消除数据的量纲有很多方法，常用方法是将原始数据标准化，即做如下数据变换：

$$x_{ij}^* = \frac{x_{ij}-\bar{x}_j}{s_j} \qquad i=1,2,\cdots,n;\quad j=1,2,\cdots,p$$

其中，$\bar{x}_j = \dfrac{1}{n}\sum_{i=1}^{n}x_{ij}$；$s_j^2 = \dfrac{1}{n-1}\sum_{i=1}^{n}(x_{ij}-\bar{x}_j)^2$。

主成分分析法在一定程度上克服了矢量模法和模糊评价法的缺陷，它是在力保数据信息丢失最小的原则下，对高维变量进行降维处理，即在保证数据信息损失最小的前提下，经线性变换和舍弃一小部分信息，以少数综合变量取代原始采用的多维变量。其本质目的是对高维变量系统进行最佳综合与简化，同时也客观地确定各个指标的权重，避免了主观随意性。但主成分分析法也存在以下缺陷：①在主成分分析中，我们首先应保证所提取的前几个主成分的累计贡献率达到一个较高的水平(即变量降维后的信息量须保持在一个较高水平上)，其次对这些被提取的主成分必须都能够给出符合实际背景和意义的解释(否则主成分将空有信息量而无实际含义)。②主成分的解释其含义一般多少带有点模糊性，不像原始变量的含义那么清楚、确切，这是变量降维过程中不得不付出的代价。因此，提取的主成分个数 m 通常应明显小于原始变量个数 p(除非 p 本身较小)，否则维数降低的"利"可能抵不过主成分含义不如原始变量清楚的"弊"。

邬彬等(2012)选取资源、环境和经济社会 3 大系统的 25 个指标，构建了深圳资源环境承载力评价指标体系，采用主成分分析方法对深圳市资源环境承载力进行了综合评价。结果表明：2000～2007 年，深圳资源环境承载力总体上呈下降趋势，尤其是 2003 年以后，受资源开发利用效率、污染物排放强度、生态环境质量及经济发展水平的影响，情况变得更为严重。李庆贺等(2014)基于主成分分析法，利用 SPSS19.0 软件对福建省的资源环境承载力进行了研究分析。结果表明：从总体上看，沿海地区资源环境承载力综合得分大于内陆地区，但沿海地区内部差异较大，其中，厦漳泉地区以及福州地区资源环境承载力明显高于其他地区。

2.4.3　预警研究的一般方法

预警研究的方法主要有三类，即指数预警、统计预警和模型预警。

指数预警。该类方法是通过制定综合指数来评价监测对象所处的状态，目前主要应用于宏观经济领域（如景气指数法），用来预测经济周期的转折点和分析经济的波动幅度。

统计预警。主要通过统计方法来发现监测对象的波动规律，在企业预财务危机预警中应用很广泛，使用变量少，数据收集容易，操作比较简便。

模型预警。该类方法通过建立数学模型来评价监测对象所处的状态，因而在监测点比较多、比较复杂时广泛使用，又可以分为线性和非线性模型。主要变量之间有明确的数量对应关系时就可用线性模型预警，非线性预警模型则对处理复杂的非线性系统具有较大的优势，但如何对监测对象的复杂表现状况进行有效预警评价是目前在预警方法领域中的难点。大多数计量经济模型属于线性模型预警，既能明确地表示出主要经济变量之间的数量关系，又能剔除那些不感兴趣的以及飘忽不定的因素，这对于分析带有不确定性因素的大系统是一种非常有效的方法；基于概率分类的模式识别、人工智能等属于非线性预警模型。

2.4.4　资源环境承载力预警方法——线性空间变化法

杨渺等（2015）利用线性变换进行了水质综合评价。具有 n 个水质污染因子的评价单元，可认为是 N 维空间一个点。拥有 m 个水质样本，n 个水质污染因子的水质数据可构建评价矩阵 $\boldsymbol{\alpha}_{mn}$，与之对应具有 n 个水质污染因子的 5 个类别的地表水质标准数据，构建矩阵 $\boldsymbol{\beta}_{5n}$，首先通过线性变换将处于不同向量子空间的数据变换到同一空间，然后根据欧式距离最小原则进行水质类别综合评价。线性变换法可不对污染因子进行加权，简化了评价过程，防止了新问题的引入。研究认为水质综合评价是根据水质样本数据，基于地表水质标准限值，辨别分析水质样本属于何种水质标准的问题。资源环境承载力预警也是通过预警标准的设置，判别人类各项活动与资源环境系统交互胁迫效应与预警标准的接近程度，从而进行警报。根据接近程度的不同，可将资源环境承载力分为安全、轻度预警、中度预警、重度预警和危险共 5 个预警级别。因此，可根据监测单元和监测指标，构建具有 m 个样本 n 个指标的预警矩阵，同时构建具有 m 个预警等级，n 个监测指标的预警标准矩阵，利用线性变换法进行资源环境承载力的预警预报。

2.5　小　　结

综上所述，近年来，我国资源环境承载力理论及评价的相关研究十分活跃，成果十分丰富，但是，资源环境承载力预警研究尚处于起步阶段，理论和方法体系尚不成熟，对预警方法、预警指标体系以及资源环境不可持续承载状况产生的本质特征等缺乏深入研究，尽管学术界不乏关于经济发展与资源环境承载力关系问题的研究，但绝大部分是个案研究或实证分析。《生态文明体制改革总体方案》第四十八条指出，"研究制定资源环境承载能力监测预警指标体系和技术方法，建立资源环境监测预警数据库和信息技术平台，定期编制资源环境承载能力监测预警报告，对资源消耗和环境容量超过或接近承载能力的地区，实行预警提醒和限制性措施。"本书旨在借鉴学习已有研究成果的基础上，发挥地理国情监测的行业优势，建立一套资源环境承载力监测指标体系，并以四川为例，对不同类型区域的资源环境承载力进行实证分析，为我国资源环境承载力监测预警研究做出一点探索，为我省落实主体功能区规划、优化空间格局，进而推进生态文明建设，提供决策依据。

第3章 四川省资源环境承载力监测
指标体系构建

由于资源环境承载力监测指标体系涉及众多指标，因此，在构建过程中利用多因子分析法，围绕资源环境承载力的内涵和外延，根据指标选取的原则，从众多相关指标中，对具有共性的、代表性的指标因子进行筛选和归类并将其作为基础性监测指标，将具有区域针对性的指标因子作为专题性指标。

指标体系构建过程中，指标过少不足以反映资源环境承载状态，为了使构建的指标体系能全面客观反映试点区域资源环境承载状态，指标体系的选取原则除科学性、层次性、可操作性和可获得性等基本原则之外，还应兼顾以下原则：

(1)立足区域功能定位、兼顾发展阶段。针对不同类型区域功能特点，根据经济社会发展阶段、生态环境系统演变阶段的基本特征，修订和完善各指标参数。

(2)服从总量约束，满足红线要求。针对重点生态功能区、农产品主产区、重点开发区和市辖区域等不同的地域功能单元，指标体系的选取须以水土资源、环境容量的总量控制为前提，为生态、水资源等各部门红线划定提供支撑。

(3)注重区域统筹，突出过程调控。根据不同指标间的相互影响效应，综合考虑资源环境质量、资源环境支撑社会经济发展的效率等历史变化特征值，调整指标体系。

根据以上原则，四川省主体功能区资源环境承载力监测的指标体系从基础性指标和专题性指标两个方面开展构建。基础性指标主要从资源、环境、生态和社会经济四个方面构建，专题性指标围绕四川省国土空间规划，主要针对重点生态功能区、农产品主产区、重点开发区和市辖区、扶贫开发区四类区域进行构建。最后根据《省级主体功能区规划技术规程》、《四川省县域经济发展考核办法》、《生态环境状况评价技术规范》(HJ 192—2015)、《市县经济社会发展总体规划技术规范与编制导则(试行)》及测绘地理信息、发改、环保、经济、林业、地质、人文等行业专家意见构建指标体系如图 3-1 所示。基础性指标主要包括资源类指标(可利用土地资源和可利用水资源)、环境类指标(环境容量和自然灾害影响)、生态类指标(林草地覆盖率)、社会经济类指标(交通网络密度、人口聚集度、经济发展水平)；专题性指标主要包括重点生态功能区类指标(生态脆弱性、生物丰度、水源涵养指数和植被覆盖指数)、农产品主产区类指标(粮食保护和耕地安全)、重点开发区和市辖区类指标(交通优势度、城镇化水平、污染物排放强度和经济密度)、扶贫开发区类指标(农村人均纯收入、教育水平、交通通达度和生态脆弱性)。

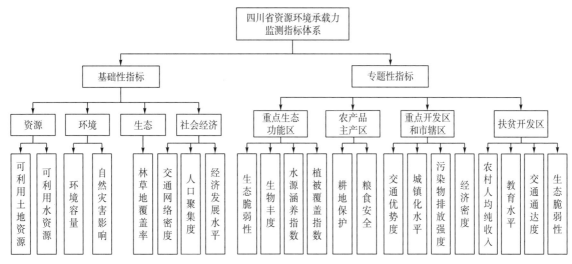

图 3-1　资源环境承载力监测指标体系

3.1　基础性指标

3.1.1　资源

3.1.1.1　可利用土地资源

可利用土地资源是指可被作为人口集聚、产业布局和城镇发展的后备适宜建设用地，由后备适宜建设用地的数量、质量和集中规模三个要素构成，具体通过人均可利用土地资源或可利用土地资源总量来反映，用以评价一个地区剩余或潜在可利用土地资源对未来人口集聚、工业化和城镇化发展的承载能力，对地区经济建设是否具有发展后劲、发展潜力具有重要的影响。

［可利用土地资源］＝［适宜建设用地面积］－［已有建设用地面积］－［基本农田面积］

1. 适宜建设用地面积

［适宜建设用地面积］＝（［地形坡度］∩［海拔高度］）－［所含河湖库等水域面积］－［所含林草地面积］－［所含沙漠戈壁面积］

1）地形坡度与海拔高度

按照《主体功能区省级技术规程》，"（［地形坡度］∩［海拔高度］）"的选算条件为：以各省（区、市）国家级的选算条件为基础，可结合本地区地形高程、坡度分级标准进行适当调整。因此，本书结合四川省及试验区域的地形地势特征，按地形高程低于 2000m，对应坡度取值小于 15°，地形高程在 2000~3000m，对应坡度取值小于 8°，地形高程在 3000m 以上及对应坡度值小于 3°的条件提取计算出县域土地利用类型面积。

2）所含河湖库等水域面积

地理省情监测地表覆盖要素水域湿地中液态水面是指河渠、湖泊、库塘、海面等的水面部分。本书中"所含河湖库等水域面积"用水域湿地中液态水面的面积计算。

3）所含林草地面积

"所含林草地面积"是指林地和草地两部分面积之和。本书中"所含林草地面积"用地理省情监测地表覆盖要素草地和林地中的面积之和计算。

4）所含沙漠戈壁面积

沙漠戈壁指地面几乎被粗沙、砾石所覆盖，植物稀少的荒漠地带。地理省情监测中地表覆盖要素荒漠与裸露地表是指植被覆盖度低于10%的各类自然裸露的地表，如盐碱地表、泥土地表、沙质地表、历史地表、演示地表等。本书中"所含沙漠戈壁面积"用地理省情监测地表覆盖要素荒漠与裸露地表的面积计算。

2. 已有建设用地面积

已有建设用地面积包括城镇用地面积、农村居民点用地面积、独立工矿用地面积、交通用地面积、特殊用地面积和水利设施建设用地面积。已有建设用地面积按照下式计算。

［已有建设用地面积］＝［城镇用地面积］＋［农村居民点用地面积］＋［独立工矿用地面积］＋［交通用地面积］＋［特殊用地面积］＋［水利设施建设用地面积］

1）城镇用地面积、农村居民点用地面积

城镇用地是指城镇规划区内的所有土地。城镇规划区指设有市、镇建制的城镇建成区和因城镇建设发展需要实行规划控制的区域。

农村居民点用地是指建制镇以下的乡和村，以及零散农户、工副业生产、畜圈和晒场等生产设施占用的土地，也包括村内、村旁的树木和村内的道路占用地。

地理省情监测中地表覆盖要素房屋建筑区是指城镇和乡村集中房屋建筑用地域内，被连片房屋建筑遮盖的地表区域。

地理省情监测中构筑物是指为某种使用目的而建造的、人们一般不直接在其内部进行生活和生产活动的工程实体或附属建筑设施，道路除外。主要包括水工设施、城墙、温室大棚、固化池及工业设施等。

本书中"城镇用地面积"和"农村居民点用地面积"用地理省情监测地表覆盖要素房屋建筑面积与部分构筑物面积之和计算。

2）独立工矿用地面积

独立工矿是指居民点以外的各种工矿企业、采石场、砖瓦窑、仓库及其他企事业的建设用地，包括能源、矿产、火电厂及输电设施等用地。

地理省情监测中地表覆盖要素人工堆掘地是指被人类活动形成的弃置物长期覆盖或经人工开

掘、正在进行大规模土木工程而出露的地表，主要包括露天采掘场、堆放物、建筑工地等。如露天采掘煤矿、铁矿、铜矿、稀土、石料、沙石以及取土等活动人工形成的裸露地表，以及人工长期堆积的各种矿物、尾矿、弃渣、垃圾、沙土、岩屑等(人工堆积物)覆盖的地表。

本书中"独立工矿用地面积"用地理省情监测中地表覆盖要素的人工堆掘地和部分构筑物面积之和计算。

3)交通用地面积

交通用地是指用于运输通行的地面线路、场站等用地，包括民用机场、港口、码头、地面运输管道和居民点道路及其相应附属设施用地。

地理省情监测中地表覆盖要素交通及其设施用地包括交通及其设施用地。从地表覆盖角度来讲，包括有轨和无轨的道路路面覆盖的地表。从地理要素实体角度来讲，包括铁路、公路、城市道路、乡村道路、停机坪及飞机跑道等。

本书中"交通用地面积"用地理省情监测中地表覆盖要素交通及其设施用地计算。

4)特殊用地面积

特殊用地是指军事设施、涉外、宗教、监教、墓地等用地。军事设施用地指专门用于军事目的的设施用地，包括军事指挥机关和营房等。使领馆用地是指外国政府及国际组织驻华使领馆、办事处等用地。宗教用地指专门用于宗教活动的庙宇、寺院、道观、教堂等宗教自用地。监教场所用地指监狱、看守所、劳改场、劳教所、戒毒所等用地。墓葬地指陵园、墓地、殡葬场所及附属设施用地。

本书中"特殊用地面积"用地理省情监测中地表覆盖要素部分构筑物面积计算。

5)水利设施建设用地面积

水利设施建设用地是指用于水库、水工建筑的土地，包括水库水面和水工建筑用地。水工建筑用地指除农田水利用地以外的人工修建的沟渠(包括渠槽、渠堤和护堤林)、闸、坝、堤路林、水电站、扬水站等常水位岸线以上的水工建筑用地。

本书中"水利设施建设用地面积"用地理省情监测中的液态水面面积和构筑物的部分面积计算。

注：由于在计算"城镇用地面积"、"农村居民点用地面积"、"独立工矿用地面积"、"特殊用地面积"和"水利设施建设用地面积"，都包含部分构筑物面积，经统计分析，其多项之和基本涵盖了构筑物中所有地物类型。同时，考虑地理省情监测数据的可用性及计算的可行性，在计算过程中，部分构筑物之和用地理省情监测中地表覆盖要素构筑物计算。

3. 基本农田面积

基本农田面积按照下式计算：

$$[基本农田面积] = [[适宜建设用地面积]内的耕地面积] \times \beta$$

式中 β 取值：按照《主体功能区省级技术规程》基本农田的分布格局设定，β 一般都应大于 0.8，国家级计算中的 β 取值为 0.85。根据四川省区域特征，本计算中 β 采用国家级计算值。

本书中耕地面积用地理省情监测中地表覆盖要素耕地的面积计算，再与"适宜建设用地面积"结果进行交集运算，最后与系数 β 相乘，即为基本农田面积。

4. 人均可利用土地资源

人均可利用土地资源按下式计算：

$$[人均可利用土地资源] = [可利用土地资源] / [常住人口]$$

5. 可利用土地资源丰度分级

根据计算得到的人均可利用土地资源，对照《省级主体功能区划分规程》中国家级可利用土地资源分级标准，进行丰度分级，并赋分值。如表 3-1 所示。

表 3-1　可利用土地资源分级标准

等级	人均可利用土地资源面积(亩/人)	分值
丰富	>2	4
较丰富	(0.8, 2]	3
中等	(0.3, 0.8]	2
较缺乏	(0.1, 0.3]	1
缺乏	≤0.1	0

3.1.1.2　可利用水资源

可利用水资源由本地及入境水资源的数量、可开发利用率和已开发利用量三个要素构成，通过人均可利用水资源来反映，其功能是评价一个地区剩余或潜在可利用水资源对未来社会经济发展的支撑能力。可利用水资源潜力按照下式计算：

$$[可利用水资源潜力] = [本地可开发利用水资源量] - [已开发利用水资源量] + [可开发利用入境水资源量]$$

1. 本地可开发利用水资源量

本地可开发利用水资源量按照下式计算：

$$[本地可开发利用水资源量] = [地表水可利用量] + [地下水可利用量]$$

1)地表水可利用量

根据《全国水资源综合规划》，地表水资源可利用量(地表水可利用量)是指在可预见的时期内，在统筹考虑河道内生态环境和其他用水的基础上，通过经济合理、技术可行的措施，可供河道外生活、生产和生态用水的一次性最大水量(不包括回归水的重复利用)。地表水可利用量按照下式计算：

$$[地表水可利用量] = [多年平均地表水资源量] - [河道生态需水量] - [不可控制的洪水量]$$

采集试点区域近十多年的年平均水资源量，按照水资源评价技术大纲，计算河道生态需水量和不可控制洪水量，最后得出地表水可利用量。上述计算过程和结果数据可直接采用专业部门的统计数据。

2)地下水可利用量

地下水可利用量是在一定经济、技术条件下可以开采利用的地下水量，并与经济、技术条件紧密相关。地下水可利用量按照下式计算：

[地下水可利用量] = [与地表水不重复的地下水资源量] - [地下水系统生态需水量] - [无法利用的地下水量]

采集试点区域近十多年的年平均地下水资源与地表水资源不重复量。根据各水文地质单元的水文特征，计算地下水系统生态需水量和无法利用的地下水量，最后得出地下水可利用量。上述计算过程和结果数据可直接采用专业部门的统计数据。

2. 已开发利用水资源量

已开发利用水资源量按照下式计算：

[已开发利用水资源量] = [农业用水量] + [工业用水量] + [生活用水量] + [生态用水量]

采集试点区域农业、工业、生活与生态四大类用户用水量，计算已开发利用水资源量。农业用水包括农田灌溉和林牧渔业用水；工业用水按新水取用量计，不包括企业内部的重复利用水量；生活用水包括城镇生活用水和农村生活用水；生态用水仅包括人为措施供给的城镇环境用水和部分河湖、湿地补水，而不包括降水、径流自然满足的水量。上述计算过程和结果数据可直接采用专业部门的统计数据。

3. 可开发利用水资源潜力

水资源开发利用潜力是指以水资源开发利用不引起环境恶化为前提，一个地区可以开发利用的潜在水资源量。入境可开发利用水资源潜力按照下式计算：

[入境可开发利用水资源潜力] = [现状入境水资源量] × γ

根据试点区域实际情况，γ 取值为 3%。

采集计算区域河流上游临近水文站近十年实测的平均年流量数据作为多年平均入境水资源量。上述计算过程和结果数据可直接采用专业部门的统计数据。

4. 等级划分

人均可利用水资源潜力按照下式计算：

[人均可利用水资源潜力] = [可利用水资源潜力] / [常住人口]

根据上式计算得到的人均可利用水资源潜力，参照《省级主体功能区划分规程》中国家级人均水资源潜力分级标准，划分为丰富、较丰富、中等、较缺乏和缺乏 5 个等级。并赋分值，如表 3-2 所示。

表 3-2　人均水资源潜力分级标准

等级	人均水资源潜力（m³）	分值
丰富	>1000	4
较丰富	(500，1000]	3
中等	(200，500]	2
较缺乏	(0，200]	1
缺乏	≤0	0

3.1.2 环境、生态

3.1.2.1 环境容量

环境容量由大气环境容量承载指数、水环境容量承载指数和综合环境容量承载指数三个要素构成，通过大气和水环境对典型污染物的容纳能力来反映，它是评估一个地区在生态环境不受危害前提下可容纳污染物的能力。

环境容量按照下式计算：

$$[环境容量] = MAX \{ [大气环境容量(SO_2)], [水环境容量(COD)] \}$$

1. 大气环境容量(SO₂)

采用 A 值法，A 值法的原理是将城市看成为有一个或多个箱体组成，下垫面为底，混合层顶为箱盖。通过对区域的通风量、雨洗能力、混合层厚度、下垫面等条件综合分析浓度限值后，计算得出一年内由大气的自净能力所能清除掉的大气污染物总量。A 值法为国家标准《制定大气污染物排放标准的技术方法》(GBIT3840-91)提出的总量控制区排放总量限值计算公式，根据计算出的排放量限值及大气环境质量现状本底情况，确定出该区域可容许的排放量。大气环境容量按照下式计算：

$$[大气环境容量(SO_2)] = A \times (C_{ki} - C_0) \times S_i / \sqrt{S}$$

式中，A——地理区域总量控制系数；根据评价区域的地理位置，A 值的选择根据《制定地方大气污染物排放标准的技术方法》(GB/T13201-91)确定。为此，针对四川省，A 值为 $2.94 \times 10^4 \, km^2/a$。

C_{ki}——国家或者地方关于大气环境质量标准中所规定的和第 i 功能区类别一致的相应的年日平均浓度，单位为 mg/m^3。

C_0——背景浓度，单位为 mg/m^3；在有清洁监测点的区域，以该点的监测数据为污染物的背景浓度 C_0，在无条件的区域，背景浓度可以假设为 0。

S_i——第 i 功能区面积，单位为 km^2。

S——总量控制总面积，单位 km^2。总量控制总面积为评价单元的建成区面积。

最后计算大气环境容量后，再通过与已经排放的量比较，即可得到各县市 2010 年、2014 年大气环境容纳情况。

2. 水环境容量的计算

水环境容量按照下式计算：

$$[水环境容量] = Q_i(C_i - C_{i0}) + kC_iQ_i$$

式中，C_i——第 i 功能区的目标浓度；在重要的水源涵养区，采用地表水一级标准，为 15mg/L；在一般地区采用地表水三级标准，为 20mg/L。

C_{i0}——第 i 种污染物的本底浓度。无监测条件的区域，该参数可以假设为 0。

Q_i——第 i 功能区的可利用地表水资源量。

k——为污染物综合降解系数。根据一般河道水质降解系数参考值，选定 COD 的综合降解系数为 0.20(1/d)。

3. 环境容量的计算

对于特定污染物的环境容量承载能力指数 a_i 按照下式计算：

$$a_i = \frac{P_i - G_i}{G_i}$$

式中，G_i 为 i 污染物的环境容量，P_i 为 i 污染物的排放量。

环境容量的计算流程如下：

第一步，按照数值的自然分布规律，对单因素环境容量承载指数 a_i 进行等级划分，分别是无超载($a_i \leqslant 0$)、轻度超载($0 < a_i \leqslant 1$)、中度超载($1 < a_i \leqslant 2$)、重度超载($2 < a_i \leqslant 3$)和极超载($a_i > 3$)；

第二步，将主要污染物(SO$_2$，COD)的承载等级分布图进行空间叠加，取二者中最高的等级为综合评价的等级，最后的等级分为 5 级，具体的级别与单因素环境容量评价相同，再按照上式计算。

第三步，根据《省级主体功能区划分规程》中对淡因素环境容量承载指数的分级标准，将综合评价等级进行分级，并赋分值，见表 3-3。

表 3-3　环境容量评价等级表

等级	无超载	轻度超载	中度超载	中度超载	极超载
程度	$a_i \leqslant 0$	$0 < a_i \leqslant 1$	$1 < a_i \leqslant 2$	$2 < a_i \leqslant 3$	$a_i > 3$
分值	4	3	2	1	0

3.1.2.2　自然灾害影响

自然灾害是指给人类生存带来危害或损害人类生活环境的自然现象，包括干旱、洪涝、台风、冰雹、暴雪、沙尘暴等气象灾害，火山、地震灾害，山体崩塌、滑坡、泥石流等地质灾害，风暴潮、海啸等海洋灾害，森林草原火灾和重大生物灾害等。通过对上述自然灾害进行危险性评价，可以评估特定区域自然灾害发生的可能性和灾害损失的严重性，进而更加全面系统地掌握灾情，为部署和实施防灾减灾工作提供可靠依据和保障。

指标的选取尽可能全面地考虑控制和影响区域自然灾害发生的基本因素，同时尽量使各个因素之间相互独立。本书在评价指标的选取上，包括评价要素的选择和评价要素指标的确定，遵循以下基本原则：

(1)评价指标数据以县(区)为单元，以保证与主体功能区划、市县经济社会发展总体规范等技术规范在评价单元上的统一；

(2)选择的评价要素应该能够反映评价区域的主要特点及主要灾害情况，具有典型性和代表性；

(3)各灾害要素的评价指标具有主导性、代表性，能够相对客观反映该灾害种类的灾害危险性大小；

(4)评价指标数值可以按危险性大小进行归一化处理与分级，以实现不同类型灾害危险性的综合评价。

　　为此，本研究通过对四川省历史灾害发生情况进行统计分析，确定了四川省主要自然灾害类型为：洪涝灾害、干旱灾害、地震灾害以及地质灾害，并开展相关评价试验工作。其中干旱灾害采用灾害频次作为评价指标，即年平均灾害发生的次数(次/a)；地震灾害选择地震峰值加速度作为评价指标；洪水和地质灾害选择灾害危害程度作为评价指标。

　　自然灾害危险性评价主要分5个步骤进行：

　　(1)收集研究区灾害危险性评价所需要的灾史资料、高分遥感影像、地形数据、气象站点监测数据以及土地利用覆盖等区域资料，这些数据的收集与处理对于评价工作具有重要的支撑作用；

　　(2)依据灾害种类的不同和数据资料掌握情况，选择四川典型县自然灾害的主要影响因子(孕灾因子+致灾因子)，进行自然灾害单灾种危险性评价；

　　(3)通过危险性分级等方法，计算获取归一化的单要素评价指数；

　　(4)依据应用需求等，选择合适的综合评价模型，常见的综合评价方法有加权平均法、主导因素法等；

　　(5)通过综合评价模型对各种灾害要素评价指数进行叠加复合，计算获得自然灾害危险性综合评级指数，即自然灾害危险性指标的评价结果，流程图如图3-2所示。

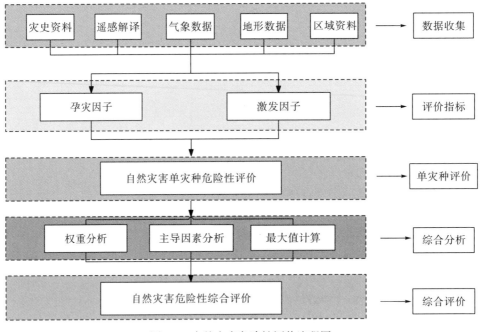

图3-2　自然灾害危险性评价流程图

1. 自然灾害单要素评价

　　滑坡、泥石流等地质灾害危险性评估因子分为孕灾因子和致灾因子两种，孕灾因子选取坡度、相对高差和底层岩性，选择年降雨量和地震动峰值加速度作为激发因素的评估因子。通过灾害成因分析，确定山地灾害评价因子分级指标(表3-4)。

　　根据四川省山洪孕灾环境和成灾特点，选择地形特征(坡度和相对高差)、降雨特征(年均降雨量、降水变率和最大暴雨日数)、河网密度和土地利用类型等7个指标(表3-4)，进行山洪灾害危险性评估。

对于四川省干旱危险性评估,采用地形坡度、土地利用类型和标准化降水蒸散指数(SPEI)作为干旱危险性的评估指标(表 3-4)。其中,SPEI 指数是 Vicente-Serrano 等在标准化降水指数(SPI)的基础上引入潜在蒸散项构建的,其融合了 SPI 和帕尔默干旱指数(PDSI)的优点。该指数对于我国西南地区的干旱评价已开展大量研究工作,且评估结果较为理想。本研究的 SPEI 指数是基于覆盖研究区的 81 个国家气象站点 1980 年至 2014 年共 35 年的降水和气温监测数据计算得到。

表 3-4 不同类型灾害危险性评估指标

灾种	级别 因素	极度危险条件	高危险条件	中危险条件	低危险条件	微危险条件
地质灾害 (滑坡、泥石流)	坡度(°)	(45, 55]	(35, 45]	(25, 35]	(15, 25]	≤15, >55
	相对高差(m)	>1000	(500, 1000]	(300, 500]	(100, 300]	≤100
	工程岩组	软弱岩组	较软岩组	偏软岩组	较硬岩组	坚硬岩组
	地震动峰值加速度(g)	0.4	0.3	0.2	0.1、0.15	0.05
	年降雨量(mm)	>1600	(1300, 1600]	(900, 1300]	(500, 900]	≤500
洪水	坡度(°)	≤10	(10, 25]	(25, 35]	(35, 45]	>45
	相对高差(m)	≤50	(50, 200]	(200, 500]	(500, 800]	>800
	河网密度(m/km²)	>800	(500, 800]	(250, 500]	(50, 250]	≤50
	土地利用类型	房屋建筑用地、交通及其设施用地	荒漠与裸露地表	耕地	草地、园地、疏林地	有林地、灌木林地
	年降雨量(mm)	>1600	(1300, 1600]	(900, 1300]	(500, 900]	≤500
	降水变率	>0.75	(0.55, 0.75]	(035, 0.55]	(0.15, 0.35]	(0, 0.15]
	最大暴雨日数(d)	>5	(3, 5]	(2, 3]	(1, 2]	≤1
干旱	坡度(°)	>30	(20, 30]	(10, 20]	(5, 10]	≤5
	土地利用类型	旱地	水田、湿地	草地、园地、疏林地	有林地、灌木林地	荒漠、裸露地表与宅基地
	标准化降水蒸散发指数(SPEI)	−2.0	(−2.0, −1.5]	(−1.5, −1.0]	(−1.0, −0.5]	−0.5
	赋值	(0.8, 1.0]	(0.6, 0.8]	(0.3, 0.6]	(0.1, 0.3]	(0, 0.1]

利用四川省自然灾害孕灾环境(地形、土地利用类型、河网密度、工程岩组等)数据及灾害激发因素(气温、降水和地震)数据,以县为单元,对 2010 年和 2014 年两期四川省自然灾害的危险度进行定量评价。危险性评价采用如下公式进行计算:

$$H = \sum_{j=1}^{n} X_{hj} W_{hj}$$

其中,H 表示四川省典型县灾害危险性指数;X_{hj} 为各评估指标的归一化值;W_{hj} 为各评估指标的权重系数。

由于各评估指标中存在不同的量纲,且属性值的变化范围也相差较大,因此需对评估指标数据

进行标准化处理，具体公式为

$$H' = (H - H_{\min})/(H_{\max} - H_{\min})$$

式中，H'是危险度的归一化值；H是危险度指标值；$H_{\max}$是最大危险度值；$H_{\min}$是最小危险度值。

利用表3-4的评估指标，分别对四川省典型县的地质灾害、山洪和干旱灾害的危险性进行评估，并用专家经验打分和层次分析法计算得到各个指标的权重系数。

地震灾害的危险性评价主要是利用地震动峰值加速度的区划的方法进行危险性评估。其中2010年四川省典型县的地震动峰值加速度数据采用的是国家质检总局、国家标准委批准发布《中国地震动峰值加速度区划图》(GB18306−2001)和由2008年汶川地震灾区烈度分布图通过转换得到的震区地震动峰值加速度区划数据；2014年四川省典型县的地震动峰值加速度数据采用的是国家质检总局、国家标准委批准发布《中国地震动峰值加速度区划图》(GB18306−2015)。

1. 干旱灾害危险等级划分

利用层次分析法，对孕灾环境(地形坡度和土地利用类型)和致灾因子(标准化降水蒸散指数(SPEI))进行权重分析，并根据历史灾情数据和专家经验进行系数调整。干旱灾害评估指标体系及因子权重如图3-3所示。

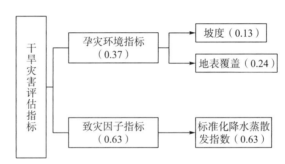

图3-3　干旱灾害评估指标体系及因子权重

加权计算得到每个栅格单元的危险值，对危险值域进行归一化处理，并从低到高划分5个等级，等级越高，所对应的栅格单元干旱危险性就越低，如表3-5所示。

表3-5　干旱灾害等级划分标准

干旱灾害危害程度	干旱灾害影响等级
特旱	0
重旱	1
中旱	2
轻旱	3
无旱	4

2. 洪水灾害危险等级划分

利用层次分析法，对孕灾环境(坡度、相对高差、土地利用类型和河网密度)和致灾因子(年均降雨量、降水变率和最大暴雨日数)进行权重分析，并根据历史灾情数据和专家经验进行系数调整

（图 3-4）。

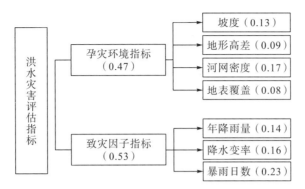

图 3-4 洪水灾害评估指标体系及因子权重

加权计算得到每个栅格单元的危险值，对危险值域进行归一化处理，并从低到高划分 5 个等级，等级越高，所对应的栅格单元洪水危险性就越低，如表 3-6 所示。

表 3-6 洪水灾害等级划分标准

洪水灾害危险程度	洪水灾害影响等级
极其严重	0
严重	1
较严重	2
中等	3
较轻	4

3. 地质灾害危险等级划分

利用层次分析法，对孕灾环境（坡度、相对高差和底层岩性）和致灾因子（年降雨量和地震动峰值加速度）进行权重分析，并根据历史灾情数据和专家经验进行系数调整（图 3-5）。

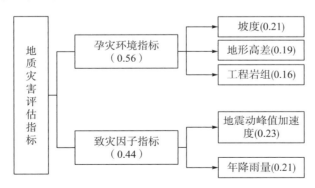

图 3-5 地质灾害评估指标体系及因子权重

加权计算得到每个栅格单元的危险值，对危险值域进行归一化处理，并从低到高划分 5 个等级，等级越高，所对应的栅格单元地质灾害危险性就越低，如表 3-7 所示。

表 3-7　地质灾害等级划分标准

地质灾害危害程度	地质灾害影响等级
极其严重	0
严重	1
较严重	2
中等	3
较轻	4

4. 地震灾害危险等级划分

对《中国地震动峰值加速度区划图》(GB18306-2001)、2008 年汶川地震灾区烈度分布图和《中国地震动峰值加速度区划图》(GB18306-2015)数据进行数字化处理,得到 2 期四川省地震动峰值加速度区划数据,对地震动峰值加速度区划数据进行等级划分,得到 5 个危险等级(表 3-8),并计算典型县域内的地震灾害危险性指数。

表 3-8　地震灾害等级划分标准

地震峰值加速度	地震灾害危害程度	地震灾害影响等级
0.4g	极大	0
0.3g	大	1
0.2g	较大	2
0.1g、0.15g	略大	3
0.05g	无	4

5. 多要素综合评价

由于洪涝灾害、地质灾害、地震灾害和干旱灾害之间差别巨大,其危害性往往不具备简单的可比性,并且单种灾害危险性的评价结果在数值范围或表示方法上也存在很大差异。为了能在同一尺度上将不同种类灾害的危险性进行对比分析,需要对其进行标准化处理。在四川省自然灾害危险性评价中,采用分级的方式对单要素的评价结果进行标准化,通过划定不同的分级阈值来平滑不同灾害危害性间的差异。各灾害要素危险性的评价等级划分见表 3-9。

表 3-9　四川省自然灾害等级划分表

灾害种类	评价指标	等级				
		4	3	2	1	0
干旱灾害	干旱危害程度	无	略大	较大	大	极大
洪水灾害	洪水危害程度	轻微	较轻	中等	较严重	极其严重
地质灾害	地质灾害危害程度	无	微弱	轻度	中度	重度
地震灾害	地震动峰值加速度	0.05g	0.1g、0.15g	0.2g	0.3g	0.4g

单种自然灾害危险性评价只能反映一种自然灾害的影响，为了表征区域各种自然灾害的综合影响，需要对单种自然灾害危险性进行综合。

常见的综合评价方法包括权重法、主导因素法等。考虑到此指标将作为资源环境承载力监测的一个指标参与综合评价，还需要与其他指标进行进一步的综合计算，同时考虑到自然灾害危险性指标在资源环境承载力监测中是为了突出自然灾害对区域开发的最大制约作用，因此在四川省自然灾害危险性评价中，采用最大值法作为综合评价的方法，方法描述如下所示：

［自然灾害影响］＝MAX｛［洪水灾害影响］，［地质灾害影响］，［地震灾害影响］，［干旱灾害影响］｝

将上节中计算得到的 4 种自然灾害危险性评价分级结果叠加，当一个评价单元只受一种自然灾害影响时，以此灾害危险性等级作为此评价单元的灾害危险性等级；当一个评价单元受到多种自然灾害影响时，选择对其影响最大的自然灾害危险性等级作为评价结果。最后按照《省级主体功能区划分规程》对自然灾害影响进行分级，并赋分值，如表 3-10 所示。

表 3-10　自然灾害影响等级表

影响因子	等级	阈值	分值
自然灾害	影响极大	(0, 0.1]	0
	影响大	(0.1, 0.3]	1
	影响较大	(0.3, 0.6]	2
	影响略大	(0.6, 0.8]	3
	无影响	(0.8, 1]	4

3.1.2.3　林草覆盖率

按照《生态环境状况评价技术规范》(HJ 192－2015)计算方法如下。

1.　林地覆盖率

林地覆盖率是指县域内林地面积占县域国土面积的比例，计算公式如下：

林地覆盖率＝林地面积/县域国土面积×100%

林地面积使用地理省情监测中地表覆盖数据。

2.　草地覆盖率

草地覆盖率是指县域内草地面积占县域国土面积的比例，计算公式如下：

草地覆盖率＝草地面积/县域国土面积×100%

草地面积使用地理省情监测中地表覆盖数据。

3.　林草覆盖率

林草覆盖率是指县域内林地与草地之和的面积占县域国土面积的比例，计算公式如下：

林草地覆盖率＝林草地面积之和/县域国土面积×100%

使用林地覆盖率与草地覆盖率之和，或者使用地理省情监测地表覆盖要素数据二者面积之和计算。计算结果按表 3-11 进行分级。

表 3-11　林草地覆盖率分级

等级	低度覆盖	轻度覆盖	中度覆盖	重度覆盖	高度覆盖
覆盖率	≤20%	(20%，45%]	(45%，60%]	(60%，75%]	>75%
分值	0	1	2	3	4

3.1.3　社会经济

3.1.3.1　人口聚集度

人口集聚度由人口密度和人口流动强度两个要素构成，通过采用县域人口密度和吸纳流动人口的规模来反映，它是评估一个地区现有人口集聚状态的集成性指标项。

人口聚集度按照下式计算：

$$人口聚集度＝人口密度×d$$

其中，人口密度＝总人口/土地面积，单位为人/km^2。d 为人口增长率权系数，分为 5 个等级，具体见表 3-12。人口增长率根据近五年的人口数据测算。

表 3-12　d 值的取值

人口增长率	<0‰	0‰～5‰	5‰～10‰	10‰～15‰	>15‰
d 值	0.8	1.2	1.4	1.6	1.8

将计算结果，按照中国人口集聚度分类标准中均值地区进行分级见表 3-13。

表 3-13　人口聚集度分级

等级	高度密集区	中度密集区	低度密集区	稀疏区	无人区
密度	≥300	(200，300]	(120，200]	(5，120]	≤5
分值	0	1	2	3	4

3.1.3.2　经济发展水平

经济发展水平反映一个地区经济发展现状和增长活力的综合性指标，它是由地区生产总值和人均地区生产总值增长率两个要素构成，通过县域地区生产总值增长率和人均地区生产总值规模来反映。

经济发展水平按照下式计算：

$$经济发展水平＝人均\,GDP×k$$

其中，人均 GDP＝GDP/总人口；k 为 GDP 增长的强度权系数，根据近五年的经济增长强度分级赋值，具体见表 3-14。

根据实际情况，人均 GDP 可用人均总税收收入、人均工商税收、农民人均纯收入、城镇居民可支配收入等其他指标替代，单位为万元/人；经济增长强度可用相应的总税收收入增长强度、工商税收增长强度、农民人均纯收入增长强度、城镇居民可支配收入增长强度等进行替代。根据《市县经济社会发展总体规划技术规范与编制导则(试行)》及四川省省情，按照表 3-15 等级进行划分。

表 3-14　k 值的取值

经济增长强度	<5%	5%~10%	10%~20%	20%~30%	>30%
k 值	1	1.2	1.3	1.4	1.5

表 3-15　经济发展水平等级划分

等级	极落后地区	落后地区	中等地区	发达地区	极发达地区
经济发展水平	≤1	(1, 2]	(2, 4.5]	(4.5, 8]	>8
分值	0	1	2	3	4

3.1.3.3　交通网络密度

交通网络密度以公路网为评价主体，其网络密度的计算为各县公路通车里程与各县土地面积的绝对比值，计算公式如下：

$$[交通网络密度] = [公路通车里程] / [县域面积]$$

其中，公路通车里程用地理省情监测数据计算，单位为 km/km^2。计算结果根据四川省交通网络密度整体情况，按表 3-16 进行分级。

表 3-16　交通网络密度分级

等级	低密度	中低密度	中密度	中高密度	高密度
密度	≤0.1	(0.1, 0.35]	(0.35, 0.9]	(0.9, 1]	>1
分值	0	1	2	3	4

3.2　专题性指标

3.2.1　重点生态功能区

3.2.1.1　生态系统脆弱性

生态系统脆弱性是指我国全国或区域尺度生态系统的脆弱程度，由沙漠化脆弱性、土壤侵蚀脆弱性、石漠化脆弱性、盐渍化等要素构成，具体通过这几个要素等级指标来反映。设置生态系统脆弱性指标的主要目的是为了表征我国全国或区域尺度生态环境脆弱程度的集成性。生态系统脆弱性要素的具体含义以下 4 方面。

(1)沙漠化脆弱性：生态系统的沙漠化脆弱性是指随着土地退化、土地沙漠化程度的加剧，干旱半干旱地区生态系统退化或破坏的脆弱程度。沙漠化脆性分级标准见表 3-17。

表 3-17 沙漠化脆弱性分级

沙漠化程度	脆弱性等级
极重度沙漠化土地	脆弱
重度沙漠化土地	较脆弱
中度沙漠化土地	一般脆弱
轻度沙漠化土地	略脆弱
潜在沙漠化土地	不脆弱

（2）土壤侵蚀脆弱性：生态系统的土壤侵蚀脆弱性是指在水力或风力作用下土壤受到侵蚀而发生土壤流失致使生态系统退化或破坏，土壤流失量越大，土壤侵蚀越严重，其脆弱性越高。土壤侵蚀脆弱性分级标准见表 3-18、表 3-19 和表 3-20。

表 3-18 水力侵蚀类型区土壤容许流失量

类型区	土壤容许流失量 $[t/(km^2 \cdot a)]$
西北黄土高原区	1000
东北黑土区	200
北方土石山区	200
南方红壤丘陵区	500
西南土石山区	500

表 3-19 水力侵蚀脆弱性分级

级别	平均侵蚀模数 $[t/(km^2 \cdot a)]$	平均流失厚度 $[mm/a]$	脆弱性等级
剧烈	>15000	>11.1	脆弱
极强度	8000~15000	5.9~11.1	脆弱
强度	5000~8000	3.7~5.9	较脆弱
中度	2500~5000	1.9~3.7	一般脆弱
轻度	200，500，1000~2500	0.15，0.37，0.74~1.9	略脆弱
微度	<200，500，1000	<0.15，0.37，0.74	不脆弱

表 3-20 风力侵蚀脆弱性分级

级别	床面形态（地表形态）	植被覆盖度(%)（非流动沙丘面积）	风蚀厚度 $[mm/a]$	侵蚀模数 $[t/(km^2 \cdot a)]$	脆弱性等级
剧烈	大片流动沙丘	<10	>100	>15000	脆弱
极强度	流动沙丘，沙地	<10	50~100	8000~15000	较脆弱
强度	半固定沙丘，流动沙丘，沙地	30~10	25~50	5000~8000	一般脆弱
中度	半固定沙丘，沙地	50~30	10~25	2500~5000	略脆弱
轻度	固定沙丘，半固定沙丘，沙地	70~50	2~10	200~2500	不脆弱
微度	固定沙丘，沙地和滩地	>70	<2	<200	不脆弱

（3）石漠化脆弱性：生态系统的石漠化脆弱性是指在人为活动的干扰破坏下，土壤受到侵蚀而发生基岩大面积出露、土地生产力严重下降，致使生态系统退化或破坏，基岩裸露面积越大、石漠化越严重，其脆弱性越高。石漠化脆弱性分级标准见表 3-21。

表 3-21　石漠化脆弱性分级

石漠化强度等级	基岩裸露（％）	土被覆盖（％）	坡度（°）	植被＋土被覆盖（％）	平均土厚（cm）	脆弱性等级
极强度石漠化	>90	<5	>30	<10	<3	脆弱
强度石漠化	>80	<10	>25	10~20	<5	较脆弱
中度石漠化	>70	<20	>22	20~35	<10	一般脆弱
轻度石漠化	>60	<30	>18	35~50	<15	略脆弱
潜在石漠化	>40	<60	>15	50~70	<20~15	略脆弱
无明显石漠化	<40	>60	<15	>70	>20	不脆弱

（4）盐渍化脆弱性：生态系统的盐渍化脆弱性化是指在特定气候、地质及土壤质地等自然因素综合作用下，以及人为引水灌溉不当引起土壤盐化的土地质量退化致使生态系统脆弱性加剧。盐渍化是土地荒漠化和土地退化的主要的类型之一。

1.　计算方法

[生态系统脆弱性]＝max { [沙漠化脆弱性]，[土壤侵蚀脆弱性]，[石漠化脆弱性]，[土壤盐渍化脆弱性]，…… }

2.　计算技术流程

第一步：生态环境问题单因子脆弱性分级。采用公里网格的沙漠化脆弱性分级、土壤侵蚀脆弱性分级、石漠化脆弱性分级数据，根据沙漠化、土壤侵蚀和石漠化脆弱性分级标准，实现生态环境问题脆弱性单因子分级。

第二步：生态环境问题因子复合。对分级的生态环境问题单因子图进行复合，判断脆弱生态系统出现的公里网格生态系统脆弱类型是单一型还是复合型生态系统脆弱类型。

第三步：生态系统脆弱性程度确定。对单一型生态系统脆弱类型区域，根据其生态环境问题脆弱性程度确定生态系统脆弱性程度；对复合型生态系统脆弱类型，采用最大限制因素法确定影响生态系统脆弱性的主导因素，根据主导因素的生态环境问题脆弱性程度确定生态系统脆弱性程度。

第四步：生态系统脆弱性分级。对公里网格的生态系统脆弱性程度分析结果，采用区域综合方法、主导因素方法、类型归并方法等，确定区域生态系统脆弱性，生态系统脆弱性程度划分为脆弱、较脆弱、一般脆弱、略脆弱和不脆弱五级。

3.　指标项评价

总体评价：分析评价生态系统脆弱性的类型、集中分布区和空间分异特征，突出生态系统严重脆弱区域的重点问题，分析产生生态系统脆弱的原因。编制生态系统脆弱性评价图。

单因子评价：分析评价沙漠化脆弱性、土壤侵蚀脆弱性和石漠化脆弱性的分级分布特征、脆弱和较脆弱区域分布特征。编制沙漠化脆弱性、土壤侵蚀脆弱性和石漠化脆弱性评价图。

基于 ARCGIS10.2 的 Cell Statistics 工具对上述求得的沙漠化脆弱性和土壤侵蚀脆弱性（水力侵蚀脆弱性和冻融侵蚀脆弱性）等级求最大值，得到最终的生态系统脆弱性等级空间分布结果。基于 ARCGIS10.2 的 Zonal Statistics As Table 工具分乡镇统计各个乡镇的生态系统脆弱性平均值，然后对各乡镇的生态系统脆弱性均值进行分级。

自然单元评价到县域评价转化：依据自然单元评价的结果，采用自然单元评价结果的等级与面积的乘积之和，除以县域总面积，得到县域的评价结果，按照《省级主体功能区划分规程》进行分级，并赋值（表 3-22）。

表 3-22　生态系统脆弱性程度分级

等级	脆弱	较脆弱	一般脆弱	略脆弱	不脆弱
脆弱性	<1.5	1.5~2.5	2.5~3.5	3.5~4.5	≥4..5
赋值	0	1	2	3	4

3.2.1.2　生物丰度指数

生物丰度是评价区域内生物的丰贫程度，利用生物栖息地质量和生物多样性综合表示，按照《生态环境状况评价技术规范》（HJ 192-2015)计算方法：

$$生物丰度指数(BAI)=(BI+HQ)/2$$

式中，BI 为生物多样性指数；HQ 为生境质量指数；当生物多样性指数没有动态更新数据时，生物丰度指数变化等于生境质量指数的变化。

生境质量指数(HQ)=A_i×｛0.35×(0.6×乔木林面积+0.25×灌木林地面积+0.15×其他林地面积)+0.21×(0.6×高盖度草地面积+0.3×中盖度草地面积+0.1×低盖度草地面积)+0.28×[0.6×(湖泊面积+库塘面积)+0.2×河渠面积+0.2×冰川与常年积雪面积]+0.11×(0.6×水田面积+0.4×旱地面积)+0.04×房屋建筑+0.01×(0.22×沙质地表面积+0.34×盐碱地表面积+0.22×泥土地表面积+0.22×(砾石地表面积+岩石地表面积)｝/区域面积

式中，A_i 为生境质量指数的归一化系数，参考值为 511.2642131067。

生物丰度分级标准见表 3-23。

表 3-23　生物丰度分级

等级	贫瘠	较贫瘠	适中	较丰富	丰富
丰度	BAI≤15	15<BAI≤35	35<BAI≤55	55<BAI≤70	70<BAI
分值	0	1	2	3	4

3.2.1.3　水源涵养指数

水源涵养指数是表征生态系统的水源涵养状况的特征指标。水源涵养指数按照《生态环境状况评价技术规范》（HJ 192-2015)计算方法如下：

$$W_i = C_0 \times A_i$$

式中，A_i＝{0.45×[0.1×河流面积＋0.6×沼泽面积＋0.3×（湖泊面积＋库塘面积）]＋0.35×(0.6×乔木林面积＋0.25×灌木林地面积＋0.15×其他林地面积)＋0.20×(0.6×高盖度草地面积＋0.3×中盖度草地面积＋0.1×低盖度草地面积)}/统计单元面积。C_0 为归一化系数，C_0＝$100/A_{\max}$，参考值为 526.7925984400。$A_{\max}$ 是指以规则地理格网作为统计单元计算得到的所有 A_i 的最大值。

水源涵养指数分级标准见表 3-24。

表 3-24　水源涵养指数分级

等级	弱	一般	中等	强	极强
水源涵养	$0<W_i\leqslant 50$	$50<W_i\leqslant 100$	$100<W_i\leqslant 200$	$200<W_i\leqslant 250$	$250<W_i$
分值	0	1	2	3	4

3.2.1.4　植被覆盖指数

植被覆盖指数是表征生态系统植被覆盖状况的特征指标。植被覆盖指数的计算公式如下：

$$植被覆盖指数＝aveg×(\sum P_i)/N$$

式中：P_i 为 5～9 月像元 NDVI 月最大值的均值，采用 MOD13 的 NDVI 数据，空间分辨率为 250m，或者使用分辨率和光谱特征类似的遥感影像产品；N 为区域像元数量，为植被覆盖指数的归一化系数；aveg 参考值为 0.0121165124。

再根据植被覆盖指数对植被覆盖度进行测算：

$$f_c = \frac{\text{NDVI} - \text{NDVI}_{\text{soil}}}{\text{NDVI}_{\text{veg}} - \text{NDVI}_{\text{soil}}}$$

式中：$\text{NDVI}_{\text{soil}}$ 为完全是裸土或无植被覆盖区域的 NDVI 值；NDVI_{veg} 则代表完全由植被所覆盖的像元的 NDVI 值，即纯植被像元的 NDVI 值。对于大多数类型的裸地表面，$\text{NDVI}_{\text{soil}}$ 理论上应该接近 0，并且是不易变化的，但由于受众多因素影响，$\text{NDVI}_{\text{soil}}$ 会随着空间而变化，其变化范围一般为 −0.1～0.2。同时，NDVI_{veg} 值也会随着植被类型和植被的时空分布而变化，计算植被覆盖度时，即使是对同一景影像，$\text{NDVI}_{\text{soil}}$ 和 NDVI_{veg} 也不能取固定值。

根据研究结果，按照贾宝全等年份的研究方法，将植被覆盖度划分为 5 级（表 3-25）：极低（$f_c\leqslant 0.2$）、低（$0.2<f_c\leqslant 0.4$）、中（$0.4<f_c\leqslant 0.6$）、高（$0.6<f_c\leqslant 0.8$）和极高（$0.8<f_c$）。

表 3-25　植被覆盖度分级

等级	极低	低	中	高	极高
NDVI	$f_c\leqslant 0.2$	$0.2<f_c\leqslant 0.4$	$0.4<f_c\leqslant 0.6$	$0.6<f_c\leqslant 0.8$	$0.8<f_c$
赋值	0	1	2	3	4

3.2.2　农产品主产区

3.2.2.1　耕地保护

耕地保护用耕地安全指数衡量，耕地安全指数是指实际耕地面积与耕地保护红线面积之比。计算公式如下：

$$K = S/S_{\min}$$

式中，K 为耕地安全指数；$S_{\min}$ 为耕地保护红线面积；S 为实际耕地面积。K 值越大，表明该区域耕地面积越为安全，适宜开发，相反，要加强面积保护，根据耿艳辉《耕地-人口-粮食系统与耕地压力指数时空分布》、李治国《基于耕地压力指数的河南省粮食安全状况研究》等人计算方法，将耕地安全指数等级划分为五级，见表 3-26。

表 3-26　耕地保护分级

等级	危险	较危险	适度	较安全	安全
安全指数	$K \leqslant 0.9$	$0.9 < K \leqslant 1$	$1 < K \leqslant 1.1$	$1.1 < K \leqslant 1.3$	$1.3 < K$
分值	0	1	2	3	4

3.2.2.2　粮食安全

粮食安全是确保所有的人在任何时候既买得到又买得起他们所需的基本食品，包括：确保生产足够数量的粮食、最大限度地稳定粮食供应以及确保所有需要粮食的人都能获得粮食。粮食安全系数是评价粮食安全水平的重要指标。本书选用粮食趋势产量增长率评价法，计算方法采用游建章《粮食安全预警与评价的评价》、刘明《我国粮食生产警情的确定》、顾海兵《我国粮食及农业生产的警度》等人的方法，公式如下：

$$R_t = Y_t / \mathrm{YTD}_{t-1} \times 100 - 100$$

式中：R_t 为第 t 年粮食趋势产量增长率；Y_t 为第 t 年实际产量；YTD_{t-1} 为第 $t-1$ 年粮食趋势产量。同时，采用系统化方法确定粮食生产的警限。系统化在于全面权衡粮食生产的自身变动规律、特征及人口增长的趋势、工业发展速度、粮食进出口及储备的需要以及农业生产的发展和未来。粮食安全分级标准见表 3-27。

表 3-27　粮食安全分级

等级	极低	低	较低	适中	较高
趋势产量	$\leqslant -9.9$	$(-9.9, 2.1]$	$(-2.1, 0]$	$(0, 2]$	> 2
分值	0	1	2	3	4

3.2.3　重点开发区和市辖区

3.2.3.1　交通优势度

交通优势度计算方法，采用市县经济社会发展总体规划技术规范与编制导则（试行）方法，按照如下计算。

1. 计算公式

［交通优势度］＝［交通网络密度］＋［交通干线影响度］＋［区位优势度］

［交通网络密度］＝［公路通车里程］／［县域面积］

［交通干线影响度］＝$\sum$［交通干线技术水平］

［区位优势度］＝［距中心城市的交通距离］

2. 计算技术流程

第一步，获取国道、省道和县道的公路总里程，铁路干线和公路干线、港口和机场的技术等级等数据。

第二步，计算县级行政单元与最近中心城市的距离，每个县级行政单元只对应一个中心城市，中心城市原则上为地位突出的地级市。

第三步，对原始数据进行整理，分别计算交通网络密度、交通干线影响度和区位优势度三个要素指标。

(1)交通网络密度以公路网为评价主体，其网络密度的计算为各县公路通车里程与各县土地面积的绝对比值，设 L_i 为县域 i 的交通线路长度，A_i 为县域 i 的面积，其计算方法为

$$D_i = L_i/A_i, i = 1,2,3,\cdots,n$$

(2)交通干线影响度依据交通干线的技术等级，采用分类赋值的方法，计算各县不同交通干线的技术等级赋值，拥有多条干线(比如高速铁路、高速公路等)可以累积计算，然后进行加权汇总。具体赋值方法见表 3-28。

(3)区位优势度是指由各县与中心城市间的交通距离所反映的区位条件和优劣程度，其计算要根据各县与中心城市的交通距离远近进行分级，并依此进行权重赋值。区位优势度分级及赋值建议表如表 3-29。

表 3-28　交通干线技术等级及对应权重建议表

类型	子类型	等级	标准	权重赋值
铁路	铁路	1	拥有复线铁路	2
		2	距离复线铁路 30km 距离	1.5
		3	距离复线铁路 60km 距离	1
		4	其他	0
	单线铁路	1	拥有单线铁路	1
		2	距离单线铁路 30km 距离	0.5
		3	其他	0
公路	高速公路	1	拥有高速公路	1.5
		2	距离高速公路 30km 距离	1
		3	距离复线铁路 60km 距离	0.5
		4	其他	0
	国道公路	1	拥有国道	0.5
		2	其他	0

类型	子类型	等级	标准	权重赋值
水运	港口	1	拥有主枢纽港	1.5
		2	距离主枢纽港 30km 距离	1
		3	距离主枢纽港 60km	0.5
		4	其他	0
	一般港口	1	拥有一般港口	0.5
		2	其他	0
机场	干线机场	1	拥有干线机场	1
		2	距离干线机场 30km 距离	0.5
		3	其他	0
	支线机场	1	拥有支线机场	0.5
		2	其他	0

表 3-29　区位优势度分级及赋值建议表

级别	距离(km)	权重赋值
1	0～100	2.00
2	100～300	1.50
3	300～600	1.00
4	600～1000	0.50
5	>1000	0.00

第四步，对交通网络密度、交通干线影响度和区位优势度三个要素指标进行无量纲处理。数据处理方法依据研究需要确定，建议数据值为0～1，并对以上数据进行加权求和，计算各县的交通优势度。

经过以上计算，得到各县(市、区)交通网络密度、交通干线影响度和区位优势度数据，参考《省级主体功能区域划分技术规程》，分别对各县(市、区)这三项数据进行无量纲处理，其结果为0～1。具体计算公式如下：

$$Z_i = (X_i - X_{min})/(X_{max} - X_{min})$$

式中：Z_i为指标的标准分数；X_i为某县(市、区)某指标(上述3项指标)的指标值；X_{max}为全部县(市、区)中某指标(上述3项指标)的最大值；X_{min}为全部县(市、区)中某指标(上述3项指标)的最小值。

将计算得到的3项指标的无量纲化指标测评值，采用1∶1∶1的权重进行叠加，求和得到各个县(市、区)的交通优势度。交通优势度分级标准见表3-30。

表 3-30　交通优势度分级

等级	低	较低	适中	较高	高
优势度	$Z_i \leq 0.35$	$0.35 < Z_i \leq 0.45$	$0.45 < Z_i \leq 0.60$	$0.60 < Z_i \leq 0.65$	$0.65 < Z_i$
分级	0	1	2	3	4

3.2.3.2　城镇化水平

采用人口比重指标法。人口比重指标法反映的是人口城镇化的变化情况，它包括两种：一种是城镇人口比重指标法，另一种是非农业人口比重指标法。这两种方法是世界上比较通用的方法。本书采用城镇人口比重指标法。城镇人口比重指标法是指用某一个国家或地区内的城镇人口占其总人口的比重来表示该国家或地区的城镇化水平。计算公式如下：

$$U = [P_c/(P_c + P_r)] \times 100\% = P_c/N \times 100\%$$

式中，U 表示城镇化水平(或称城镇化率)；P_c 表示城镇人口；P_r 表示农村人口；N 表示区域总人口，即城镇人口与农村人口之和。

城镇化水平分级标准见表 3-31 所示。

表 3-31　城镇化水平分级

等级	低	较低	适中	较高	高
城镇化率	$U \leqslant 25\%$	$25\% < U \leqslant 40\%$	$40\% < U \leqslant 55\%$	$55\% < U \leqslant 70\%$	$70\% < U$
分值	0	1	2	3	4

3.2.3.3　污染物排放强度

污染物排放强度是指县域单位国土面积排放的 SO_2、COD、氨氮和 NOx 之和，单位：kg/km^2。按照《生态环境状况评价技术规范》(HJ 192—2015)计算方法如下：

主要污染物排放强度(I)=(SO_2 排放量+COD 排放量+氨氮排放量+NOx 排放量)/县域国土面积。单位：kg/km^2。

表 3-32　主要污染物排放强度分级

等级	低	较低	一般	较高	高
排放强度	$I \leqslant 3000$	$3000 < I \leqslant 7000$	$7000 < I \leqslant 10000$	$10000 < I \leqslant 15000$	$15000 < I$
分值	4	3	2	1	0

3.2.3.4　经济密度

经济密度是指区域国民生产总值与区域面积之比。其是指单位面积土地上经济效益的水平，一般以每平方千米土地的产值来表示，即万元/km^2。它表征了城市单位面积上经济活动的效率和土地利用的密集程度，根据四川省各县域整体 GDP 情况，进行等级划分如表 3-33 所示。

表 3-33　经济密度等级划分

等级	极落后地区	落后地区	中等地区	发达地区	极发达地区
密度	$\leqslant 100$	(100, 1000]	(1000, 5000]	(5000, 10000]	>10000
分值	0	1	2	3	4

在资源环境承载力监测试点工作中，各单指标要素的选择及计算方法，将根据示范区实际资料

情况及专家意见进行适当调整。

3.2.4 扶贫开发区

3.2.4.1 农村人均纯收入

农村人均纯收入指的是按农村人口平均的"农民纯收入",也指农村住户当年从各个来源得到的总收入相应地扣除所发生的费用后的收入总和。纯收入主要用于再生产投入和当年生活消费支出,也可用于储蓄和各种非义务性支出。"农民人均纯收入"按人口平均的纯收入水平,反映的是一个地区或一个农户农村居民的平均收入水平。农村人均纯收入数据来源于统计年鉴。

农民人均纯收入=(农村居民家庭总收入−家庭经营费用支出−生产性固定资产折旧−税金和上交承包费用−调查补贴)/农村居民家庭常住人口。

农村人均纯收入分级标准见表 3-34 所示。

表 3-34　农村人均纯收入分级表

等级	低	较低	中等	较高	高
收入分级	≤2000	(2000，3000]	(3000，4000]	(4000，5000]	>5000
分值	0	1	2	3	4

3.2.4.2 教育水平

教育扶贫旨在通过加强基础教育、完善职业教育和培训网络、促进高等教育特色发展、提高学生资助水平等举措,让连片特困地区的青少年普遍接受现代文明教育,劳动者人人掌握职业技能,成为服务国家产业结构调整和当地经济社会发展的专门人才和产业大军,提高劳动者素质,通过人力资源开发,使连片特困地区人民群众脱贫致富。

在专题性指标中,扶贫开发区的教育水平用每万人中专任教师数量来衡量。计算公式如下:

教育水平=专任教师总数(小学、初中、高中和大学)/人口总数。

具体师生比分级标准见表 3-25。

表 3-35　师生比分级

等级	低	较低	中等	适中	较高
师生比	[1:25，1:23)	[1:23，1:21)	[1:21，1:19)	[1:19，1:18)	[1:18，1:16)
分值	0	1	2	3	4

3.2.4.3 交通通达度

交通通达度指一个地方能够从另外一个地方到达的难易程度。交通通达度反映了区域其他有关地区相接触进行社会经济和技术交流的机会及潜力,一个区域与其他相邻接区域的通达性程度可以反映这一个区域社会经济发展的程度,通达性程度的高低也强烈地影响着这个区域的社会经济发展。

山区交通通达度测算的基本思路为:山区某一点周边所有交通枢纽到达该点的综合难易程度即

为该点的交通通达度，该点所在行政区的交通通达度还需要考虑该行政区域的交通线密度。该思路包含两方面含义，一是山区交通通达度由通行时间决定，这里面包含交通线长度和交通线质量等因素；二是山区交通通达度由交通枢纽的交通设施技术等级与评价区域的交通设施技术等级共同决定，交通设施技术等级越高，比如拥有机场、铁路或高速公路等，其交通通达度越好。

设交通枢纽的交通设计技术等级为 γ_i，某一点到该交通枢纽的最短通行时间为 T_i，那么参考引力模型直接给出该点的交通通达度 A_t 的一般表达式为

$$A_t = \sum_{i=1}^{N} \gamma_i \frac{1}{e^{\alpha \cdot T_i}} \tag{3-1}$$

式中，α 为衰减调节系数，为避免 γ_i 递减过快，并根据我国山区的实际情况，α 取 0.15～0.35 较为合适（山区两个相邻县的通达时间为 3 小时左右，考虑 3 小时后 γ_i 衰减到 0.5，10 小时后 γ_i 衰减到 0.1 左右）。通行时间 T_i 可以根据高速公路、国道、省道、县道的长度计算。根据山区实际情况，将高速公路时速设为 100km/h（平原区）、85km/h（丘陵区）和 70km/h（高山峡谷区），国道、省道和县道的时速标准见表 3-36。

表 3-36　等效国道长度换算建议表

交通线类型	地貌类型	时速（km/h）	实际长度（km）	等效国道长度（km）
国道	平原	80	1	1.0000
	丘陵	60	1	0.7500
	高山峡谷区	40	1	0.5000
省道	平原	50	1	0.6250
	丘陵	40	1	0.5000
	高山峡谷区	30	1	0.3750
县道	平原	30	1	0.3750
	丘陵	20	1	0.2500
	高山峡谷区	10	1	0.1250
乡村公路	平原	20	1	0.2500
	丘陵	10	1	0.1250
	高山峡谷区	5	1	0.0625

我国多数山区同时是山洪、泥石流、崩塌滑坡等自然灾害的高危险区，交通设施受自然灾害破坏的现象时有发生。因此山区交通通达度还必须考虑交通设施的脆弱性。引入交通摩擦系数表示山区交通的脆弱性程度。设交通摩擦系数为 φ_i，那么可以将式（3-1）改进为

$$A_t = \sum_{i=1}^{N} \gamma_i \frac{1}{\varphi_i e^{\alpha \cdot T_i}} \tag{3-2}$$

交通通达度往往以市级行政单元、县级行政单元或乡镇行政单元为评价单元进行评价。要合理描述一个行政区域的交通通达情况还必须考虑行政单元内的交通通达情况。行政区内的交通通达度可以使用被评价行政区的交通设施技术等级和公路网密度来描述。设一个单元的交通设施技术等级为 γ_0，公路网密度为 L，那么可以式（3-2）改进为

$$A_t = k \cdot L \cdot \left(\sum_{i=1}^{N} \gamma_i \frac{1}{\varphi_i e^{a \cdot T_i}} + \gamma_0 \right) \tag{3-3}$$

式中，k 为提高模型通用性而设置的调节系数，一般可以取 0.8。

设为 η_i 为交通枢纽到评价地点的通达衰减指数，直接给出其计算公式如下：

$$\eta_i = \frac{1}{\varphi_i \cdot e^{a \cdot T_i}} \tag{3-4}$$

设 γ 为交通枢纽交通设施技术等级衰减值与评价单元交通设施技术等级之和，直接给出其计算公式如下：

$$\gamma = \sum_{i=1}^{N} \gamma_i \eta_i + \gamma_0 \tag{3-5}$$

将式(3-5)带入式(3-3)便得到山区交通通达度的一般形式：

$$A_t = k \cdot L \cdot \gamma \tag{3-6}$$

由式(3-6)可以看出，山区交通优势度由交通枢纽与评价单元的交通设施技术等级、评价单元内的交通线密度和交通枢纽到评价单元以最短通行时间表征的通达衰减指数决定。

1. 公路网密度

表征公路网密度的主要指标有公路密度、等级公路密度等。由于不同等级公路的通行能力是不相同的，因此本文引入等效国道密度来计算公路网密度。设某行政区内所有公路的等效国道长度为 L，行政区国土总面积为 Q，那么等效国道密度 S 计算公式为

$$S = \frac{L}{Q} \tag{3-7}$$

参照表(3-36)中给出的换算标准，确定各等级公路的等效国道长度及等效国道密度。

2. 交通设施技术等级

地区性交通枢纽界定原则根据交通通达度评价的尺度不同而有所区别。对于以县级单元进行的交通通达度评价，地区性交通枢纽选择为该评价县域单元周边对其有影响的地级市。交通枢纽的交通设施技术等级要依据交通设施的技术—经济特征，采用分类赋值的方法确定，拥有多种交通设施可以累积计算。具体赋值方法见表 3-37。

表 3-37　交通设施技术等级赋值建议表

类型	子类型	技术标志	赋值
公路	高速公路	设计时速为 80~120km/h 的高等级公路	1.5
	国道	公路等级为二等　三等	1
	省道	公路等级一般为四等	0.5
	县道	等外公路	0.1
铁路	高速铁路	时速超过 300km/h 的高速铁路	2.5
	客运专线	开通动车组的铁路	2
	一般铁路	一般性的具有客货两用的铁路	1

类型	子类型	技术标志	赋值
航空	国际机场	开通众多航线的国际、国内航线的机场	2
	干线机场	开通 5 条以上航线的地区性机场	1
	支线机场	开通 5 条航线以下支线机场	0.5
水运	主枢纽港	具有远洋航运能力的港口	2.5
	枢纽港	具有集装箱码头的港口，但不具备远洋航运能力	1
	一般港口	不具备集装箱货运能力的小型港口	0.5

3. 交通摩擦系数

交通摩擦系数是表征交通畅通能力的一个重要参数。交通摩擦系数与交通脆弱性程度、是否堵车等因素有关。山区的交通线容易遭受山洪、泥石流、滑坡等灾害的侵袭。5·12 汶川地震、甘肃舟曲特大山洪泥石流灾害等都曾因道路中断而使城镇等地方成为"孤岛"，严重影响抢险救灾工作和人民的生产与生活。鉴于以上考虑，山区交通摩擦系数主要考虑交通脆弱性情况，采用分级赋值的方法确定。具体赋值方法见表 3-38。

表 3-38　交通摩擦系数赋值建议表

交通脆弱性等级	分级说明	赋值
Ⅰ级脆弱性	平原区	1.0
Ⅱ级脆弱性	丘陵区	1.5
Ⅲ级脆弱性	高山峡谷区	2.0

如果在计算地质灾害极高危险区或高海拔地区（如汶川地震灾区、青藏高原等）的交通通达度时，交通摩擦系数可按照上表中推荐的数值适当调高，以更加符合当地的实际情况。

4. 交通枢纽

原则上确定距离评价单元 3 小时通行时间的交通枢纽定位一次交通通达度测算工作的交通枢纽。对于县级单元亦采用省会、地级行政中心以及具有明显交通枢纽性质且具有交通的交通设施技术等级和经济辐射能力的县城作为交通枢纽。对于乡镇一级评价中，由于乡镇的道路状况总体上远远差于县城的道路，因此远处的一个大交通枢纽中心往往还不如一个县城的辐射影响力大，而且在乡镇评价中，只取最邻近的县城即可，县城的交通技术等级中应该包含上级交通枢纽辐射衰减下来的交通设施技术等级。交通通达度等级划分如表 3-39 所示。

表 3-39　交通通达度等级划分

等级	极差	较差	一般	较好	良好
交通通达度	≤1	(1, 5]	(5, 10]	(10, 20]	>20
分值	0	1	2	3	4

3.2.4.4　生态系统脆弱性

详细计算方法见 3.2.1.1 章节。

3.3　小　　结

资源环境承载能力评价是根据对水土资源、生态重要性、生态脆弱性、自然灾害危险性、环境容量、经济发展水平等的综合评价，来确定可承载的人口规模，提出适宜人口居住和城乡居民点建设的范围以及产业发展导向。本次资源环境承载力监测技术体系研究中提出了通过定量的方法，来更加明确的指示资源环境的承载能力，并对四川省的资源环境承载力进行监测。

为了能够全面客观反映试点区域资源环境承载状态，本次四川省资源环境承载力监测技术体系中采用了多指标来进行监测，包括基础性指标主要从资源、环境、生态和社会经济四个方面构建，专题性指标主要针对重点生态功能区、农产品主产区、重点开发区和市辖区和扶贫开发区四类区域进行构建。

根据这些技术指标的指示，我们能够明确地知道当前资源环境承载力的状况以及对未来趋势的预警。并且这些技术指标可以为资源环境承载力的趋势预警模型提供技术上的支撑。

第4章 四川省资源环境承载力预警模型构建

资源环境承载力预警可分为两种类型：①某时间节点，某一区域，在特定社会发展水平下，生存资源的消耗，以及生活生产废物的排放与各级生态环境危害的接近度，可称为资源环境承载力的现状预警；②通过资源环境承载力历史数据，预测某一区域，在未来某一时间点，生存资源的可能消耗，以及生活生产废物的预计排放与可能造成的各级生态环境危害的接近度。可称为资源环境承载力的趋势预警。

进行资源环境承载力现状预警，可通过对不同评价单元进行空间上的横向比较，掌握相互之间的空间异质性；通过对同一研究对象进行时间尺度上的纵向比较，了解其时间上的发展趋势。除单指标预警外，当前多数预警研究倾向于对资源环境承载力进行综合预警。通过综合预警级别的高低，可以对研究对象的资源环境承载力状况进行综合诊断。综合预警可反映评价对象资源环境承载力的总体能力，但是存在对具体生态环境现象可解释性不强，会出现与人对环境状况的直接感受不一致的情况。为解决这种问题，对特定功能分区内，人们重点关注且具有强烈资源环境优劣指示性的指标，有必要进行单指标评价。这类指标作为限制性指标，对资源环境承载力的预警状态具有一票否决权。

基于以上考虑，四川省资源环境承载力预警模型总体架构为资源环境承载力现状预警：以资源环境承载力综合预警为主，结合单指标预警，得到资源环境承载力最终预警结果。

4.1 资源环境承载力综合预警

4.1.1 预警标准矩阵构建

4.1.1.1 指标及分级

主要参照《省级主体功能区规划技术规程》、《四川省县域经济发展考核办法》、《生态环境状况评价技术规范》（HJ 192—2015）、《市县经济社会发展总体规划技术规范与编制导则（试行）》等技术文件。从资源、环境、生态和社会经济四个方面选取 21 个指标进行资源环境承载力综合预警方法构建（表 4-1）各指标含义及计算方法参见第 3 章。

根据指标得分和预警等级的关系，四川省资源环境承载力预警指标可分为效益型指标和成本型指标。效益型指标为指标值越大，资源环境承载力预警等级越低（安全）的指标；成本型指标则是指标值越大，资源环境承载力预警等级越高（危险）的指标。其中效益型指标 16 个（表 4-2），成本型指标5个(表4-3)。根据已有研究成果,结合专家意见,对各指标得分值分为5级(高、较高、中等、较低和低)。

表4-1　资源环境承载力预警指标体系

	指标	指标层	指标正负	计算方法
基础性指标	资源 人均可利用土地资源面积		+	《省级主体功能区技术规程》
	人均水资源潜力		+	《省级主体功能区划分规程》
	生态环境 林草地覆盖率		+	《生态环境状况评价技术规范》(HJ 192-2015)
	自然灾害影响		−	
	环境容量等级		−	《省级主体功能区划分规程》
	社会经济 人口聚集度		−	
	经济发展水平	经济发展水平指数	+	《市县经济社会发展总体规划技术规范与编制导则(试行)》
	交通网络密度		+	
专题性指标	重点生态功能区 生物多样性保护功能	生物丰度指数	+	
	水源涵养功能	水源涵养指数	+	
	生态系统	植被覆盖指数	+	
	生态系统脆弱性	生态系统脆弱性	−	
	农产品主产区 耕地保护	耕地安全指数	+	
	粮食安全	粮食趋势产量	+	
	重点开发区和市辖区 交通优势度	交通优势度	+	
	城镇化水平	城镇化率	+	
	经济密度	经济密度	+	
	污染物排放强度		−	
	扶贫开发区 农村经济发展水平	农村人均纯收入	+	
	教育水平	师生比	+	
	交通通达度	交通通达度	+	
	生态系统脆弱性	生态系统脆弱性	−	

表4-2　效益型指标及分级标准

ID	指标	单指标得分区间				
		高	较高	中等	较低	低
1	人均可利用土地资源面积	>2	2~0.8	0.8~0.3	0.3~0.1	<0.1
2	人均水资源潜力	>1000	500~1000	200~500	0~200	<0

ID	指标	单指标得分区间				
		高	较高	中等	较低	低
3	林草地覆盖率	>75%	(60%, 75%]	(45%, 60%]	(20%, 45%]	≤20%
4	经济发展水平指数	>8	(4.5, 8]	(2, 4.5]	(1, 2]	≤1
5	生物丰度指数	>70	(55, 70]	(35, 55]	(15, 35]	≤15
6	水源涵养指数	>250	(200, 250]	(100, 200]	(50, 100]	(0, 50]
7	植被覆盖指数	[0.8, 1)	[0.6, 0.8)	[0.4, 0.6)	[0.2, 0.4)	[-1, 0.2)
8	耕地安全指数	>1.3	(1.1, 1.3]	(1, 1.1]	(0.9, 1]	≤0.9
9	粮食趋势产量	>2	(0, 2]	(-2.1, 0]	(-9.9, -2.1]	≤-9.9
10	交通优势度	>0.65	(0.60, 0.65]	(0.45, 0.60]	(0.35, 0.45]	≤0.35
11	城镇化率	>70%	(55%, 70%]	(40%, 55%]	(25%, 40%]	≤25%
12	经济密度	>1000	(5000, 10000]	(1000, 5000]	(100, 1000]	≤100
13	交通网络密度	>1	(0.9, 1]	(0.35, 0.9]	(0.1, 0.35]	≤0.1
14	农村人均纯收入	>5000	(4000, 5000]	(3000, 4000]	(2000, 3000]	≤2000
15	师生比	≥1:18	[1:19, 1:18]	[1:21, 1:19)	[1:23, 1:21)	<1:23
16	交通通达度	>20	(10, 20]	(5, 10]	(1, 5]	≤1

表 4-3　成本型指标及分级标准

ID	指标	单指标得分区间				
		低	较低	中等	较高	高
17	自然灾害影响	(0, 0.1]	(0.1, 0.3]	(0.3, 0.6]	(0.6, 0.8]	(0.8, 1]
18	环境容量等级	<0	(0, 1)	(1, 2)	(2, 3)	>3
19	人口聚集度	≤5	(5, 120]	(120, 200]	(200, 300]	≥300
20	污染物排放强度	≤3000	(3000, 7000]	(0, 10000]	(10000, 15000]	>15000
21	生态系统脆弱性	<1.5	(1.5, 2.5]	(2.5, 3.5]	(3.5, 4.5]	>4.5

4.1.1.2　预警指标区间构建

资源环境承载力预警标准矩阵的构建以单指标分级标准为基础。另外，为满足技术上的需要，为单指标分级标准增加上下边界后，构成各级预警等级对应指标的值域区间(表 4-4)。

临界预警标准 $S_i > S_{i+1}$(i=1, 2, 3, 4, 5)。

4.1.1.3　重点生态功能区预警矩阵及预警标准矩阵

重点生态功能区预警矩阵由 12 项指标组成(表 4-5)，其中基础性指标 8 项，专题性指标 4 项。重点生态功能区以生态系统脆弱性、生物丰度指数、水源涵养指数以及植被覆盖指数等为专项指标，指标设置目的为突出生态环境保护。

表 4-4　预警指标区间构建

ID	指标	预警级别				
		安全	轻度预警	中度预警	重度预警	危险
	临界阈值	$(S_2, S_1]$	$(S_3, S_2]$	$(S_4, S_3]$	$(S_5, S_4]$	$(S_6, S_5]$
1	人均可利用土地资源面积	$(2, 2.2]$	$(0.8, 2]$	$(0.3, 0.8]$	$(0.1, 0.3]$	$(0, 0.1]$
2	人均水资源潜力	$(1000, 1500]$	$(500, 1000]$	$(200, 500]$	$(0, 200]$	$(-200, 0]$
3	林草地覆盖率	$(75\%, 95\%]$	$(60\%, 75\%]$	$(45\%, 60\%]$	$(20\%, 45\%]$	$(10\%, 20\%]$
4	经济发展水平指数	$(8, 9]$	$(4.5, 8]$	$(2, 4.5]$	$(1, 2]$	$(0.5, 1]$
5	植被丰度指数	$(70, 75]$	$(55, 70]$	$(35, 55]$	$(15, 35]$	$(10, 15]$
6	水源涵养指数	$(250, 300]$	$(200, 250]$	$(100, 200]$	$(50, 100]$	$(0, 50]$
7	NDVI 值	$(0.8, 1]$	$(0.6, 0.8]$	$(0.4, 0.6]$	$(0.2, 0.4]$	$(-1, 0.2]$
8	耕地安全指数	$(1.3, 1.5]$	$(1.1, 1.3]$	$(1, 1.1]$	$(0.9, 1]$	$(0.8, 0.9]$
9	趋势产量	$(2, 3]$	$(0, 2]$	$(-2.1, 0]$	$(-9.9, -2.1]$	$(-10, -9.9]$
10	交通优势度	$(0.65, 0.7]$	$(0.60, 0.65]$	$(0.45, 0.60]$	$(0.35, 0.45]$	$(0.3, 0.35]$
11	城镇化率	$(70\%, 75\%]$	$(55\%, 70\%]$	$(40\%, 55\%]$	$(25\%, 40\%]$	$(20\%, 25\%]$
12	经济密度	$(10000, 11000]$	$(5000, 10000]$	$(1000, 5000]$	$(100, 1000]$	$(90, 100]$
13	交通网络密度	$(1, 2]$	$(0.9, 1]$	$(0.35, 0.9]$	$(0.1, 0.35]$	$(0, 0.1]$
14	农村人均纯收入	$(5000, 6000]$	$(4000, 5000]$	$(3000, 4000]$	$(2000, 3000]$	$(1000, 2000]$
15	师生比	$[1:18, 1:16)$	$(1:19, 1:18]$	$(1:21, 1:19]$	$(1:23, 1:21]$	$(1:25, 1:23]$
16	交通通达度	$(20, 30]$	$(10, 20]$	$(5, 10]$	$(1, 5]$	$(0, 1]$
17	自然灾害影响	$(0, 0.1]$	$(0.1, 0.3]$	$(0.3, 0.6]$	$(0.6, 0.8]$	$(0.8, 1]$
18	环境容量评价等级	$[-1, 0)$	$[0, 1)$	$[1, 2)$	$[2, 3)$	$[3, 4)$
19	人口聚集度	$[0.1, 5)$	$[5, 120)$	$[120, 200)$	$[200, 300)$	$[300, 400)$
20	污染物排放强度	$[2500, 3000)$	$[3000, 7000)$	$[7000, 10000)$	$[10000, 15000)$	$[15000, 20000)$
21	生态系统脆弱性	$(0, 1.5]$	$(1.5, 2.5]$	$(2.5, 3.5]$	$(3.5, 4.5]$	$(4.5, 5]$

表 4-5　重点生态功能区评价矩阵指标组成

ID	指标
1	人均可利用土地资源面积
2	人均水资源潜力
3	林草地覆盖率
4	经济发展水平指数
5	生物丰度指数
6	水源涵养指数
7	植被覆盖指数

ID	指标
13	交通网络密度
17	自然灾害影响
18	环境容量
19	人口聚集度
21	生态系统脆弱性

设重点生态功能区综合预警标准矩阵 $\boldsymbol{\beta}_{zd}$，其中 $\boldsymbol{\beta}_{zd}$（$z=1$，2，$\cdots$，n；$y=1$，2，$\cdots$，6）为第 z 个预警指标，第 d 个预警临界阈值的值（包含上下边界值），见表 4-6。

表 4-6 预警标准矩阵 $\boldsymbol{\beta}_{zd}$

k	临界阈值					
	S_1	S_2	S_3	S_4	S_5	S_6
1	2.2	2	0.8	0.3	0.1	0
2	1500	1000	500	200	0	−200
3	0.95	0.75	0.6	0.45	0.2	0.1
4	9	8	5	2	1	0.5
5	75	70	55	35	15	10
6	300	250	200	100	50	0
7	1	0.8	0.6	0.4	0.2	−1
13	2	1	0.9	0.35	0.1	0
17	0	0.1	0.3	0.6	0.8	1
18	−1	0	1	2	3	4
19	0.1	5	120	200	300	400
21	0	1.5	2.5	3.5	4.5	5

4.1.1.4 农产品主产区预警矩阵及预警标准矩阵

农产品主产区指标 10 项，其中基础性指标 8 项，专题性指标 2 项（表 4-7）。农产品主产区以耕地保护、粮食安全等方面设置专项指标，指标设置突出粮食安全保障能力。

表 4-7 农产品主产区预警矩阵指标组成

ID	指标
1	人均可利用土地资源面积
2	人均水资源潜力
3	林草地覆盖率

ID	指标
4	经济发展水平指数
8	耕地安全指数
9	粮食趋势产量
13	交通网络密度
17	自然灾害影响
18	环境容量
19	人口聚集度

设农产品主产区预警标准矩阵 $\boldsymbol{\beta}_{nc}$，其中 $\boldsymbol{\beta}_{nc}(n=1, 2, \cdots, n; c=1, 2, \cdots, 6)$ 为第 n 个预警指标，第 c 个预警临界阈值的值(包含上下边界值)，见表 4-8。

表 4-8　预警标准矩阵 $\boldsymbol{\beta}_n c$

k	临界阈值					
	S_1	S_2	S_3	S_4	S_5	S_6
1	2.2	2	0.8	0.3	0.1	0
2	1500	1000	500	200	0	−200
3	0.95	0.75	0.6	0.45	0.2	0.1
4	9	8	5	2	1	0.5
8	1.5	1.3	1.1	1	0.9	0.8
9	3	2	0	−2.1	−9.9	−10
13	2	1	0.9	0.35	0.1	0
17	0	0.1	0.3	0.6	0.8	1
18	−1	0	1	2	3	4
19	0.1	5	120	200	300	400

4.1.1.5　城市工业化区预警矩阵及预警标准矩阵

城市工业化区指标 12 项，其中基础性指标 8 项，专题性指标 4 项(表 4-9)。主体功能区中城市工业化区以交通优势度、城镇化水平、污染物排放强度、经济密度等为专项指标，指标设置目的为突出社会经济发展潜力。

表 4-9　城市工业化区预警矩阵指标组成

ID	指标
1	人均可利用土地资源面积
2	人均水资源潜力
3	林草地覆盖率

ID	指标
4	经济发展水平指数
10	交通优势度
11	城镇化率
12	经济密度
13	交通网络密度
17	自然灾害影响
18	环境容量
19	人口聚集度
20	污染物排放强度

设城市工业化区预警标准矩阵 $\boldsymbol{\beta}_{cs}$，其中 $\boldsymbol{\beta}_{cs}$（$c=1$，2，$\cdots$，n；$s=1$，2，$\cdots$，6）为第 c 个预警指标，第 s 个预警临界阈值的值（包含上下边界值），见表 4-10。

表 4-10　预警标准矩阵 $\boldsymbol{\beta}_{cs}$

k	临界阈值					
	S_1	S_2	S_3	S_4	S_5	S_6
1	2.2	2	0.8	0.3	0.1	0
2	1500	1000	500	200	0	−200
3	0.95	0.75	0.6	0.45	0.2	0.1
4	9	8	5	2	1	0.5
10	0.7	0.65	0.6	0.45	0.35	0.3
11	0.75	0.7	0.55	0.4	0.25	0.2
12	11000	10000	5000	1000	100	90
13	2	1	0.9	0.35	0.1	0
17	0	0.1	0.3	0.6	0.8	1
18	−1	0	1	2	3	4
19	0.1	5	120	200	300	400
20	2500	3000	7000	10000	15000	20000

4.1.1.6　扶贫开发区预警矩阵及预警标准矩阵

扶贫开发区指标 10 项，其中基础性指标 6 项，专题指标 4 项（表 4-11）。扶贫开发区以农村人均纯收入、教育水平、交通通达度以及生态系统脆弱性等为专项指标，指标设置目的为突出社会经济发展水平及发展潜力。

表 4-11　扶贫开发区预警矩阵指标组成

ID	指标
1	人均可利用土地资源面积
3	林草地覆盖率
4	经济发展水平指数
13	交通网络密度
14	农村人均纯收入
15	师生比
16	交通通达度
17	自然灾害影响
19	人口聚集度
21	生态脆弱性

设扶贫开发区预警标准矩阵 $\boldsymbol{\beta}$，其中 $\boldsymbol{\beta}_{fp}(f=1, 2, \cdots, n; p=1, 2, \cdots, 6)$ 为第 f 个预警指标，第 p 个预警临界阈值的值（包含上下边界值），见表 4-12。

表 4-12　预警标准矩阵 $\boldsymbol{\beta}_{fp}$

k	临界阈值					
	S_1	S_2	S_3	S_4	S_5	S_6
1	2.2	2	0.8	0.3	0.1	0
3	0.95	0.75	0.6	0.45	0.2	0.1
4	9	8	5	2	1	0.5
13	2	1	0.9	0.35	0.1	0
14	6000	5000	4000	3000	2000	1000
15	1/16	1/18	1/19	1/21	1/23	1/25
16	30	20	10	5	1	0
17	0	0.1	0.3	0.6	0.8	1
19	0.1	5	120	200	300	400
21	0	1.5	2.5	3.5	4.5	5

4.1.2　基于线性变换的综合预警过程

对于拥有 m 个评价单元，n 个评价指标的四川省资源环境承载力评价数据矩阵 $\boldsymbol{\alpha}_{mn}$，以及与之对应的 6 个临界阈值的资源环境承载力预警标准矩阵 $\boldsymbol{\beta}_{ks}$，其列空间属于数域空间 ks 的子空间。如 u_1 和 v_1 分别为 $\boldsymbol{\alpha}_{mn}$ 及 $\boldsymbol{\beta}_{ks}$ 的一组基，在进行欧式距离计算时，需要计算 $\boldsymbol{\alpha}_{mn}$、$\boldsymbol{\beta}_{ks}$ 分别在基 u_1 和 v_1 下的坐标值，然后通过一个线性变换 T，实现待评价单元资源环境承载力各单项指标值从 $u_1 \rightarrow v_1$ 的变换。之后，在四川省资源环境承载力各评价单元向量与资源环境承载力预警标准矩阵 $\boldsymbol{\beta}_{ks}$ 的各个临界阈值向量之间分别进行欧式距离计算。根据各评价单元与各预警临界阈值矢量之间的欧式距离进行综合判断，初步得出预警级别。最后结合单指标评价的限制性指标值，确定预警级别。

另外不同污染因子的量纲不同，为消除量纲不同对欧式距离计算的影响，必须预先进行数据归一化处理。

4.1.2.1　建立欧式空间

根据四川省资源环境承载力预警体系分析：设四川省资源环境综合表征矩阵为 $\boldsymbol{\alpha}$，$\alpha_{ij}(i=1,2,\cdots,m;j=1,2,\cdots,n)$ 为第 i 个待评价单元，第 j 项评价指标值。本书中 $m=21$；$n=18$。

设四川省资源环境承载力的 5 级预警临界阈值矩阵为 $\boldsymbol{\beta}$，其中 $\beta_{ks}(k=1,2,\cdots,n;s=1,2,\cdots,6)$ 为第 k 个评价指标，第 s 个预警阈值。本书中 $n=18$。

4.1.2.2　数据标准化

各预警指标的量纲不相同，将影响欧氏距离计算的结果，因此，需要对资源环境承载力预警矩阵以及预警标准矩阵的原始数据消除量纲，转换为可以比较的数据序列。数据的标准化是将数据按比例缩放，使之落入一个小的特定区间。标准化后的数据去除了数据的单位限制，将其转化为无量纲的纯数值，便于不同单位或量级的指标能够进行比较和加权。其中最典型的就是 0～1 标准化和 Z 标准化。

1.　0～1 标准化

0～1 标准化也叫离差标准化，是对原始数据的线性变换，使结果落到 [0，1] 区间，转换函数如下：

$$x = \frac{x - \min(x)}{\max(x) - \min(x)} \tag{4-1}$$

$$x = \frac{\max(x) - x}{\max(x) - \min(x)} \tag{4-2}$$

其中，$\max(x)$ 为样本数据的最大值；$\min(x)$ 为样本数据的最小值。

对于指标值越高越安全的预警指标，采取公式(4-1)的数据变换方法中的效益型变换方法将观测数值向 [0，1] 区间变换。

对于指标值越高越高，越不安全的预警指标，采取公式(4-2)的数据变换方法中的成本型变换方法将观测数值向 [0，1] 区间变换。

2.　Z-score 标准化

Z-score 标准化也叫标准差标准化，经过处理的数据符合标准正态分布，即均值为 0，标准差为 1，也是最为常用的标准化方法，其转化函数为

$$x = \frac{x - \mu}{\sigma} \tag{4-3}$$

其中，μ 为所有样本数据的均值；σ 为所有样本数据的标准差。

对综合预警矩阵 $\boldsymbol{\alpha}_{ij}$ 和 5 级预警临界阈值矩阵 $\boldsymbol{\beta}_{ks}$ 使用标准差标准化，标准化后的矩阵为 $\boldsymbol{C}_{ij}$ 和 $\boldsymbol{D}_{ks}$。

4.1.2.3　线性变换

对 $\boldsymbol{C}_{ij}$ 进行 $\boldsymbol{QR}$ 型正交分解，矩阵分解成一个正规正交矩阵 $\boldsymbol{Q}_C$ 与上三角形矩阵 $\boldsymbol{R}_C$；对 $\boldsymbol{D}_{ks}$ 同样进行 $\boldsymbol{QR}$ 型正交分解，得正规正交矩阵 $\boldsymbol{Q}_B$ 与上三角形矩阵 $\boldsymbol{R}_B$。设 V、W 为数域 K 上的向量空间，V 为。x_1，x_2，x_n（即 $\boldsymbol{Q}_C$）；y_1，y_2，y_n（即 $\boldsymbol{Q}_B$）分别为 V、W 中的一组基，且：

$$(y_1,y_2,\cdots,y_n)=(x_1,x_2,\cdots,x_n)\begin{pmatrix} P_{11} & P_{11} & \cdots & P_{1n} \\ P_{21} & P_{22} & \cdots & P_{2n} \\ \cdots & \cdots & \cdots & \cdots \\ P_{n1} & P_{n2} & \cdots & P_{nm} \end{pmatrix} \tag{4-4}$$

设 x 在基 x_1，x_2，$\cdots$，x_n 与基 y_1，y_2，$\cdots$，y_n 下的坐标分别为 ξ_1，ξ_2，$\cdots$，ξ_n（即 $\boldsymbol{R}_C$）与 η_1，η_2，$\cdots$，η_n（即 $\boldsymbol{R}_c^{\mathrm{T}}$）。则：

$$\begin{pmatrix} \eta_1 \\ \eta_2 \\ \cdots \\ \eta_n \end{pmatrix}=\begin{pmatrix} P_{11} & P_{11} & \cdots & P_{1n} \\ P_{21} & P_{22} & \cdots & P_{2n} \\ \cdots & \cdots & \cdots & \cdots \\ P_{n1} & P_{n2} & \cdots & P_{nm} \end{pmatrix}^{-1}\begin{pmatrix} \xi_1 \\ \xi_2 \\ \cdots \\ \xi_n \end{pmatrix} \tag{4-5}$$

根据公式(4-4)、(4-5)进行线性变换。

4.1.2.4　欧式距离计算

矩阵 $\boldsymbol{R}_c^{\mathrm{T}}$ 列向量表示为 $\boldsymbol{R}_c^{\mathrm{T}}=(a_1,a_2,\cdots,a_m)$，$a_i$ 为第 i 个评价单元向量；矩阵 $\boldsymbol{R}_B$ 的列向量表示 $\boldsymbol{R}_B=(b_1,b_2,\cdots,b_6)$，$b_s$ 为第 s 个临界阈值向量。则第 i 个评价单元与第 s 个临界阈值向量的空间欧式距离 DIS_{is} 等于向量 a_i 与向量 b_s 差的 2-范数。

$$\mathrm{DIS}_{is}=\|a_i-b_s\| \tag{4-6}$$

4.1.2.5　综合预警级别确定

经过线性变换，待评价单元与 6 个临界阈值向量形成了 $\boldsymbol{Q}_B$ 列空间的 $m+6$ 个点。分别比较 m 个待评价单元点与 6 个临界阈值向量 $\boldsymbol{R}_B(b_s)(s=1,2,3,4,5,6)$ 的欧式距离大小，依据距离和预警等级的关系(表 4-13)，判断并确定待评价单元的综合预警级别。

表 4-13　重点生态功能区综合预警级别

指标	预警级别				
	安全	轻度预警	中度预警	重度预警	危险
临界阈值	$(S_2, S_1]$	$(S_3, S_2]$	$(S_4, S_3]$	$(S_5, S_4]$	$(S_6, S_5]$

4.2　限制性指标预警

4.2.1　重点生态功能区限制性单指标预警

重点生态功能区分别对人均水资源量、林草地覆盖率和环境容量 3 个指标，进行单指标预警；并采用其中预警级别最高的结果，作为重点生态功能区单指标预警结果(表 4-14)。

表 4-14　重点生态功能区限制性单指标分值区间及对应预警级别

指标	预警级别				
	安全	轻度预警	中度预警	重度预警	危险
环境容量评价等级	0	(0, 1)	(1, 2)	(2, 3)	>3
人均水资源潜力	>1000	500~1000	200~500	0~200	$a<0$
林草地覆盖率	>75%	(60%, 75%]	(45%, 60%]	(20%, 45%]	≤20%

4.2.2　农产品主产区限制性单指标预警

农产品主产区分别对人均水资源量、耕地安全指数和环境容量 3 个指标，进行单指标预警；并采用其中预警级别最高的结果，作为农产品主产区单指标预警结果(表 4-15)。

表 4-15　农产品主产区限制性单指标分值区间及对应预警级别

指标	预警级别				
	安全	轻度预警	中度预警	重度预警	危险
环境容量评价等级	0	(0, 1)	(1, 2)	(2, 3)	>3
人均水资源潜力	>1000	500~1000	200~500	0~200	$a<0$
耕地安全指数	>1.3	(1.1, 1.3]	(1, 1.1]	(0.9, 1]	≤0.9

4.2.3　重点开发区和市辖区限制性单指标预警

重点开发区和市辖区分别对人均水资源量、污染物排放强度和环境容量 3 个指标，进行单指标预警；并采用其中预警级别最高的结果，作为重点开发区和市辖区单指标预警结果(表 4-16)。

表 4-16　重点开发区和市辖区限制性单指标分值区间及对应预警级别

指标	预警级别				
	安全	轻度预警	中度预警	重度预警	危险
环境容量评价等级	0	(0, 1)	(1, 2)	(2, 3)	>3

指标	预警级别				
	安全	轻度预警	中度预警	重度预警	危险
人均水资源潜力	>1000	500~1000	200~500	0~200	<0
污染物排放强度	≤3000	(3000, 7000]	(7000, 10000]	(10000, 15000]	>15000

4.2.4　扶贫开发区限制性单指标预警

扶贫开发区分别对人均水资源量、农村人均纯收入和环境容量 3 个指标，进行单指标预警；并采用其中预警级别最高的结果，作为扶贫开发区单指标预警结果(表 4-17)。

表 4-17　扶贫开发区限制性指标分值区间及对应预警级别

指标	预警级别				
	安全	轻度预警	中度预警	重度预警	危险
环境容量评价等级	0	(0, 1)	(1, 2)	(2, 3)	>3
人均水资源潜力	>1000	500~1000	200~500	0~200	<0
农村人均纯收入	R>5000	(4000, 5000]	(3000, 4000]	(2000, 3000]	≤2000

4.3　资源环境承载力最终预警级别确定

在重点生态功能区、农产品主产区、重点开发和市辖区，扶贫开发区资源环境承载力最终预警过程中，比较资源环境承载力综合预警结果，以及相应限制性指标预警结果。根据预警等级从严的原则，判断并确定评价单元的最终预警级别。

4.4　小　　结

本书认为，资源环境承载力预警可分为现状预警和趋势预警两种类型。资源环境承载力现状预警是对某时间节点，某一区域，特定社会经济发展水平下，生存资源的消耗、生活生产废物的排放及各级生态环境危害程度与最大允许容量(阈值)的接近度；资源环境承载力趋势预警则是通过资源环境承载力历史数据，预测某一区域，在未来某一时间点，生存资源的可能消耗、生活生产废物的预计排放与可能造成的各级生态环境危害的接近度。基于此假设，本章构建了构建了四川省资源环境承载力现状监测预警模型。模型以生态、环境和经济多指标相结合，进行资源环境承载力综合预警；以具有强烈资源环境优劣指示性的指标，作为限制性指标，进行单指标预警。最后整合多指标综合预警结果和单指标预警结果，作为资源环境承载力现状预警的最终预警结果。

进行资源环境承载力现状预警，可通过对不同评价单元进行空间维度上的横向比较，掌握资源环境承载力在空间上异质性；通过对同一研究对象进行时间维度上的纵向比较，了解其时间上的发展趋势。当前倾向于对资源环境承载力进行多指标综合评价。通过综合评价，可以对研究对象的资源环境承载力状况进行综合诊断。与此类似，综合预警可反映研究对象资源环境承载力的总体危险程度(与阈值接近度)。但是，综合预警存在对具体生态环境现象可解释性不强，出现与人对环境状况的直接感受不一致的情况。为解决这种问题，对特定功能分区内，人们重点关注且具有强烈资源环境优劣指示性的指标，有必要进行单指标评价。这类指标作为限制性指标，对资源环境承载力的预警状态具有一票否决权。

随着现状监测预警工作的进行，基础资料的不断积累，今后可进一步构建并验证资源环境承载力的趋势预警模型，并进行趋势预警。

第5章 重点生态功能区资源环境承载力监测预警
——以若尔盖县为例

5.1 区 域 概 况

按照 2010 年国务院印发的《全国主体功能区规划》,若尔盖县功能区划属于限制开发区中的若尔盖草原湿地生态功能区,拥有国家级湿地自然保护区,主要保护对象为高寒沼泽湿地生态系统和黑颈鹤等珍稀动物。该县不仅是我国生物多样性关键地区和世界高山带物种最丰富的地区之一,也是重要的水源涵养区。若尔盖县境内谷地开阔,河曲发达,水草丰茂,适宜放牧,以饲养牦牛、绵羊和马为主,是我国三大草原牧区之一。但该区域生态系统异常脆弱,一旦破坏极难恢复,研究该区域的资源环境承载力具有重要意义。

5.1.1 地理位置

若尔盖县位于青藏高原东部边缘地带,四川省阿坝藏族羌族自治州北部,系四川通往西北省区的北大门,地理坐标介于东经 102°08′至 103°39′、北纬 32°56′至 34°19′之间,四面分别与甘肃省玛曲县、碌曲县、卓尼县、迭部县和阿坝州内阿坝县、红原县、松潘县、九寨沟县接壤。黄河与长江分水岭将其划为东西两部,县城达扎寺镇距成都 469.2km,距兰州 475.3km,土地总面积 10436.58km²,监测范围如图 5-1 所示。

5.1.2 地形地貌

若尔盖县境内地形复杂,黄河与长江流域的分水岭将全县划分为两个截然不同的地理单元和自然经济区。中西部和南部为典型丘状高原,占全县总面积 69%,地势由南向北倾斜,平均海拔 3500m 以上。北部和东南部山地系秦岭西部迭山余脉和岷山北部尾端,境内山高谷深,地势陡峭,海拔 2400~4200m。

5.1.3 气候水文

若尔盖县属高原寒温带湿润季风气候,常年无夏。年平均气温 1.1℃,年降水量 648.5mm。无绝对无霜期。降雨多集中于 5 月下旬至 7 月中旬,年降雨量 656.8mm。年均相对湿度 69%。每年 9

图 5-1　若尔盖县地理位置

月下旬土地开始冻结，5 月中旬完全解冻，冻土最深达 72cm。若尔盖县主要河流有白龙江、包座河和巴西河，另有嘎曲、墨曲和热曲，从南往北汇入黄河。

5.1.4　交通经济

若尔盖县地域辽阔，资源富集，优势突出。旅游资源丰富而独特，既有黄河九曲第一湾、热尔大草原、纳摩神居峡、降扎温泉、国家级湿地自然保护区、省级铁布梅花鹿自然保护区、包座原始森林等自然景观，又有巴西会议会址、包座战役遗址、古潘州遗址等人文景观，是大九寨国际旅游区的核心组成部分。

若尔盖县是典型的牧区县，第一产业仍是国民经济的主体。2014 年若尔盖县实现国内生产总值（GDP）139128 万元，增长 4.8%，人均国内生产总值 18258 元，同比增长 5.8%，但远低于全国人均国内生产总值 4.4 万元，其中，第一产业增加值 63085 万元，同比增长 4.7%；第二产业增加值 26909 万元，同比增长 14.3%；第三产业增加值 49134 万元，同比增长 0.3%。全部工业增加值 15288 万元，同比增长 26.1%，规模以上工业增加值完成 8238 万元，同比增长 28.5%，建筑业增加值 11621 万元，同比增长 0.2%。全社会消费品零售总额 37394 万元，同比增长 14.7%。全社会固定资产投资完成额 182772 万元，同比增长 1.3%。地方财政一般预算收入 4116 万元，同比增长 11.2%，地方财政一般预算支出 117767 万元，同比下降 5.3%。城镇居民可支配收入 25845 元，同比增长 8.4%，农牧民人均纯收入 8063 元，同比增长 14.7%。旅游人次 173.5 万人次，同比增长 31.6%；旅游总收入 123232 万元，同比增长 14.4%。

5.2　监测结果与分析

5.2.1　资源

5.2.1.1　可利用土地资源

通过对若尔盖县 2010 年、2014 年各乡镇不同土地利用类型的面积统计分析(表 5-1、图 5-2、图 5-3和图 5-4)可以看出,若尔盖县可利用土地资源主要分布在东北和西南部,中部地区可利用土地资源较少且呈带状分布。其中,除班佑乡、麦溪乡、嫩哇乡、辖曼乡由于地形和林草地覆盖较高等原因无可利用土地资源外,其余乡镇均分布有较少的可利用土地资源。唐克镇 2010 年、2014 年的可利用土地资源面积都位居各乡镇之首,分别为 0.64km² 和 0.67km²。

表 5-1　若尔盖县 2010 年、2014 年各乡镇不同土地利用类型面积统计　　　　　单位:km²

土地利用类型 乡镇	适宜建设用地		已有建设用地		基本农田		可利用土地资源	
	2010 年	2014 年	2010 年	2014 年	2010 年	2014 年	2010 年	2014 年
阿西茸乡	1.10	1.10	0.12	0.12	0.83	0.83	0.15	0.15
阿西乡	2.60	2.72	2.07	2.19	0.45	0.45	0.08	0.08
巴西乡	0.74	0.74	0.27	0.27	0.41	0.41	0.07	0.07
班佑乡	2.73	2.75	2.73	2.75	0.00	0.00	0.00	0.00
包座乡	0.66	0.66	0.11	0.11	0.46	0.46	0.08	0.08
崇尔乡	2.60	2.60	0.19	0.19	2.05	2.05	0.36	0.36
达扎寺镇	1.79	2.14	1.73	2.08	0.01	0.01	0.05	0.05
冻列乡	2.72	2.60	0.21	0.21	2.13	2.03	0.38	0.36
红星镇	1.74	1.76	0.94	0.96	0.68	0.68	0.12	0.12
降扎乡	0.46	0.46	0.05	0.05	0.35	0.35	0.06	0.06
麦溪乡	1.69	1.71	1.69	1.71	0.00	0.00	0.00	0.00
嫩哇乡	0.50	0.76	0.50	0.76	0.00	0.00	0.00	0.00
求吉乡	2.81	2.80	0.32	0.42	2.12	2.03	0.37	0.36
热尔乡	1.10	1.10	0.09	0.09	0.86	0.86	0.15	0.15
唐克镇	6.15	6.38	1.87	1.91	3.64	3.80	0.64	0.67
辖曼乡	0.46	0.54	0.46	0.54	0.00	0.00	0.00	0.00
占哇乡	0.90	0.90	0.09	0.09	0.69	0.69	0.12	0.12
合计	30.76	31.71	13.45	14.44	14.67	14.63	2.64	2.63

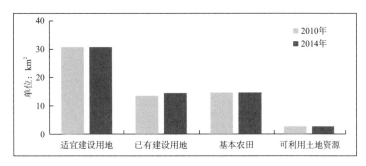

图 5-2　若尔盖县 2010 年、2014 年不同土地利用类型面积对比

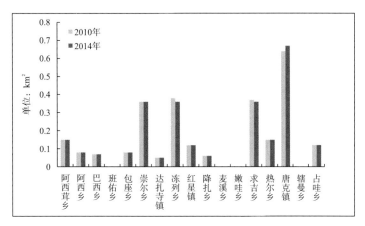

图 5-3　若尔盖县 2010 年、2014 年各乡镇可利用土地资源面积统计

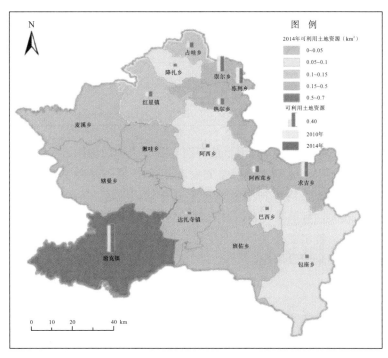

图 5-4　若尔盖县 2010 年、2014 年可利用土地资源分布与变化

根据人均可利用土地资源计算公式和《国家级可利用土地资源分级标准》，计算出若尔盖县2010 年、2014 年人均可利用土地资源面积和丰度分级数据，如表 5-2 所示：

表 5-2　若尔盖县 2010 年、2014 年人均可利用土地资源面积和丰度分级

乡镇名	2010 年				2014 年			
	可利用土地资源（亩）	人口	人均可利用土地资源（亩/人）	等级	可利用土地资源（亩）	人口	人均可利用土地资源（亩/人）	等级
阿西茸乡	225.00	3137	0.07	0	225.00	3215	0.07	0
阿西乡	120.00	5858	0.02	0	120.00	6188	0.02	0
巴西乡	105.00	1701	0.06	0	105.00	1698	0.06	0
班佑乡	0.00	5937	0.00	0	0.00	6233	0.00	0
包座乡	120.00	3416	0.04	0	120.00	3515	0.03	0
崇尔乡	540.00	2923	0.18	1	540.00	2940	0.18	1
达扎寺镇	75.00	9481	0.01	0	75.00	9644	0.01	0
冻列乡	570.00	2789	0.20	1	540.00	2756	0.20	1
红星镇	180.00	5661	0.03	0	180.00	5298	0.03	0
降扎乡	90.00	2907	0.03	0	90.00	2937	0.03	0
麦溪乡	0.00	5187	0.00	0	0.00	5609	0.00	0
嫩哇乡	0.00	3599	0.00	0	0.00	3203	0.00	0
求吉乡	555.00	3548	0.16	1	540.00	3613	0.15	1
热尔乡	225.00	2521	0.09	0	225.00	2534	0.09	0
唐克镇	960.00	6915	0.14	1	1004.99	7402	0.14	1
辖曼乡	0.00	7425	0.00	0	0.00	7821	0.00	0
占哇乡	180.00	2541	0.07	0	180.00	2639	0.07	0
合计	3959.98	75546	0.05	0	3944.98	77245	0.05	0

若尔盖县 2010 年、2014 年人均可利用土地资源丰度分级情况如图 5-5 所示。

通过对若尔盖县的可利用土地资源进行监测发现，2010 年、2014 年若尔盖县的可利用土地资源面积较小，基本保持稳定，人均可利用土地资源处于缺乏状态。结合若尔盖县实际情况分析发现，若尔盖县地形起伏较大，且地表覆盖以林草地为主，林草地覆盖率高达 94% 以上，故该区域可利用土地资源较少。此外，若尔盖县属于草原湿地生态功能区，该区域生态系统脆弱，政府采取了一系列措施对其生态系统安全加以保护，充分发挥其优越的生态功能优势，进一步限制了对土地的开发和利用。

5.2.1.2　可利用水资源

通过对若尔盖县 2010 年、2014 年可利用水资源潜力进行计算和对比分析（表 5-3、图 5-6）发现，若尔盖县可利用水资源潜力分别是 50.12 亿 m^3 和 45.71 亿 m^3，几年间减少 4.42 亿 m^3，减少率

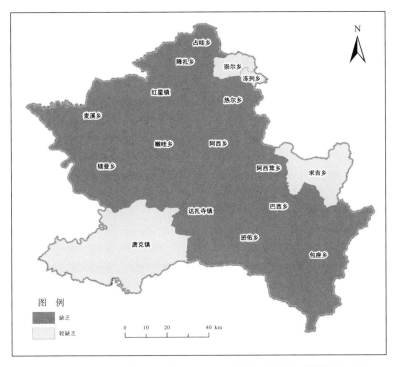

图 5-5　若尔盖县各乡镇 2010 年、2014 年人均可利用土地资源丰度分级

8.8%；人均可利用水资源潜力较为丰富，分别是 66348.19m³/人 和 59170.69m³/人，相比减少 7177.44m³/人，减少率 10.82%。同时，通过若尔盖县各乡镇可利用水资源潜力对比图可以看出，相比于 2010 年，2014 年各乡镇的可利用水资源潜力均有不同程度的下降，但人均可利用水资源潜力等级保持稳定，均处于丰富状态；另，若尔盖县各乡镇的可利用水资源潜力差异较大，以包座乡为首，唐克镇、班佑乡和热尔乡次之，冻列乡最低。

表 5-3　若尔盖县 2010 年、2014 年可利用水资源潜力统计

乡镇	2010 年				2014 年			
	可利用水资源潜力（m³）	人口（人）	人均可利用水资源潜力（m³/人）	分级	可利用水资源潜力（m³）	人口（人）	人均可利用水资源潜力（m³/人）	分级
达扎寺镇	264119225.52	9481	27857.74	4	240844375.47	9644	24973.49	4
唐克镇	713778607.17	6915	103229.24	4	650878642.13	7402	87932.81	4
班佑乡	545589816.36	5937	91904.29	4	497511070.32	6233	79818.88	4
阿西乡	423421800.58	5858	72280.95	4	386108807.18	6188	62396.38	4
辖曼乡	561288069.52	7425	75599.44	4	511825953.96	7821	65442.52	4
红星镇	279426216.43	5661	49364.23	4	254802475.86	5298	48094.09	4
麦溪乡	390010901.58	5187	75190.07	4	355642160.59	5609	63405.63	4
嫩哇乡	227845317.67	3599	63316.75	4	207767015.56	3203	64866.38	4

乡镇	2010 年				2014 年			
	可利用水资源潜力（m³）	人口（人）	人均可利用水资源潜力（m³/人）	分级	可利用水资源潜力（m³）	人口（人）	人均可利用水资源潜力（m³/人）	分级
冻列乡	25429680.47	2789	9117.85	4	23188753.11	2756	8413.92	4
崇尔乡	71754650.18	2923	24552.49	4	65431450.04	2940	22255.60	4
热尔乡	204644118.93	2521	81191.87	4	186610364.77	2534	73642.61	4
占哇乡	91463718.87	2541	36002.25	4	83403706.06	2639	31604.28	4
降扎乡	114635338.84	2907	39441.02	4	104533384.63	2937	35591.89	4
巴西乡	105906358.37	1701	62279.54	4	96573623.86	1698	56874.93	4
阿西茸乡	106224425.83	3137	33867.19	4	96863662.42	3215	30128.67	4
求吉乡	242222531.74	3548	68279.78	4	220877273.38	3613	61134.04	4
包座乡	644577561.58	3416	188721.29	4	587775766.62	3515	167219.28	4
合计	5012340000	75546	66348.19	4	4570640000	77245	59170.69	4

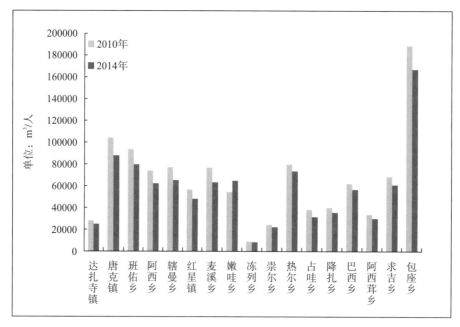

图 5-6　若尔盖县各乡镇 2010 年、2014 年可利用水资源潜力对比

　　通过对若尔盖县可利用水资源潜力进行监测发现：2010~2014 年，若尔盖县各乡镇的可利用水资源潜力和人均水可利用水资源潜力均有不同程度减少。分析其原因发现，近年来县域内草场沙漠化较为严重，水源涵养功能衰减，泥炭资源破坏，沼泽有机污染日趋严重，导致沼泽湿地生态功能下降。另外，全球气候变暖，降雨减少，地质构造运动，过度放牧，疏干沼泽，不合理开发泥炭资源等也是造成该区域水环境恶化的主要原因。因此，要加大水资源保护力度，防范可利用水资源潜

力持续恶化。

5.2.2　环境、生态

5.2.2.1　环境容量

通过计算若尔盖县 2010 年、2014 年的环境容量(表 5-4、表 5-5)发现，若尔盖县 2010 年 SO_2 排放量为 35.38t，2014 年为 491.31t，增加 455.93t，增涨了 12.8 倍；2010 年 COD 排放量为 152.32t，2014 年为 538.95t，增加 386.63t，增涨 2.5 倍；若尔盖县各乡镇两年的环境容量均为无超载。

表 5-4　若尔盖县 2010 年、2014 年大气环境容量(SO_2)统计

年份	$A(\text{km}^2 \times 10^4/a)$	C_{ki} ($\mu g/m^3$)	C_0	S_i (km^2)	S (km^2)	大气环境容量(SO_2) G_i	$P_i(SO_2)$ (t)	A_i	等级
2010 年	2.94	20	0	9488.98	9488.98	57278.72	35.38	−0.999	4
2014 年	2.94	20	0	9488.98	9488.98	57278.72	491.31	−0.991	4

表 5-5　若尔盖县 2010 年、2014 年环境容量(COD)统计

年份	Q_i (亿 m^3)	C_i (mg/L)	C_{i0}	k (1/d)	水环境容量(COD) G_i	P_i(COD) (t)	A_i	等级
2010 年	39.77	15	0	0.2	71586.00	152.32	−0.998	4
2014 年	36.73	15	0	0.2	66114.00	538.95	−0.992	4

通过对若尔盖县 2010 年、2014 年的环境容量进行监测发现：若尔盖县大气和水污染情况变得日趋严重，且大气污染物的排放量远比水污染情况严重。结合相关资料分析可知，一方面若尔盖县快速发展，人口急剧增加，前期粗放式的生产生活方式转变较慢，生活污水未经处理直接排入黑河，对黑河流域造成了持续的污染。另一方面，近年来若尔盖县旅游业发展迅速，过度无序的旅游开发模式和不科学管理方式造成一系列环境污染问题，但若尔盖县企业少，工业化水平低，环境仍然处于优等水平，环境容量等级高。

5.2.2.2　自然灾害影响

1.　干旱

1)孕灾环境因子

根据若尔盖县的地形地貌特征，将地形坡度划分为<5°、5°~10°、10°~20°、20°~30°和≥30°五个等级。由图 5-7 可以看出，坡度>20°的地形主要分布在若尔盖县域的东部与北部，中部和西部主要为地势平坦的区域。

　　根据若尔盖县的地表覆盖情况，同时依据干旱灾害成灾特征，将地表覆盖按照干旱成灾的危险性从低到高划分为六类（图5-8）：①宅基地；②荒漠、裸露地表；③有林地、灌木林地；④草地、园地；⑤水田、湿地；⑥旱地。

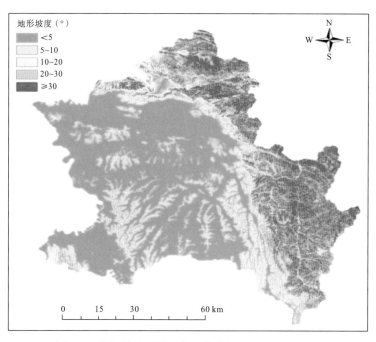

图 5-7　若尔盖县干旱孕灾环境指标因子（坡度）分区

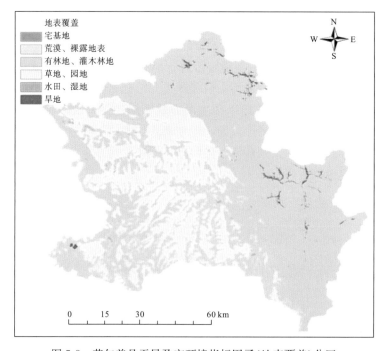

图 5-8　若尔盖县干旱孕灾环境指标因子（地表覆盖）分区

2)致灾因子

利用研究区临近气象观测站点 1980～2014 年气温和降水监测数据，计算得到站点 2010 年和 2014 年两期 SPEI 指数，并通过 Arcgis 空间插值方法获得 SPEI 空间分布结果(图 5-9、图 5-10)。

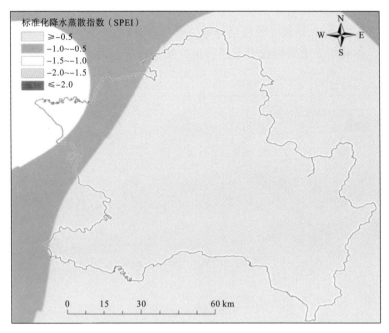

图 5-9　若尔盖县 2010 年干旱致灾指标因子(标准化降水蒸散指数)

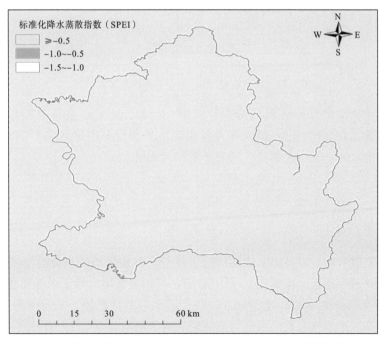

图 5-10　若尔盖县 2014 年干旱致灾指标因子(标准化降水蒸散指数)

　　由图 5-9、图 5-10 可以看出，2010 年，若尔盖县大部分地区的 SPEI≥−0.5，只有西北方向小部分区域的 SPEI 处于−0.5～−1.5 值域区间；2014 年，整个县域的 SPEI≥−0.5。

　　3）危险分区

　　通过层次分析法和专家经验打分，获得干旱灾害危险性计算过程中所涉及的孕灾环境因子和致灾因子的权重系数。通过 Arcgis 软件的栅格计算工具计算获得若尔盖县 2010 年和 2014 年 2 期干旱灾害危险分区结果，并利用灾史资料或专家经验进行修正，获得最终干旱危险性评价结果（图 5-11、图 5-12）。

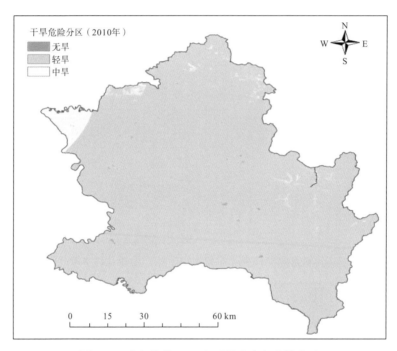

图 5-11　若尔盖县 2010 年干旱灾害危险性分区

　　将干旱危险性计算结果按照等级划分为：无旱、轻旱、中旱、重旱和特旱五类，由图 5-11、图 5-12 可知，若尔盖县在 2010 年和 2014 年并没出现重旱和特旱现象，除了 2010 年，若尔盖县西北小范围区域出现中旱外，其余大部分区域处于轻旱或无旱。

2. 洪水

　　1）孕灾环境因子

　　根据若尔盖县的地形地貌以及洪水灾害的危害特征，将地形坡度划分为≥45°、35°～45°、25°～35°、10°～25°和≤10°五个等级，由图 5-13 可以看出，若尔盖县境内除了东部和北部山区地形坡度＞25°外，中部及西部大部分区域地形坡度≤10°，处于洪水的高危区域。从河网密度情况（图 5-14）来看，若尔盖县的北部、东南部以及西南部为河网密度高值区域。

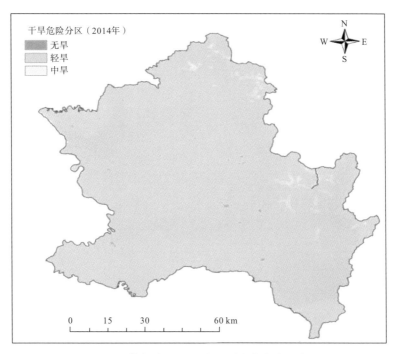

图 5-12　若尔盖县 2014 年干旱灾害危险性分区

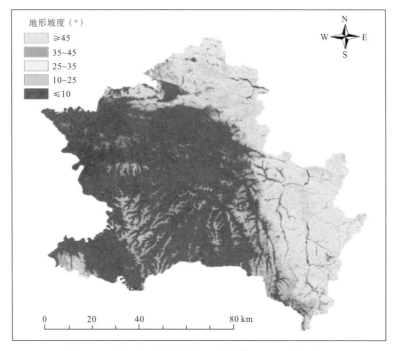

图 5-13　若尔盖县洪水孕灾环境指标因子（坡度）分区

　　根据若尔盖县的地表覆盖情况，同时依据洪水灾害成灾特征，将地表覆盖按照干旱成灾的危险性从低到高划分为六类（图 5-15）：①有林地、灌木林地；②草地、园地、疏林地；③耕地；④荒漠、裸露地表；⑤人工堆掘地；⑥宅基地、交通设施。

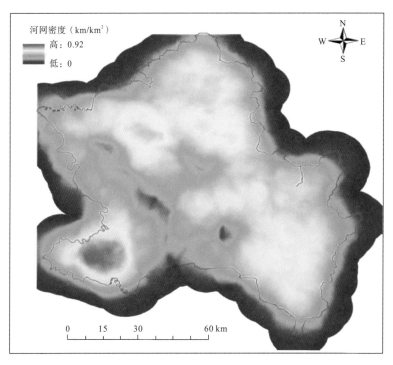

图 5-14　若尔盖县洪水孕灾环境指标因子(河网密度)分区

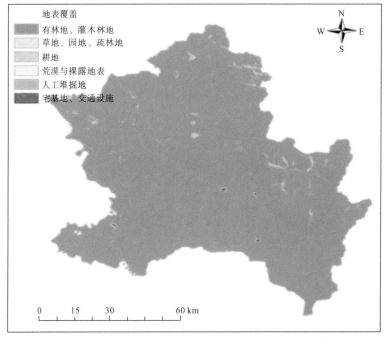

图 5-15　若尔盖县洪水孕灾环境指标因子(地表覆盖)分区

若尔盖县的东部和北部山区地势陡峭,大部分地形高差≥200m;中部和西部大部分区域高差≤200m,地势较为平坦,为洪水高危区域(图5-16)。

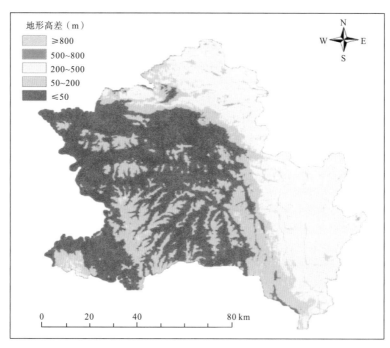

图 5-16　若尔盖县洪水孕灾环境指标因子(地形高差)分区

2)致灾因子

洪水灾害的评价选取了 3 个致灾因子：暴雨日数、降水变率和年降水量。从图 5-17、图 5-18 可

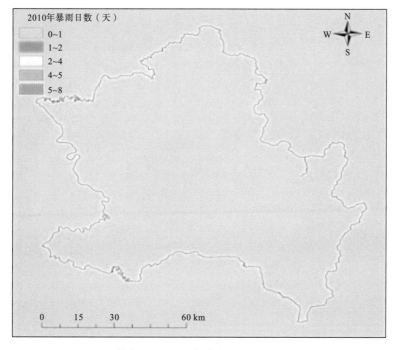

图 5-17　若尔盖县 2010 年洪水致灾因子(暴雨日数)

以看出，若尔盖县 2010 年和 2014 年间的暴雨日数＜1 天，没有变化；降水变率（图 5-19、图 5-20）方面，2010 年若尔盖县中部区域出现较高值，降水量较往年明显增加，2014 年全县降水变率≤0.15，

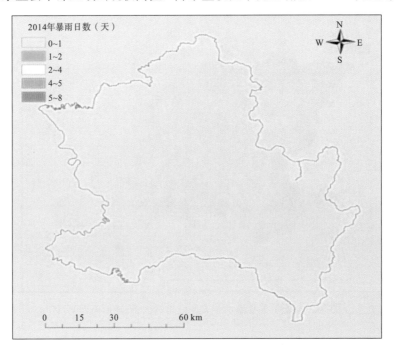

图 5-18　若尔盖县 2014 年洪水致灾因子（暴雨日数）

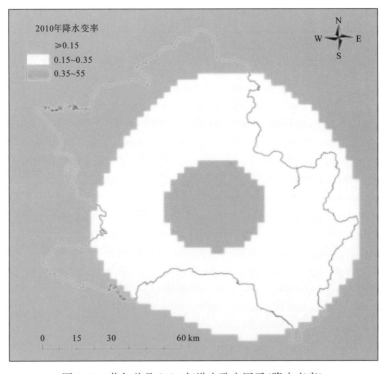

图 5-19　若尔盖县 2010 年洪水致灾因子（降水变率）

降水没有明显增加现象；年降雨量(图 5-21、图 5-22)方面，若尔盖县在 2010 年和 2014 年的年降水量均为 500~900mm。

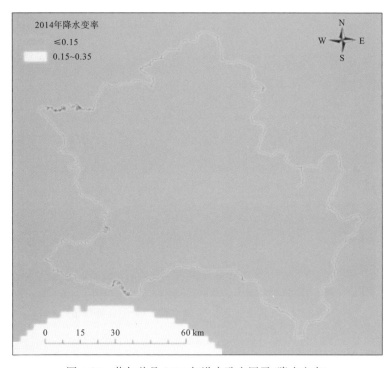

图 5-20　若尔盖县 2014 年洪水致灾因子(降水变率)

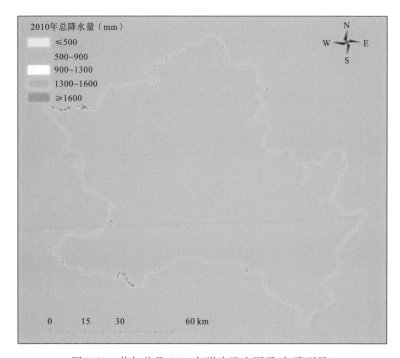

图 5-21　若尔盖县 2010 年洪水致灾因子(年降雨量)

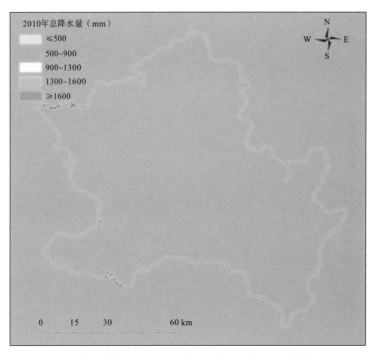

图 5-22　若尔盖县 2014 年洪水致灾因子(年降雨量)

3)危险分区

通过层次分析法和专家经验打分，获得洪水灾害危险性计算过程中所涉及的孕灾环境因子和致

图 5-23　若尔盖县 2010 年洪水灾害危险性分区

灾因子的权重系数。通过 Arcgis 软件的栅格计算工具计算获得若尔盖县 2010 年和 2014 年 2 期洪水灾害危险分区结果,并利用灾史资料或专家经验进行修正,获得最终洪水危险性评价结果(图 5-23、图 5-24)。

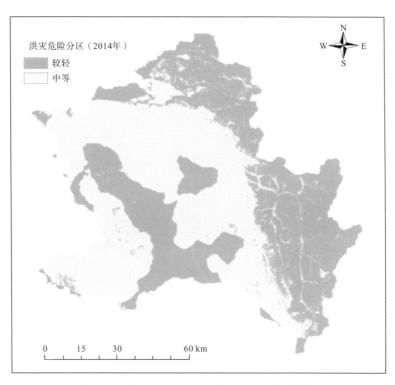

图 5-24　若尔盖县 2014 年洪水灾害危险性分区

　　将洪水危险性计算结果按照等级划分为:较轻、中等、较严重、严重和极其严重五类,由图 5-23 和图 5-24 可知,若尔盖县在 2010 年和 2014 年只受到洪水灾害较轻和中等影响。2010 年,若尔盖县东部及北部坡度>25°的山区洪水危险性较轻,中部及西部由于地势平坦及降水较历史雨量明显增加的原因,洪水危险性为中等;2014 年,若尔盖县东部及北部山区洪灾危险性较轻,中部偏西较陡的地势区域洪灾危险性减小。

3. 地震

　　地震灾害的危险性评价主要是利用地震动峰值加速度的区划法进行危险性评估。按照地震动峰值加速度的值域区间,将地震动峰值加速度划分为:0~0.05g、0.1~0.15g、0.2g、0.3g 和 ≥0.4g,对应的地震危害程度依次为:无、略大、较大、大和极大。

　　由图 5-25 和图 5-26 可以看出,若尔盖县 2010 年至 2014 年间地震动峰值加速度的空间分布格局发生了明显变化。2010 年,若尔盖县境内分布三条地震动峰值加速度区间,从西至东的 PGA 依次为:0.05g、0.1g 和 0.15g,境内大部分区域地震危害程度为略大。2014 年,若尔盖县受地震影响有所增大,境内分布四条地震动峰值加速度区间,从西南至东北方向的 PGA 依次为:0.1g、0.15g、0.2g 和 0.1g,与 2010 年相比,2014 年新增了一块地震危害程度较大的区域。

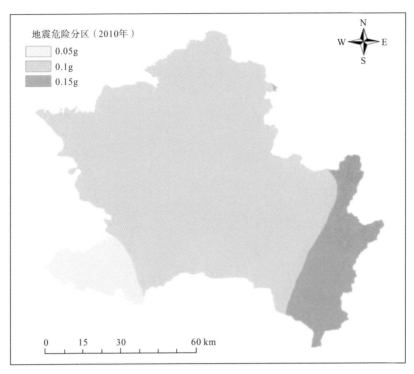

图 5-25　若尔盖县 2014 年地震动峰值加速度分区

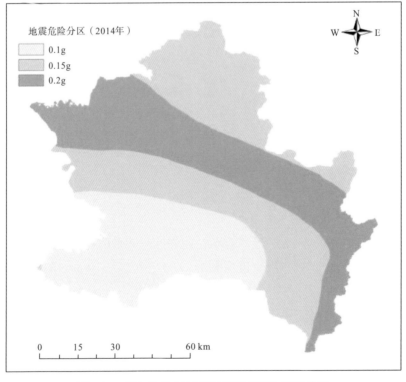

图 5-26　若尔盖县 2014 年地震动峰值加速度分区

4. 地质灾害

1)孕灾环境因子

根据地质灾害的危害特征，将若尔盖县内的岩层性状划分为四类：软弱岩组、较软岩组、较硬岩组和坚硬岩组。由图 5-27 可见，坚硬岩组和较硬岩组主要分布在若尔盖东部和北部，软弱岩组主要分布在中部及西部。根据若尔盖县的地形地貌，将地形坡度按照地灾危险性从低到高划分为≥55°、≤15°，15°~25°，25°~35°，35°~45°和45°~55°五个等级(图 5-28)。

将若尔盖县地势高差按照地灾成灾危险性从低到高划分为：≤100m、100~300m、300~500m、500~1000m 四个区间，由图 5-29 可知，成灾高危的地势主要集中分布在若尔盖县的东部及北部。

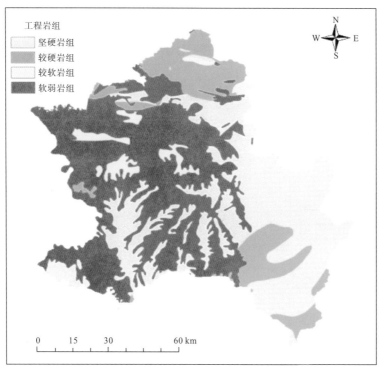

图 5-27　若尔盖县地灾孕灾环境因子(工程岩组)

2)致灾因子

地质灾害危险性评价选取了 2 个致灾因子：地震动峰值加速度(PGA)和年降水量。从图 (图 5-30、图 5-31、图 5-32 和图 5-33)可以看出，若尔盖县 2010 年和 2014 年的降雨量区间没有明显变化，为 500~900mm；地震动峰值加速度分区变化较明显，2014 年若尔盖县境内地震动峰值加速度较 2010 年空间分布格局发生改变，且增加了一条 0.2g 的 PGA 条带。

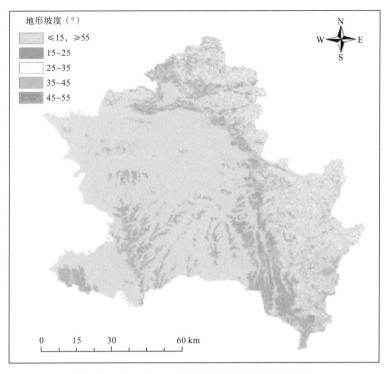

图 5-28　若尔盖县地灾孕灾环境因子（地形坡度）

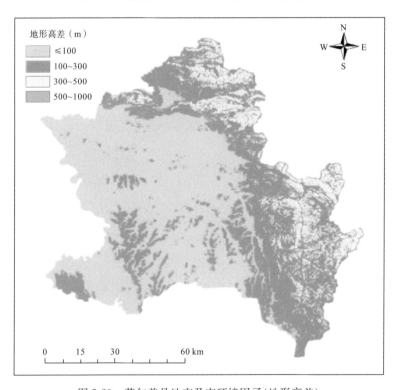

图 5-29　若尔盖县地灾孕灾环境因子（地形高差）

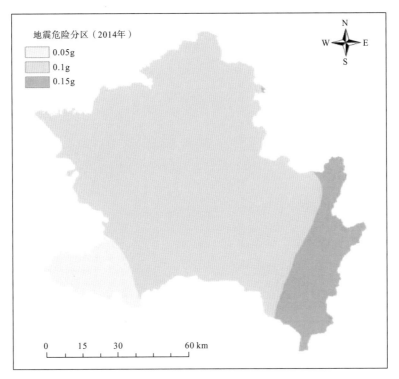

图 5-30　若尔盖县 2010 年地灾致灾因子(地震动峰值加速度)分区

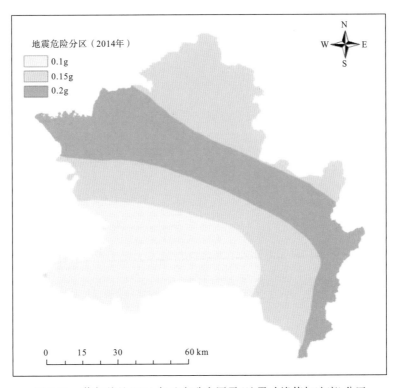

图 5-31　若尔盖县 2014 年地灾致灾因子(地震动峰值加速度)分区

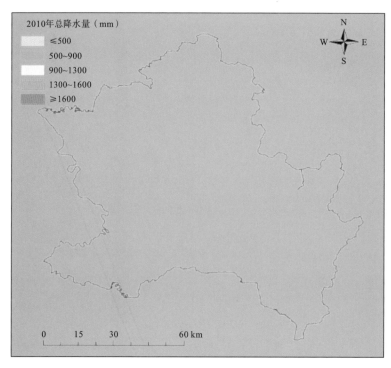

图 5-32　若尔盖县 2010 年地灾致灾因子(年降水量)分区

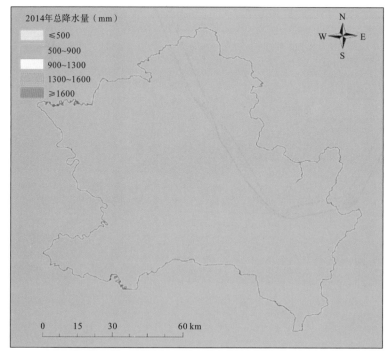

图 5-33　若尔盖县 2014 年地灾致灾因子(年降水量)分区

3)危险分区

通过层次分析法和专家经验打分,获得地质灾害危险性计算过程中所涉及的孕灾环境因子和致

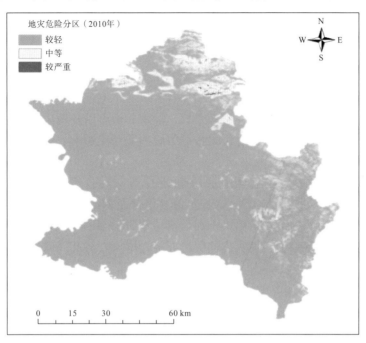

图 5-34　若尔盖县 2010 年地质灾害危险性分区

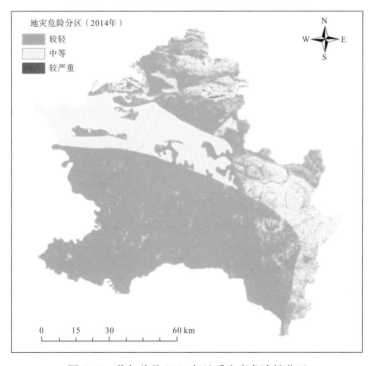

图 5-35　若尔盖县 2014 年地质灾害危险性分区

灾因子的权重系数。通过 Arcgis 软件的栅格计算工具计算获得若尔盖县 2010 年和 2014 年 2 期地质灾害危险分区结果，并利用灾史资料或专家经验进行修正，获得最终地质危险性评价结果（图 5-34、图 5-35）。

由图 5-34 和 5-35 可知，若尔盖县在 2010 年大部分区域地灾危险性较轻，仅北部少量山区地灾危险性为中等和较严重；在 2014 年，由于受新增的 0.2g 地震动峰值加速度带的影响，使这块区域的地灾危险性加重。

5. 综合评价

采用最大值法作为综合评价的方法，选取干旱、洪水、地震以及地质灾害对若尔盖县的综合危险性进行评价。并将自然灾害危险性计算结果按照等级划分为无影响、影响略大、影响较大、影响大和影响极大五类。

由图 5-36 和图 5-37 可知，若尔盖县在 2010 和 2014 年境内自然灾害危险性主要为无影响、影响略大、影响较大和影响大四类。2010 年，若尔盖县中部及西部大部分区域受自然灾害的影响较大，东部及北部山区受自然灾害的影响略大。2014 年，若尔盖县自然灾害危险性受地震动峰值加速度影响有所增大，东部部分区域受自然灾害的影响亦随之增大，与此同时，中部偏西区域受自然灾害影响有所减缓。

按行政单元划分对若尔盖县 2010 年、2014 年各乡镇的自然灾害影响进行综合评价，结果如图（图 5-38、图 5-39）。

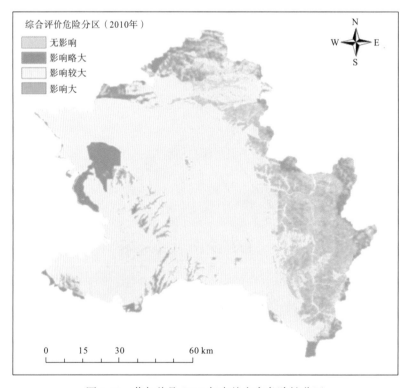

图 5-36　若尔盖县 2010 年自然灾害危险性分区

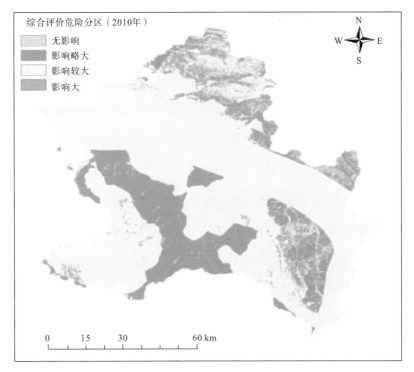

图 5-37　若尔盖县 2014 年自然灾害危险性分区

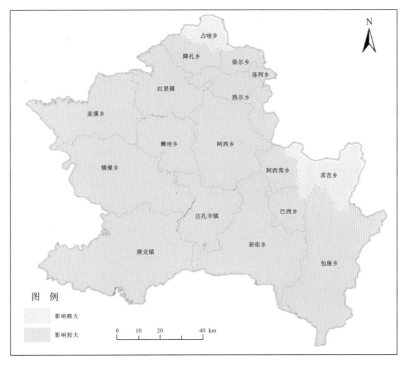

图 5-38　若尔盖县 2010 年自然灾害影响分级

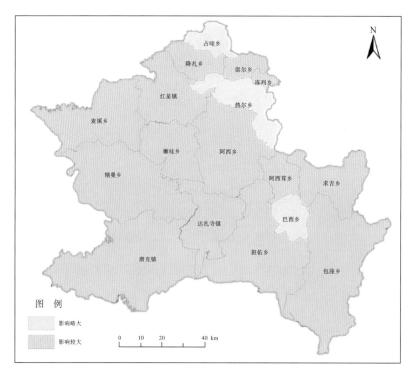

图 5-39　若尔盖县 2014 年自然灾害影响分级

从乡镇上分析受洪涝灾害危害影响程度：2010 年和 2014 年，若尔盖县地势较平坦的大部分乡镇受自然灾害影响较大，这主要是因为 2010 年若尔盖县中部有降水徒增迹象，此外该区域河网较为密集，且地势平坦，加大了洪水灾害的危险程度；相比 2010 年，2014 年若尔盖县境内地震动峰值加速度有所增加，导致求吉乡和阿西茸乡的山区地质灾害危险性增加；由于全县降水量趋于稳定，热尔乡和巴西乡较 2014 年受自然灾害的影响程度有所减缓。

5.2.2.3　林草地覆盖率

本节从行政单元对若尔盖县 2010 年、2014 年林草地覆盖变化情况进行监测。若尔盖县 2010 年、2014 年林草地覆盖空间分布情况如图（图 5-40、图 5-41）所示。

通过对若尔盖县 2010 年、2014 年各乡镇林地、草地以及林草地类型面积及占比（表 5-6、表 5-7、表 5-8、图 5-42 和图 5-43）监测发现，若尔盖县 2010 年、2014 年林地和草地面积变化较少。2010 年面积分别为 2580.05km² 和 7533.44km²，2014 年面积为 2578.91km² 和 7541.53km²；各乡镇林草地的覆盖率高达 94% 以上；林草地的覆盖有着明显的区域特征，中西部和南部以草地覆盖为主，北部和东南部以林地为主；2010 年、2014 年各乡镇的林草地均属于高度覆盖。

表 5-6　若尔盖县 2010 年、2014 年林地面积及占比

乡镇名	2010 年		2014 年		变化量（km²）
	林地面积（km²）	占比（%）	林地面积（km²）	占比（%）	
阿西茸乡	103.68	47.34	103.68	47.34	0.00

续表

乡镇名	2010 年		2014 年		变化量(km²)
	林地面积(km²)	占比(%)	林地面积(km²)	占比(%)	
阿西乡	88.75	10.17	88.77	10.17	0.02
巴西乡	155.90	71.40	155.90	71.40	0.00
班佑乡	107.51	9.56	107.51	9.56	0.00
包座乡	770.26	57.96	770.54	57.98	0.27
崇尔乡	113.66	76.83	113.23	76.54	−0.43
达扎寺镇	25.22	4.63	25.22	4.63	0.00
冻列乡	40.43	77.11	40.37	77.01	−0.05
红星镇	77.88	13.52	77.80	13.50	−0.08
降扎乡	146.36	61.93	146.42	61.95	0.06
麦溪乡	11.48	1.43	11.44	1.42	−0.04
嫩哇乡	6.76	1.44	6.72	1.43	−0.05
求吉乡	368.85	73.86	368.87	73.86	0.02
热尔乡	292.00	69.21	291.31	69.05	−0.68
唐克镇	112.83	7.67	112.85	7.67	0.02
辖曼乡	34.44	2.98	34.44	2.98	0.00
占哇乡	124.04	65.78	123.84	65.67	−0.20
合计	2580.05	24.97	2578.91	24.96	−1.14

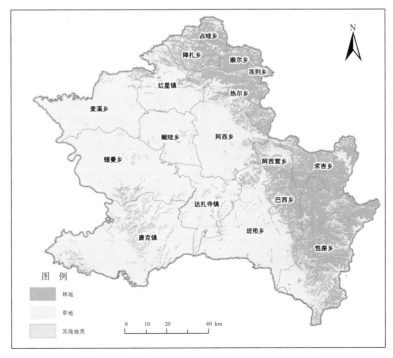

图 4-40　若尔盖县 2010 年林草地覆盖空间分布

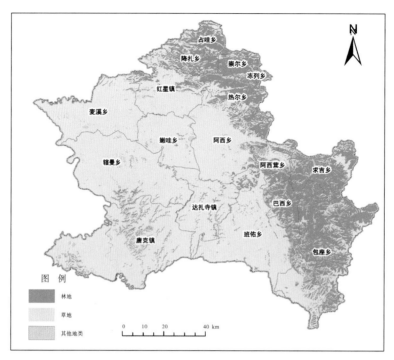

图 5-41　若尔盖县 2014 年林草地覆盖空间分布

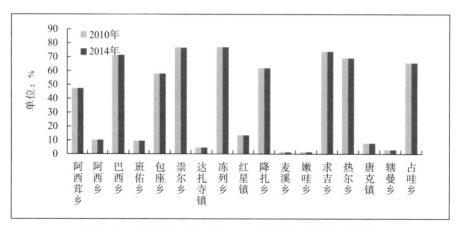

图 5-42　若尔盖县 2010 年、2014 年林地面积及占比对比

表 5-7　若尔盖县 2010 年、2014 年草地面积及占比

乡镇	2010 年		2014 年		变化量（km²）
	草地面积（km²）	占比（%）	草地面积（km²）	占比（%）	
阿西茸乡	103.31	47.17	103.32	47.18	0.01
阿西乡	774.45	88.71	773.83	88.64	−0.62
巴西乡	56.21	25.74	56.25	25.76	0.04
班佑乡	1005.15	89.36	1005.09	89.35	−0.06

乡镇	2010 年		2014 年		变化量(km²)
	草地面积(km²)	占比(%)	草地面积(km²)	占比(%)	
包座乡	548.68	41.29	548.46	41.27	−0.22
崇尔乡	26.39	17.84	26.82	18.13	0.43
达扎寺镇	507.22	93.15	507.34	93.17	0.12
冻列乡	4.80	9.15	5.08	9.68	0.28
红星镇	492.86	85.55	492.85	85.55	−0.01
降扎乡	83.19	35.20	83.13	35.17	−0.06
麦溪乡	756.39	94.07	759.87	94.50	3.49
嫩哇乡	449.12	95.61	448.78	95.54	−0.34
求吉乡	114.42	22.91	114.40	22.91	−0.01
热尔乡	124.06	29.40	124.75	29.57	0.68
唐克镇	1332.37	90.54	1335.59	90.76	3.22
辖曼乡	1096.86	94.78	1097.80	94.87	0.94
占哇乡	57.98	30.75	58.18	30.85	0.20
合计	7533.44	72.90	7541.53	72.98	8.09

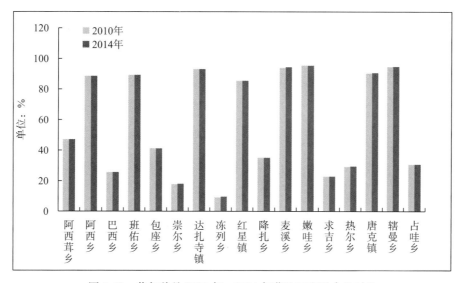

图 5-43　若尔盖县 2010 年、2014 年草地面积及占比对比

　　根据以上数据得出若尔盖县 2010 年、2014 年林草地覆盖率等级均为高度覆盖，如图 5-44 所示：

　　通过对若尔盖县 2010 年、2014 年林草地覆盖率进行监测发现：若尔盖县境内地形以高原为主，黄河与长江流域的分水岭将全县划分为两个截然不同的地理单元，中西部和南部为典型丘状高原，地表覆盖以草地为主，北部和东南部山地地势陡峭，地表覆盖以林地为主，这样特殊的地形形成了林、草地覆盖的空间分异特征。几年间，若尔盖县的林草地覆盖度保持在94%以上，生态系统安全保持良好。结合相关资料分析得知，2010年若尔盖县被列为国家级高寒湿地生物多样性保护区，具有涵养水源、保持水土、调节气候、维持生物多样性等功能，故而政府对此做出了一系列的保护政策，包括保护天然林资源，实施退耕还林、人工造林、封山育林、义务植树、退牧还草、轮牧等。但是若尔盖县的生态环境脆弱，一旦遭到破坏将难以恢复，所以对若尔盖生态环境的保护将是一项艰巨而长远的工作。

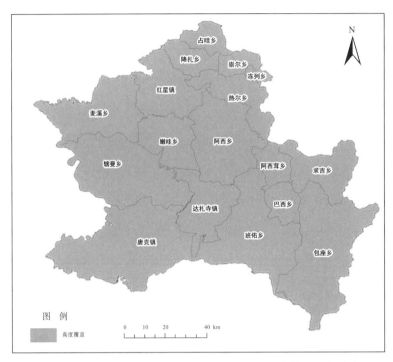

图 5-44　若尔盖县 2010 年、2014 年林草地覆盖率等级空间分布

表 5-8　若尔盖县 2010 年、2014 年林草地面积及占比

乡镇名	2010 年			2014 年			变化量（km²）
	林草地面积（km²）	林草地占比（%）	分级	林草地面积（km²）	林草地占比（%）	分级	
阿西茸乡	206.98	94.51	4	207.00	94.52	4	0.01
阿西乡	863.20	98.88	4	862.60	98.81	4	−0.60
巴西乡	212.11	97.14	4	212.15	97.16	4	0.04
班佑乡	1112.66	98.92	4	1112.60	98.91	4	−0.06
包座乡	1318.94	99.25	4	1319.00	99.25	4	0.05
崇尔乡	140.04	94.66	4	140.04	94.66	4	0.00
达扎寺镇	532.44	97.78	4	532.56	97.80	4	0.12
冻列乡	45.23	86.26	4	45.45	86.69	4	0.22

乡镇名	2010 年			2014 年			变化量 (km²)
	林草地面积 (km²)	林草地占比 (%)	分级	林草地面积 (km²)	林草地占比 (%)	分级	
红星镇	570.74	99.07	4	570.65	99.05	4	−0.09
降扎乡	229.55	97.13	4	229.55	97.13	4	0.00
麦溪乡	767.87	95.50	4	771.31	95.92	4	3.45
嫩哇乡	455.89	97.05	4	455.50	96.97	4	−0.39
求吉乡	483.27	96.77	4	483.28	96.77	4	0.01
热尔乡	416.06	98.61	4	416.06	98.61	4	0.00
唐克镇	1445.19	195.53	4	1448.44	196.03	4	3.24
辖曼乡	1131.29	196.04	4	1132.24	196.19	4	0.94
占哇乡	182.02	96.52	4	182.02	96.52	4	0.00
合计	10113.49	97.87	4	10120.44	97.93	4	6.95

5.2.3　社会经济

5.2.3.1　社会经济发展水平

利用 2010 年、2014 年统计年鉴统计出若尔盖县人口数据、GDP 生产总值，以此计算出若尔盖县 2010 年、2014 年的社会经济发展水平(表 5-9)。统计分析发现，若尔盖县 2010 年、2014 年的人口分别是 75546 和 77245 人，同比增长 1699 人，增长率 2.25%；GDP 分别是 85127 万元和 139128 万元，同比增长 54001 万元，增长率 63%；人均 GDP 由 2010 年的 1.13 增加到 2014 年的 1.80，增加率 59.29%；从经济发展水平等级来看，若尔盖县仍然处于经济落后地区。

表 5-9　若尔盖 2010 年、2014 年经济发展水平统计

若尔盖县	2010 年	2014 年	变化量
总人口(人)	75546	77245	1699
GDP 生产总值(万元)	85127	139128	54001
人均 GDP(万元/人)	1.13	1.80	0.67
经济发展水平	1.35	1.77	0.42
经济发展水平等级划分	1	1	

通过对若尔盖县 2010 年、2014 年的经济发展水平进行监测发现，从 2010 年到 2014 年，若尔盖县的 GDP 增加明显，增长率达 63.44%，经济发展水平有明显提高，但是相比于其他地区，若尔盖县仍属于经济落后地区，这是由于其特殊的地理位置和政府对若尔盖生态环境的保护政策决定的。按照 2010 年国务院印发的《全国主体功能区规划》，若尔盖属于草原湿地生态功能区，主要保护对象为高寒沼泽湿地生态系统和黑颈鹤等珍稀动物。该县不仅是我国生物多样性关键地区和世界

高山带物种最丰富的地区之一，还是重要的水源涵养区。但该区域生态系统脆弱，一旦破坏后很难恢复，所以若尔盖属于重要的生态功能区，同时也是限制开发区，以保护其生态环境为首要任务，对该地区的经济开发采取限制措施，这使得若尔盖的经济发展水平较落后。

5.2.3.2　人口聚集度

通过对若尔盖县 2010 年、2014 年人口聚集度(表 5-10、图 5-45、图 5-46 和图 5-47)进行统计分析发现，若尔盖县 2010 年、2014 年的人口聚集度分别为 11.70 和 10.46，均属于人口稀疏区，且相比于 2010 年，2014 年若尔盖县的人口聚集度进一步降低，人口稀疏情况越来越严重；若尔盖县 2010 年、2014 年人口聚集度最高的乡镇皆为冻列乡，分别为 63.83 和 73.59，相比于 2010 年，人口聚集度稍有提高，其余乡镇的人口聚集度值均为 0~30，人口非常稀疏；2010 到 2014 年间，若尔盖 17 个乡镇中，人口聚集度增加的乡镇有 7 个，减少的乡镇有 10 个；从人口聚集度分级可知，若尔盖县 2010 年各乡镇中除包坐乡和热尔乡的人口聚集度分级为 4，属于无人区以外，其余乡镇都为 3，属于人口稀疏地区，而 2014 年仅包座乡为 4，这表明从 2010 年到 2014 年热尔乡的人口聚集度有所提高。

表 5-10　若尔盖县 2010 年、2014 年人口聚集度

乡镇名称	乡镇面积 (km²)	2010 年			2014 年			变化量
		总人口(人)	人口聚集度	分级	总人口(人)	人口聚集度	分级	
达扎寺镇	544.54	9481	24.38	3	9644	21.25	3	−3.12
唐克镇	1471.61	6915	6.58	3	7402	9.05	3	2.48
班佑乡	1124.85	5937	9.50	3	6233	8.87	3	−0.63
阿西乡	872.98	5858	12.08	3	6188	11.34	3	−0.74
辖曼乡	1157.22	7425	11.55	3	7821	10.81	3	−0.73
红星镇	576.10	5661	17.69	3	5298	12.87	3	−4.81
麦溪乡	804.09	5187	11.61	3	5609	9.77	3	−1.85
嫩哇乡	469.75	3599	6.13	3	3203	10.91	3	4.78
冻列乡	52.43	2789	63.83	3	2756	73.59	3	9.76
崇尔乡	147.94	2923	15.80	3	2940	27.82	3	12.02
热尔乡	421.92	2521	4.78	4	2534	8.41	3	3.63
占哇乡	188.57	2541	24.25	3	2639	11.20	3	−13.05
降扎乡	236.35	2907	22.14	3	2937	17.40	3	−4.74
巴西乡	218.35	1701	6.23	3	1698	9.33	3	3.10
阿西茸乡	219.00	3137	11.46	3	3215	20.55	3	9.09
求吉乡	499.39	3548	9.95	3	3613	8.68	3	−1.26
包座乡	1328.94	3416	3.08	4	3515	3.70	4	0.62
合计	10334.02	75546	11.70	3	77245	10.46	3	−1.23

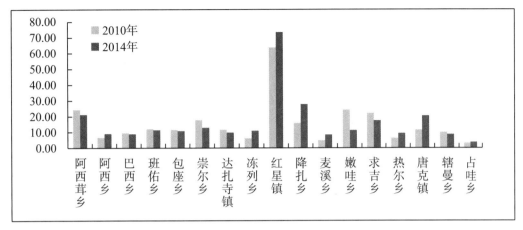

图 5-45　若尔盖县各乡镇 2010 年、2014 年人口聚集度对比

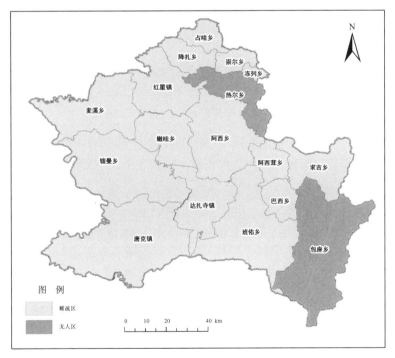

图 5-46　若尔盖县 2010 年人口聚集度分级

通过对若尔盖 2010 年、2014 年的人口聚集度分析发现：若尔盖县的人口聚集度呈现下降趋势，乡镇的人口分布趋于稀疏。冻列乡由于国土面积较小，人口聚集度远高于其他乡镇。结合若尔盖实际情况分析发现，由于该县人口增长速率放缓，导致人口聚集度下降。此外，由于若尔盖县特殊的地理位置，以保护生态环境为主，限制开发，经济发展落后，是导致该县人口较少的重要原因之一。

5.2.3.3　交通网络密度

通过计算 2010 年、2014 年若尔盖县各乡镇的交通网络密度（表 5-11、图 5-48）发现，交通网络密度值最大的乡镇是冻列乡，且远超于其他乡镇，其次是阿西茸乡、降扎乡、达扎寺镇、唐克镇

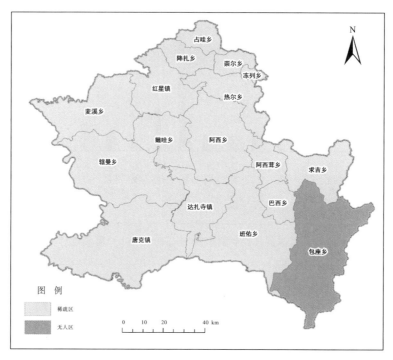

图 5-47　若尔盖县 2014 年人口聚集度分级

等，最小的是包座乡；2014 年各乡镇的交通网络密度较 2010 年均有不同程度增长；由交通网络密度分级数据可知，2010 年若尔盖各乡镇中，中密度乡镇有 4 个，中低密度乡镇有 13 个，2014 年中密度乡镇 7 个，中低密度乡镇 10 个，其中唐克镇、阿西乡和崇尔乡由 2010 年的中低密度上升为 2014 年的中密度。

表 5-11　若尔盖县 2010 年、2014 年交通网络密度统计

乡镇名	2010 年			2014 年			变化量
	通车里程 (km)	交通网络密度 (km/km²)	分级	通车里程 (km)	交通网络密度 (km/km²)	分级	
达扎寺镇	212.56	0.39	2	236.63	0.43	2	24.07
唐克镇	520.74	0.35	1	570.91	0.39	2	50.17
班佑乡	214.45	0.19	1	226.59	0.20	1	12.14
阿西乡	303.34	0.35	1	334.55	0.38	2	31.21
辖曼乡	317.79	0.27	1	378.37	0.33	1	60.58
红星镇	162.99	0.28	1	188.85	0.33	1	25.86
麦溪乡	200.24	0.25	1	233.55	0.29	1	33.31
嫩哇乡	70.01	0.15	1	74.93	0.16	1	4.92
冻列乡	38.00	0.72	2	44.10	0.84	2	6.10
崇尔乡	50.74	0.34	1	59.64	0.40	2	8.90
热尔乡	71.03	0.17	1	76.37	0.18	1	5.34

续表

乡镇名	2010 年			2014 年			变化量
	通车里程（km）	交通网络密度（km/km²）	分级	通车里程（km）	交通网络密度（km/km²）	分级	
占哇乡	52.34	0.28	1	58.18	0.31	1	5.84
降扎乡	97.10	0.41	2	104.81	0.44	2	7.71
巴西乡	54.08	0.25	1	59.53	0.27	1	5.45
阿西茸乡	98.45	0.45	2	106.47	0.49	2	8.02
求吉乡	114.59	0.23	1	130.31	0.26	1	15.72
包座乡	156.69	0.12	1	174.02	0.13	1	17.33
合计	2735.14	0.26	1	3057.81	0.29	1	322.67

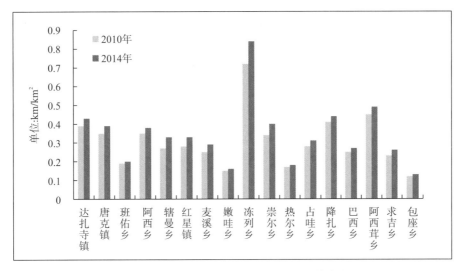

图 5-48　若尔盖县 2010 年、2014 年交通网络密度对比

通过对若尔盖县交通网络密度分析发现：2010~2014 年，若尔盖县交通网络密度虽有提高但不明显，且大多数乡镇的交通网络密度仍处于中低密度区，可见若尔盖县的交通并不发达。其中冻列乡的交通网络密度明显高于其他乡镇，结合相关资料得知，冻列乡拥有省级铁布梅花鹿自然保护区等自然景观，旅游资源丰富。若尔盖县中西部和南部为典型丘状高原，占全县总面积69%，地势由南向北倾斜，平均海拔 3500m 以上，北部和东南部山地系秦岭西部迭山余脉和岷山北部尾端，海拔2400~4200m，特殊地理环境限制了若尔盖交通的发展。

5.2.4　专题指标

5.2.4.1　生态脆弱性

根据《省级主体功能区域划分技术规程（试用）》计算方案，计算若尔盖县 2010 年生态系统脆弱性，结果(图 5-49、图 5-50 和表 5-12)表明：若尔盖县 2010 年总体生态系统脆弱性平均值为 1.74，属于略脆弱。全县不脆弱区面积最广，为 5540.50km²，占全县面积的 53.76%，主要分布于中部、西部以及西南部，如嫩哇乡、达扎寺镇、辖曼乡大部、阿西乡中西部等；其次为略脆弱区和一般脆弱区，面积为 2809.56km² 和 1280.44km²，所占面积百分比分别为 27.26% 和 12.42%，主要分布于北部、西部和南部，如降扎乡中部、热尔乡南部、巴西乡和包座乡大部；较脆弱区和脆弱区面积较小，面积分别为 465.44km² 和 210.44km²，主要分布于麦溪乡北部、占哇乡北部、求吉乡东部和北部以及阿西乡西北部等。总体上若尔盖县的生态系统脆弱性大小呈现东高西低的趋势，这主要是受地形、降水、植被等因素的影响，北部和东部山区，水土流失严重，而中部和西南部地形起伏较小，草地、湿地广布，水土流失强度较小，因此若尔盖县的生态系统脆弱性自西向东呈现增加趋势。

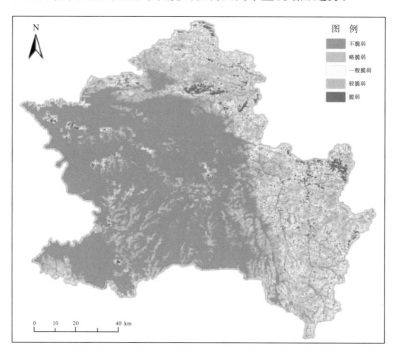

图 5-49　若尔盖县 2010 年生态系统脆弱性空间分布格局

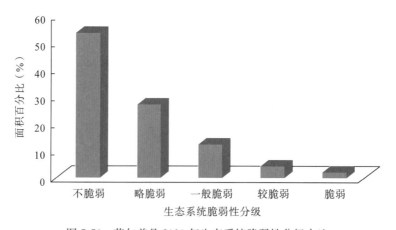

图 5-50　若尔盖县 2010 年生态系统脆弱性分级占比

表 5-12　若尔盖县 2010 年生态系统脆弱性分级统计结果

脆弱性等级	面积（km²）	面积百分比（%）
不脆弱	5540.50	53.76
略脆弱	2809.56	27.26
一般脆弱	1280.44	12.42
较脆弱	465.44	4.52
脆弱	210.44	2.04
合计	10306.38	100

2010 年，若尔盖县各乡镇的生态系统脆弱性也呈现较大的差异性，结果如表 5-13 和图 5-51。

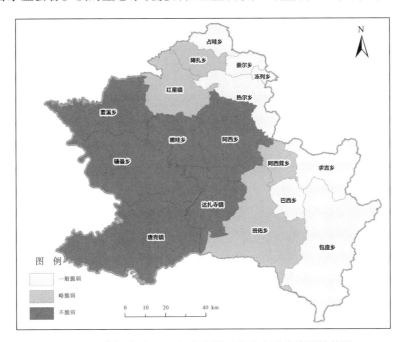

图 5-51　若尔盖县 2010 年各乡镇平均生态系统脆弱性状况

表 5-13　若尔盖县分乡镇 2010 年生态系统脆弱性分级统计结果

乡镇名称	脆弱性指数	脆弱性等级	分值
达扎寺镇	1.27	不脆弱	4
唐克镇	1.28	不脆弱	4
班佑乡	1.52	略脆弱	3
阿西乡	1.38	不脆弱	4
辖曼乡	1.17	不脆弱	4
红星镇	1.65	略脆弱	3
麦溪乡	1.40	不脆弱	4

乡镇名称	脆弱性指数	脆弱性等级	分值
嫩哇乡	1.14	不脆弱	4
冻列乡	2.54	一般脆弱	2
崇尔乡	2.51	一般脆弱	2
热尔乡	2.63	一般脆弱	2
占哇乡	2.73	一般脆弱	2
降扎乡	2.38	略脆弱	3
巴西乡	2.57	一般脆弱	2
阿西茸乡	2.26	略脆弱	3
求吉乡	2.87	一般脆弱	2
包座乡	2.51	一般脆弱	2

　　若尔盖县 2010 年生态系统脆弱性空间分布格局在不同地形和土地利用类型上也呈现出一定规律，结果发现：图 5-52 表明若尔盖县的生态系统脆弱性随着坡度的增大而增大，此外各个坡度带内的生态系统脆弱性差异性也随之增大，其主要原因是坡度越大，水蚀、冻融侵蚀物质输移的距离越远，输移的物质也越多。而且，坡度较大的地区在降水和重力的综合作用下，水土流失强度会大大提高，极大地破坏了地区生态环境，因此生态系统脆弱性随着坡度的增大呈现增加趋势；图 5-53 表明若尔盖县生态系统脆弱性随着海拔的升高呈现先减小后增加的趋势，主要原因在于若尔盖县的地貌类型随着海拔的升高由低矮丘陵、高原转变为山地，植被类型由草地转变为林地，生物多样性增大，土壤保持能力增强，因此水土流失强度变小，此外随着海拔的升高受人类活动影响强度减弱，因而生态系统脆弱性随之减小。但是随着海拔的进一步升高，地形陡峻，坡度加大，地形影响成为主导因子，水蚀和冻融侵蚀灾害加剧，因此生态系统脆弱性又呈现随海拔升高而增加的趋势。

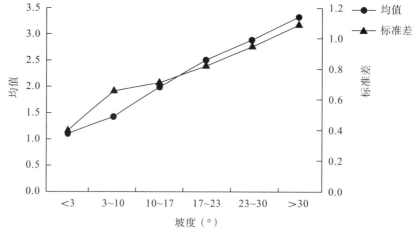

图 5-52　若尔盖县 2010 年不同坡度脆弱性空间分布格局

　　图 5-54 表明未利用地的生态系统脆弱性最大，为 3.06，原因在于未利用地区域的植被覆盖度

较低，受水力侵蚀、冻融侵蚀以及沙漠化影响显著，因此该地区的生态系统脆弱性较大；而有林地(2.47)和灌木林地(1.97)的生态系统脆弱性大于草地的生态系统脆弱性(1.8)，主要原因在于林地多位于山区，地形破碎度较大，地势陡峻，而草地多分布于坡度较缓的低矮丘陵和高原，相比于草地，部分林地(疏林地)的水土流失状况更为强烈，因此总体上林地的生态系统脆弱性值略大于草地；水田、沼泽、居民用地的生态系统脆弱性最小，分别为 1、1.03 和 1。

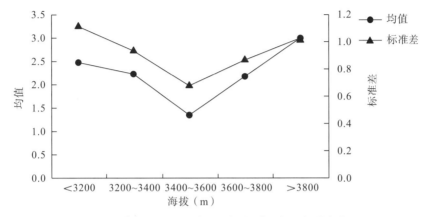

图 5-53　若尔盖县 2010 年不同海拔脆弱性空间分布格局

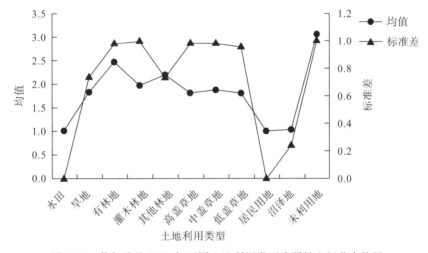

图 5-54　若尔盖县 2010 年不同土地利用类型脆弱性空间分布格局

　　同样，计算若尔盖县 2014 年生态系统脆弱性，结果(图 5-55，图 5-56 和表 5-14)表明：若尔盖县 2014 县总体生态系统脆弱性平均值为 1.64，属于略脆弱。全县不脆弱区面积最广，为5839.13km²，占全县面积的 56.66%，主要分布于该县的中西部以及南部，如嫩哇乡、麦溪乡南部、达扎寺镇大部、辖曼乡大部、阿西乡中西部以及南部等；略脆弱区和一般脆弱区面积分别为2828.88km² 和 1216.44km²，所占面积百分比分别为 27.45% 和 11.80%，主要分布于该县的北部和西南部，如降扎乡、崇尔乡北部、求吉乡中西部、巴西乡、包座乡以及白河牧场的西南部；较脆弱区和脆弱区面积较小，面积分别为 328.44km² 和 93.50km²，主要分布于麦溪乡西北部、热尔乡西北部、占哇乡北部、求吉乡东部等。总体上若尔盖县的生态系统脆弱性大小呈现东高西低的趋势，这主要是受地形、降水、植被覆盖等因素的影响，北部和东部山区，山高谷深，地形陡峭、破碎，水土流失严重，而中部和西南部地势平坦，多草地、湿地分布，植被覆盖好，水土流失强度较小，因此若尔盖县的生态系统脆弱性自西向东呈现增加趋势。

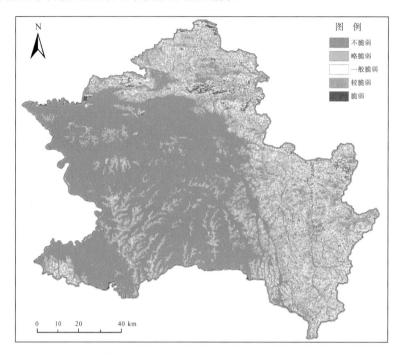

图 5-55　若尔盖县 2014 年生态系统脆弱性空间分布格局

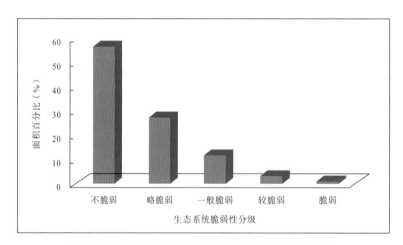

图 5-56　若尔盖县 2014 年生态系统脆弱性分级占比

表 5-14　若尔盖县 2014 年生态系统脆弱性分级统计结果

脆弱性等级	面积（km²）	面积百分比（%）
不脆弱	5839.13	56.66
略脆弱	2828.88	27.45

脆弱性等级	面积（km²）	面积百分比（%）
一般脆弱	1216.44	11.80
较脆弱	328.44	3.19
脆弱	93.50	0.91
合计	10306.38	100.00

2014 年，若尔盖县各乡镇的生态系统脆弱性也呈现出较大的差异性，结果如图 5-57、表 5-15。

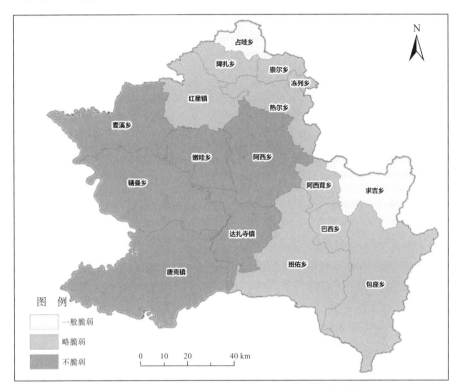

图 5-57　若尔盖县 2014 年生态系统脆弱性分级统计结果

表 5-15　若尔盖县分乡镇 2014 年生态系统脆弱性分级

乡镇名称	脆弱性指数	脆弱性等级	分值
达扎寺镇	1.13	不脆弱	4
唐克镇	1.29	不脆弱	4
班佑乡	1.51	略脆弱	3
阿西乡	1.37	不脆弱	4
辖曼乡	1.13	不脆弱	4
红星镇	1.73	略脆弱	3
麦溪乡	1.30	不脆弱	4

乡镇名称	脆弱性指数	脆弱性等级	分值
嫩哇乡	1.05	不脆弱	4
冻列乡	2.25	略脆弱	3
崇尔乡	2.21	略脆弱	3
热尔乡	2.41	略脆弱	3
占哇乡	2.53	一般脆弱	2
降扎乡	2.22	略脆弱	3
巴西乡	2.19	略脆弱	3
阿西茸乡	2.14	略脆弱	3
求吉乡	2.53	一般脆弱	2
包座乡	2.29	略脆弱	3

　　若尔盖县 2014 年生态系统脆弱性空间分布格局在不同地形和土地利用类型上也呈现出一定规律，结果发现：图 5-58 表明，若尔盖县的生态系统脆弱性随着坡度的增大而增大，此外各个坡度带内的生态系统脆弱性差异性也随之增大，其主要原因是坡度越大，水蚀、冻融侵蚀物质输移的距离越远，输移的物质也越多。而且，坡度较大的地区在降水和重力的综合作用下，水土流失强度会大大提高，极大地破坏了地区生态环境，因此生态系统脆弱性随着坡度的增大呈现增加趋势；图 5-59 表明若尔盖县生态系统脆弱性随着海拔的升高呈现先减小后增加的趋势，在 3400~3600m 海拔带达到最小，主要原因在于若尔盖县的地貌类型随着海拔的升高由低矮丘陵、高原转变为山地，植被覆盖度增大，生物多样性增加，土壤保持能力强，因此水土流失强度较小，此外低海拔地区人类活动影响显著(过度放牧、乱砍滥伐)，而随着海拔的升高人类活动影响减弱，因而生态系统脆弱性随之减小。但是随着海拔的进一步升高，地形陡峻，坡度加大，地形影响成为主导因子，水蚀和冻融侵蚀灾害加剧，因此生态系统脆弱性呈现随海拔升高而增加的趋势。

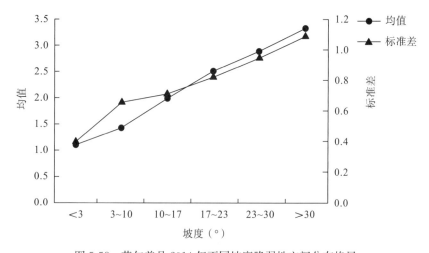

图 5-58　若尔盖县 2014 年不同坡度脆弱性空间分布格局

图 5-60 表明未利用地的生态系统脆弱性最大,为 3.02,原因在于未利用地(沙地、裸土地和裸岩地)的植被覆盖度较低,受水力侵蚀、冻融侵蚀以及沙漠化影响显著,因此该地区的生态系统脆弱性较大;而有林地(2.15)和灌木林地(1.78)的生态系统脆弱性大于草地的生态系统脆弱性(1.75),主要原因在于林地多位于山区,地形破碎度较大,而草地多分布于起伏度较小的低矮丘陵和高原,相比于草地,疏林地等部分林地的水土流失状况更为强烈,因此总体上林地的生态系统脆弱性值略大于草地;水田、沼泽、居民用地的生态系统脆弱性最小,均为 1。

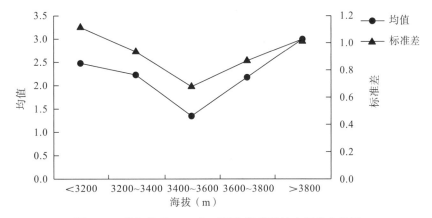

图 5-59　若尔盖县 2014 年不同海拔脆弱性空间分布格局

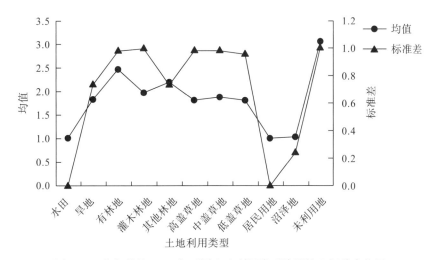

图 5-60　若尔盖县 2014 年不同土地利用类型脆弱性空间分布格局

监测结果表明:2010～2014 年,若尔盖县生态系统脆弱性总体上呈现减小趋势,主要表现为:2010 年该县的生态系统脆弱性平均值为 1.74,而 2014 年的生态系统脆弱性平均值为 1.64;不脆弱和略脆弱面积分别由 2010 年的 5540.50km² 和 2809.56km² 增加为 5839.13km² 和 2828.88km²,面积百分比分别增加了 3.9% 和 0.19%,而一般脆弱、较脆弱和脆弱区面积则分别由 2010 年的1280.44km²、465.44km² 和 210.44km² 减小为 1216.44km²、328.44km² 和 93.50km²,面积百分比分别减小 0.62%、1.33% 和 1.13%。从各个乡镇的平均生态系统脆弱性变化强度(图 5-61、图 5-62)来看,辖曼乡、白河牧场、唐克镇、班佑乡和阿西乡五个乡镇的生态系统脆弱性相对稳定;

红星镇的生态系统脆弱性呈现微度增加趋势；麦溪乡、嫩哇乡、辖曼种羊场、达扎寺镇以及阿西茸乡的生态系统脆弱性表现为微度减小；占哇乡、降扎乡、热尔乡和包座乡的生态系统脆弱性则呈现轻度减小趋势；崇尔乡、冻列乡和求吉乡的生态系统脆弱性表现为中度减小趋势；巴西乡的生态系统脆弱性改善最好，脆弱性程度表现为重度减小趋势。

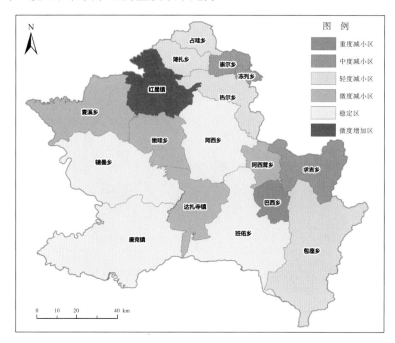

图 5-61　若尔盖县 2010~2014 年生态系统脆弱性变化强度空间分布格局

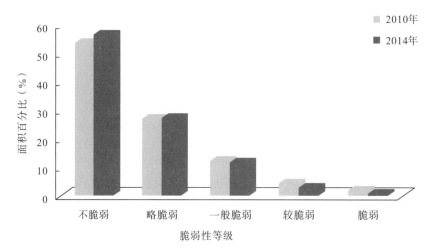

图 5-62　若尔盖县 2010~2014 年生态系统脆弱性变化占比

5.2.4.2　生物丰度指数

通过计算若尔盖县 2010 年、2014 年的生物丰度（图 5-63、图 5-64）发现：若尔盖县的生物丰度指数总体变化较小；较丰富区域面积最大，占比约 69%，其次是适中和丰富，分别占比 15% 和

14%，贫瘠和较贫瘠面积较小；生物丰度指数丰富区域分布于北部和东南部，较丰富区域分布于中西部和南部，适中区域呈带状和片状分布，贫瘠和较贫瘠的地区呈相邻过渡的方式零星分布。

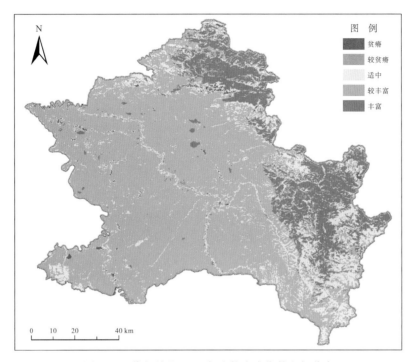

图 5-63　若尔盖县 2010 年生物丰度指数空间分布

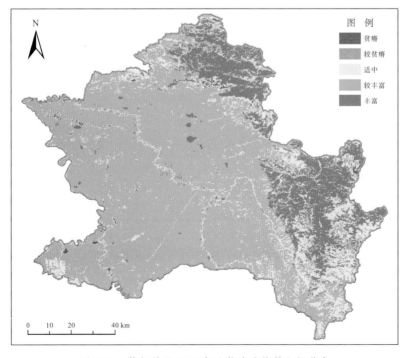

图 5-64　若尔盖县 2014 年生物丰度指数空间分布

对若尔盖县 2010 年、2014 年生物丰度等级的面积占比进行统计，结果如表 5-16：

表 5-16　若尔盖县 2010 年、2014 年生物丰度分级对比

生物丰度分级	2010 年面积占比(%)	2014 年面积占比(%)	变化量(%)
贫瘠	0.43	0.41	−0.02
较贫瘠	0.63	1.62	−0.01
适中	15.00	14.92	−0.08
较丰富	68.94	69.05	0.11
丰富	14.00	14.00	0.00

利用基于格网的生物丰度指数统计结果，进一步计算各乡镇的平均生物丰度，统计结果（表 5-17、图 5-65）表明，2010 年至 2014 年，若尔盖县各乡镇的生物丰度指数基本保持稳定，生物丰度为丰富的乡镇有 6 个，较丰富的乡镇有 11 个；且生物丰度分级较丰富的区域所占面积最大，占比约 65%，主要分布于中部、西部和南部地区，约 35% 的地区生物丰度分级为丰富，主要分布于北部和东部地区；从各乡镇生物丰度指数变化量来看，两年间变化量较小，达扎寺镇、班佑乡、阿西乡、红星镇、麦溪乡和降扎乡均有小幅增长，以阿西乡增长最多，增长指数为 0.27，仅占哇乡有下降趋势，下降指数为 0.25，其他各乡镇无变化。

表 5-17　若尔盖县 2010 年、2014 年各乡镇生物丰度指数分级

乡镇	2010 年		2014 年		变化量
	生物丰度指数	生物丰度指数分级	生物丰度指数	生物丰度指数分级	
达扎寺镇	62.03	3	62.09	3	0.05
唐克镇	60.96	3	60.96	3	0.00
班佑乡	60.91	3	60.97	3	0.06
阿西乡	61.69	3	61.97	3	0.27
辖曼乡	62.11	3	62.11	3	0.00
红星镇	60.31	3	60.4	3	0.09
麦溪乡	60.16	3	60.16	3	0.01
嫩哇乡	63.48	3	63.48	3	0.00
占哇乡	68.66	3	68.41	3	−0.25
阿西茸乡	64.16	3	64.16	3	0.00
包座乡	64.78	3	64.78	3	0.00
冻列乡	75.08	4	75.08	4	0.00
崇尔乡	82.75	4	82.75	4	0.00
热尔乡	72.85	4	72.85	4	0.00
降扎乡	73.16	4	73.21	4	0.05
巴西乡	75.24	4	75.24	4	0.00
求吉乡	75.86	4	75.86	4	0.00

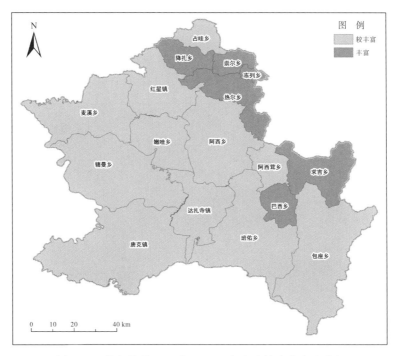

图 5-65　若尔盖县 2010 年、2014 年各乡镇生物丰度分级

　　通过对若尔盖县的生物丰度指数进行监测发现：2010 年到 2014 年，若尔盖县的生物丰度指数和各乡镇平均生物丰度指数都较为丰富，且变化较小。结合相关资料分析可知：若尔盖县属于草原湿地功能区，为有效管护天然林草资源，2010 年来一直坚持扎堵填沟、围栏封育的湿地保护政策，同时也实施退牧还草、封山育林、人工种草、造林、防治沙漠化等措施对林草地进行保护，生态环境保护良好。境内地形复杂，北部和东南部山地系秦岭西部迭山余脉和岷山北部尾端，境内山高谷深，地势陡峭，海拔 2400~4200m，森林资源丰富，人类活动少，自然资源保存较完整，故生物丰度指数丰富；中西部和南部为典型丘状高原，有着丰富的天然草地资源，占全县总面积 69%，生物丰度指数较为丰富；中部和西南部地区被白龙江、包座河等河流贯穿于南北方向，河流两岸流域生物丰度指数适中；北部和东南方向生物丰度指数适中的地区是临近高山的低海拔地区，人类活动相对较多，自然资源恢复期长；部分地区靠近人类聚居地，受人类活动影响大，或由于气候、环境等条件较为恶劣，自然资源恢复尤为困难，故生物丰度指数较为贫瘠，且有较贫瘠转化为贫瘠的趋势。

　　综上，若尔盖县是以高原林草地为主的高原湿地生态系统，是国家自然保护区之一，政府部门从多方面着手保护当地生态系统。一方面减少人类活动对生态环境的影响，如退耕还林、退牧还草等；另一方面进行人工种植，如扎堵填沟湿地保护工程和封山育林林地保护措施等。相关部门还新建了湿地宣教培训中心和湿地野生动物保育中心等基础设施，加强人类对生态环境保护的意识，从而有效地维护了当地生态系统的良好性。若尔盖县虽在治理生态环境方面取得一定成就，但生态系统仍然非常脆弱，应在科学保护、科学管理、科学利用以及发挥科学价值和生态环境价值作用上有新的突破，从而更有效地维护当地生态系统的平衡性和稳定性，实现功能区的可持续发展。

5.2.4.3　水涵养指数

本书利用地理国情监测数据对 2010 年、2014 年若尔盖县的水源涵养能力进行综合分析和评估（图 5-66、图 5-67），监测发现若尔盖县水涵养能力较强区域主要集中在中部和西北部、西南部的沼

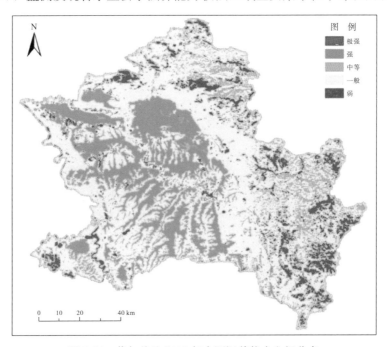

图 5-66　若尔盖县 2010 年水源涵养能力空间分布

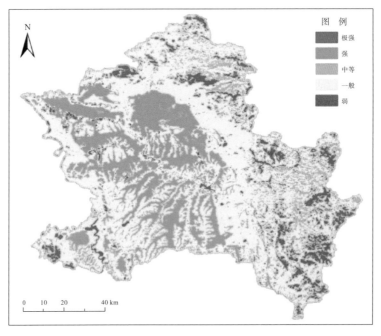

图 5-67　若尔盖县 2014 年水源涵养能力空间分布

泽、湖泊、库塘地带；水源涵养能力中等偏上区域分布在黄河九曲第一湾、白龙江、宝包座河、巴西河、嘎曲、墨曲、热曲等主要河流附近；水涵养能力较弱的区域主要分布在东南部和北部的乔木林、灌木林、疏林等地区。

若尔盖县 2010 年、2014 年各等级水涵养能力的面积占比情况如图 5-68、表 5-18：

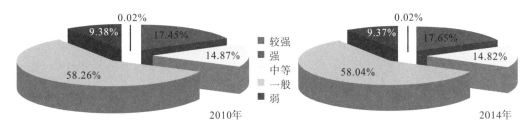

图 5-68　若尔盖县 2010 年、2014 年水源涵养强度分级占比

表 5-18　若尔盖县 2010 年、2014 年水源涵养能力不同等级占比变化

水源涵养能力	2010 年占比(%)	2014 年占比(%)	变化量(%)
极强	0.02	0.02	0
强	17.46	17.65	0.19
中等	14.87	14.92	0.05
一般	58.26	58.04	−0.22
弱	9.39	9.37	−0.02

监测结果表明：2010 年若尔盖县水涵养能力等级极强、强、中等、一般和弱的面积占比分别为 0.02%、17.46%、14.87%、58.26% 和 9.39%；2014 年若尔盖县水涵养能力等级极强、强、中等、一般和弱的面积占比分别为 0.02%、17.65%、14.92%、58.04% 和 9.37%；相比 2010 年，2014 年若尔盖县水涵养能力等级为极强的面积占比没有变化，等级为强、中等的面积占比分别增加 0.19% 和 0.05%，等级为一般、弱的面积占比分别降低了 0.22% 和 0.02%，总体来说若尔盖县 2010 年、2014 年的水涵养能力变化较小。

对 2010 年、2014 年若尔盖县各乡镇的水源涵养能力进行综合分析和评估（表 5-19、图 5-69），分析结果表明若尔盖县 2010 年、2014 年各乡镇的水涵养能力保持稳定，中部、西北部和西南部乡镇的水涵养能力为中等、北部和东南部的水涵养能力为一般，可以看出水涵养能力的分布表现出明显的空间差异；若尔盖县各乡镇中，除达扎寺镇、唐克镇、阿西乡、辖曼乡、麦溪乡和嫩哇乡 6 个乡镇的水涵养能力为中等外，其余 11 个乡镇水涵养能力均为一般。

表 5-19　若尔盖县各乡镇 2010 年、2014 年水源涵养能力分级

乡镇	2010 年		2014 年		变化量
	水涵养指数	等级	水涵养指数	等级	
达扎寺镇	128.17	2	127.85	2	−0.32
唐克镇	101.53	2	101.59	2	0.06
班佑乡	86.02	1	86.08	1	0.06

乡镇	2010 年		2014 年		变化量
	水涵养指数	等级	水涵养指数	等级	
阿西乡	105.96	2	106.24	2	0.28
辖曼乡	127.36	2	127.97	2	0.61
红星镇	88.02	1	88.57	1	0.55
麦溪乡	108.09	2	110.87	2	2.77
嫩哇乡	155.61	2	155.63	2	0.02
冻列乡	75.45	1	75.45	1	0.00
崇尔乡	83.97	1	83.98	1	0.00
热尔乡	74.13	1	74.14	1	0.00
占哇乡	69.25	1	69.01	1	−0.24
降扎乡	73.85	1	73.90	1	0.04
巴西乡	77.42	1	77.42	1	0.00
阿西茸乡	64.11	1	64.11	1	0.00
求吉乡	77.27	1	77.27	1	0.00
包座乡	68.56	1	68.55	1	0.00

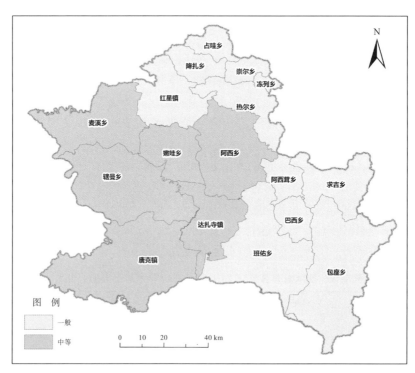

图 5-69　若尔盖县各乡镇 2010 年、2014 年水源涵养能力空间分布

　　通过对若尔盖县 2010 年、2014 年的水涵养能力进行分析发现：若尔盖县两年的水涵养能力没有明显变化，水涵养能力空间分布不均匀，能力强的区域主要分布在中部和西部地区，东南部以及北部地区水涵养能力基本处于中等或以下。结合相关资料分析得知，若尔盖县水涵养能力空间分布的差异与其地表覆盖类型有着密切关系，中部和西部地区分布着大片的沼泽湿地，有很强的蓄水保水作用，东南和以北地区主要以林地为主要地表覆盖类型，水涵养能力一般或中等。总的来说，若尔盖县是重要的生态安全屏障，具有净化大气、防治污染、调节气候、维护生物多样性及水土保持的重要生态服务功能。

5.2.4.4　植被覆盖指数

　　利用 GIS 软件空间分功能对若尔盖县 2010 年和 2014 年两期 NDVI 数据进行重分类处理，计算得出若尔盖县植被覆盖度对比分析结果(图 5-70、图 5-71)表明：若尔盖县局部区域植被覆盖度呈减少的趋势，尤其在东部和东北部植被覆盖度极低。

　　对若尔盖县 2010 年、2014 年各乡镇的植被覆盖度进行分级，结果见图 5-72、图 5-73。

　　为了更直观的体现若尔盖县 2010 年和 2014 年两期植被 NDVI 的变化情况，计算 NDVI 植被差值指数，并进行分级，结果如图 5-74 所示，若尔盖县植被退化较为严重。

　　两期 NDVI 差值指数统计分析见表 5-20，统计结果显示：若尔盖县中度改善所占面积比例为 31.84%，而严重退化所占的面积比例为 16.79%，主要分布在东部和东北部。

表 5-20　两期 NDVI 差值植被指数统计

若尔盖县	严重退化	中度退化	轻微退化	轻微改善	中度改善	极度改善
面积(km²)	1733.74	639.84	631.56	949.70	3287.79	3082.72
比例(%)	16.79	6.20	6.12	9.20	31.84	29.85

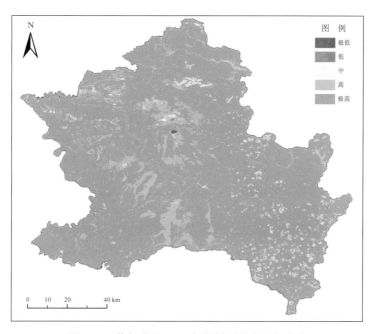

图 5-70　若尔盖县 2010 年植被覆盖度空间分布

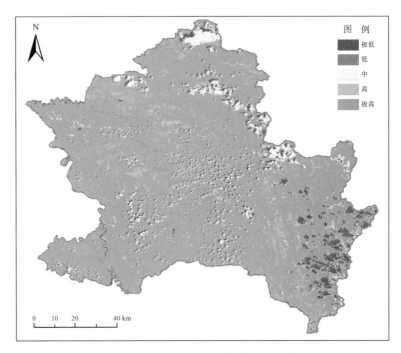

图 5-71　若尔盖县 2014 年植被覆盖度空间分布

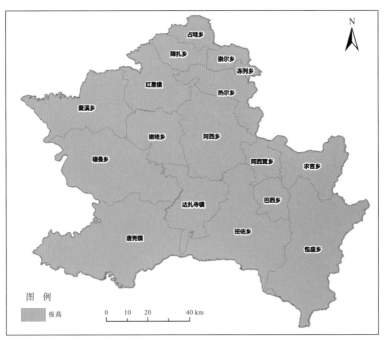

图 5-72　若尔盖县各乡镇 2010 年植被覆盖指数分级

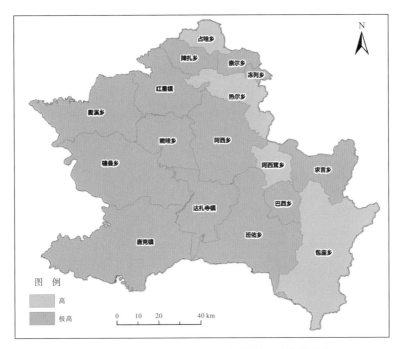

图 5-73　若尔盖县各乡镇 2014 年植被覆盖指数分级

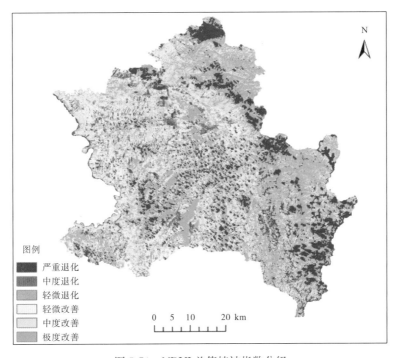

图 5-74　NDVI 差值植被指数分级

　　若尔盖县气温降水数据如图 5-75 所示，通过分析 2008～2014 年若尔盖县气象数据，结果表明：若尔盖县气温和降水均呈现上升趋势。若尔盖县气候比较寒冷，年平均气温为 0～2℃，年降水量为 600～700mm，降水量充沛利于植被的生长。

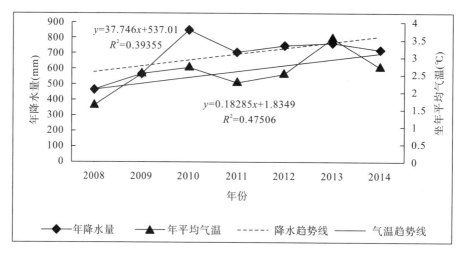

图 5-75　若尔盖气温降水数据

5.3　预警结果

5.3.1　2010 年预警结果

1. 综合预警结果

根据重要生态功能区资源环境承载力评价指标及预警标准判断矩阵，经线性变换后，得到 2010 年若尔盖资源环境综合预警距离判断矩阵（表 5-21）。根据资源环境承载力综合预警方法，2010 年若尔盖各乡镇资源环境综合承载力以中度预警为主；若尔盖 17 乡镇中，有 13 个乡镇属于中度预警，其余 3 个乡镇属于轻度预警，1 个乡镇预警级别为安全。

表 5-21　若尔盖县 2010 年资源环境承载力综合预警

乡镇	距预警阈值的距离						预警级别
	S_1	S_2	S_3	S_4	S_5	S_6	
达扎寺镇	5.57	4.60	3.30	3.37	4.12	5.25	中度预警
唐克镇	3.98	3.65	4.29	5.25	6.45	7.72	安全
班佑乡	5.24	3.97	2.85	2.80	3.81	5.63	中度预警
阿西乡	4.72	3.59	2.34	2.62	3.71	5.08	中度预警
辖曼乡	4.48	3.82	3.28	4.14	5.48	6.74	轻度预警
红星镇	4.99	3.56	2.05	1.93	3.05	4.53	中度预警
麦溪乡	5.56	4.33	3.10	3.05	3.86	4.66	中度预警
嫩哇乡	6.02	4.87	3.88	4.01	4.75	5.67	中度预警

乡镇	距预警阈值的距离						预警级别
	S_1	S_2	S_3	S_4	S_5	S_6	
冻列乡	7.57	6.97	6.02	6.00	6.18	6.21	中度预警
崇尔乡	5.04	3.69	3.17	3.88	4.98	6.47	轻度预警
热尔乡	5.47	3.74	2.62	2.52	3.55	4.62	中度预警
占哇乡	5.70	4.14	2.86	2.88	3.76	4.80	中度预警
降扎乡	4.89	3.55	2.07	2.57	3.79	5.34	中度预警
巴西乡	5.02	3.39	2.08	2.45	3.72	5.33	中度预警
阿西茸乡	5.19	3.91	2.43	2.45	3.38	4.70	中度预警
求吉乡	4.93	3.31	3.03	3.75	4.87	6.31	轻度预警
包座乡	5.87	4.66	4.21	4.31	5.07	6.06	中度预警

2. 限制性指标预警结果

对基础性指标环境容量、可利用水资源以及重点生态功能区专项指标林草地覆盖率等限制性指标进行单指标预警(表5-22)。2010年若尔盖县污染物总量远小于环境容量,环境质量较好;另外可利用水资源充足,林草地覆盖率较高,3项限制性指标单指标预警结果都为安全。

表 5-22　若尔盖县 2010 年资源环境承载力限制性指标预警

乡镇	人均可利用水资源	环境容量	林草地覆盖率	预警结果
达扎寺镇	安全	安全	安全	安全
唐克镇	安全	安全	安全	安全
班佑乡	安全	安全	安全	安全
阿西乡	安全	安全	安全	安全
辖曼乡	安全	安全	安全	安全
红星镇	安全	安全	安全	安全
麦溪乡	安全	安全	安全	安全
嫩哇乡	安全	安全	安全	安全
冻列乡	安全	安全	安全	安全
崇尔乡	安全	安全	安全	安全
热尔乡	安全	安全	安全	安全
占哇乡	安全	安全	安全	安全
降扎乡	安全	安全	安全	安全
巴西乡	安全	安全	安全	安全
阿西茸乡	安全	安全	安全	安全
求吉乡	安全	安全	安全	安全
包座乡	安全	安全	安全	安全

3. 最终预警结果

根据若尔盖县资源环境承载力综合预警及单指标预警结果得出最终预警结果，2010年，若尔盖各乡镇资源环境承载力最终预警结果与综合预警结果一致，以中度预警为主，若尔盖17乡镇中，有2个乡镇属于中度预警，其余15个乡镇属于轻度预警(图5-76)。

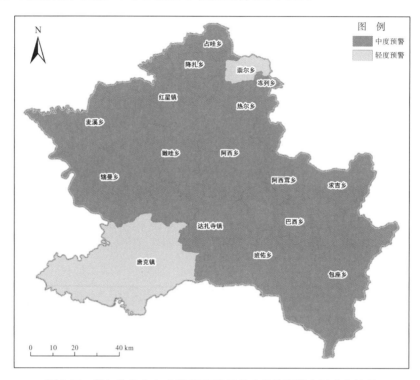

图 5-76　若尔盖县 2010 年资源环境承载力最终预警空间分布格局

5.3.2　2014 年预警结果

1. 综合预警结果

根据资源环境承载力综合预警方法计算出若尔盖县2014年资源环境承载力综合预警(表5-23)。2014年，若尔盖县各乡镇资源环境综合承载力以中度预警为主；若尔盖县17个乡镇中，有13个乡镇为中度预警，其余2个乡镇为轻度预警，1个乡镇重度预警，1个乡镇预警级别为安全。

表 5-23　若尔盖 2014 年资源环境承载力综合预警

乡镇	预警阈值						预警级别
	S_1	S_2	S_3	S_4	S_5	S_6	
达扎寺镇	4.70	3.69	2.45	3.20	4.30	5.67	中度预警
唐克镇	3.84	3.50	4.24	5.30	6.53	7.77	安全

乡镇	预警阈值						预警级别
	S_1	S_2	S_3	S_4	S_5	S_6	
班佑乡	5.00	3.57	2.34	2.46	3.62	5.19	中度预警
阿西乡	4.65	3.45	2.11	2.44	3.59	5.01	中度预警
辖曼乡	4.32	3.74	3.24	4.21	5.58	6.92	轻度预警
红星镇	4.99	3.54	1.98	1.85	2.98	4.59	中度预警
麦溪乡	5.59	4.42	3.16	2.96	3.74	5.02	中度预警
嫩哇乡	5.55	4.46	3.62	3.97	4.87	6.12	中度预警
冻列乡	6.87	6.39	5.54	5.79	6.19	6.96	中度预警
崇尔乡	5.01	3.70	3.12	3.85	4.93	6.29	轻度预警
热尔乡	5.36	3.66	2.74	2.95	4.00	5.10	中度预警
占哇乡	6.63	5.17	4.02	3.78	4.30	4.50	中度预警
降扎乡	4.94	3.57	2.13	2.60	3.82	5.44	中度预警
巴西乡	4.85	3.21	2.02	2.60	3.94	5.50	中度预警
阿西茸乡	6.21	4.98	3.48	2.78	3.15	3.89	重度预警
求吉乡	5.21	3.54	2.83	3.01	4.01	5.28	中度预警
包座乡	6.37	5.18	4.58	4.37	4.93	5.61	中度预警

2. 限制性指标预警结果

对基础性指标环境容量、可利用水资源以及重点生态功能区林草地覆盖率等限制性指标进行单指标预警(表 5-24)。2014 年若尔盖县污染物总量远小于环境容量,环境质量较好;另外可利用水资源充足,林草地覆盖率较高,3 项限制性指标的单指标预警结果都为安全。

表 5-24　若尔盖县 2014 年资源环境承载力专项限制性指标预警

乡镇	人均可利用水资源	环境容量	林草地覆盖率	预警结果
达扎寺镇	安全	安全	安全	安全
唐克镇	安全	安全	安全	安全
班佑乡	安全	安全	安全	安全
阿西乡	安全	安全	安全	安全
辖曼乡	安全	安全	安全	安全
红星镇	安全	安全	安全	安全
麦溪乡	安全	安全	安全	安全
嫩哇乡	安全	安全	安全	安全
冻列乡	安全	安全	安全	安全
崇尔乡	安全	安全	安全	安全
热尔乡	安全	安全	安全	安全
占哇乡	安全	安全	安全	安全

乡镇	人均可利用水资源	环境容量	林草地覆盖率	预警结果
降扎乡	安全	安全	安全	安全
巴西乡	安全	安全	安全	安全
阿西茸乡	安全	安全	安全	安全
求吉乡	安全	安全	安全	安全
包座乡	安全	安全	安全	安全

3. 最终预警结果

根据若尔盖县资源环境承载力综合预警及限制性指标单指标预警结果，得到最终预警结果（图 5-77）。2014 年，若尔盖各乡镇资源环境承载力最终预警结果与综合预警结果保持一致，以中度预警为主。

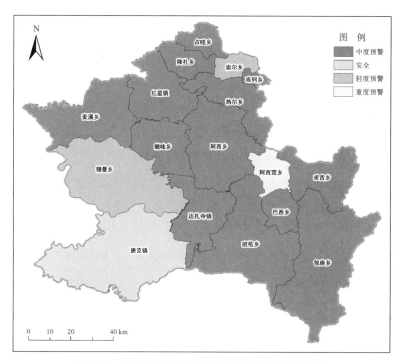

图 5-77　若尔盖县 2014 年最终预警空间分布格局

5.3.3　2010～2014 年资源环境承载力变化

1. 综合预警变化

从图 5-78 可以看出，2010～2014 年，若尔盖县除冻列乡变好外，11 个乡镇的资源环境承载力综合预警级别没有变化；2 个乡镇预警级别有所恶化。

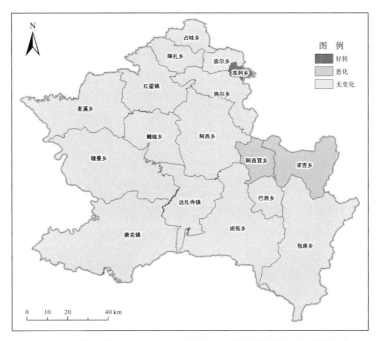

图 5-78　若尔盖县 2000～2014 年资源环境承载力综合预警变化

2. 限制性指标预警变化

由图 5-79 可知，2010～2014 年，若尔盖县各乡镇资源环境承载力限制性指标单项指标预警级别无变化；环境容量、可利用水资源以及林草地覆盖率三项单项指标在 2010、2014 两年都为轻度预警。

图 5-79　若尔盖县 2010～2014 年资源环境承载力限制性指标预警变化

3. 最终预警变化

由 5-80 图可知，若尔盖县各乡镇单项指标预警级别在 2010、2014 两年都为轻度预警。因此，资源环境承载力最终预警级别变化与综合预警变化趋势一致，2 个乡镇情况有所恶化，其余乡镇无变化。

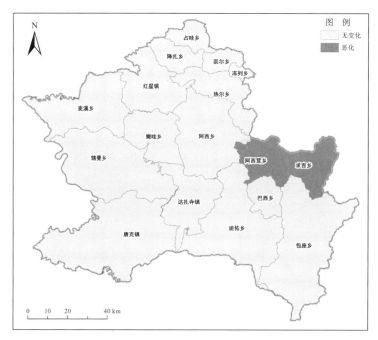

图 5-80　若尔盖县 2000～2014 年资源环境承载力最终预警变化

5.4　小　　结

5.4.1　结论

（1）通过对若尔盖县的可利用土地资源进行监测发现，若尔盖县虽然常住人口数量较少，但地表覆盖以林草地为主，且林草地覆盖率高达 94% 以上，故该区域可利用土地资源较为匮乏。分析其原因发现，若尔盖县属于草原湿地生态功能区，该区域生态系统脆弱，政府采取了一系列措施对其生态系统安全加以保护，限制对土地的开发利用，故可利用土地资源面积较小；

（2）通过对若尔盖县的可利用水资源进行监测发现，若尔盖县各乡镇的人均可利用水资源潜力均属于丰富，主要由于人口较少，降雨相对充沛，但近几年间呈现下降趋势。结合相关资料分析发现，由于近年来区域内气候变暖、降雨减少、过度放牧、疏干沼泽、不合理开发泥炭资源等问题频繁出现，导致该区域水环境恶化、人均可利用水资源潜力明显减少；

（3）通过对若尔盖县的环境容量进行监测发现，若尔盖县大气污染和水污染有增加趋势。结合相关资料分析可知，一方面若尔盖县城镇发展快速，人口急剧增加，生活污水未经处理直接排入黑河，造成了持续的污染；另一方面，近年来旅游业发展快速，混乱无序的开发管理模式造成一系列环境污染问题。但总体上，大气排放量不大，扩散能力强，环境质量良好。

(4) 通过对若尔盖县自然灾害影响评估发现，2010 年若尔盖县主要受洪涝灾害影响较大，主要是因为 2010 年若尔盖县中部有降水徒增迹象，此外该区域河网较为密集，且地势平坦，加大了洪水灾害的危险程度。相比 2010 年，2014 年若尔盖县境内地震动峰值加速度有所增加，导致求吉乡和阿西茸乡的山区地质灾害危险性增加。

(5) 通过对若尔盖县林草地覆盖率进行监测发现，若尔盖县各乡镇的林草覆盖度达到 94% 以上，生态系统安全性保持良好。黄河与长江流域的分水岭将全县划分为两个截然不同的地理单元，中西部和南部为典型丘状高原，北部和东南部山地地势陡峭，这样特殊的地形形成了林、草地覆盖的空间差异特征。结合相关资料分析得知，2010 年若尔盖县被列为国家级高寒湿地生物多样性保护区，具有涵养水源、保持水土、调节气候、维持生物多样性等功能，故而政府对此做出了一系列的保护政策，包括保护天然森林资源，实施退耕还林、人工造林、封山育林、义务植树、退牧还草、轮牧等。

(6) 通过对若尔盖县的社会经济发展水平进行监测发现，若尔盖县经济发展水平有明显提高。但是相比于四川省其他地区，若尔盖仍属于经济落后地区，究其原因，若尔盖属于重要的生态功能区，同时也是限制开发区，以保护其生态环境为首要任务，政府对该地区的经济开发采取限制措施，这使得若尔盖的经济发展水平较落后。

(7) 通过对若尔盖县的人口聚集度进行监测发现，若尔盖县人口聚集度变小，人口分布越来越稀疏。结合相关资料分析，由于若尔盖县特殊的地理位置，属于草原湿地生态功能区，拥有国家自然保护区之一，以保护生态环境为主，限制开发和利用，经济发展和道路交通设施较为落后，人口增长速度缓慢，导致人口较少。

(8) 通过对若尔盖县的交通网络密度进行监测发现，若尔盖县大多数乡镇的交通网络密度还属于中低密度区。结合相关资料分析，冻列乡拥有省级铁布梅花鹿自然保护区等自然景观，旅游资源丰富，交通最为发达。而其他乡镇由于地理环境限制，中西部和南部为典型丘状高原，占全县总面积 69%，平均海拔 3500m，北部和东南部山地系秦岭西部迭山余脉和岷山北部尾端，境内山高谷深，地势陡峭，海拔 2400～4200m，这样的地形条件限制了交通的发展，导致交通网络密度偏低。

(9) 通过对若尔盖县的生态脆弱性进行监测发现，若尔盖县总体上生态系统脆弱性大小呈现东高西低的趋势，这主要是受地形、降水、植被覆盖等因素的影响。北部和东部山区，山高谷深，地形陡峭、破碎，水土流失严重，而中部和西南部地势平坦，多草地、湿地分布，植被覆盖较好，水土流失强度较小。

(10) 通过对若尔盖县的生物丰度进行监测发现，若尔盖县全县和分乡镇的生物丰度指数较为丰富，且变化较小。结合相关资料分析发现：若尔盖县属于草原湿地功能区，为有效管护天然林草资源，2010 年来一直坚持扎堵填沟、围栏封育的湿地保护政策，同时也实施退牧还草、封山育林、人工种草、造林、防治沙漠化等措施对林草地进行保护，生态环境保护良好。同时，北部和东南部山地系秦岭西部迭山余脉和岷山北部尾端，境内山高谷深，地势陡峭，海拔 2400～4200m，森林资源丰富，人类活动少，自然资源保存较完整，故生物丰度指数丰富；中西部和南部为典型丘状高原，有着丰富的天然草地资源，占全县总面积 69%，生物丰度指数较为丰富；中部和西南部地区被白龙江、包座河等河流贯穿于南北方向，河流两岸流域生物丰度指数适中；北部和东南方向生物丰度指数适中的地区是临近高山的低海拔地区，人类活动相对较多，自然资源恢复期长；部分地区靠近人类聚居地，受人类活动影响大，或由于气候、环境等条件较为恶劣，自然资源恢复尤为困难，故生物丰度指数较为贫瘠。

（11）通过对若尔盖县的水涵养指数进行监测发现，若尔盖县水涵养能力较强区域主要集中在中部和西北部、西南部的沼泽、湖泊、库塘地带；其次分布在黄河九曲第一湾，白龙江、宝包座河、巴西河、嘎曲、墨曲、热曲等主要河流附近；水涵养能力较弱的区域主要分布在东南部和北部的乔木林、灌木林、疏林等地区。结合相关资料分析得知，若尔盖县水涵养能力空间分布的差异与其地表覆盖类型有着密切关系，中部和西部地区分布着大片的沼泽湿地，有很强的蓄水保水作用，东南和以北地区主要以林地为主要地表覆盖类型，水涵养能力一般或中等。

（12）通过对若尔盖县的植被覆盖指数进行监测发现，若尔盖县的植被覆盖度总体处于较高水平，局部区域的植被覆盖度呈减少趋势，尤其是在东部和东北部植被覆盖度极低。通过分析2008年到2014年若尔盖县气象数据发现，若尔盖县气温和降水均呈现上升趋势，降水量充沛利于植被的生长，所以若尔盖的植被覆盖度较高。另外，为保护若尔盖的生态系统安全，政府采取了一系列措施对其进行环境保护，如封山育林、荒山荒地造林等，使得若尔盖的植被覆盖情况有进一步的改善。

（13）通过对若尔盖县资源环境承载力预警发现，2014年，若尔盖县各乡镇资源环境综合承载力以中度预警为主；17个乡镇中，有14个乡镇为中度预警，其余3个乡镇为轻度预警。与2010年相比，1个乡镇预警等级有所好转，2个乡镇预警级别有所恶化，其他乡镇无变化。

综上，依据2010年国务院印发的《全国主体功能区规划》，若尔盖县属于草原湿地生态功能区，是我国生物多样性关键地区和世界高山带物种最丰富的地区之一。该区域以林草地为主，有着丰富的天然草地资源，畜牧业发达，旅游资源丰富。中部和西部地区分布着大片的沼泽湿地，有很强的蓄水保水作用。但根据预警结果发现，各别乡镇由于旅游开发轻度过大和严重超载放牧等影响，生态环境面积严重威胁。因此，通过研究该区域的资源环境承载力状况，摸清区域生态环境本底，对实现生态功能区的科学管理、利用和发展，对维护该地区的生态平衡性、稳定性和可持续发展性具有重要意义。

5.4.2　建议与对策

若尔盖县重要牧区，拥有国家级花湖湿地自然保护区，但因地处高冷海拔高原，生态系统脆弱，一旦破坏将很难恢复。为促进若尔盖的社会经济资源与环境协调、可持续发展提出以下几点建议：

（1）若尔盖县应转变新常态下的经济社会发展方式，适应新常态、把握新常态、引领新常态，以务实进取的精神风貌抓住新机遇，实现新发展；坚定信心，实现经济稳步发展。

（2）积极应对各种危机，根据若尔盖县实际经济情况应优化结构，推动产业转型发展。加快一、二产业升级，大力培育第三产业，努力创造新的经济增长点，齐心协力推进经济发展方式转变。

（3）保护生态，大力发展绿色产业。坚持环境优先，大力推进生态文明建设，绝不以破坏生态为代价谋取发展，大力发展绿色经济，倡导更加文明环保的生活方式，全力打造高原生态家园。

（4）拉动消费，实现分配更加合理。充分利用好若尔盖县旅游资源，努力创造更好的消费环境，增强消费的经济拉动力度；加大项目争取和落实，继续保持投资较快增长，加强扶贫，统筹推进协调发展。

(5)坚持保护优先、自然生态恢复为主的方针，积极响应主体功能区规划的政策，保护若尔盖的生态系统安全，维持良好的生态平衡力。

(6)统筹规划，突出重点进行保护。与全国主体功能区规划、全国生态护和建设规划、全国国土规划、全国重要江河湖泊水功能区划等相关规划相衔接，统筹推进林地覆盖、荒漠化、水土流失、地质灾害、森林病虫害、森林火灾等常态化监测与评估、综合治理和防治措施，以及各类生态系统保护与建设工作，提高地区生态环境科学保护技术手段。

(7)防治并重，合理开发利用自然生态资源，优化游客游览路线，维持游客量与环境承载力相适应。

(8)大力开展资源环境承载力监测工作。实时监测生态环境质量，从而帮助相关部门及时地制定出符合国情的管理政策，并根据实际情况实时调整，避免"亡羊补牢"效应。

(9)加大生态建设与环境保护的宣传力度，加强民众的保护意识，做到生态旅游、文明旅游。

(10)政府主导，社会广泛参与。政府应加大支持力度，实施差别化扶持政策，建立生态保护与建设的长效机制。广泛动员企事业单位、民间组织、社区和个人积极参与生态保护建设，调动原住民参与管理和保护的积极性，进一步提高对风景区生态建设与保护重要性的认识，加大生态建设与保护宣传力度，强化群众的环境保护意识，营造良好的舆论氛围和强大声势，使之成为全社会关心、参与的社会性事业。

第6章 农产品主产区资源环境承载力监测预警
——以安岳县为例

6.1 区 域 概 况

安岳县地处四川省东部、成渝经济区腹地，是典型的丘陵区、农业县、人口大县和劳动输出大县，是我国农产品主产区之一，是全国唯一柠檬商品生产基地县，柠檬种植的规模、产量、市场占有率约占全国的80%以上，被誉为"中国柠檬之都"。近年来，安岳县成功创建国家级柠檬出口质量安全示范区，被评为全国100个最具影响力的中国农产品区域公用品牌。安岳通过持续放大"中国柠檬之都"的品牌效应，引领川东地区现代化农业的发展，加快推进全面实施农业现代化。

6.1.1 地理位置

安岳县位于四川省东部边陲，地理位置介于东经104°57′~105°45′、北纬29°40′~30°18′，东邻重庆市大足区74km，南连内江市76km，西接资阳市110km，北靠遂宁市70km，距成都166km，到重庆174km，是古成渝道上的陆路交通要冲。安岳县监测范围如图6-1所示。

6.1.2 地形地貌

安岳县城位于川中平缓褶皱带中部，介于龙女寺半环状构造与威远辐射状构造间。地表以褶曲为主，断裂罕见；地层平缓，倾角0°~6°，一般为1°~3°；构造简单，受力甚微，卷入不深，下至三叠系地层构造形迹已消失；新构造运动不显著，表现为大面积缓慢间歇性上升运动形成丘陵地貌。县城地表以北东向褶曲位主，含东西、南北向弧形等18个小型背斜、向斜，组成排列有序的水平状褶曲构造格局。

安岳县城海拔247~551m。丘陵占县面积81.7%，以浅丘、中丘为主，丘坡起伏度20~200m，岭脊连绵，多台阶丘、方山丘和馒头状丘；河谷坝地、丘间谷地和缓丘平地占全县面积18.3%，溪河交错，河坝零星分布，沱江、涪江中游分水岭是安岳县丘陵骨架的纲，从西北向东南穿过县境，丘陵海拔多在450~550m，分县城为西南沱江流域片与东北涪江流域片，形成自然分界线。县域地势西北向东南倾斜，中部高，两边低。最高处在西北部王珣庙坡，海拔551.2m，最低处在龙台河出县境处，海拔247m。

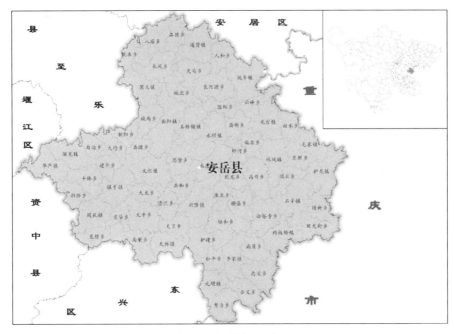

图 6-1　安岳县地理位置

6.1.3　气候水文

安岳县气候温和，四季分明，光照充足，雨量适度，具有春旱、夏长、秋凉、冬暖，风速小等特点。年均气温 17.6℃，无霜期 314 天，属亚热带季风性气候区。

县域无大江过境，但沱江、涪江水系小支流较多，计 70 余条，多源于沱江、涪江分水岭，分别向岭西南和岭东北汇流出县，注入沱江和涪江最大支流——琼江(关溅河)，琼江主要支流有岳阳河、龙台河和书房坝河；沱江主要支流有大蒙溪河、小蒙溪河、大清流河和小清流河。

6.1.4　交通经济

安岳县位于成渝经济区腹心，公路密布城乡，客货运输四通八达。国道 319、省道 206 及建设中的内资遂高速公路、成安渝高速公路和规划建设的资安潼广高速公路等交通要道穿境而过，使安岳处于成都、重庆 1 小时经济圈，内江、遂宁半小时经济圈内。

2014 年安岳县实现地区生产总值 264 亿元，同比增长了 4.8%，人均生产总值 2.36 万元。第一产业、第二产业和第三产业产值分别为 82 亿元、115 亿元和 66 亿元，产业比为 1:0.71:1.24，安岳县农业发达，物产丰富，是"中国柠檬之都"、"全国商品粮基地县"和"四川省无公害生猪生产基地"。安岳县的生猪年出栏数全国第一，柠檬产量全国第一，粉条产量西南第一，水稻产量全省第一。

6.2　监测结果与分析

6.2.1　资源

6.2.1.1　可利用土地资源

对安岳县 2010 年、2014 年不同土地利用类型的面积进行统计分析(表 6-1、图 6-2、图 6-3 和图 6-4)得出，可利用土地资源分别为 288.78km² 和 290.04km²，变化较小，空间分布较为均匀，但因常住人口数量大，导致人均可利用土地资源面积较小，为 0.27 亩/人，丰度分级为较缺乏；从乡镇情况来看，安岳县 69 个乡镇中，17 个乡镇可利用土地资源面积有不同程度增加，39 个乡镇可利用土地资源面积有不同程度减少，13 个乡镇可利用土地资源无明显变化；其中，龙台镇可利用土地资源面积最大，两年分别为 14.27km² 和 14.65km²，鱼龙乡可利用土地资源面积最小，两年分别为 1.53km² 和 1.52km²；从安岳县人均可利用土地资源丰度分级表(表 6-2)可看出，2010 年人均可利用土地资源较缺乏的乡镇 44 个，中等 25 个，2014 年人均可利用土地资源较缺乏的乡镇 45 个，中等 24 个，其中文化镇由中等降低至较缺乏，人均可利用土地资源的安全性降低。

表 6-1　安岳县 2010 年、2014 年各乡镇不同土地利用类型面积统计　　　　　　单位：km²

土地利用类型 乡镇	适宜建设用地		已有建设用地		基本农田		可利用土地资源	
	2010 年	2014 年	2010 年	2014 年	2010 年	2014 年	2010 年	2014 年
八庙乡	29.85	29.83	0.09	0.21	25.19	25.03	4.58	4.59
白水乡	20.90	20.91	0.36	0.36	16.08	16.10	4.45	4.45
白塔寺乡	25.29	25.22	0.08	0.12	21.43	21.34	3.78	3.77
宝华乡	14.37	14.34	0.13	0.13	12.11	12.08	2.14	2.13
朝阳乡	13.30	13.30	0.03	0.29	11.28	11.06	1.99	1.95
城北乡	21.26	21.21	0.12	0.12	17.51	17.37	3.63	3.72
城西乡	15.44	15.39	0.01	0.01	12.95	12.91	2.48	2.47
大埝乡	19.05	19.05	0.01	0.04	15.84	15.81	3.20	3.19
大平乡	27.33	27.30	0.13	0.15	23.12	23.08	4.08	4.07
顶新乡	14.22	14.23	0.15	0.15	11.67	11.68	2.40	2.40
东胜乡	17.91	17.83	0.20	0.21	14.96	14.87	2.76	2.74
高升乡	24.81	24.70	0.27	0.27	20.68	20.52	3.86	3.90
高屋乡	11.79	11.79	0.08	0.09	9.96	9.95	1.76	1.76
拱桥乡	26.26	26.19	0.07	0.08	22.26	22.20	3.93	3.92
共和乡	17.18	17.15	0.03	0.09	14.52	14.42	2.64	2.64
合义乡	19.33	19.33	0.08	0.1	16.32	16.30	2.94	2.93

土地利用类型	适宜建设用地		已有建设用地		基本农田		可利用土地资源	
乡镇	2010 年	2014 年	2010 年	2014 年	2010 年	2014 年	2010 年	2014 年
和平乡	13.72	13.70	0.04	0.04	11.62	11.61	2.05	2.05
横庙乡	15.87	15.85	0.08	0.11	13.43	13.37	2.37	2.36
护建乡	31.06	31.03	0.23	0.43	26.2	26.01	4.62	4.59
护龙镇	31.83	31.74	0.21	0.22	25.70	25.63	5.91	5.90
华严镇	42.99	42.90	0.26	0.27	36.31	36.24	6.41	6.39
建华乡	18.58	18.54	0.06	0.06	15.57	15.54	2.95	2.95
九龙乡	14.81	14.77	0.25	0.25	12.38	12.34	2.18	2.18
来凤乡	26.99	26.93	0.22	0.30	22.38	22.25	4.38	4.37
李家镇	26.02	26.06	0.50	0.88	21.69	21.40	3.83	3.78
两板桥镇	18.57	18.53	0.12	0.12	15.69	15.65	2.77	2.76
林凤镇	32.65	32.64	0.69	0.8	24.39	24.29	7.57	7.55
龙桥乡	19.89	19.86	0.10	0.10	16.82	16.79	2.97	2.96
龙台镇	37.71	37.65	1.16	1.47	22.29	21.53	14.27	14.65
毛家镇	25.28	25.21	0.30	0.31	20.81	20.75	4.16	4.15
南薰乡	31.45	31.40	0.38	0.38	26.41	26.37	4.66	4.65
努力乡	23.64	23.63	0.03	0.06	20.07	20.03	3.54	3.54
偏岩乡	16.15	16.10	0.06	0.06	12.54	12.50	3.54	3.54
坪河乡	12.84	12.83	0.04	0.09	10.48	10.43	2.32	2.3
千佛乡	34.71	34.58	0.09	0.09	29.42	29.32	5.19	5.17
乾龙乡	17.26	17.19	0.10	0.10	13.52	13.47	3.63	3.62
清流乡	17.26	17.23	0.07	0.29	14.61	14.41	2.58	2.54
人和乡	23.24	23.20	0.35	0.72	18.75	18.4	4.15	4.09
瑞云乡	17.54	17.49	0.24	0.27	13.80	13.63	3.50	3.58
石鼓乡	15.43	15.43	0.07	0.07	13.01	13.01	2.34	2.34
石桥铺镇	30.94	31.16	3.14	5.40	22.86	21.14	4.93	4.63
石羊镇	37.97	37.67	1.22	1.44	29.15	28.70	7.59	7.53
双龙街乡	15.59	15.58	0.06	0.09	13.10	13.06	2.43	2.43
思贤乡	22.41	22.32	0.53	0.55	18.02	17.93	3.86	3.84
天宝乡	17.04	17.02	0.12	0.13	14.38	14.35	2.54	2.53
天林镇	21.45	21.41	0.14	0.14	18.12	18.08	3.20	3.19
天马乡	22.37	22.37	0.21	0.21	18.55	18.54	3.61	3.62
通贤镇	41.71	41.75	0.53	0.78	34.16	33.97	7.02	7.00
团结乡	19.03	18.83	0.11	0.11	16.09	15.16	2.84	3.56

土地利用类型	适宜建设用地		已有建设用地		基本农田		可利用土地资源	
乡镇	2010 年	2014 年	2010 年	2014 年	2010 年	2014 年	2010 年	2014 年
文化镇	38.02	37.93	0.39	1.63	31.40	30.26	6.23	6.04
协和乡	22.64	22.56	0.24	0.34	19.04	18.88	3.36	3.33
兴隆镇	38.16	38.14	0.46	0.99	32.04	31.58	5.65	5.57
驯龙镇	42.76	42.74	0.34	0.47	35.48	35.35	6.94	6.92
姚市镇	46.22	46.13	0.56	0.56	37.78	37.27	7.88	8.30
永清镇	36.93	36.84	0.41	0.47	30.54	30.31	5.98	6.05
永顺镇	34.22	33.98	0.22	0.27	27.54	27.28	6.46	6.43
鱼龙乡	10.24	10.23	0.03	0.06	8.68	8.64	1.53	1.52
鸳大镇	27.77	27.72	0.17	0.26	22.28	22.01	5.32	5.46
元坝镇	19.51	19.50	0.21	0.21	16.31	16.31	2.98	2.98
岳新乡	17.74	17.75	0.30	0.33	13.6	12.97	3.84	4.44
岳阳镇	44.75	44.67	4.31	5.76	31.69	30.34	8.75	8.56
岳源乡	15.03	15.02	0.10	0.46	12.10	11.79	2.83	2.77
悦来乡	13.14	13.14	0.01	0.01	11.15	11.15	1.97	1.97
云峰乡	24.23	24.23	0.09	0.09	19.54	19.26	4.60	4.88
长河源乡	36.37	36.33	0.61	0.69	30.31	30.21	5.44	5.43
镇子镇	38.45	38.36	0.71	0.74	31.26	31.17	6.47	6.45
忠义乡	20.09	20.11	0.13	0.44	16.97	16.72	2.99	2.95
周礼镇	42.52	42.38	0.60	0.63	35.63	35.49	6.29	6.26
自治乡	18.20	18.20	0.03	0.09	15.45	15.39	2.73	2.72
合计	1699.27	1696.32	23.46	33.26	1387.03	1373.03	288.78	290.04

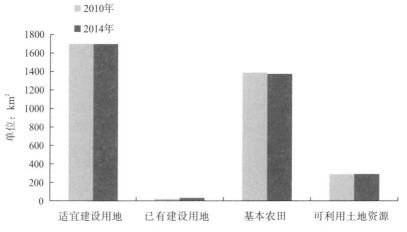

图 6-2　安岳县 2010 年、2014 年可利用土地资源面积统计图

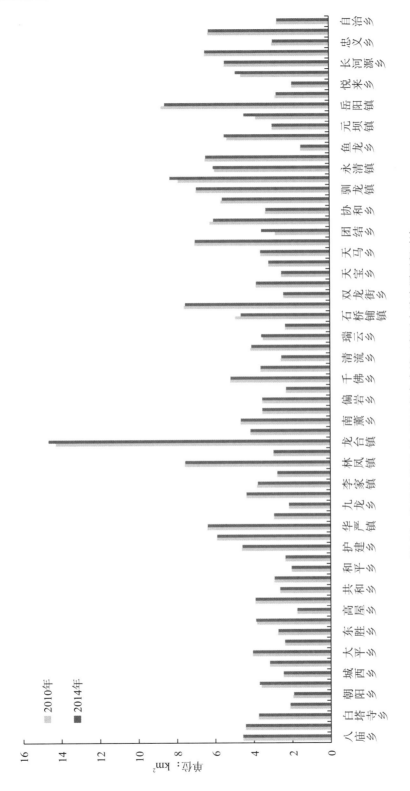

图 6-3　安岳县 2010 年、2014 年各乡镇可利用土地资源面积对比

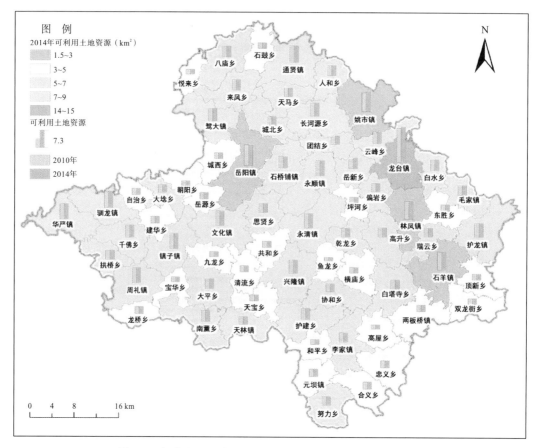

图 6-4 安岳县 2010 年、2014 年可利用土地资源分布与变化

表 6-2 安岳县 2010 年、2014 年人均可利用土地资源面积和丰度分级

乡镇名	2010 年				2014 年			
	可利用土地资源(亩)	人口	人均可利用土地资源(亩/人)	等级	可利用土地资源(亩)	人口	人均可利用土地资源(亩/人)	等级
八庙乡	6869.97	27529	0.25	1	6884.97	27445	0.25	1
白水乡	6674.97	16350	0.41	2	6674.97	17043	0.39	2
白塔寺乡	5669.97	27697	0.20	1	5654.97	28642	0.20	1
宝华乡	3209.98	11858	0.27	1	3194.98	11940	0.27	1
朝阳乡	2984.99	11065	0.27	1	2924.99	11065	0.26	1
城北乡	5444.97	21423	0.25	1	5579.97	22168	0.25	1
城西乡	3719.98	13461	0.28	1	3704.98	13780	0.27	1
大埝乡	4799.98	13186	0.36	2	4784.98	12884	0.37	2
大平乡	6119.97	25770	0.24	1	6104.97	25506	0.24	1
顶新乡	3599.98	16385	0.22	1	3599.98	16565	0.22	1

续表

乡镇名	2010 年				2014 年			
	可利用土地资源（亩）	人口	人均可利用土地资源（亩/人）	等级	可利用土地资源（亩）	人口	人均可利用土地资源（亩/人）	等级
东胜乡	4139.98	15364	0.27	1	4109.98	15869	0.26	1
高升乡	5789.97	24637	0.24	1	5849.97	24772	0.24	1
高屋乡	2639.99	16161	0.16	1	2639.99	16585	0.16	1
拱桥乡	5894.97	16953	0.35	2	5879.97	16836	0.35	2
共和乡	3959.98	16093	0.25	1	3959.98	16094	0.25	1
合义乡	4409.98	19392	0.23	1	4394.98	18953	0.23	1
和平乡	3074.98	13166	0.23	1	3074.98	12940	0.24	1
横庙乡	3554.98	18776	0.19	1	3539.98	19081	0.19	1
护建乡	6929.97	28173	0.25	1	6884.97	28429	0.24	1
护龙镇	8864.96	30543	0.29	1	8849.96	31268	0.28	1
华严镇	9614.95	28421	0.34	2	9584.95	28103	0.34	2
建华乡	4424.98	12980	0.34	2	4424.98	13026	0.34	2
九龙乡	3269.98	13079	0.25	1	3269.98	13018	0.25	1
来凤乡	6569.97	20588	0.32	2	6554.97	20755	0.32	2
李家镇	5744.97	31308	0.18	1	5669.97	31888	0.18	1
两板桥镇	4154.98	26786	0.16	1	4139.98	27391	0.15	1
林凤镇	11354.94	31857	0.36	2	11324.94	32651	0.35	2
龙桥乡	4454.98	15355	0.29	1	4439.98	15640	0.28	1
龙台镇	21404.89	43240	0.50	2	21974.89	44684	0.49	2
毛家镇	6239.97	17313	0.36	2	6224.97	17797	0.35	2
南薰乡	6989.97	26532	0.26	1	6974.97	27077	0.26	1
努力乡	5309.97	18907	0.28	1	5309.97	18897	0.28	1
偏岩乡	5309.97	14651	0.36	2	5309.97	15124	0.35	2
坪河乡	3479.98	9997	0.35	2	3449.98	10119	0.34	2
千佛乡	7784.96	23709	0.33	2	7754.96	23716	0.33	2
乾龙乡	5444.97	16504	0.33	2	5429.97	16611	0.33	2
清流乡	3869.98	15662	0.25	1	3809.98	16103	0.24	1
人和乡	6224.97	14559	0.43	2	6134.97	14615	0.42	2
瑞云乡	5249.97	17978	0.29	1	5369.97	18235	0.29	1
石鼓乡	3509.98	14499	0.24	1	3509.98	14013	0.25	1
石桥铺镇	7394.96	29001	0.25	1	6944.97	31229	0.22	1

续表

乡镇名	2010 年				2014 年			
	可利用土地资源(亩)	人口	人均可利用土地资源(亩/人)	等级	可利用土地资源(亩)	人口	人均可利用土地资源(亩/人)	等级
石羊镇	11384.94	48625	0.23	1	11294.94	50644	0.22	1
双龙街乡	3644.98	20863	0.17	1	3644.98	21129	0.17	1
思贤乡	5789.97	19468	0.30	1	5759.97	19778	0.29	1
天宝乡	3809.98	16298	0.23	1	3794.98	16260	0.23	1
天林镇	4799.98	20288	0.24	1	4784.98	20216	0.24	1
天马乡	5414.97	18234	0.30	1	5429.97	18384	0.30	1
通贤镇	10529.95	39420	0.27	1	10499.95	39067	0.27	1
团结乡	4259.98	13766	0.31	2	5339.97	13996	0.38	2
文化镇	9344.95	28956	0.32	2	9059.95	30440	0.30	1
协和乡	5039.97	21710	0.23	1	4994.98	22220	0.22	1
兴隆镇	8474.96	35380	0.24	1	8354.96	36278	0.23	1
驯龙镇	10409.95	32221	0.32	2	10379.95	31759	0.33	2
姚市镇	11819.94	34852	0.34	2	12449.94	35700	0.35	2
永清镇	8969.96	35906	0.25	1	9074.95	36703	0.25	1
永顺镇	9689.95	29374	0.33	2	9644.95	30197	0.32	2
鱼龙乡	2294.99	9957	0.23	1	2279.99	10174	0.22	1
鸳大镇	7979.96	23175	0.34	2	8189.96	23085	0.35	2
元坝镇	4469.98	18790	0.24	1	4469.98	18709	0.24	1
岳新乡	5759.97	16022	0.36	2	6659.97	16541	0.40	2
岳阳镇	13124.93	113638	0.12	1	12839.94	121717	0.11	1
岳源乡	4244.98	10746	0.40	2	4154.98	10949	0.38	2
悦来乡	2954.99	8538	0.35	2	2954.99	8468	0.35	2
云峰乡	6899.97	17180	0.40	2	7319.96	17606	0.42	2
长河源乡	8159.96	26955	0.30	1	8144.96	27465	0.30	1
镇子镇	9704.95	34011	0.29	1	9674.95	34347	0.28	1
忠义乡	4484.98	25155	0.18	1	4424.98	25249	0.18	1
周礼镇	9434.95	36741	0.26	1	9389.95	38142	0.25	1
自治乡	4094.98	12259	0.33	2	4079.98	12095	0.34	2
合计	433152.83	1595436	0.27	1	434997.83	1625875	0.27	1

安岳县 2010 年、2014 年人均可利用土地资源丰度分级情况如图 6-5、图 6-6。

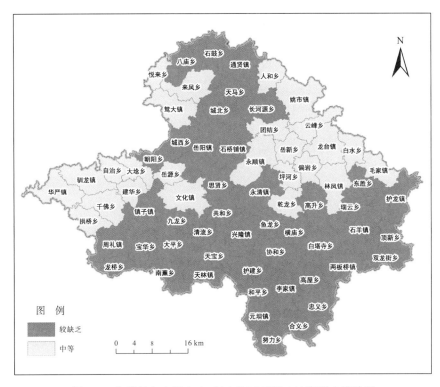

图 6-5　安岳县各乡镇 2010 年人均可利用土地资源丰度分级

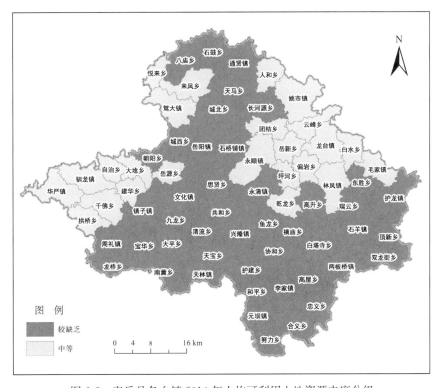

图 6-6　安岳县各乡镇 2014 年人均可利用土地资源丰度分级

　　通过对安岳县 2010 年、2014 年可利用土地资源进行监测发现：可利用土地资源变化较小，分别为 288.78km² 和 290.04km²，且空间分布也较为均匀。结合安岳县的实际情况可知，安岳县地处成渝经济区腹地，海拔均为 200~500m，坡度以<15°为主，较适宜开展农耕，致使人口和基本农田均匀分布，成为我国农产品主产区之一。适宜建设用地较多，推动城市化进程，交通运输的发达使得安岳县的经济有了明显发展，使得已有建设用地面积增加，基本农田面积减少，从而可利用土地资源面积有一定程度的增加，但增长幅度较小。安岳县是农业大县，是全国农产品主产区，必须在保护耕地数量和质量的同时，控制建设用地对耕地的占用，才能更有效地保证安岳县农业的可持续发展。

6.2.1.2　可利用水资源

　　通过对安岳县 2010 年、2014 年可利用水资源潜力进行计算和对比分析（表 6-3）发现：可利用水资源潜力分别是 9.99 亿 m³ 和 5.92 亿 m³，减少了 4.07 亿 m³，减少率 40.7%；人均可利用水资源潜力分别是 626.07m³/人 和 363.84m³/人，减少了 262.23m³/人，减少率 41.9%；同时，通过安岳县各乡镇可利用水资源潜力对比图（图 6-7、图 6-8 和图 6-9）可看出，相比于 2010 年，2014 年安岳县各乡镇的可利用水资源潜力都有大幅度的减少；2010 年安岳县各乡镇人均可利用水资源潜力等级较丰富、中等的乡镇个数分别为 66 个和 3 个，而 2014 年等级较丰富、中等和较缺乏的乡镇个数分别为 2、66 和 1 个，各乡镇的水资源潜力都表现出明显的下降趋势。

表 6-3　安岳县 2010 年、2014 年可利用水资源潜力统计

乡镇	2010 年				2014 年			
	可利用水资源潜力（m³）	人口（人）	人均可利用水资源潜力（m³/人）	分级	可利用水资源潜力（m³）	人口（人）	人均可利用水资源潜力（m³/人）	分级
岳阳镇	28696964.15	113638	252.53	2	17005608.38	121717	139.71	1
石桥铺镇	18042796.13	29001	622.14	3	10692027.34	31229	342.37	2
通贤镇	21964417.52	39420	557.19	3	13015951.13	39067	333.17	2
姚市镇	23507991.65	34852	674.51	3	13930661.72	35700	390.21	2
林凤镇	17580291.52	31857	551.85	3	10417950.53	32651	319.07	2
毛家镇	12411560.82	17313	716.89	3	7354999.00	17797	413.27	2
永清镇	22723123.82	35906	632.85	3	13465554.86	36703	366.88	2
永顺镇	21301136.31	29374	725.17	3	12622895.59	30197	418.02	2
石羊镇	23216993.84	48625	477.47	2	13758218.57	50644	271.67	2
两板桥镇	18243945.88	26786	681.10	3	10811227.19	27391	394.70	2
护龙镇	21872007.84	30543	716.11	3	12961189.83	31268	414.52	2
李家镇	17060926.78	31308	544.94	3	10110178.83	31888	317.05	2
元坝镇	11543054.49	18790	614.32	3	6840328.59	18709	365.62	2
兴隆镇	21382885.84	35380	604.38	3	12671339.76	36278	349.28	2
天林镇	13139291.07	20288	647.64	3	7786246.56	20216	385.15	2

乡镇	2010 年				2014 年			
	可利用水资源潜力（m³）	人口（人）	人均可利用水资源潜力（m³/人）	分级	可利用水资源潜力（m³）	人口（人）	人均可利用水资源潜力（m³/人）	分级
镇子镇	20175759.24	34011	593.21	3	11956005.47	34347	348.09	2
文化镇	19850401.18	28956	685.54	3	11763200.70	30440	386.44	2
周礼镇	18981745.69	36741	516.64	3	11248441.89	38142	294.91	2
驯龙镇	17052841.94	32221	529.25	3	10105387.81	31759	318.19	2
华严镇	18129159.92	28421	637.88	3	10743205.88	28103	382.28	2
城北乡	13972191.28	21423	652.21	3	8279817.06	22168	373.50	2
城西乡	12550132.77	13461	932.33	3	7437115.71	13780	539.70	3
思贤乡	13348430.70	19468	685.66	3	7910181.15	19778	399.95	2
石鼓乡	10426017.94	14499	719.09	3	6178381.00	14013	440.90	2
八庙乡	19201163.74	27529	697.49	3	11378467.40	27445	414.59	2
来凤乡	16225185.61	20588	788.09	3	9614924.81	20755	463.26	2
天马乡	12324972.23	18234	675.93	3	7303687.25	18384	397.28	2
人和乡	11188314.73	14559	768.48	3	6630112.43	14615	453.65	2
长河源乡	19632197.24	26955	728.33	3	11633894.66	27465	423.59	2
团结乡	10079828.34	13766	732.23	3	5973231.61	13996	426.78	2
悦来乡	7193890.69	8538	842.57	3	4263046.34	8468	503.43	3
白水乡	10353217.30	16350	633.22	3	6135239.88	17043	359.99	2
云峰乡	11968677.53	17180	696.66	3	7092549.65	17606	402.85	2
岳新乡	10304890.57	16022	643.17	3	6106601.82	16541	369.18	2
偏岩乡	9562047.12	14651	652.65	3	5666398.29	15124	374.66	2
东胜乡	10561144.30	15364	687.40	3	6258455.88	15869	394.38	2
坪河乡	7619127.88	9997	762.14	3	4515038.75	10119	446.19	2
乾龙乡	11008936.17	16504	667.05	3	6523814.03	16611	392.74	2
高升乡	15665782.50	24637	635.86	3	9283426.67	24772	374.75	2
横庙乡	12672978.56	18776	674.96	3	7509913.22	19081	393.58	2
瑞云乡	10276705.08	17978	571.63	3	6089899.31	18235	333.97	2
白塔寺乡	18332972.39	27697	661.91	3	10863983.64	28642	379.30	2
双龙街乡	13915254.09	20863	666.98	3	8246076.50	21129	390.27	2
顶新乡	11269274.85	16385	687.78	3	6678088.80	16565	403.14	2
和平乡	9787431.69	13166	743.39	3	5799959.52	12940	448.22	2
高屋乡	11375783.56	16161	703.90	3	6741205.07	16585	406.46	2

乡镇	2010 年				2014 年			
	可利用水资源潜力（m³）	人口（人）	人均可利用水资源潜力（m³/人）	分级	可利用水资源潜力（m³）	人口（人）	人均可利用水资源潜力（m³/人）	分级
忠义乡	17298977.27	25155	687.70	3	10251245.79	25249	406.01	2
合义乡	13435524.81	19392	692.84	3	7961792.48	18953	420.08	2
努力乡	14734885.25	18907	779.33	3	8731783.85	18897	462.07	2
清流乡	11110879.33	15662	709.42	3	6584224.79	16103	408.88	2
共和乡	11301249.45	16093	702.25	3	6697036.71	16094	416.12	2
天宝乡	11454770.08	16298	702.83	3	6788011.90	16260	417.47	2
协和乡	15203346.20	21710	700.29	3	9009390.34	22220	405.46	2
鱼龙乡	8412191.67	9957	844.85	3	4985002.47	10174	489.97	2
建华乡	8911674.42	12980	686.57	3	5280992.25	13026	405.42	2
大平乡	18238771.05	25770	707.75	3	10808160.62	25506	423.75	2
九龙乡	10254135.21	13079	784.02	3	6076524.57	13018	466.78	2
岳源乡	8037327.66	10746	747.94	3	4762860.84	10949	435.00	2
龙桥乡	9083448.43	15355	591.56	3	5382784.26	15640	344.17	2
千佛乡	15144586.09	23709	638.77	3	8974569.53	23716	378.42	2
拱桥乡	11340306.01	16953	668.93	3	6720181.34	16836	399.16	2
宝华乡	8584448.53	11858	723.94	3	5087080.61	11940	426.05	2
南薰乡	18755013.47	26532	706.88	3	11114082.06	27077	410.46	2
自治乡	8384007.70	12259	683.91	3	4968300.86	12095	410.77	2
大埝乡	9923713.97	13186	752.59	3	5880719.39	12884	456.44	2
朝阳乡	8469740.20	11065	765.45	3	5019105.30	11065	453.60	2
鸳大镇	17480803.24	23175	754.30	3	10358994.51	23085	448.73	2
龙台镇	17533593.05	43240	405.49	2	10390277.36	44684	232.53	2
护建乡	18211742.63	28173	646.43	3	10792143.78	28429	379.62	2
合计	999000000.00	1595436	626.16	3	592000000.00	1625875	364.11	2

　　通过对安岳县可利用水资源进行监测发现：相比于 2010 年，2014 年安岳县可利用水资源潜力和人均可利用水资源潜力都有大幅的减少，水资源缺乏的问题日益突出。据搜集的相关资料分析发现，2010~2014 年，安岳县降水量减少，气候变暖等导致地表水流量及地下水补给量减少，农田蒸散加强等因素导致地下水资源、地表水资源减少，人口增加等原因导致人均可利用水资源潜力减少。结合安岳县实际情况可知，一方面安岳县内缺少内河，水资源严重匮乏，154 万人生产、生活用水基本上靠分布在境内的中小型水库和堰塘集水；另一方面，近年来地表水污染严重，减少了地表水可利用率。安岳县是农业大县，水资源短缺，水环境容量受限，年降水量、径流量均属全国

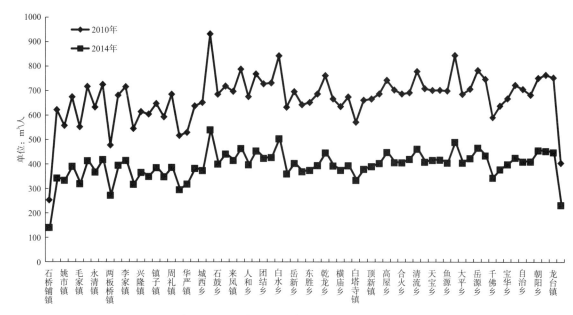

图 6-7　安岳县 2010 年、2014 年人均可利用水资源潜力对比

图 6-8　安岳县各乡镇 2010 年人均可利用水资源潜力等级空间分布

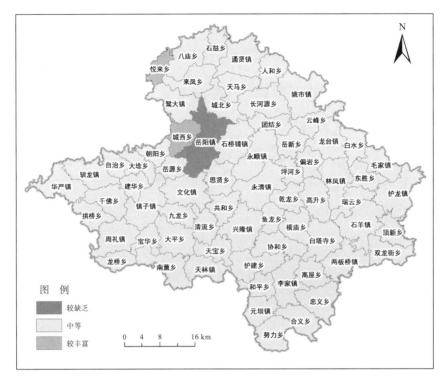

图 6-9　安岳县各乡镇 2014 年人均可利用水资源潜力等级空间分布

和全省的低值区,地下水储量少,常年出现缺水情况,人均地表水量少。为保证安岳县足够的可利用水资源,故提出以下建议:控制人口增长速度,提高农业用水效率,实施水资源优化配置;合理考虑经济人口布局规划,全面推进节水型社会建设,加强水资源开发节约利用;加快安岳县水资源开发利用工程建设,发展节水农业,提高安岳县的水资源承载能力,保障经济社会可持续发展;大力推广滴灌技术,节水灌溉新材料、新技术、新工艺和新设备,搞好渠道防洪整治,提高渠系的利用率。

6.2.2　环境、生态

6.2.2.1　环境容量

通过计算安岳县 2010 年、2014 年的环境容量(表 6-4、表 6-5)发现,SO_2 排放量分别为 1192.90t 和 1451.00t,增加了 258.1t,增长率 21.6%;COD 排放量分别为 10626.07t 和 16694.72t,增加了 6068.65t,增长率 57.1%。通过 2010 年、2014 年的大气和水环境容量统计结果对比分析可知,2010 年安岳县及各乡镇的环境容量等级均属于无超载,而 2014 年属于轻度超载,表明安岳县的环境污染情况日益恶化。

通过对安岳县环境容量进行监测发现:2010~2014 年,安岳县 SO_2 排放量和 COD 排放量均大幅增加,大气和水污染情况日趋严重。结合相关资料分析可知,安岳县农业发达,农产品生产是其经济的主要来源,伴随农业发展的同时也带来一系列的环境污染问题,农药污染物排放严重、化肥污染物、农膜污染、燃烧秸秆等，都是导致安岳污染排放量增加的主要原因。故为改善安岳县的环境质量提出以下建议：加快环境保护、管理体制改革，推进环保设施商业化运营；实行清洁生产，减少农药的使用量；增强全社会保护环境的意识，建立健全社会监督机制，多形式多层次组织社会公众参与环保工作；通过生态功能区合理规划和产业板块区域化布局，促进环境保护和经济发展的有机统一；增强产业生态修复力，增加环境容量，扩大生态对产业的包容性；充分考虑环境容量，坚决走资源节约型、环境保护型路线。

表 6-4　安岳县 2010 年、2014 年大气环境容量（SO₂）统计

年份	$A(km^2 \times 10^4/a)$	C_{ki} ($\mu g/m^3$)	C_0	S_i (km^2)	S (km^2)	大气环境容量 (SO₂)G_i	Pi(SO₂) (t)	A_i	环境容量等级
2010 年	2.94	60	0	2689.68	2689.68	91484.79	1192.9	−0.987	4
2014 年	2.94	60	0	2689.68	2689.68	91484.79	1451	−0.984	4

表 6-5　安岳县 2010 年、2014 年水环境容量（COD）统计

年份	Q_i (亿 m³)	C_i (mg/L)	C_{i0}	k (1/d)	水环境容量 (COD)G_i	Pi(COD) (t)	A_i	环境容量等级
2010 年	10.72	20	0	0.2	25728	10626.07	−0.59	4
2014 年	6.89	20	0	0.2	16596	16694.72	0.01	3

6.2.2.2　自然灾害影响

1. 干旱

1）孕灾环境因子

根据安岳县的地形地貌特征，将地形坡度划分为<5°、5°~10°、10°~20°、20°~30°和≥30°五个等级，由图 6-10 可以看出，安岳县境内大部分区域地形坡度为 10°~20°，河道及沟谷区的坡度<5°。

根据安岳县的地表覆盖情况，同时依据干旱灾害成灾特征，将地表覆盖按照干旱成灾的危险性从低到高划分为六类（图 6-11）：①宅基地；②荒漠、裸露地表；③有林地、灌木林地；④草地、园地；⑤水田、湿地；⑥旱地。

2）致灾因子

利用安岳县临近气象观测站点 1980~2014 年气温和降水监测数据，计算得到站点 2010 年和 2014 年两期 SPEI 指数，并通过 Arcgis 空间插值方法获得 SPEI 空间分布结果（图 6-12、图 6-13）。

由图 6-12 和图 6-13 可以看出，2010 年与 2014 年，整个安岳县境内 SPEI≥−0.5，从气象激发因子来看，安岳县在 2010 年和 2014 年年内并无明显的干旱气候出现。

3）危险分区

通过层次分析法和专家经验打分，获得干旱灾害危险性计算过程中所涉及的孕灾环境因子和致

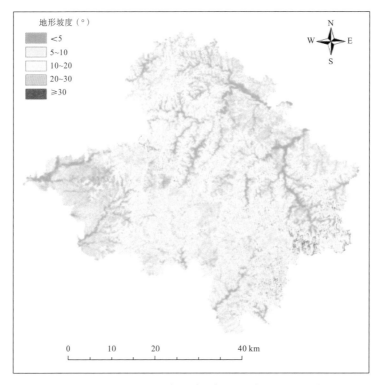

图 6-10　安岳县干旱孕灾环境指标因子分区（地形坡度）

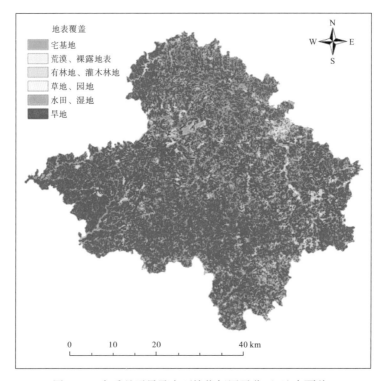

图 6-11　安岳县干旱孕灾环境指标因子分区（地表覆盖）

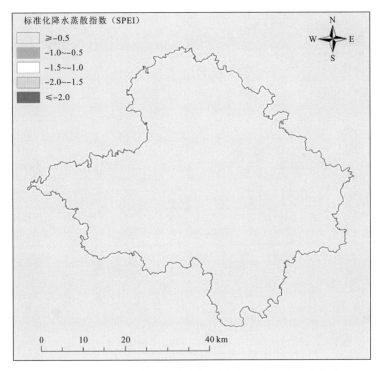

图 6-12　安岳县 2010 年干旱致灾指标因子(标准化降水蒸散指数)

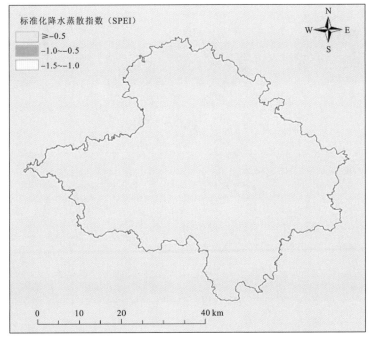

图 6-13　安岳县 2014 年干旱致灾指标因子(标准化降水蒸散指数)

灾因子的权重系数。通过 Arcgis 软件的栅格计算工具计算获得安岳县 2010 年和 2014 年 2 期干旱灾害危险分区结果,并利用灾史资料或专家经验进行修正,获得最终干旱危险性评价结果(图 6-14、图 6-15)。

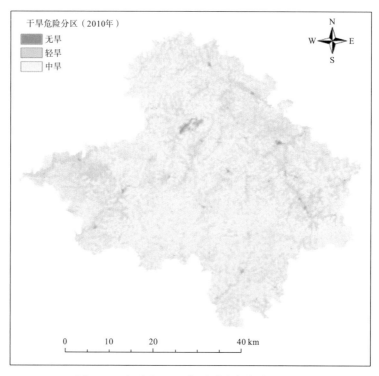

图 6-14　安岳县 2010 年干旱灾害危险性分区

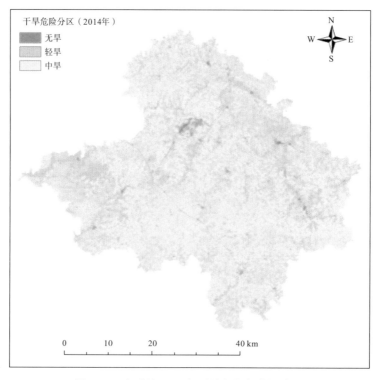

图 6-15　安岳县 2014 年干旱灾害危险性分区

　　将干旱危险性计算结果按照等级划分为：无旱、轻旱、中旱、重旱和特旱五类，由图 6-14、图 6-15可知，安岳县在 2010 年和 2014 年并没出现重旱和特旱现象，地形坡度处于 10°～20°的旱地在这两年间为中旱外，其余大部分区域为无旱或轻旱。

2. 洪水

1)孕灾环境因子

　　根据安岳县的地形地貌以及洪水灾害的危害特征，将地形坡度划分为≥45°、35°～45°、25°～35°、10°～25°和≤10°五个等级，由图 6-16 可以看出，安岳县境内大部分区域地形坡度≤25°，处于洪水的较高及高危区域。从河网密度情况来看，安岳县的北部、东南部以及西部为河网密度高值区域(图 6-17)。

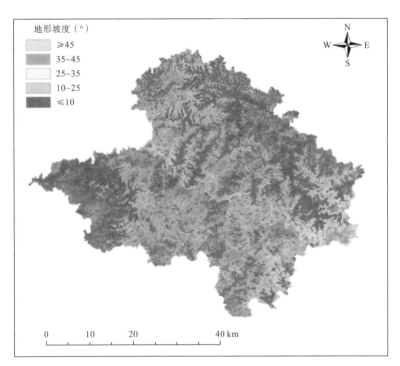

图 6-16　安岳县洪水孕灾环境指标因子(地形坡度)分区

　　根据安岳县的地表覆盖情况，同时依据洪水灾害成灾特征，将地表覆盖按照干旱成灾的危险性从低到高划分为六类(图 6-18)：①有林地、灌木林地；②草地、园地、疏林地；③耕地；④荒漠、裸露地表；⑤人工堆掘地；⑥宅基地、交通设施。安岳县大部分区域地形高差处于≤200m，地势较为平坦，为洪水较高及高危区域(图 6-19)。

2)致灾因子

　　洪水灾害的评价选取了 3 个致灾因子：暴雨日数、降水变率和年降水量。从图 6-20、图 6-21 可以看出，安岳县境内在 2010 年和 2014 年的暴雨日数无明显变化，大部分地区暴雨日数为 2～4 天；降水

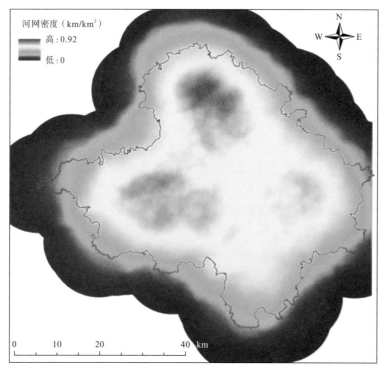

图 6-17　安岳县洪水孕灾环境指标因子(河网密度)分区

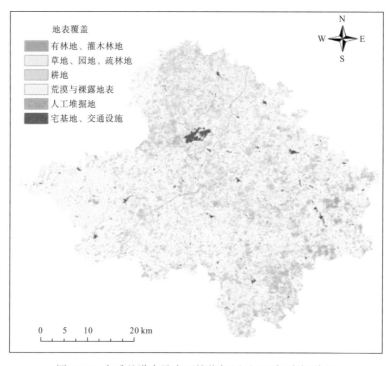

图 6-18　安岳县洪水孕灾环境指标因子(地表覆盖)分区

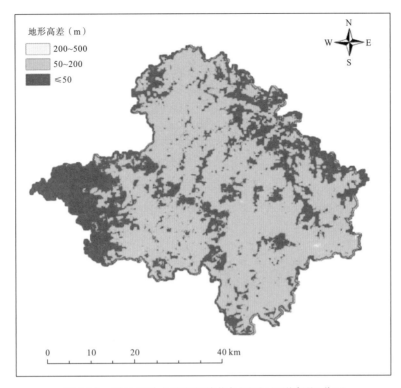

图 6-19　安岳县洪水孕灾环境指标因子(地形高差)分区

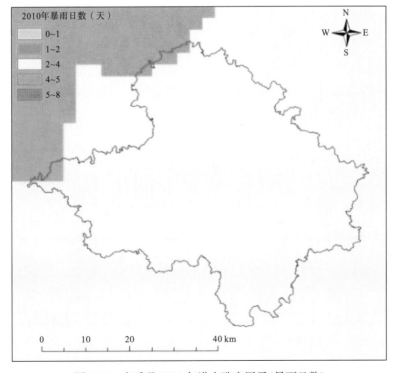

图 6-20　安岳县 2010 年洪水致灾因子(暴雨日数)

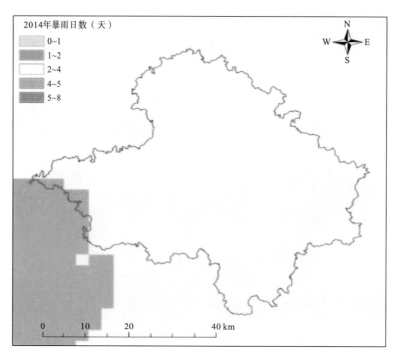

图 6-21　安岳县 2014 年洪水致灾因子(暴雨日数)

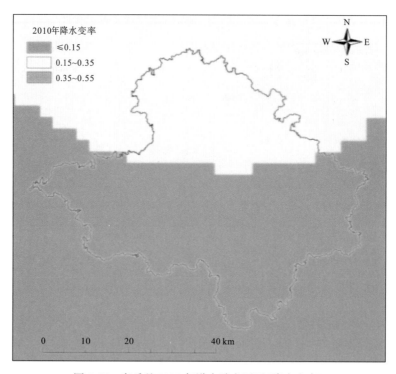

图 6-22　安岳县 2010 年洪水致灾因子(降水变率)

变率方面(图 6-22、图 6-23),2010 年安岳县北部地区变率为 0.15~0.35,表明雨量较历史同期雨量稍有增加,其余区域雨量与往年大致持平,2014 年全县降水变率≤0.15,降水没有明显增加现象；年降雨量(图 6-24、图 6-25)方面，安岳县在 2010 年和 2014 年的年降水量均在 900~1300mm。

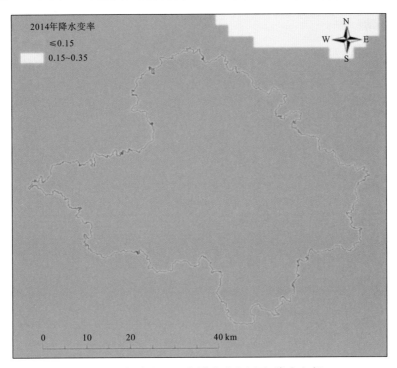

图 6-23　安岳县 2014 年洪水致灾因子(降水变率)

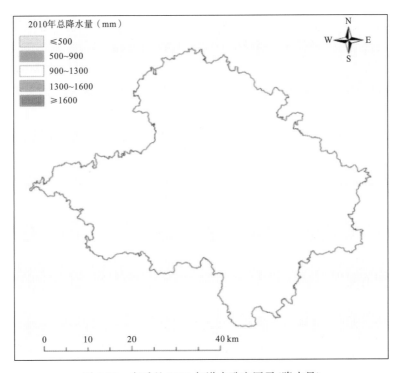

图 6-24　安岳县 2010 年洪水致灾因子(降水量)

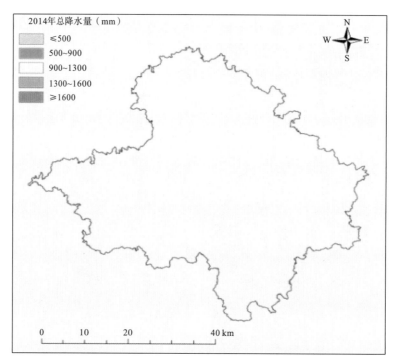

图 6-25 安岳县 2014 年洪水致灾因子(降雨量)

3)危险分区

通过层次分析法和专家经验打分,获得洪水灾害危险性计算过程中所涉及的孕灾环境因子和致灾因子的权重系数。通过 Arcgis 软件的栅格计算工具计算获得安岳县 2010 年和 2014 年 2 期洪水灾害危险分区结果,并利用灾史资料或专家经验进行修正,获得最终洪水危险性评价结果(图 6-26、图 6-27)。

将洪水危险性计算结果按照等级划分为:较轻、中等、较严重、严重和极其严重五类,由图 6-26、图 6-27 可知,安岳县在 2010 年和 2014 年洪水灾害危险性为较轻、中等和较严重三个等级。2010 年,安岳县境内大部分区域洪水危险性为中等,北部及西部河网密度较高的区域洪水危险性较严重;2014 年,安岳县境内洪水危险性较严重的区域较 2010 年有所减少。

3. 地震

由图 6-28、图 6-29 可以看出,安岳县 2010 年与 2014 年间地震动峰值加速度的空间分布格局稍有变化。2010 年,安岳县西部的地震动峰值加速度为 0.05g,其余大部分区域地震动峰值加速度 < 0.05g,地震的危害程度为无;2014 年,安岳县境内地震动峰值加速度有所增大,全县增至 0.05g,受地震的危害程度没有变化。

4. 地质灾害

1)孕灾环境因子

根据地质灾害的危害特征,将安岳县内的岩层性状划分为四类:软弱岩组、较软岩组、较硬岩组

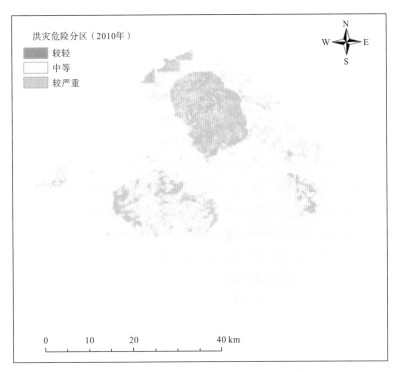

图 6-26　安岳县 2010 年洪水灾害危险性分区

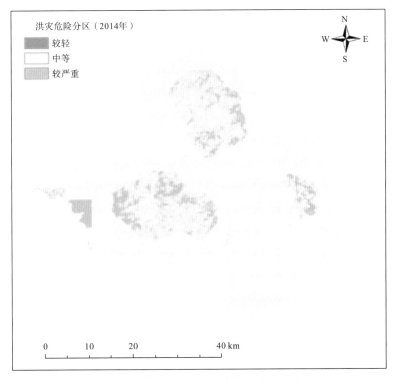

图 6-27　安岳县 2014 年洪水灾害危险性分区

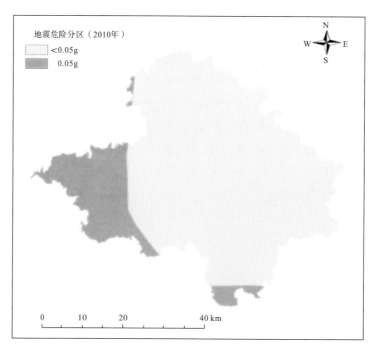

图 6-28　安岳县 2010 年地震动峰值加速度分区

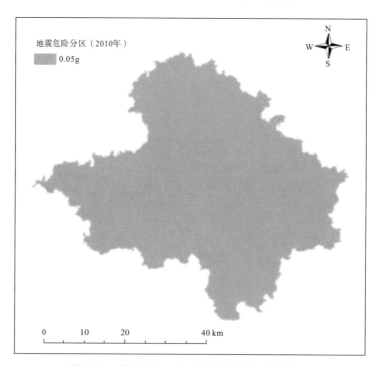

图 6-29　安岳县 2014 年地震动峰值加速度分区

和坚硬岩组。由图 6-30 可见，安岳县境内主要分布着较软岩组。根据安岳县的地形地貌，将地形坡度按照地灾危险性从低到高划分为≥55°、≤15°，15°～25°，25°～35°，35°～45°以及 45°～55°五个等级，由图 6-31 可知，安岳县大部分区域的地形坡度≤25°。

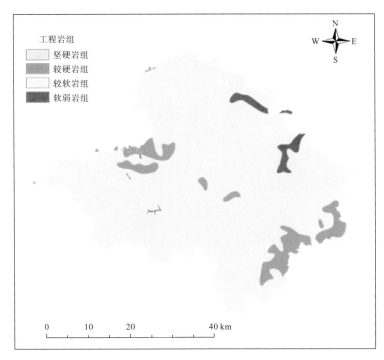

图 6-30 安岳县地灾孕灾环境因子(工程岩组)

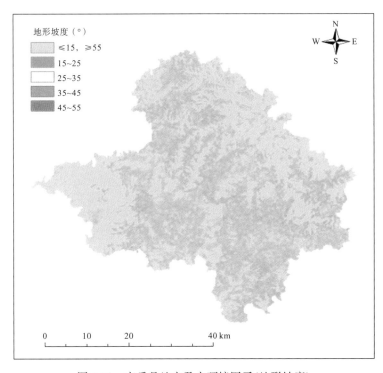

图 6-31 安岳县地灾孕灾环境因子(地形坡度)

由图 6-32 可知，安岳县整体地势较为平坦，按照地灾成灾危险性从低到高划分为：≤100m、100~300m 两个区间。

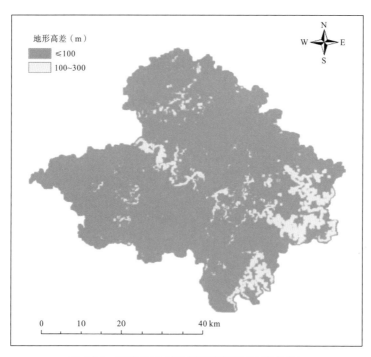

图 6-32　安岳县地灾孕灾环境因子(地形高差)

2)致灾因子

地质灾害危险性评价选取了 2 个致灾因子：地震动峰值加速度(PGA)和年降水量。从图 6-33、

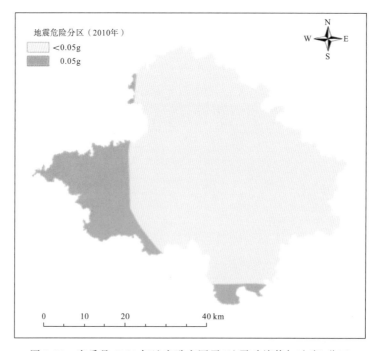

图 6-33　安岳县 2010 年地灾致灾因子(地震动峰值加速度)分区

图 6-34 可以看出，地震动峰值加速度分区有些许变化，2014 年安岳县境内的 PGA 为 0.05g，大部分区域 PGA 较 2010 年有所增加。由图 6-35、图 6-36 可知，安岳县 2010 年和 2014 年的降水量区间没有明显变化，为 900~1300mm。

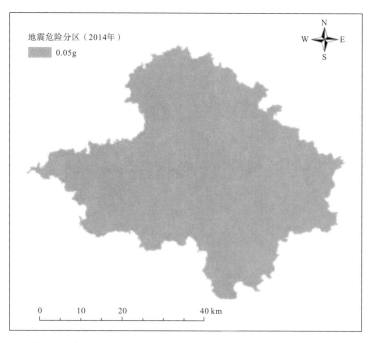

图 6-34 安岳县 2014 年地灾致灾因子(地震动峰值加速度)分区

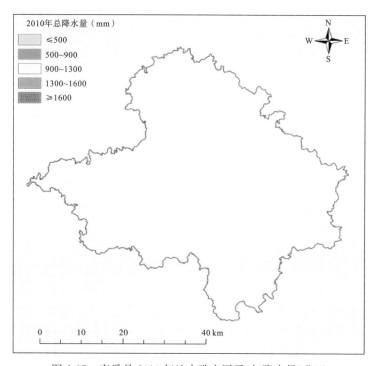

图 6-35 安岳县 2010 年地灾致灾因子(年降水量)分区

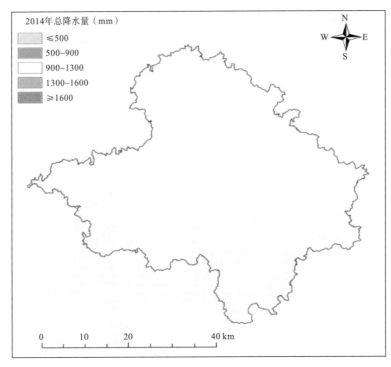

图 6-36　安岳县 2014 年地灾致灾因子(年降水量)分区

3）危险分区

通过层次分析法和专家经验打分，获得地质灾害危险性计算过程中所涉及的孕灾环境因子和致灾因子的权重系数。通过 Arcgis 软件的栅格计算工具计算获得安岳县 2010 年和 2014 年 2 期地质灾害危险分区结果，并利用灾史资料或专家经验进行修正，获得最终地质危险性评价结果(图 6-37、图 6-38）。

将地灾危险性计算结果按照等级划分为：较轻、中等、较严重、严重和极其严重五类，由图 6-37、图 6-38 可知，安岳县在 2010 和 2014 年境内大部分区域地灾危险性较轻。

5. 综合评价

采用最大值法作为综合分析的方法，评价干旱、洪水、地震以及地质灾害对安岳县的综合危险性进行评价。并将自然灾害危险性计算结果按照等级划分为：无影响、影响略大、影响较大、影响大和影响极大五类。

由图 6-39、图 6-40 可知，安岳县在 2010 年和 2014 年境内自然灾害危险性主要分为无影响、影响略大和影响较大三类。2010 年，安岳县境内大部分区域自然灾害影响略大，由于安岳县北部及西部河网密度较高的区域洪水危险性较高，导致该区域受自然灾害影响较大；2014 年，安岳县内受自然灾害影响较大的区域面积有所减少。从乡镇尺度来看，安岳县境内大部分区域地形坡度≤25°，安岳县境内大部分乡镇地势较为平坦，且受地灾影响较小，但由于部分区域河网密集分布，且降水充沛，时有暴雨发生，大部分乡镇受洪水影响较大，其中石桥铺镇、通贤镇、城北乡、来凤乡、天马乡、长河源乡和团结乡处于河网密集区，易受暴雨和极端降雨的影响。对安岳县 2010 年、2014 年各乡镇的自然灾害影响进行综合评价，结果如图 6-41、图 6-42。

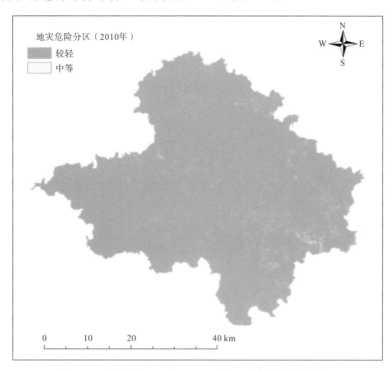

图 6-37　安岳县 2010 年、2014 年地质灾害危险性分区

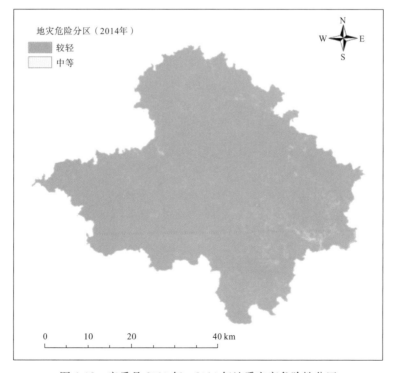

图 6-38　安岳县 2010 年、2014 年地质灾害危险性分区

图 6-39　安岳县 2010 年、2014 年自然灾害危险性分区

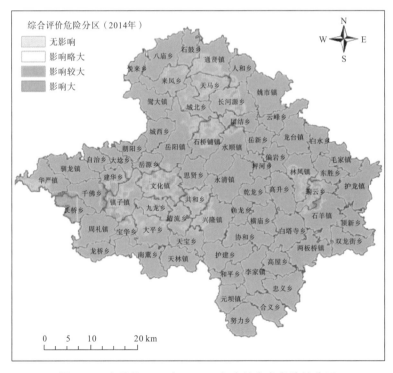

图 6-40　安岳县 2010 年、2014 年自然灾害危险性分区

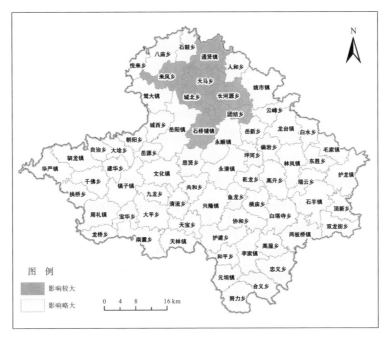

图 6-41　安岳县 2010 年自然灾害影响分级

图 6-42　安岳县 2014 年自然灾害影响分级

对安岳县各乡镇受自然灾害影响度进行综合评价发现，2010 年安岳县 69 个乡镇中 62 个乡镇受自然灾害影响度为影响略大，7 个乡镇为影响较大，包括石桥铺镇、通贤镇、城北乡、来凤乡、天马乡、长河源乡和团结乡；到 2014 年安岳县所有乡镇受自然灾害影响度均为影响略大，表明安岳县受自然灾害影响的情况有所改善。

6.2.2.3　林草地覆盖率

本节从行政单元对安岳县 2010 年、2014 年林草地覆盖变化情况进行统计分析。林草地覆盖空间分布如图 6-43、图 6-44。

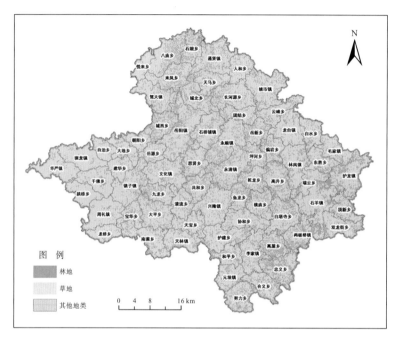

图 6-43　安岳县 2010 年林草地覆盖空间分布

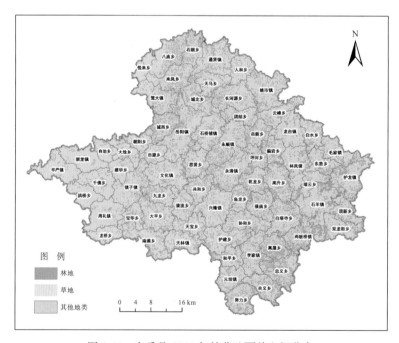

图 6-44　安岳县 2014 年林草地覆盖空间分布

通过对安岳县 2010 年、2014 年林地、草地、林草地类型面积及占比(表 6-6、图 6-45、表 6-7、图 6-46、表 6-8)分析发现,林草地面积分别为 406.47km² 和 407.9km²,占比分别为 15.11% 和 15.17%,总面积和空间分布基本不变;其中林地面积分别为 405.67km² 和 406.90km²,占比均约为 15%,各乡镇的林地资源基本保持稳定;草地面积分别为 0.79km² 和 1.08km²,占比分别为 0.3% 和 0.4%,表明草地资源较少;从各乡镇林草地覆盖率等级空间分布情况来看,2010 年 61 个乡镇的林草地覆盖是低度,8 个轻度,2014 年 60 个低度,9 个轻度,其中护龙镇由 2010 年的低度覆盖转变为 2014 年的轻度覆盖。

表 6-6　安岳县 2010 年、2014 年林地面积及占比

乡镇名	2010 年		2014 年		变化量(km²)
	林地面积(km²)	占比(%)	林地面积(km²)	占比(%)	
八庙乡	8.63	16.70	8.60	16.63	−0.04
白水乡	3.77	13.54	3.75	13.46	−0.02
白塔寺乡	8.77	17.77	8.92	18.07	0.15
宝华乡	3.55	15.37	3.58	15.50	0.03
朝阳乡	2.95	12.93	2.94	12.90	−0.01
城北乡	6.82	18.13	6.79	18.04	−0.03
城西乡	8.78	25.98	8.80	26.05	0.02
大埝乡	2.94	10.99	2.94	10.99	0.00
大平乡	7.18	14.63	7.23	14.73	0.05
顶新乡	4.63	15.26	4.60	15.17	−0.03
东胜乡	3.86	13.58	3.88	13.65	0.02
高升乡	8.15	19.32	8.23	19.51	0.08
高屋乡	8.85	28.90	8.85	28.90	0.00
拱桥乡	0.61	1.99	0.67	2.20	0.06
共和乡	5.18	17.04	5.22	17.17	0.04
合义乡	8.00	22.11	8.01	22.14	0.01
和平乡	5.93	22.52	5.96	22.63	0.03
横庙乡	6.51	19.09	6.63	19.44	0.12
护建乡	6.99	14.25	6.98	14.23	−0.01
护龙镇	11.76	19.96	11.86	20.15	0.11
华严镇	1.59	3.25	1.68	3.45	0.09
建华乡	1.68	6.99	1.70	7.08	0.02
九龙乡	4.60	16.67	4.61	16.70	0.01
来凤乡	7.50	17.17	7.58	17.34	0.07
李家镇	6.78	14.77	6.69	14.56	−0.09
两板桥镇	14.51	29.54	14.57	29.66	0.06
林凤镇	6.53	13.80	6.51	13.76	−0.02
龙桥乡	1.35	5.50	1.38	5.62	0.03
龙台镇	4.21	8.92	4.21	8.92	0.00
毛家镇	4.07	12.18	4.11	12.31	0.04
南薰乡	7.72	15.30	7.78	15.40	0.05

乡镇名	2010 年		2014 年		变化量（km²）
	林地面积（km²）	占比（%）	林地面积（km²）	占比（%）	
努力乡	8.17	20.59	8.20	20.67	0.03
偏岩乡	4.87	18.93	4.93	19.15	0.06
坪河乡	3.07	14.98	3.10	15.12	0.03
千佛乡	2.67	6.54	2.79	6.85	0.13
乾龙乡	5.33	17.98	5.41	18.27	0.08
清流乡	3.21	10.72	3.19	10.65	−0.02
人和乡	3.20	10.61	3.21	10.66	0.02
瑞云乡	4.68	16.90	4.70	16.99	0.03
石鼓乡	6.05	21.56	6.03	21.49	−0.02
石桥铺镇	7.84	16.14	7.17	14.75	−0.67
石羊镇	11.60	18.56	11.85	18.96	0.25
双龙街乡	5.77	15.40	5.83	15.55	0.06
思贤乡	6.23	17.34	6.28	17.47	0.05
天宝乡	3.76	12.18	3.79	12.29	0.03
天林镇	5.35	15.13	5.41	15.30	0.06
天马乡	5.52	16.64	5.52	16.65	0.00
通贤镇	9.31	15.74	9.27	15.67	−0.04
团结乡	3.66	13.49	3.63	13.37	0.03
文化镇	6.30	11.79	6.24	11.68	−0.06
协和乡	5.48	13.39	5.54	13.52	0.06
兴隆镇	6.44	11.19	6.47	11.23	0.02
驯龙镇	1.40	3.04	1.42	3.09	0.02
姚市镇	8.52	13.45	8.55	13.51	0.03
永清镇	11.19	18.30	11.31	18.48	0.11
永顺镇	8.95	15.61	8.96	15.63	0.01
鱼龙乡	4.29	18.96	4.32	19.10	0.03
鸳大镇	6.67	14.16	6.70	14.24	0.03
元坝镇	4.41	14.19	4.42	14.23	0.01
岳新乡	5.50	19.84	5.50	19.81	−0.01
岳阳镇	14.12	18.28	14.08	18.22	−0.05
岳源乡	2.23	10.31	2.20	10.17	−0.03
悦来乡	0.62	3.21	0.62	3.21	0.00
云峰乡	4.20	13.03	4.20	13.03	0.00
长河源乡	7.41	14.02	7.44	14.07	0.02
镇子镇	5.63	10.37	5.72	10.52	0.08
忠义乡	13.15	28.24	13.06	28.05	−0.09
周礼镇	2.42	4.74	2.56	5.00	0.13
自治乡	2.02	8.94	2.02	8.94	0.00
合计	405.67	15.08	406.90	15.13	1.23

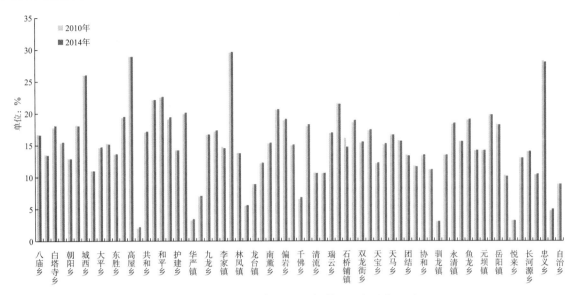

图 6-45　安岳县 2010 年、2014 年林地面积及占比对比

表 6-7　安岳县 2010 年、2014 年草地面积及占比

乡镇名	2010 年		2014 年		变化量（km²）
	草地面积（km²）	占比（%）	草地面积（km²）	占比（%）	
八庙乡	0.02	0.04	0.02	0.04	0.00
白水乡	0.00	0.00	0.00	0.00	0.00
白塔寺乡	0.00	0.00	0.00	0.00	0.00
宝华乡	0.00	0.00	0.00	0.00	0.00
朝阳乡	0.00	0.00	0.00	0.00	0.00
城北乡	0.01	0.03	0.03	0.09	0.02
城西乡	0.12	0.35	0.12	0.35	0.00
大埝乡	0.00	0.00	0.00	0.00	0.00
大平乡	0.00	0.00	0.00	0.00	0.00
顶新乡	0.09	0.30	0.09	0.30	0.00
东胜乡	0.00	0.00	0.00	0.00	0.00
高升乡	0.00	0.00	0.00	0.00	0.00
高屋乡	0.00	0.00	0.00	0.00	0.00
拱桥乡	0.00	0.00	0.00	0.00	0.00
共和乡	0.02	0.05	0.02	0.05	0.00
合义乡	0.00	0.00	0.00	0.00	0.00
和平乡	0.00	0.00	0.00	0.00	0.00
横庙乡	0.00	0.00	0.00	0.00	0.00
护建乡	0.00	0.00	0.00	0.00	0.00

续表

乡镇名	2010 年		2014 年		变化量（km²）
	草地面积（km²）	占比（%）	草地面积（km²）	占比（%）	
护龙镇	0.00	0.00	0.01	0.01	0.01
华严镇	0.01	0.02	0.01	0.02	0.00
建华乡	0.00	0.00	0.00	0.00	0.00
九龙乡	0.00	0.00	0.00	0.00	0.00
来凤乡	0.03	0.08	0.03	0.08	0.00
李家镇	0.00	0.00	0.00	0.00	0.00
两板桥镇	0.00	0.00	0.00	0.00	0.00
林凤镇	0.01	0.03	0.01	0.03	0.00
龙桥乡	0.01	0.03	0.01	0.03	0.00
龙台镇	0.01	0.02	0.01	0.02	0.00
毛家镇	0.00	0.00	0.00	0.00	0.00
南薰乡	0.00	0.00	0.00	0.00	0.00
努力乡	0.00	0.00	0.00	0.00	0.00
偏岩乡	0.02	0.07	0.05	0.19	0.03
坪河乡	0.02	0.08	0.02	0.08	0.00
千佛乡	0.00	0.00	0.00	0.00	0.00
乾龙乡	0.00	0.00	0.00	0.00	0.00
清流乡	0.00	0.00	0.00	0.00	0.00
人和乡	0.01	0.04	0.02	0.08	0.01
瑞云乡	0.01	0.04	0.01	0.04	0.00
石鼓乡	0.02	0.07	0.02	0.07	0.00
石桥铺镇	0.02	0.03	0.17	0.36	0.16
石羊镇	0.00	0.00	0.00	0.00	0.00
双龙街乡	0.00	0.01	0.00	0.01	0.00
思贤乡	0.01	0.02	0.01	0.02	0.00
天宝乡	0.00	0.00	0.00	0.00	0.00
天林镇	0.00	0.00	0.00	0.00	0.00
天马乡	0.02	0.05	0.02	0.05	0.00
通贤镇	0.01	0.01	0.01	0.01	0.00
团结乡	0.00	0.00	0.00	0.00	0.00
文化镇	0.00	0.00	0.01	0.01	0.01
协和乡	0.00	0.00	0.00	0.00	0.00
兴隆镇	0.03	0.06	0.04	0.07	0.01

续表

乡镇名	2010 年		2014 年		变化量(km²)
	草地面积(km²)	占比(%)	草地面积(km²)	占比(%)	
驯龙镇	0.01	0.02	0.01	0.02	0.00
姚市镇	0.08	0.13	0.08	0.13	0.00
永清镇	0.01	0.02	0.01	0.02	0.00
永顺镇	0.00	0.00	0.00	0.00	0.00
鱼龙乡	0.05	0.20	0.03	0.13	−0.02
鸳大镇	0.00	0.00	0.00	0.00	0.00
元坝镇	0.00	0.00	0.00	0.00	0.00
岳新乡	0.00	0.00	0.00	0.00	0.00
岳阳镇	0.10	0.14	0.15	0.19	0.04
岳源乡	0.01	0.04	0.01	0.04	0.00
悦来乡	0.03	0.15	0.00	0.00	−0.03
云峰乡	0.00	0.00	0.00	0.00	0.00
长河源乡	0.01	0.01	0.02	0.04	0.01
镇子镇	0.01	0.01	0.04	0.07	0.03
忠义乡	0.00	0.00	0.00	0.00	0.00
周礼镇	0.00	0.00	0.00	0.00	0.00
自治乡	0.00	0.00	0.00	0.00	0.00
合计	0.79	0.03	1.08	0.04	0.29

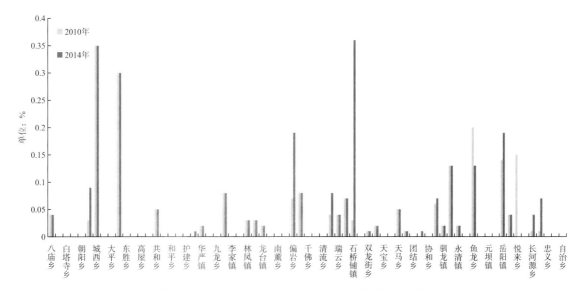

图 6-46　安岳县 2010 年、2014 年草地面积及占比对比

表 6-8　安岳县 2010 年、2014 年林草地面积及占比

乡镇名	2010 年			2014 年			变化量（km²）
	林草地面积（km²）	林草地占比（%）	分级	林草地面积（km²）	林草地占比（%）	分级	
八庙乡	8.65	16.74	0	8.62	16.67	0	−0.04
白水乡	3.77	13.54	0	3.75	13.46	0	−0.02
白塔寺乡	8.77	17.77	0	8.92	18.07	0	0.15
宝华乡	3.55	15.37	0	3.58	15.50	0	0.03
朝阳乡	2.95	12.93	0	2.94	12.90	0	−0.01
城北乡	6.83	18.16	0	6.82	18.13	0	−0.01
城西乡	8.90	26.33	1	8.92	26.40	1	0.02
大埝乡	2.94	10.99	0	2.94	10.99	0	0.00
大平乡	7.18	14.63	0	7.23	14.73	0	0.05
顶新乡	4.72	15.56	0	4.69	15.47	0	−0.03
东胜乡	3.86	13.58	0	3.88	13.65	0	0.02
高升乡	8.15	19.32	0	8.23	19.51	0	0.08
高屋乡	8.85	28.90	1	8.85	28.90	1	0.00
拱桥乡	0.61	1.99	0	0.67	2.20	0	0.06
共和乡	5.20	17.09	0	5.24	17.22	0	0.04
合义乡	8.00	22.11	1	8.01	22.14	1	0.01
和平乡	5.93	22.52	1	5.96	22.63	1	0.03
横庙乡	6.51	19.09	0	6.63	19.44	0	0.12
护建乡	6.99	14.25	0	6.98	14.23	0	−0.01
护龙镇	11.76	19.96	0	11.87	20.16	1	0.12
华严镇	1.60	3.28	0	1.69	3.47	0	0.09
建华乡	1.68	6.99	0	1.70	7.08	0	0.02
九龙乡	4.60	16.67	0	4.61	16.70	0	0.01
来凤乡	7.54	17.25	0	7.61	17.42	0	0.07
李家镇	6.78	14.77	0	6.69	14.56	0	−0.09
两板桥镇	14.51	29.54	1	14.57	29.66	1	0.06
林凤镇	6.54	13.82	0	6.53	13.79	0	−0.02
龙桥乡	1.35	5.53	0	1.38	5.65	0	0.03
龙台镇	4.22	8.94	0	4.22	8.94	0	0.00
毛家镇	4.07	12.18	0	4.11	12.31	0	0.04
南薰乡	7.72	15.30	0	7.78	15.40	0	0.05

续表

乡镇名	2010 年			2014 年			变化量(km²)
	林草地面积 (km²)	林草地占比 (%)	分级	林草地面积 (km²)	林草地占比 (%)	分级	
努力乡	8.17	20.59	1	8.20	20.67	1	0.03
偏岩乡	4.89	18.99	0	4.98	19.34	0	0.09
坪河乡	3.09	15.06	0	3.12	15.21	0	0.03
千佛乡	2.67	6.54	0	2.79	6.85	0	0.13
乾龙乡	5.33	17.98	0	5.41	18.27	0	0.08
清流乡	3.21	10.72	0	3.19	10.65	0	−0.02
人和乡	3.21	10.64	0	3.24	10.74	0	0.03
瑞云乡	4.69	16.94	0	4.71	17.03	0	0.03
石鼓乡	6.07	21.63	1	6.05	21.56	1	−0.02
石桥铺镇	7.86	16.17	0	7.34	15.11	0	−0.52
石羊镇	11.6	18.56	0	11.85	18.96	0	0.25
双龙街乡	5.77	15.41	0	5.83	15.56	0	0.06
思贤乡	6.24	17.35	0	6.29	17.49	0	0.05
天宝乡	3.76	12.18	0	3.79	12.29	0	0.03
天林镇	5.35	15.13	0	5.41	15.30	0	0.06
天马乡	5.54	16.69	0	5.54	16.70	0	0.00
通贤镇	9.32	15.75	0	9.28	15.69	0	−0.04
团结乡	3.66	13.49	0	3.63	13.37	0	−0.03
文化镇	6.30	11.79	0	6.25	11.70	0	−0.05
协和乡	5.48	13.39	0	5.54	13.52	0	0.06
兴隆镇	6.47	11.25	0	6.51	11.30	0	0.03
驯龙镇	1.41	3.06	0	1.43	3.11	0	0.02
姚市镇	8.60	13.58	0	8.63	13.63	0	0.03
永清镇	11.21	18.32	0	11.32	18.50	0	0.11
永顺镇	8.95	15.61	0	8.96	15.63	0	0.01
鱼龙乡	4.34	19.16	0	4.36	19.23	0	0.02
鸳大镇	6.67	14.16	0	6.70	14.24	0	0.03
元坝镇	4.41	14.19	0	4.42	14.23	0	0.01
岳新乡	5.50	19.84	0	5.50	19.81	0	−0.01
岳阳镇	14.23	18.41	0	14.23	18.41	0	0.00
岳源乡	2.24	10.34	0	2.21	10.21	0	−0.03

乡镇名	2010 年			2014 年			变化量(km²)
	林草地面积(km²)	林草地占比(%)	分级	林草地面积(km²)	林草地占比(%)	分级	
悦来乡	0.65	3.35	0	0.62	3.21	0	−0.03
云峰乡	4.20	13.03	0	4.20	13.03	0	0.00
长河源乡	7.42	14.04	0	7.45	14.10	0	0.03
镇子镇	5.64	10.38	0	5.75	10.59	0	0.11
忠义乡	13.15	28.24	1	13.06	28.05	1	−0.09
周礼镇	2.42	4.74	0	2.56	5.00	0	0.13
自治乡	2.02	8.94	0	2.02	8.94	0	0.00
合计	406.47	15.11	0	407.98	15.17	0	1.52

据以上数据统计分析出安岳县 2010 年、2014 年林草地覆盖率等级空间分布情况，如图 6-47、图 6-48 所示。

通过对安岳县林草地覆盖率进行监测发现：2010~2014 年，安岳县的林草地覆盖在总面积和空间分布上都保持较稳定状态，分布均匀，覆盖度较低。结合安岳县的实际情况可知，安岳县是农业大县，是全国较少的农产品主产区，耕地资源受保护度较高，林草地资源主要以森林资源和荒草地的形式分布在田间，故而林草地的覆盖度较小，空间分布的变化情况也较小。

图 6-47　安岳县 2010 年林草地覆盖率等级空间分布

图 6-48　安岳县 2014 年林草地覆盖率等级空间分布

6.2.3　社会经济

6.2.3.1　社会经济发展水平

利用 2010 年、2014 年统计年鉴统计出安岳县人口数据和生产总值 GDP，以此计算出安岳县 2010 年、2014 年的社会经济发展水平（表 6-9、图 6-49），统计分析发现人均 GDP 分别为 0.74 万元/人和 1.32 万元/人，增加了 0.58 万/人，增长率 78.38%，社会经济发展水平分别为 1.04 和 1.59，增加 0.55，增长率 52.88%，但仍属于落后地区；从安岳县各乡镇 2010 年、2014 年社会经济发展水平对比（图 6-49）可看出，经济发展水平相比 2010 年都有不同程度的提高，其中增长幅度最大的是岳阳镇，其次依次有龙台镇、李家镇、石羊镇、镇子镇和瑞云乡，经济发展水平由 2010 年的 2.35、1.98、1.64、1.70、1.31 和 1.56，分别提高到 4.01、3.40、2.81、2.84、2.21 和 2.32，其余各乡镇的增长幅度较小；从经济发展水平等级来看安岳县 69 个乡镇，2010 年极落后乡镇 54 个，落后乡镇 14 个，中等乡镇 1 个，2014 年极落后乡镇 14 个，落后乡镇 45 个，中等乡镇 10 个，经济发展水平等级有所提高。

表 6-9　安岳县 2010 年、2014 年社会经济发展水平统计

乡镇名	2010 年			2014 年			变化量
	人均 GDP（万元/人）	经济发展水平	等级	人均 GDP（万元/人）	经济发展水平	等级	
岳阳镇	1.68	2.35	2	3.08	4.01	2	1.66
石桥铺镇	0.96	1.34	1	1.65	2.15	2	0.80
通贤镇	0.83	1.16	1	1.59	2.07	2	0.91

乡镇名	2010 年			2014 年			变化量
	人均 GDP（万元/人）	经济发展水平	等级	人均 GDP（万元/人）	经济发展水平	等级	
姚市镇	0.58	0.81	0	1.02	1.23	1	0.41
林凤镇	0.98	1.37	1	1.72	2.06	2	0.69
毛家镇	0.48	0.67	0	0.82	0.99	0	0.31
永清镇	0.56	0.79	0	1.00	1.20	1	0.41
永顺镇	0.51	0.72	0	0.88	1.05	1	0.34
石羊镇	1.21	1.70	1	2.19	2.84	2	1.14
两板桥镇	0.57	0.80	0	0.97	1.17	1	0.36
护龙镇	0.51	0.71	0	0.86	1.03	1	0.32
李家镇	1.17	1.64	1	2.16	2.81	2	1.17
元坝镇	0.80	1.12	1	1.41	1.69	1	0.57
兴隆镇	0.83	1.16	1	1.51	1.81	1	0.64
天林镇	0.52	0.73	0	0.91	1.09	1	0.36
镇子镇	0.93	1.31	1	1.70	2.21	2	0.90
文化镇	0.72	1.00	0	1.20	1.44	1	0.44
周礼镇	0.81	1.14	1	1.45	1.74	1	0.60
驯龙镇	0.95	1.33	1	1.74	2.09	2	0.75
华严镇	0.62	0.87	0	1.08	1.30	1	0.43
城北乡	0.62	0.87	0	1.06	1.27	1	0.40
城西乡	0.64	0.90	0	1.09	1.30	1	0.40
思贤乡	0.57	0.80	0	0.99	1.19	1	0.39
石鼓乡	0.53	0.74	0	0.94	1.12	1	0.39
八庙乡	0.47	0.66	0	0.85	1.02	1	0.35
来凤乡	0.51	0.72	0	0.90	1.08	1	0.36
天马乡	0.47	0.66	0	0.82	0.98	0	0.32
人和乡	0.62	0.87	0	1.09	1.30	1	0.43
长河源乡	0.64	0.89	0	1.10	1.32	1	0.42
团结乡	0.55	0.77	0	0.93	1.11	1	0.34
悦来乡	0.59	0.82	0	1.02	1.22	1	0.40
白水乡	0.42	0.58	0	0.69	0.83	0	0.25
云峰乡	0.61	0.86	0	1.05	1.26	1	0.40
岳新乡	0.57	0.79	0	0.95	1.14	1	0.35
偏岩乡	0.68	0.95	0	1.15	1.37	1	0.43
东胜乡	0.57	0.79	0	0.95	1.14	1	0.35
坪河乡	0.55	0.77	0	0.94	1.13	1	0.36
乾龙乡	0.54	0.76	0	0.93	1.12	1	0.36

乡镇名	2010 年			2014 年			变化量
	人均 GDP（万元/人）	经济发展水平	等级	人均 GDP（万元/人）	经济发展水平	等级	
高升乡	0.45	0.62	0	0.77	0.93	0	0.30
横庙乡	0.48	0.67	0	0.83	0.99	0	0.32
瑞云乡	1.11	1.56	1	1.94	2.32	2	0.77
白塔寺乡	0.51	0.72	0	0.86	1.03	1	0.31
双龙街乡	0.56	0.78	0	0.96	1.15	1	0.36
顶新乡	0.53	0.75	0	0.93	1.11	1	0.36
和平乡	0.44	0.62	0	0.77	0.93	0	0.31
高屋乡	0.42	0.58	0	0.70	0.84	0	0.25
忠义乡	0.43	0.60	0	0.74	0.89	0	0.29
合义乡	0.43	0.60	0	0.77	0.93	0	0.32
努力乡	0.42	0.58	0	0.72	0.87	0	0.28
清流乡	0.69	0.96	0	1.19	1.43	1	0.47
共和乡	0.56	0.78	0	0.97	1.17	1	0.38
天宝乡	0.45	0.62	0	0.78	0.94	0	0.31
协和乡	0.60	0.84	0	1.01	1.22	1	0.38
鱼龙乡	0.72	1.01	1	1.23	1.47	1	0.47
建华乡	0.61	0.85	0	1.05	1.26	1	0.41
大平乡	0.45	0.64	0	0.79	0.95	0	0.31
九龙乡	0.57	0.80	0	0.98	1.18	1	0.38
岳源乡	0.71	0.99	0	1.20	1.44	1	0.45
龙桥乡	0.36	0.50	0	0.62	0.74	0	0.24
千佛乡	0.54	0.75	0	0.95	1.13	1	0.38
拱桥乡	0.49	0.68	0	0.85	1.02	1	0.34
宝华乡	0.63	0.89	0	1.08	1.29	1	0.41
南薰乡	0.52	0.73	0	0.89	1.07	1	0.34
自治乡	0.61	0.86	0	1.09	1.31	1	0.45
大埝乡	0.76	1.06	1	1.37	1.64	1	0.58
朝阳乡	0.56	0.79	0	0.99	1.19	1	0.40
鸳大镇	0.54	0.76	0	0.97	1.17	1	0.41
龙台镇	1.42	1.98	1	2.62	3.40	2	1.42
护建乡	0.35	0.49	0	0.60	0.72	0	0.23
合计	0.74	1.04	1	1.32	1.59	1	0.55

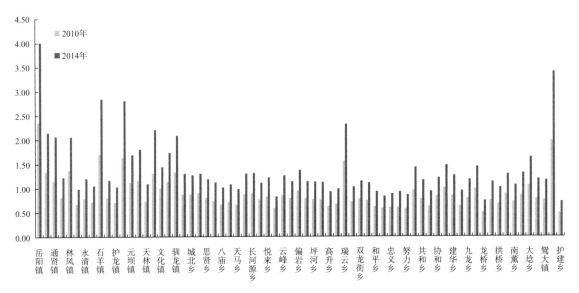

图 6-49　安岳县 2010 年、2014 年社会经济发展水平对比

据以上数据统计分析出安岳县 2010 年、2014 年社会经济发展水平等级空间分布情况，如图 6-50、图 6-51 所示。

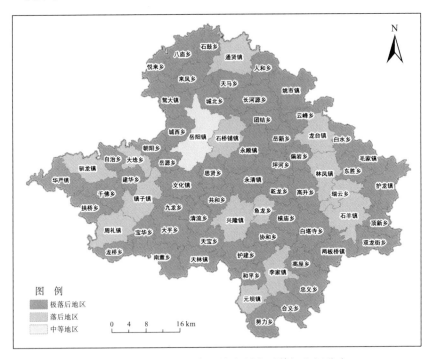

图 6-50　安岳县 2010 年经济发展水平等级空间分布

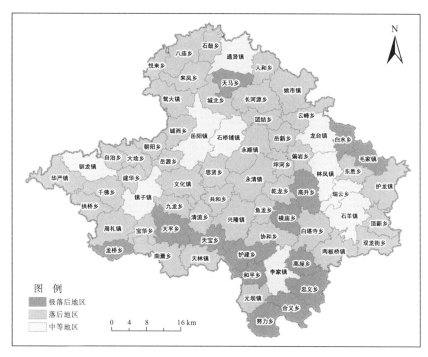

图 6-51　安岳县 2014 年经济发展水平等级空间分布

通过对安岳县经济发展水平进行监测发现：2010~2014 年，安岳县各乡镇的经济发展水平有较大提高，极落后乡镇由 2010 年的 54 个减少到 2014 年的 14 个，落后乡镇从 14 个增加到 45 个，中等乡镇从 1 个增加到 10 个，其中岳阳镇的经济发展水平明显提高，分析其原因发现岳阳镇是安岳县城所在地，是全县政治、经济和文化中心。结合安岳县的实际情况分析，安岳县经济水平的提高与其农业的发展有着重要联系。同时，安岳县成功创建国家级柠檬出口质量安全示范区，通过持续放大"中国柠檬之都"的品牌效应，引领川东地区现代化农业的发展，加快推进全面实施农业现代化，再加上安岳的气候温和，四季分明，光照充足，雨量适度，交通较为发达，促进了安岳县经济的快速、稳定发展。但是安岳县目前仍处于经济发展水平落后地区，在未来的发展中，仍需统筹规划，积极发展安岳县的优势产业，进一步促进经济发展水平的提高。

6.2.3.2　人口聚集度

通过对安岳县 2010 年、2014 年人口进行统计分析发现（表 6-10、图 6-52），安岳县人口分别为1595436 人和 1625875 人，增加了 30439 人，增长率仅 1.9%，人口聚集度分别为 836.19 和725.38，降低了 110.81，表明安岳县的人口聚集情况有所降低，但安岳县仍属于人口高度密集区；从各乡镇的人口聚集度对比可看出，两年中岳阳镇的人口聚集度最高，且明显高于其他乡镇，其次是龙台镇和石羊镇；从人口聚集度的增长情况来看，安岳县 69 个乡镇中，人口聚集度增加的乡镇有 46 个，减少的乡镇有 23 个，且增长幅度呈现出不规律现象，表明近几年安岳县的人口流动性较大。

表 6-10　安岳县 2010 年、2014 年人口聚集度统计

乡镇名称	乡镇面积（km²）	2010 年			2014 年			变化量
		总人口（人）	人口聚集度	分级	总人口（人）	人口聚集度	分级	
岳阳镇	77.26	113638	1764.96	0	121717	2205.51	0	440.55
石桥铺镇	48.58	29001	477.60	0	31229	900.01	0	422.41
通贤镇	59.14	39420	533.28	0	39067	924.88	0	391.60
姚市镇	63.29	34852	440.52	0	35700	789.67	0	349.15
林凤镇	47.33	31857	807.65	0	32651	965.75	0	158.10
毛家镇	33.42	17313	414.48	0	17797	639.10	0	224.62
永清镇	61.18	35906	469.52	0	36703	479.94	0	10.42
永顺镇	57.35	29374	409.75	0	30197	737.15	0	327.40
石羊镇	62.51	48625	1089.05	0	50644	972.23	0	−116.82
两板桥镇	49.12	26786	981.58	0	27391	892.22	0	−89.36
护龙镇	58.89	30543	622.40	0	31268	637.17	0	14.77
李家镇	45.93	31308	954.21	0	31888	833.05	0	−121.16
元坝镇	31.08	18790	725.52	0	18709	481.60	0	−243.92
兴隆镇	57.57	35380	737.46	0	36278	882.21	0	144.75
天林镇	35.38	20288	802.90	0	20216	457.17	0	−345.73
镇子镇	54.32	34011	751.34	0	34347	885.22	0	133.88
文化镇	53.44	28956	433.44	0	30440	797.39	0	363.95
周礼镇	51.11	36741	575.13	0	38142	895.60	0	320.47
驯龙镇	45.91	32221	561.43	0	31759	830.07	0	268.64
华严镇	48.81	28421	698.73	0	28103	460.61	0	−238.12
城北乡	37.62	21423	455.59	0	22168	825.00	0	369.41
城西乡	33.79	13461	318.70	0	13780	570.94	0	252.24
思贤乡	35.94	19468	433.36	0	19778	660.39	0	227.03
石鼓乡	28.07	14499	723.12	0	14013	399.36	0	−323.76
八庙乡	51.70	27529	639.01	0	27445	637.06	0	−1.95
来凤乡	43.68	20588	377.03	0	20755	570.14	0	193.11
天马乡	33.18	18234	659.39	0	18384	664.81	0	5.42
人和乡	30.12	14559	386.65	0	14615	679.25	0	292.60
长河源乡	52.86	26955	407.97	0	27465	623.53	0	215.56
团结乡	27.14	13766	608.70	0	13996	618.87	0	10.17
悦来乡	19.37	8538	352.65	0	8468	524.64	0	171.99
白水乡	27.87	16350	469.24	0	17043	855.98	0	386.74

乡镇名称	乡镇面积（km²）	2010 年			2014 年			变化量
		总人口（人）	人口聚集度	分级	总人口（人）	人口聚集度	分级	
云峰乡	32.22	17180	426.51	0	17606	764.90	0	338.39
岳新乡	27.74	16022	808.47	0	16541	715.43	0	−93.04
偏岩乡	25.74	14651	455.27	0	15124	822.45	0	367.18
东胜乡	28.43	15364	756.46	0	15869	781.32	0	24.86
坪河乡	20.51	9997	389.87	0	10119	394.63	0	4.76
乾龙乡	29.64	16504	445.45	0	16611	448.34	0	2.89
高升乡	42.18	24637	467.29	0	24772	469.85	0	2.56
横庙乡	34.12	18776	440.23	0	19081	447.38	0	7.15
瑞云乡	27.67	17978	909.66	0	18235	790.86	0	−118.80
白塔寺乡	49.36	27697	448.91	0	28642	464.22	0	15.31
双龙街乡	37.47	20863	890.99	0	21129	451.17	0	−439.82
顶新乡	30.34	16385	756.04	0	16565	436.77	0	−319.27
和平乡	26.35	13166	699.48	0	12940	589.27	0	−110.21
高屋乡	30.63	16161	949.78	0	16585	649.80	0	−299.98
忠义乡	46.58	25155	432.07	0	25249	433.69	0	1.62
合义乡	36.17	19392	428.87	0	18953	419.16	0	−9.71
努力乡	39.67	18907	571.90	0	18897	571.60	0	−0.30
清流乡	29.91	15662	732.98	0	16103	645.96	0	−87.02
共和乡	30.43	16093	423.12	0	16094	423.15	0	0.03
天宝乡	30.84	16298	634.15	0	16260	421.78	0	−212.37
协和乡	40.93	21710	424.30	0	22220	651.40	0	227.10
鱼龙乡	22.65	9957	351.70	0	10174	539.05	0	187.35
建华乡	23.99	12980	757.37	0	13026	651.48	0	−105.89
大平乡	49.11	25770	629.75	0	25506	415.53	0	−214.22
九龙乡	27.61	13079	663.24	0	13018	377.22	0	−286.02
岳源乡	21.64	10746	397.27	0	10949	607.17	0	209.90
龙桥乡	24.46	15355	502.29	0	15640	767.42	0	265.13
千佛乡	40.77	23709	697.75	0	23716	697.96	0	0.21
拱桥乡	30.53	16953	888.40	0	16836	771.98	0	−116.42
宝华乡	23.11	11858	410.44	0	11940	619.92	0	209.48
南薰乡	50.50	26532	420.35	0	27077	643.47	0	223.12
自治乡	22.57	12259	434.47	0	12095	642.98	0	208.51

乡镇名称	乡镇面积（km²）	2010 年			2014 年			变化量
		总人口（人）	人口聚集度	分级	总人口（人）	人口聚集度	分级	
大埝乡	26.72	13186	394.82	0	12884	385.77	0	−9.05
朝阳乡	22.80	11065	388.18	0	11065	582.27	0	194.09
鸳大镇	47.06	23175	689.37	0	23085	588.59	0	−100.78
龙台镇	47.21	43240	1282.35	0	44684	1325.18	0	42.83
护建乡	49.03	28173	804.40	0	28429	695.75	0	−108.65
合计	2689.68	1595436	836.19	0	1625875	725.38	0	250.83

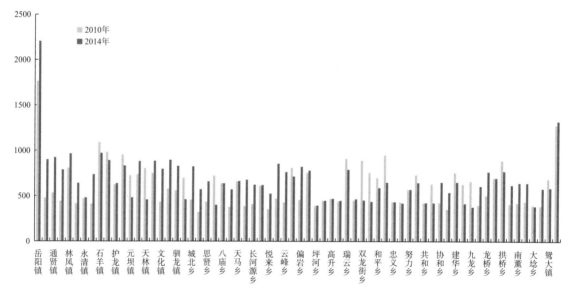

图 6-52　安岳县 2010 年、2014 年人口聚集度对比

　　通过对安岳县的人口聚集度进行监测发现：安岳县 2010 年、2014 年的人口聚集度分别为 836.19 和 725.38，降低了 110.81，表明安岳县的人口聚集情况有所降低，分析其原因发现，一方面相比于 2010 年，2014 年安岳县的人口增加较少，另一方面 2014 年安岳县的人口增长率低于 2010 年，致使 2014 年安岳县的人口聚集度低于 2010 年，但是安岳县及各乡镇仍属于人口高度密集区；从各乡镇来看，2010~2014 年安岳县的人口波动性较大，有 46 个乡镇的人口聚集度增加，23 个乡镇的人口聚集度减小，增长幅度呈现不规律现象，但是岳阳镇作为安岳县县政府所在地，人口聚集度最高，且有较大幅度的增长。结合安岳县实际情况发现，岳阳镇是安岳县城所在地，是全县政治、经济和文化中心，更是经济发展水平最高的乡镇，各种优越的条件使其也成为人口聚集度最高的乡镇。总体来说，安岳县人口众多且密集，是全国不多的人口过百万的县，属于典型的农业、人口大县。安岳县人口分布密集，这与其优越的自然条件有很大关系，再加上安岳县气候温和，适宜居住，交通便捷，成为人口聚集度高的重要因素。另外，2010 年安岳县全县转移输出农村富余劳动力 49 万人，这是导致安岳县乡镇人口聚集度减少的重要原因。

6.2.3.3　交通网络密度

通过计算 2010 年、2014 年安岳县的交通网络密度(表 6-11、图 6-53)发现，安岳县道路通车里程分别为 6114.65km 和 7026.57km，增加了 911.92km，增长率 14.91%，均属于交通网络高密度区；从各乡镇来看，相比于 2010 年，2014 年安岳县各乡镇的道路通车里程均有不同程度的增加，交通网络发达水平提高，其中 2010 年安岳县各乡镇交通网络密度最小的是太平乡 1.42km/km²，最大的是岳新乡 3.39km/km²；2014 年交通网络密度最小的仍是太平乡 1.55km/km²，最大的是偏岩乡 3.70km/km²，其次较高的依次有岳新乡、岳源乡、石鼓乡、双龙街乡和林凤镇。

表 6-11　安岳县 2010 年、2014 年交通网络密度统计

乡镇名	2010 年			2014 年			变化量
	通车里程	交通网络密度	分级	通车里程	交通网络密度	分级	
岳阳镇	170.40	2.21	4	193.69	2.51	4	23.29
石桥铺镇	89.49	1.84	4	125.97	2.59	4	36.48
通贤镇	162.97	2.76	4	176.26	2.98	4	13.29
姚市镇	126.81	2.00	4	155.76	2.46	4	28.95
林凤镇	142.51	3.01	4	153.16	3.24	4	10.65
毛家镇	63.97	1.91	4	86.74	2.60	4	22.77
永清镇	146.55	2.40	4	166.27	2.72	4	19.72
永顺镇	136.68	2.38	4	154.19	2.69	4	17.51
石羊镇	135.26	2.16	4	161.44	2.58	4	26.18
两板桥镇	105.29	2.14	4	116.66	2.38	4	11.37
护龙镇	116.21	1.97	4	122.10	2.07	4	5.89
李家镇	109.86	2.39	4	122.53	2.67	4	12.67
元坝镇	70.83	2.28	4	71.00	2.28	4	0.17
兴隆镇	127.98	2.22	4	127.98	2.22	4	0.00
天林镇	84.66	2.39	4	87.22	2.47	4	2.56
镇子镇	129.40	2.38	4	143.45	2.64	4	14.05
文化镇	111.39	2.08	4	119.63	2.24	4	8.24
周礼镇	125.90	2.46	4	137.43	2.69	4	11.53
驯龙镇	105.21	2.29	4	114.65	2.50	4	9.44
华严镇	99.15	2.03	4	111.50	2.28	4	12.35
城北乡	104.92	2.79	4	110.53	2.94	4	5.61
城西乡	83.93	2.48	4	95.50	2.83	4	11.57
思贤乡	81.08	2.26	4	83.75	2.33	4	2.67
石鼓乡	76.25	2.72	4	94.50	3.37	4	18.25

乡镇名	2010 年			2014 年			变化量
	通车里程	交通网络密度	分级	通车里程	交通网络密度	分级	
八庙乡	112.61	2.18	4	135.21	2.62	4	22.60
来凤乡	100.26	2.30	4	126.16	2.89	4	25.90
天马乡	88.95	2.68	4	104.79	3.16	4	15.84
人和乡	69.25	2.30	4	88.79	2.95	4	19.54
长河源乡	121.31	2.30	4	156.00	2.95	4	34.69
团结乡	64.91	2.39	4	82.20	3.03	4	17.29
悦来乡	41.68	2.15	4	49.20	2.54	4	7.52
白水乡	73.14	2.62	4	87.89	3.15	4	14.75
云峰乡	87.95	2.73	4	104.96	3.26	4	17.01
岳新乡	94.01	3.39	4	98.09	3.54	4	4.08
偏岩乡	77.58	3.01	4	95.26	3.70	4	17.68
东胜乡	77.22	2.72	4	93.81	3.30	4	16.59
坪河乡	58.96	2.87	4	64.55	3.15	4	5.59
乾龙乡	65.60	2.21	4	78.67	2.65	4	13.07
高升乡	86.82	2.06	4	111.19	2.64	4	24.37
横庙乡	73.48	2.15	4	77.02	2.26	4	3.54
瑞云乡	61.47	2.22	4	72.55	2.62	4	11.08
白塔寺乡	101.66	2.06	4	123.90	2.51	4	22.24
双龙街乡	108.92	2.91	4	122.62	3.27	4	13.70
顶新乡	71.42	2.35	4	85.23	2.81	4	13.81
和平乡	50.76	1.93	4	65.06	2.47	4	14.30
高屋乡	69.10	2.26	4	69.10	2.26	4	0.00
忠义乡	89.05	1.91	4	114.95	2.47	4	25.90
合义乡	78.59	2.17	4	94.95	2.62	4	16.36
努力乡	95.83	2.42	4	100.70	2.54	4	4.87
清流乡	45.18	1.51	4	47.70	1.59	4	2.52
共和乡	53.55	1.76	4	59.83	1.97	4	6.28
天宝乡	66.69	2.16	4	74.57	2.42	4	7.88
协和乡	84.49	2.06	4	100.28	2.45	4	15.79
鱼龙乡	47.02	2.08	4	47.61	2.10	4	0.59
建华乡	47.65	1.99	4	58.20	2.43	4	10.55
大平乡	69.76	1.42	4	76.13	1.55	4	6.37

续表

乡镇名	2010 年			2014 年			变化量
	通车里程	交通网络密度	分级	通车里程	交通网络密度	分级	
九龙乡	54.48	1.97	4	57.69	2.09	4	3.21
岳源乡	62.77	2.90	4	73.02	3.37	4	10.25
龙桥乡	54.29	2.22	4	64.86	2.65	4	10.57
千佛乡	87.11	2.14	4	100.27	2.46	4	13.16
拱桥乡	60.45	1.98	4	73.48	2.41	4	13.03
宝华乡	47.02	2.03	4	51.86	2.24	4	4.84
南薰乡	101.93	2.02	4	113.97	2.26	4	12.04
自治乡	51.55	2.28	4	67.34	2.98	4	15.79
大埝乡	70.62	2.64	4	80.34	3.01	4	9.72
朝阳乡	48.86	2.14	4	58.27	2.56	4	9.41
鸳大镇	98.95	2.10	4	112.65	2.39	4	13.70
龙台镇	139.06	2.95	4	157.27	3.33	4	18.21
护建乡	95.99	1.96	4	116.47	2.38	4	20.48
合计	6114.65	2.27	4	7026.57	2.61	4	911.92

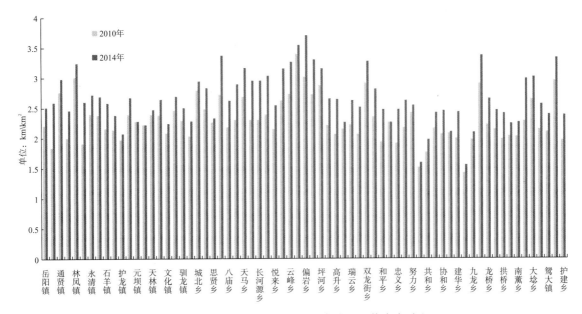

图 6-53 安岳县 2010 年、2014 年交通网络密度对比

通过对安岳县交通网络密度分析发现：2010～2014 年，安岳县的交通网络密度均属于高密度区，交通发达水平提高。结合安岳县的实际情况分析发现，近年来，安岳县突出交通基础设施建设，坚持变交通节点为交通枢纽，加速构建"成渝中部区域性次级交通枢纽"，"联结双核"，"承接

成渝"的交通区位优势正逐步凸显，县内"半小时"，成渝"1小时"快速交通路网正在加快构建。始终坚持把"建设大通道、打通中通道、推进一体化"作为交通工作的重点。安岳位于成渝经济区腹心，公路密布城乡，客货运输四通八达。国道319、省道206及建设中的内资遂高速公路、成安渝高速公路和规划建设的资安潼广高速公路等交通要道穿境而过，使安岳处于成都、重庆1小时经济圈，内江、遂宁半小时经济圈内。这些都使得安岳县交通发展越加快速。

6.2.4　专题指标

6.2.4.1　耕地保护

本节从行政单元对安岳县2010年、2014年的耕地资源进行提取和统计分析，得到安岳县2010年、2014年各乡镇耕地资源的空间分布及其变化结果，如图6-54、图6-55和图6-56所示。

通过对安岳县及各乡镇2010年、2014年的耕地资源面积及其安全指数（表6-12、图6-57）进行统计分析发现，2010年安岳县耕地资源面积为2169.10km²，2014年为2149.14km²，耕地面积减少19.96km²，减少率0.23%，耕地资源较均匀地分布于全县内，且面积保持较稳定状态；2010年、2014年安岳县的耕地安全指数分别为1.46和1.44，减少了0.02，稍有减小，但耕地资源的安全性仍属于安全；通过计算安岳县各乡镇的耕地安全指数发现，2010年安岳县64个乡镇耕地资源属于安全状态，5个乡镇属于较安全状态，到2014年61个乡镇属于安全状态，7个乡镇较安全，1个属于适度状态，安全指数有所减小；从2010年、2014年耕地安全指数分级图对比可看出石桥铺镇、岳新乡、龙台镇的耕地资源出现相对减少现象，耕地资源安全指数变小，且耕地的安全程度减低，其他乡镇保持稳定。

图6-54　安岳县2010年耕地资源空间分布

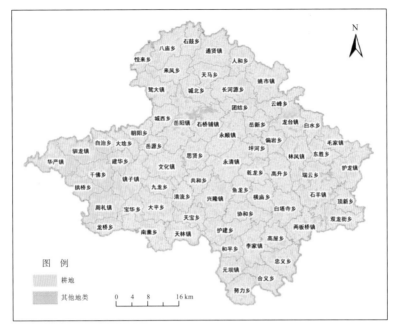

图 6-55　安岳县 2014 年耕地资源空间分布

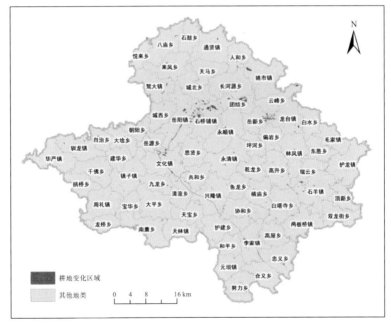

图 6-56　安岳县 2010 年、2014 年耕地资源动态变化区域空间分布

表 6-12　安岳县 2010 年、2014 年各乡镇耕地面积及其安全指数

乡镇名	乡镇面积 (km²)	最小耕地面积 (km²)	2010 年			2014 年		
			耕地面积 (km²)	耕地安全指数	等级	耕地面积 (km²)	耕地安全指数	等级
八庙乡	51.70	28.64	38.99	1.36	4	38.81	1.36	4
白水乡	27.87	15.44	21.44	1.39	4	21.46	1.39	4
白塔寺乡	49.36	27.34	39.93	1.46	4	39.74	1.45	4
宝华乡	23.11	12.80	19.25	1.50	4	19.22	1.50	4
朝阳乡	22.80	12.63	17.99	1.42	4	17.66	1.40	4
城北乡	37.62	20.84	29.59	1.42	4	29.41	1.41	4
城西乡	33.79	18.72	24.47	1.31	4	24.40	1.30	3
大埝乡	26.72	14.80	23.11	1.56	4	23.07	1.56	4
大平乡	49.11	27.20	40.95	1.51	4	40.88	1.50	4
顶新乡	30.34	16.81	24.98	1.49	4	25.00	1.49	4
东胜乡	28.43	15.75	23.93	1.52	4	23.81	1.51	4
高升乡	42.18	23.36	33.25	1.42	4	33.02	1.41	4
高屋乡	30.63	16.96	20.77	1.22	3	20.76	1.22	3
拱桥乡	30.53	16.91	29.39	1.74	4	29.32	1.73	4
共和乡	30.43	16.85	24.74	1.47	4	24.58	1.46	4
合义乡	36.17	20.04	27.96	1.40	4	27.92	1.39	4
和平乡	26.35	14.60	20.24	1.39	4	20.22	1.39	4
横庙乡	34.12	18.90	27.23	1.44	4	27.04	1.43	4
护建乡	49.03	27.16	41.32	1.52	4	41.02	1.51	4
护龙镇	58.89	32.62	44.99	1.38	4	44.87	1.38	4
华严镇	48.81	27.04	46.12	1.71	4	46.02	1.70	4
建华乡	23.99	13.29	21.43	1.61	4	21.39	1.61	4
九龙乡	27.61	15.29	22.19	1.45	4	22.14	1.45	4
来风乡	43.68	24.20	34.51	1.43	4	34.34	1.42	4
李家镇	45.93	25.44	37.66	1.48	4	37.13	1.46	4
两板桥镇	49.12	27.21	34.00	1.25	3	33.94	1.25	3
林凤镇	47.33	26.22	35.92	1.37	4	35.79	1.37	4
龙桥乡	24.46	13.55	22.67	1.67	4	22.64	1.67	4
龙台镇	47.21	26.15	29.13	1.11	3	28.24	1.08	2

续表

乡镇名	乡镇面积 （km²）	最小耕 地面积 （km²）	2010 年			2014 年		
			耕地面积 （km²）	耕地安 全指数	等级	耕地面积 （km²）	耕地安 全指数	等级
毛家镇	33.42	18.51	28.35	1.53	4	28.26	1.53	4
南薰乡	50.50	27.97	41.88	1.50	4	41.83	1.50	4
努力乡	39.67	21.97	31.38	1.43	4	31.31	1.42	4
偏岩乡	25.74	14.26	19.20	1.35	4	19.11	1.34	4
坪河乡	20.51	11.36	16.61	1.46	4	16.54	1.46	4
千佛乡	40.77	22.59	37.39	1.66	4	37.26	1.65	4
乾龙乡	29.64	16.42	22.57	1.37	4	22.48	1.37	4
清流乡	29.91	16.57	26.29	1.59	4	25.92	1.56	4
人和乡	30.12	16.69	25.48	1.53	4	25.06	1.50	4
瑞云乡	27.67	15.33	21.39	1.40	4	21.18	1.38	4
石鼓乡	28.07	15.55	21.42	1.38	4	21.43	1.38	4
石桥铺镇	48.58	26.91	35.41	1.32	4	32.65	1.21	3
石羊镇	62.51	34.62	46.42	1.34	4	45.86	1.32	4
双龙街乡	37.47	20.75	31.22	1.50	4	31.12	1.50	4
思贤乡	35.94	19.91	27.8	1.40	4	27.68	1.39	4
天宝乡	30.84	17.08	26.86	1.57	4	26.81	1.57	4
天林镇	35.38	19.59	29.04	1.48	4	28.96	1.48	4
天马乡	33.18	18.38	26.68	1.45	4	26.67	1.45	4
通贤镇	59.14	32.76	47.74	1.46	4	47.52	1.45	4
团结乡	27.14	15.03	22.68	1.51	4	21.58	1.44	4
文化镇	53.44	29.60	45.12	1.52	4	43.52	1.47	4
协和乡	40.93	22.67	34.96	1.54	4	34.72	1.53	4
兴隆镇	57.57	31.89	49.38	1.55	4	48.65	1.53	4
驯龙镇	45.91	25.43	42.73	1.68	4	42.58	1.67	4
姚市镇	63.29	35.06	51.54	1.47	4	50.94	1.45	4
永清镇	61.18	33.89	48.57	1.43	4	48.26	1.42	4
永顺镇	57.35	31.77	45.87	1.44	4	45.54	1.43	4
鱼龙乡	22.65	12.55	17.99	1.43	4	17.90	1.43	4
鸳大镇	47.06	26.07	38.36	1.47	4	37.99	1.46	4

续表

乡镇名	乡镇面积（km²）	最小耕地面积（km²）	2010 年			2014 年		
			耕地面积（km²）	耕地安全指数	等级	耕地面积（km²）	耕地安全指数	等级
元坝镇	31.08	17.21	26.13	1.52	4	26.12	1.52	4
岳新乡	27.74	15.37	20.31	1.32	4	19.56	1.27	3
岳阳镇	77.26	42.80	52.76	1.23	3	50.63	1.18	3
岳源乡	21.64	11.99	18.06	1.51	4	17.63	1.47	4
悦来乡	19.37	10.73	16.22	1.51	4	16.22	1.51	4
云峰乡	32.22	17.85	26.14	1.46	4	25.80	1.45	4
长河源乡	52.86	29.28	43.73	1.49	4	43.61	1.49	4
镇子镇	54.32	30.09	46.32	1.54	4	46.19	1.54	4
忠义乡	46.58	25.8	33.11	1.28	3	32.61	1.26	3
周礼镇	51.11	28.31	47.49	1.68	4	47.30	1.67	4
自治乡	22.57	12.50	20.37	1.63	4	20.29	1.62	4
合计	2689.68	1489.83	2169.07	1.46	4	2149.14	1.44	4

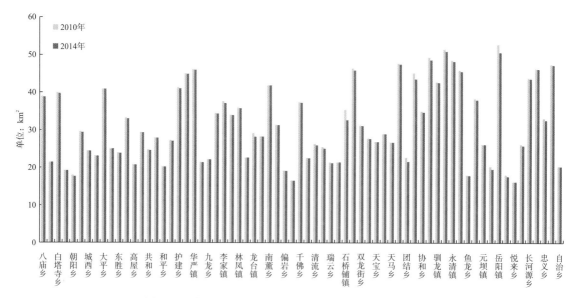

图 6-57　安岳县 2010 年、2014 年耕地资源面积变化对比

　　通过以上分析结果对安岳县 2010 年、2014 年各乡镇的耕地安全指数进行分级统计，结果如图 6-58、图 6-59 所示。

图 6-58　安岳县 2010 年耕地安全指数分级图

图 6-59　安岳县 2014 年耕地安全指数分级图

通过对安岳县的耕地资源进行监测发现：2010～2014 年，安岳县的耕地资源和耕地安全指数虽有小幅较少，但耕地资源仍保持着较稳定状态，且耕地资源的安全性较高，主要得益于劳动力大量输出。结合相关资料分析得知，安岳县是全国农产品主产区，农业发达，物产丰富，农产品及其再生产业是主要的经济来源，所以耕地资源作为农民收入的重要保障得到有效的保护。安岳县是农业大县，保护耕地资源对其来说尤为重要，这关系到人民的生活水平的提高，社会经济水平的发展，所以安岳县的耕地保护仍然是一项艰巨的任务，故提出以下建议保护耕地资源，防止因耕地减少导致的粮食安全问题：加大耕地保护力度和农田水利设施建设，严格执行耕地占补平衡制度和占用审批制度；采取必要手段提高粮食单产，如品种改良、提高耕作和管理水平、加强农田基本水利设施建设、适当添加肥料等；采取各种措施，预防和消除危害耕地及环境的因素，稳定和扩大耕地面积，维持和提高耕地的物质生产能力，预防和治理环境污染；合理推进土地开发、复垦和整理。

6.2.4.2 粮食安全

通过对安岳县 2010 年、2014 年的粮食安全（表 6-13、图 6-60）进行监测发现：2010 年安岳县粮食总产量 797857t，2014 年 707364t，粮食产量下降了 90493t，下降率 11%，但安岳县粮食的安全性等级由 2010 年的低改善为 2014 年的较低；从各乡镇的实际粮食产量来看，相比于 2010 年，2014 年安岳县 69 个乡镇中，永清镇、龙台镇、石羊镇和文化镇四个乡镇的粮食产量下降明显，其中文化镇下降率最高，接近 50%；长河源乡、护龙镇、兴隆镇、天宝乡等几个乡镇的粮食产量略有增加，但是增长幅度不明显；对安岳县各乡镇的粮食安全分级分析发现，2010 年安岳县粮食安全度极低的乡镇 19 个，低的 36 个，较低 3 个，适中 1 个，较高 10 个，到 2014 年安全度极低的乡镇 7 个，低的 21 个，较低 13 个，适中 11 个，较高 17 个，粮食的安全度有明显的提高现象。

表 6-13　安岳县 2010 年、2014 年粮食产量及趋势产量统计

乡镇名	2010 年				2014 年			
	粮食实际产量（t）	粮食趋势产量（t）	粮食趋势产量增长率	等级	粮食实际产量（t）	粮食趋势产量（t）	粮食趋势产量增长率	等级
岳阳镇	16445.00	18186.00	−9.57	1	13528.00	13975.60	−3.20	1
城西乡	8502.00	9309.00	−8.67	1	7563.00	7481.80	1.09	3
城北乡	14048.00	15530.00	−9.54	1	11928.00	12183.20	−2.09	2
思贤乡	12351.00	13230.00	−6.64	1	10975.00	11042.80	−0.61	2
鸳大镇	12655.00	14411.00	−12.19	0	9740.00	10561.80	−7.78	1
石桥铺镇	13468.00	14301.00	−5.82	1	11927.00	11900.20	0.23	3
通贤镇	18595.00	18683.00	−0.47	2	18498.00	17312.60	6.85	4
石鼓乡	9710.00	10246.00	−5.23	1	9453.00	8896.80	6.25	4
来凤乡	14142.00	14992.00	−5.67	1	11617.00	11414.40	1.77	3
天马乡	9744.00	8980.00	8.51	4	10940.00	9732.00	12.41	4
人和乡	11130.00	11965.00	−6.98	1	10413.00	10316.60	0.93	3
长河源乡	18248.00	17625.00	3.53	4	21300.00	18932.20	12.51	4
团结乡	8800.00	9014.90	−2.38	1	9169.00	8704.10	5.34	4
悦来乡	3994.00	4754.00	−15.99	0	2807.00	3118.80	−10.00	0
龙台镇	16809.00	19401.00	−13.36	0	12039.00	13233.40	−9.03	1
白水乡	8779.00	10568.00	−16.93	0	5440.00	6420.40	−15.27	0
云峰乡	11244.00	12501.00	−10.06	0	9113.00	9680.60	−5.86	1

乡镇名	2010 年				2014 年			
	粮食实际产量（t）	粮食趋势产量（t）	粮食趋势产量增长率	等级	粮食实际产量（t）	粮食趋势产量（t）	粮食趋势产量增长率	等级
姚市镇	18204.00	18765.00	−2.99	1	18358.00	18019.80	1.88	3
岳新乡	7930.00	7813.50	1.49	3	8363.00	7842.70	6.63	4
偏岩乡	9494.00	10075.00	−5.77	1	8108.00	8237.40	−1.57	2
林凤镇	17498.00	18088.00	−3.26	1	15871.00	15968.80	−0.61	2
东胜乡	9668.00	10862.00	−10.99	0	7747.00	8242.00	−6.01	1
毛家镇	10126.00	11549.00	−12.32	0	7775.00	8429.80	−7.77	1
永清镇	18047.00	20079.00	−10.12	0	14287.00	15151.80	−5.71	1
坪河乡	6003.00	6365.50	−5.69	1	5040.00	5110.70	−1.38	2
乾龙乡	10066.00	11265.00	−10.64	0	7684.00	8380.20	−8.31	1
永顺镇	15014.00	15653.00	−4.08	1	14530.00	14376.20	1.07	3
高升乡	10295.00	10055.00	2.39	4	10896.00	10820.60	0.70	3
横庙乡	9237.00	9997.00	−7.60	1	8618.00	8459.40	1.87	3
石羊镇	18825.00	20884.00	−9.86	1	14957.00	16150.40	−7.39	1
瑞云乡	8616.00	8855.30	−2.70	1	8714.00	8367.70	4.14	4
白塔寺乡	12847.00	14918.00	−13.88	0	9226.00	10273.20	−10.19	0
双龙街乡	9277.00	9892.20	−6.22	1	8080.00	8101.80	−0.27	2
顶新乡	6977.00	7390.50	−5.60	1	6340.00	−6538.10	−196.97	0
护龙镇	17781.00	17072.00	4.15	4	19013.00	17602.00	8.02	4
李家镇	12672.00	13972.00	−9.30	1	10411.00	10692.00	−2.63	1
和平乡	5798.00	6419.20	−9.68	1	4842.00	5051.20	−4.14	1
高屋乡	6756.00	7384.10	−8.51	1	5721.00	6042.10	−5.31	1
忠义乡	12314.00	133396.00	−90.77	0	10873.00	11014.40	−1.28	2
合义乡	8344.00	8114.50	2.83	4	9024.00	8551.70	5.52	4
努力乡	10641.00	11108.00	−4.20	1	10004.00	10161.60	−1.55	2
元坝镇	7908.00	8923.80	−11.38	0	6123.00	6655.80	−8.01	1
护建乡	11546.00	11680.00	−1.15	2	11239.00	10922.00	2.90	4
兴隆镇	13755.00	13144.00	4.65	4	15746.00	14781.20	6.53	4
清流乡	9353.00	10400.00	−10.07	0	7656.00	7857.20	−2.56	1
共和乡	8263.00	9878.00	−16.35	0	5292.00	6176.40	−14.32	0
天林镇	9452.00	10187.00	−7.22	1	8461.00	8497.80	−0.43	2
协和乡	11453.00	12422.00	−7.80	1	10047.00	10178.40	−1.29	2
鱼龙乡	5913.00	6624.40	−10.74	0	4732.00	4967.60	−4.74	1
镇子镇	15672.00	14904.00	5.15	4	16192.00	14848.80	9.05	4
建华乡	8862.00	9652.20	−8.19	1	7876.00	7812.20	0.82	3

乡镇名	2010 年				2014 年			
	粮食实际产量（t）	粮食趋势产量（t）	粮食趋势产量增长率	等级	粮食实际产量（t）	粮食趋势产量（t）	粮食趋势产量增长率	等级
九龙乡	9213.00	10204.00	−9.71	1	7183.00	7554.00	−4.91	1
文化镇	24263.00	30023.00	−19.19	0	13420.00	16554.60	−18.93	0
岳源乡	7128.00	8190.80	−12.98	0	4960.00	5484.40	−9.56	1
周礼镇	14201.00	13825.00	2.72	4	14644.00	13504.60	8.44	4
龙桥乡	8173.00	8978.80	−8.97	1	6715.00	6857.20	−2.07	2
千佛乡	13517.00	14882.00	−9.17	1	11050.00	11551.20	−4.34	1
拱桥乡	11170.00	11568.00	−3.44	1	11159.00	10822.40	3.11	4
宝华乡	7307.00	8347.70	−12.47	0	5431.00	5948.90	−8.71	1
驯龙镇	17871.00	19422.00	−7.99	1	16772.00	16495.60	1.68	3
自治乡	9517.00	11496.00	−17.21	0	5854.00	7014.00	−16.54	0
朝阳乡	4312.00	4057.90	6.26	4	4603.00	4067.90	13.15	4
华严镇	17923.00	18965.00	−5.49	1	17049.00	16562.20	2.94	4
两板桥镇	13209.00	14523.00	−9.05	1	10828.00	11771.40	−8.01	1
大平乡	14251.00	15121.00	−5.75	1	12980.00	13292.60	−2.35	1
大埝乡	8311.00	8419.20	−1.29	2	8283.00	8198.40	1.03	3
南薰乡	13612.00	14453.00	−5.82	1	12369.00	12585.40	−1.72	2
八庙乡	14107.00	14650.00	−3.71	1	12065.00	12290.40	−1.83	2
天宝乡	6501.00	6271.50	3.66	4	7703.00	5195.10	48.27	4
合计	797857.00	846798.00	−5.78	1	707364.00	738758.00	−4.25	1

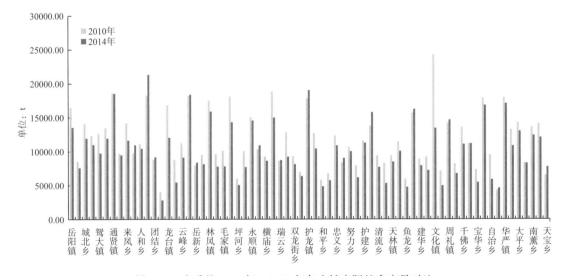

图 6-60　安岳县 2010 年、2014 年各乡镇实际粮食产量对比

通过以上数据，进一步分析安岳县 2010 年、2014 年各乡镇粮食安全分级情况，结果如图 6-61、图 6-62：

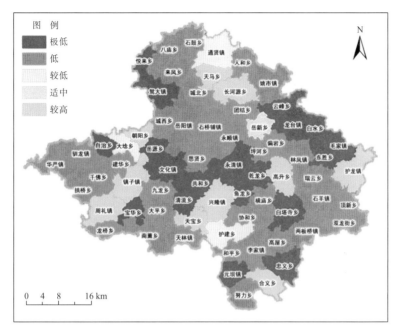

图 6-61　安岳县 2010 年各乡镇粮食安全分级空间分布

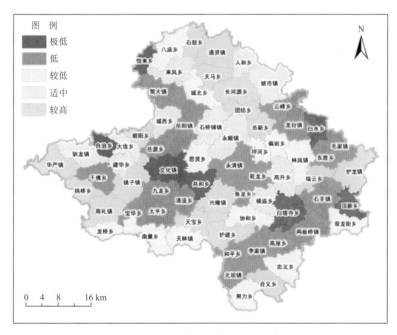

图 6-62　安岳县 2014 年各乡镇粮食安全分级空间分布

通过对安岳县粮食安全进行监测发现：2010~2014 年，安岳县 69 个乡镇的粮食产量普遍呈现出减少的趋势，经过分析得知，该趋势与耕地资源的减少有着密切关系。通过计算 2010 年、2014

年的粮食趋势产量增长率发现，2014 年安岳县各乡镇的粮食趋势产量增长率高于 2010 年，主要因素是粮食实际粮食产量高于粮食趋势产量，这对于安岳县粮食安全来说是一个好的现象。实际粮食产量高于粮食趋势产量，说明政府在保护粮食安全方面做出的努力体现出了效果。但是我国粮食供给仍然处于不安全状态，保证足够的粮食供给仍需做出足够的努力。《国民经济社会发展"十二五"纲要》中指出：安岳县要全面提高耕地质量，稳定粮油产量，耕地是基础资源，只有耕地资源丰富优质，才能保证粮油的产量，故耕地资源十分重要，不可为追求工业及经济的发展而破坏耕地类型，建议在发展的同时，要使耕地的面积保持稳定，即在稳定中求发展，不可浪费耕地资源。因此提出以下建议：政府应建立保障粮食安全的监督机制和机构，建立健全保障我国粮食安全的法律法规；严格执行保护耕地政策，提高粮食综合生产能力，调动农民的积极性；加强农业基础设施，特别是农村水利设施的建设；以市场未向导，调整种粮结构，合理规划粮食种植品种和粮食种植面积；加大科研力量投入，建立创新体制机制，提高农业科技贡献率；继续不断深化粮食流通和储备机制。

6.3　预 警 结 果

6.3.1　2010 年预警结果

1. 综合预警结果

根据资源环境承载力综合预警方法，2010 年安岳县各乡镇资源环境承载力综合预警级别以中度预警为主，统计结果见表 6-14。安岳县 69 个乡镇，有 57 个乡镇中度预警。另外，安岳县 7 个乡镇轻度预警，3 乡镇重度预警。预警等级为危险的乡镇 2 个，分别是岳阳镇和忠义乡。

表 6-14　安岳县 2010 年资源环境承载力综合预警

乡镇	预警阈值						预警级别
	S_1	S_2	S_3	S_4	S_5	S_6	
岳阳镇	10.64	9.64	8.41	8.08	7.89	7.66	危险
石桥铺镇	6.89	5.39	4.18	3.51	3.79	4.04	重度预警
通贤镇	5.98	4.98	3.82	3.60	4.24	4.55	中度预警
姚市镇	4.80	3.04	2.05	2.08	3.29	4.12	中度预警
林凤镇	5.09	4.17	3.34	3.88	4.60	5.02	中度预警
毛家镇	5.02	3.41	2.76	2.72	3.47	4.35	中度预警
永清镇	4.83	3.42	1.70	1.77	3.00	3.90	中度预警
永顺镇	4.29	2.84	1.85	2.28	3.57	4.42	中度预警
石羊镇	6.77	5.48	4.20	4.06	4.32	4.55	中度预警

续表

乡镇	预警阈值						预警级别
	S_1	S_2	S_3	S_4	S_5	S_6	
两板桥镇	6.70	5.62	4.13	3.80	4.40	4.81	中度预警
护龙镇	5.01	3.45	2.23	2.24	3.69	4.41	中度预警
李家镇	5.99	4.86	3.53	3.58	4.03	4.47	中度预警
元坝镇	5.00	3.60	2.04	2.06	2.89	3.69	中度预警
兴隆镇	5.12	3.69	2.29	2.30	3.45	4.07	中度预警
天林镇	5.12	3.83	1.97	1.58	2.61	3.38	中度预警
镇子镇	4.92	3.58	2.49	2.76	3.80	4.35	中度预警
文化镇	4.97	3.41	2.49	2.46	2.97	3.88	中度预警
周礼镇	5.60	4.44	3.50	3.62	4.39	4.97	中度预警
驯龙镇	5.70	4.43	3.81	3.96	4.41	5.00	中度预警
华严镇	5.68	4.37	3.72	3.61	4.06	4.67	中度预警
城北乡	6.04	5.13	3.89	3.53	4.00	4.40	中度预警
城西乡	4.69	4.02	3.79	4.45	5.52	6.29	轻度预警
思贤乡	4.60	3.02	1.65	1.91	3.22	4.10	中度预警
石鼓乡	4.80	3.87	2.35	2.53	3.64	4.31	中度预警
八庙乡	5.38	3.89	2.05	1.29	2.55	3.28	中度预警
来凤乡	5.77	4.68	3.88	3.55	4.19	4.68	中度预警
天马乡	6.01	5.10	3.98	3.58	4.38	4.64	中度预警
人和乡	4.33	3.05	3.10	3.62	4.48	5.25	轻度预警
长河源乡	5.74	4.60	3.74	3.42	4.21	4.65	中度预警
团结乡	5.80	4.73	3.72	3.23	3.78	4.16	中度预警
悦来乡	5.45	4.19	3.74	3.77	4.10	4.83	中度预警
白水乡	5.17	3.94	3.10	3.20	3.72	4.41	中度预警
云峰乡	4.15	3.03	2.63	3.31	4.20	4.97	轻度预警
岳新乡	5.05	4.59	3.79	4.35	5.27	5.71	中度预警
偏岩乡	4.26	3.38	2.73	3.55	4.62	5.31	轻度预警
东胜乡	4.61	3.61	2.17	2.37	3.19	3.95	中度预警
坪河乡	3.79	2.94	2.50	3.35	4.48	5.29	轻度预警
乾龙乡	4.84	3.24	2.04	2.16	3.22	4.08	中度预警
高升乡	5.27	3.71	2.09	1.78	3.34	4.13	中度预警
横庙乡	5.31	3.90	2.22	1.92	3.15	4.04	中度预警
瑞云乡	5.44	4.05	2.94	3.10	3.84	4.28	中度预警

乡镇	预警阈值						预警级别
	S_1	S_2	S_3	S_4	S_5	S_6	
白塔寺乡	5.44	3.97	2.30	1.84	2.78	3.74	中度预警
双龙街乡	5.31	4.58	3.00	3.12	3.91	4.52	中度预警
顶新乡	4.97	3.71	1.93	1.75	2.91	3.71	中度预警
和平乡	5.55	4.18	2.74	2.33	3.26	4.02	中度预警
高屋乡	6.80	5.78	4.23	3.83	4.41	4.81	中度预警
忠义乡	10.15	9.27	8.35	7.93	7.16	7.57	危险
合义乡	5.02	3.65	2.28	2.38	3.91	4.72	中度预警
努力乡	4.38	3.28	2.23	2.68	3.98	4.81	中度预警
清流乡	6.01	4.42	3.33	2.73	3.12	3.80	重度预警
共和乡	5.55	3.92	2.64	2.10	2.80	3.73	中度预警
天宝乡	5.09	3.75	2.31	2.04	3.34	4.11	中度预警
协和乡	4.93	3.41	2.05	1.98	3.11	4.06	中度预警
鱼龙乡	4.67	3.41	2.68	3.11	4.16	5.05	中度预警
建华乡	5.38	3.93	3.05	2.78	3.25	3.90	中度预警
大平乡	6.18	4.52	3.24	2.41	3.09	3.80	重度预警
九龙乡	5.13	3.69	2.33	1.97	2.89	3.71	中度预警
岳源乡	4.05	3.26	3.17	3.94	4.69	5.45	轻度预警
龙桥乡	5.77	4.47	3.41	3.13	3.66	4.40	中度预警
千佛乡	5.41	4.07	3.14	2.91	3.38	4.06	中度预警
拱桥乡	6.19	5.01	4.33	4.03	4.34	4.80	中度预警
宝华乡	4.75	3.17	2.02	2.07	3.09	4.06	中度预警
南薰乡	4.82	3.23	1.94	1.93	3.22	4.16	中度预警
自治乡	4.79	3.49	2.83	3.01	3.58	4.46	中度预警
大埝乡	3.59	2.53	2.50	3.45	4.61	5.41	轻度预警
朝阳乡	4.78	3.25	2.14	2.32	3.76	4.54	中度预警
鸳大镇	4.82	3.35	2.33	2.26	3.01	3.82	中度预警
龙台镇	8.60	7.73	7.17	7.33	7.27	7.23	中度预警
护建乡	5.71	4.24	2.59	1.71	2.72	3.41	中度预警

承载力综合预警级别为轻度预警的乡镇主要位于安岳县北部（如图 6-63）。重度预警的乡镇主要位于安岳县中南部，呈条带分布。

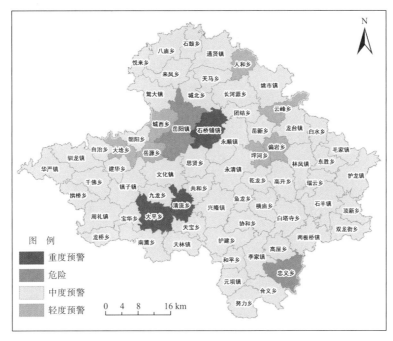

图 6-63　安岳县 2010 年资源环境承载力综合预警空间分布格局

2. 限制性指标预警结果

安岳县环境容量限制性指标预警级别为安全，人均可利用水资源量也是轻度以及中度预警级别，详细统计如表 6-15。但作为农产品主产区，粮食安全形势严峻，预警级别多为重度预警，甚至达到危险的预警级别，值得引起特别重视。

表 6-15　安岳县 2010 年资源环境承载力限制性指标预警

乡镇	人均可利用水资源	环境容量	趋势产量	预警结果
岳阳镇	中度预警	安全	重度预警	重度预警
石桥铺镇	轻度预警	安全	重度预警	重度预警
通贤镇	轻度预警	安全	中度预警	中度预警
姚市镇	轻度预警	安全	重度预警	重度预警
林凤镇	轻度预警	安全	重度预警	重度预警
毛家镇	轻度预警	安全	危险	危险
永清镇	轻度预警	安全	危险	危险
永顺镇	轻度预警	安全	重度预警	重度预警
石羊镇	中度预警	安全	重度预警	重度预警
两板桥镇	轻度预警	安全	重度预警	重度预警
护龙镇	轻度预警	安全	安全	轻度预警

乡镇	人均可利用水资源	环境容量	趋势产量	预警结果
李家镇	轻度预警	安全	重度预警	重度预警
元坝镇	轻度预警	安全	危险	危险
兴隆镇	轻度预警	安全	安全	轻度预警
天林镇	轻度预警	安全	重度预警	重度预警
镇子镇	轻度预警	安全	安全	轻度预警
文化镇	轻度预警	安全	危险	危险
周礼镇	轻度预警	安全	安全	轻度预警
驯龙镇	轻度预警	安全	重度预警	重度预警
华严镇	轻度预警	安全	重度预警	重度预警
城北乡	轻度预警	安全	重度预警	重度预警
城西乡	轻度预警	安全	重度预警	重度预警
思贤乡	轻度预警	安全	重度预警	重度预警
石鼓乡	轻度预警	安全	重度预警	重度预警
八庙乡	轻度预警	安全	重度预警	重度预警
来凤乡	轻度预警	安全	重度预警	重度预警
天马乡	轻度预警	安全	安全	轻度预警
人和乡	轻度预警	安全	重度预警	重度预警
长河源乡	轻度预警	安全	安全	轻度预警
团结乡	轻度预警	安全	重度预警	重度预警
悦来乡	轻度预警	安全	危险	危险
白水乡	轻度预警	安全	危险	危险
云峰乡	轻度预警	安全	危险	危险
岳新乡	轻度预警	安全	轻度预警	轻度预警
偏岩乡	轻度预警	安全	重度预警	重度预警
东胜乡	轻度预警	安全	危险	危险
坪河乡	轻度预警	安全	重度预警	重度预警
乾龙乡	轻度预警	安全	危险	危险
高升乡	轻度预警	安全	安全	轻度预警
横庙乡	轻度预警	安全	重度预警	重度预警
瑞云乡	轻度预警	安全	重度预警	重度预警

乡镇	人均可利用水资源	环境容量	趋势产量	预警结果
白塔寺乡	轻度预警	安全	危险	危险
双龙街乡	轻度预警	安全	重度预警	重度预警
顶新乡	轻度预警	安全	重度预警	重度预警
和平乡	轻度预警	安全	重度预警	重度预警
高屋乡	轻度预警	安全	重度预警	重度预警
忠义乡	轻度预警	安全	危险	危险
合义乡	轻度预警	安全	安全	轻度预警
努力乡	轻度预警	安全	重度预警	重度预警
清流乡	轻度预警	安全	危险	危险
共和乡	轻度预警	安全	危险	危险
天宝乡	轻度预警	安全	安全	轻度预警
协和乡	轻度预警	安全	重度预警	重度预警
鱼龙乡	轻度预警	安全	危险	危险
建华乡	轻度预警	安全	重度预警	重度预警
大平乡	轻度预警	安全	重度预警	重度预警
九龙乡	轻度预警	安全	重度预警	重度预警
岳源乡	轻度预警	安全	危险	危险
龙桥乡	轻度预警	安全	重度预警	重度预警
千佛乡	轻度预警	安全	重度预警	重度预警
拱桥乡	轻度预警	安全	重度预警	重度预警
宝华乡	轻度预警	安全	危险	危险
南薰乡	轻度预警	安全	重度预警	重度预警
自治乡	轻度预警	安全	危险	危险
大埝乡	轻度预警	安全	中度预警	中度预警
朝阳乡	轻度预警	安全	安全	中度预警
鸳大镇	轻度预警	安全	危险	危险
龙台镇	中度预警	安全	危险	危险
护建乡	轻度预警	安全	中度预警	中度预警

资源环境承载力专项预警级别为危险和重度预警的各乡镇广泛分布与安岳县全境，如图 6-64 所示。

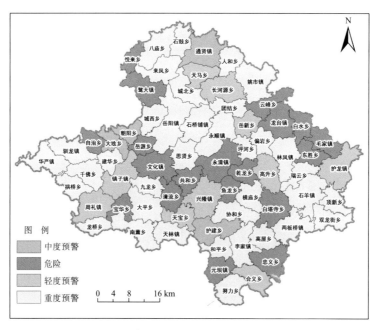

图 6-64　安岳县 2010 年资源环境承载力限制性指标预警空间分布格局

3. 最终预警结果

　　受粮食安全专项指标影响，安岳县最终预警结果和限制性指标预警结果较为一致。预警级别以重度预警和危险为主，如图 6-65 所示。其中重度预警乡镇共 35 个，预警级别为危险的乡镇 20 个。中度预警的乡镇为 14 个。预警级别为危险和重度预警的乡镇空间上广泛分布于安岳县全境。

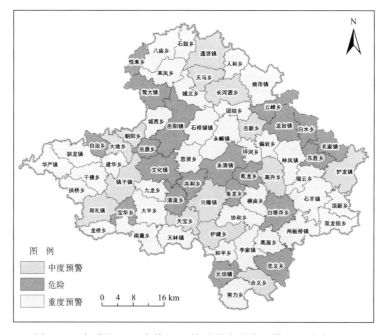

图 6-65　安岳县 2010 年资源环境承载力最终预警空间分布格局

6.3.2　2014 年预警结果

1.　综合预警结果

根据资源环境承载力综合预警方法，2014 年，安岳县各乡镇资源环境承载力综合预警级别以中度预警为主，统计结果见表 6-16。安岳县 69 个乡镇，有 49 个乡镇中度预警。另外，安岳县 16 个乡镇轻度预警。预警级别为重度预警的乡镇 2 个。另外，预警等级为危险的乡镇也有 2 个，分别是岳阳镇和顶新乡。

表 6-16　安岳县 2014 年资源环境承载力综合预警

乡镇	预警阈值						预警级别
	S_1	S_2	S_3	S_4	S_5	S_6	
岳阳镇	11.22	10.35	9.22	8.95	8.82	8.64	危险
石桥铺镇	6.11	4.77	3.26	3.01	3.58	4.03	中度预警
通贤镇	4.62	3.56	2.36	2.82	3.88	4.54	中度预警
姚市镇	4.27	2.72	1.79	2.25	3.49	4.39	中度预警
林凤镇	5.01	4.06	3.15	3.55	4.27	4.78	中度预警
毛家镇	4.03	2.68	2.02	2.53	3.65	4.63	中度预警
永清镇	4.22	2.84	1.32	2.05	3.56	4.60	中度预警
永顺镇	3.97	2.63	1.48	2.11	3.51	4.45	中度预警
石羊镇	6.09	4.89	3.78	4.00	4.62	5.12	中度预警
两板桥镇	6.09	5.09	3.85	3.93	4.86	5.56	中度预警
护龙镇	4.69	3.16	2.31	2.74	4.17	5.11	中度预警
李家镇	5.30	4.18	3.15	3.64	4.48	5.17	中度预警
元坝镇	4.44	2.86	1.90	2.53	3.79	4.84	中度预警
兴隆镇	5.38	3.93	2.61	2.35	3.27	3.99	中度预警
天林镇	4.35	2.85	1.46	1.95	3.50	4.57	中度预警
镇子镇	5.25	4.10	3.17	3.22	3.98	4.53	中度预警
文化镇	5.66	4.25	3.10	2.54	2.88	3.57	重度预警
周礼镇	5.69	4.59	3.57	3.56	4.20	4.80	中度预警
驯龙镇	5.42	4.23	3.73	3.97	4.56	5.21	中度预警
华严镇	5.03	3.76	3.53	3.80	4.63	5.48	轻度预警
城北乡	4.87	3.82	2.27	2.21	3.28	4.01	中度预警
城西乡	3.99	3.49	3.38	4.33	5.63	6.51	轻度预警
思贤乡	4.47	2.87	1.52	1.82	3.28	4.25	中度预警
石鼓乡	3.60	3.05	2.36	3.41	4.87	5.79	轻度预警
八庙乡	4.50	3.13	1.50	1.81	3.25	4.24	中度预警

乡镇	预警阈值						预警级别
	S_1	S_2	S_3	S_4	S_5	S_6	
来凤乡	3.81	2.81	2.15	2.78	4.08	4.96	中度预警
天马乡	4.40	3.54	2.47	2.76	4.01	4.74	中度预警
人和乡	3.72	2.80	2.85	3.60	4.60	5.40	轻度预警
长河源乡	3.96	2.93	2.06	2.60	3.94	4.76	中度预警
团结乡	3.97	2.96	2.47	3.05	4.18	4.97	轻度预警
悦来乡	4.65	3.56	3.42	3.89	4.61	5.49	轻度预警
白水乡	4.76	3.77	2.85	3.16	3.87	4.60	中度预警
云峰乡	3.67	2.88	2.74	3.69	4.68	5.49	轻度预警
岳新乡	4.34	3.69	3.21	4.06	5.17	5.85	轻度预警
偏岩乡	4.04	3.59	2.97	3.92	4.98	5.70	轻度预警
东胜乡	4.04	3.28	2.03	2.68	3.79	4.67	中度预警
坪河乡	3.04	2.15	2.05	3.28	4.64	5.63	轻度预警
乾龙乡	4.02	2.53	1.68	2.49	3.85	4.86	中度预警
高升乡	4.44	3.09	1.58	2.02	3.62	4.63	中度预警
横庙乡	4.90	3.48	2.15	2.35	3.82	4.84	中度预警
瑞云乡	5.00	3.68	2.66	2.93	3.90	4.52	中度预警
白塔寺乡	4.72	3.37	1.85	2.08	3.45	4.52	中度预警
双龙街乡	4.37	3.79	3.00	3.98	5.23	6.21	轻度预警
顶新乡	9.48	8.91	8.31	8.22	7.53	8.14	危险
和平乡	4.33	3.15	2.13	2.66	4.08	5.07	中度预警
高屋乡	6.13	5.01	3.80	3.79	4.81	5.57	中度预警
忠义乡	5.45	4.40	3.42	3.82	5.07	5.96	中度预警
合义乡	4.17	3.02	2.15	3.01	4.57	5.58	中度预警
努力乡	4.05	3.06	2.73	3.66	5.00	6.00	轻度预警
清流乡	6.09	4.55	3.62	3.07	3.66	4.39	中度预警
共和乡	5.52	4.05	3.06	2.66	3.50	4.38	中度预警
天宝乡	4.56	3.35	2.65	3.07	4.76	5.62	中度预警
协和乡	4.45	3.08	1.66	1.94	3.32	4.35	中度预警
鱼龙乡	4.47	3.18	2.57	3.11	4.35	5.34	中度预警
建华乡	4.96	3.70	3.10	3.09	3.86	4.62	中度预警
大平乡	5.90	4.31	3.43	2.98	3.86	4.74	中度预警
九龙乡	5.09	3.74	2.96	2.88	3.92	4.82	中度预警
岳源乡	3.91	3.24	2.96	3.69	4.54	5.32	轻度预警
龙桥乡	5.28	4.21	3.35	3.50	4.27	5.11	中度预警

续表

乡镇	预警阈值						预警级别
	S_1	S_2	S_3	S_4	S_5	S_6	
千佛乡	5.13	3.91	3.18	3.08	3.75	4.52	中度预警
拱桥乡	6.81	5.88	5.30	4.90	5.13	5.51	重度预警
宝华乡	4.48	3.00	1.93	2.05	3.26	4.27	中度预警
南薰乡	4.38	2.88	1.80	2.26	3.64	4.68	中度预警
自治乡	4.00	3.10	2.67	3.25	4.07	4.98	轻度预警
大埝乡	2.95	2.05	2.56	3.73	4.94	5.88	轻度预警
朝阳乡	4.21	2.82	1.65	2.20	3.70	4.64	中度预警
鸳大镇	3.90	2.39	2.02	2.73	3.92	4.92	轻度预警
龙台镇	8.17	7.35	6.94	7.26	7.40	7.52	中度预警
护建乡	4.93	3.53	1.97	1.70	3.09	4.07	中度预警

2014 年安岳县各乡镇资源环境承载力综合预警空间分布格局如图 6-66。

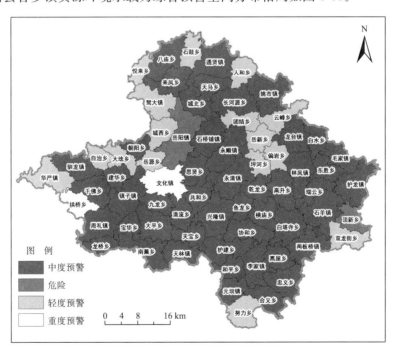

图 6-66　安岳县 2014 年资源环境承载力综合预警空间分布格局

2. 限制性指标预警结果

安岳县 69 个乡镇，2014 年资源环境承载力限制性指标预警级别以中度预警和重度预警为主，详细见表 6-17。其中中度预警的乡镇个数有 40 个，重度预警的乡镇个数有 21 个。预警级别为轻度预警的乡镇 1 个，预警级别为危险的乡镇 7 个。

表 6-17　安岳县 2014 年资源环境承载力限制性指标预警

乡镇	人均可利用水资源	环境容量	趋势产量	预警结果
岳阳镇	重度预警	轻度预警	重度预警	重度预警
石桥铺镇	中度预警	轻度预警	轻度预警	中度预警
通贤镇	中度预警	轻度预警	安全	中度预警
姚市镇	中度预警	轻度预警	轻度预警	中度预警
林凤镇	中度预警	轻度预警	中度预警	中度预警
毛家镇	中度预警	轻度预警	重度预警	重度预警
永清镇	中度预警	轻度预警	重度预警	重度预警
永顺镇	中度预警	轻度预警	轻度预警	中度预警
石羊镇	中度预警	轻度预警	重度预警	重度预警
两板桥镇	中度预警	轻度预警	重度预警	重度预警
护龙镇	中度预警	轻度预警	安全	中度预警
李家镇	中度预警	轻度预警	重度预警	重度预警
元坝镇	中度预警	轻度预警	重度预警	重度预警
兴隆镇	中度预警	轻度预警	安全	中度预警
天林镇	中度预警	轻度预警	中度预警	中度预警
镇子镇	中度预警	轻度预警	安全	中度预警
文化镇	中度预警	轻度预警	危险	危险
周礼镇	中度预警	轻度预警	安全	中度预警
驯龙镇	中度预警	轻度预警	轻度预警	中度预警
华严镇	中度预警	轻度预警	安全	中度预警
城北乡	中度预警	轻度预警	中度预警	中度预警
城西乡	轻度预警	轻度预警	轻度预警	轻度预警
思贤乡	中度预警	轻度预警	中度预警	中度预警
石鼓乡	中度预警	轻度预警	安全	中度预警
八庙乡	中度预警	轻度预警	中度预警	中度预警
来凤乡	中度预警	轻度预警	轻度预警	中度预警
天马乡	中度预警	轻度预警	安全	中度预警
人和乡	中度预警	轻度预警	轻度预警	中度预警
长河源乡	中度预警	轻度预警	安全	中度预警
团结乡	中度预警	轻度预警	安全	中度预警
悦来乡	轻度预警	轻度预警	危险	危险
白水乡	中度预警	轻度预警	危险	危险
云峰乡	中度预警	轻度预警	重度预警	重度预警
岳新乡	中度预警	轻度预警	安全	中度预警
偏岩乡	中度预警	轻度预警	中度预警	中度预警
东胜乡	中度预警	轻度预警	重度预警	重度预警

乡镇	人均可利用水资源	环境容量	趋势产量	预警结果
坪河乡	中度预警	轻度预警	中度预警	中度预警
乾龙乡	中度预警	轻度预警	重度预警	重度预警
高升乡	中度预警	轻度预警	轻度预警	中度预警
横庙乡	中度预警	轻度预警	轻度预警	中度预警
瑞云乡	中度预警	轻度预警	安全	中度预警
白塔寺乡	中度预警	轻度预警	危险	危险
双龙街乡	中度预警	轻度预警	中度预警	中度预警
顶新乡	中度预警	轻度预警	危险	危险
和平乡	中度预警	轻度预警	重度预警	重度预警
高屋乡	中度预警	轻度预警	重度预警	重度预警
忠义乡	中度预警	轻度预警	中度预警	中度预警
合义乡	中度预警	轻度预警	安全	中度预警
努力乡	中度预警	轻度预警	中度预警	中度预警
清流乡	中度预警	轻度预警	重度预警	重度预警
共和乡	中度预警	轻度预警	危险	危险
天宝乡	中度预警	轻度预警	安全	中度预警
协和乡	中度预警	轻度预警	中度预警	中度预警
鱼龙乡	中度预警	轻度预警	重度预警	重度预警
建华乡	中度预警	轻度预警	轻度预警	中度预警
大平乡	中度预警	轻度预警	重度预警	重度预警
九龙乡	中度预警	轻度预警	重度预警	重度预警
岳源乡	中度预警	轻度预警	重度预警	重度预警
龙桥乡	中度预警	轻度预警	中度预警	中度预警
千佛乡	中度预警	轻度预警	重度预警	重度预警
拱桥乡	中度预警	轻度预警	安全	中度预警
宝华乡	中度预警	轻度预警	重度预警	重度预警
南薰乡	中度预警	轻度预警	中度预警	中度预警
自治乡	中度预警	轻度预警	危险	危险
大埝乡	中度预警	轻度预警	轻度预警	中度预警
朝阳乡	中度预警	轻度预警	安全	中度预警
鸳大镇	中度预警	轻度预警	重度预警	重度预警
龙台镇	中度预警	轻度预警	重度预警	重度预警
护建乡	中度预警	轻度预警	安全	中度预警

预警级别为危险和重度预警的乡镇在空间上主要集中成三片，而中度预警的乡镇广泛分布于安岳县境内，见图 6-67 所示。

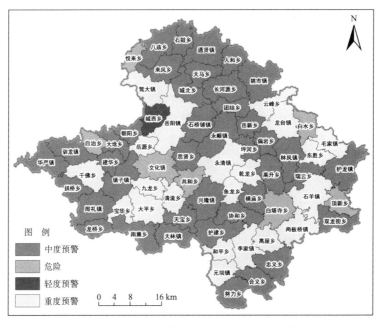

图 6-67　安岳县 2014 年资源环境承载力限制性指标预警空间分布格局

3. 最终预警结果

2014 年安岳县资源环境承载力最终预警等级以中度预警和重度预警为主，如图 6-68 所示。其中 39 个乡镇为中度预警，21 个乡镇为重度预警。预警级别为轻度预警和危险的乡镇个数分别为 1 个和 8 个。2014 年最终预警结果和专项指标预警结果具有较大一致性。

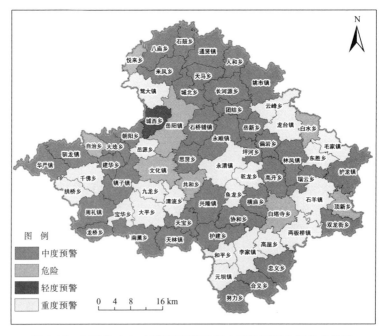

图 6-68　安岳县 2014 年资源环境承载力最终预警空间分布格局

6.3.3 2010~2014 年资源环境承载力变化

1. 综合预警变化

2010~2014 年，安岳县 69 个乡镇，其中 54 个乡镇的资源环境承载力预警级别无变化，13 个乡镇有所好转，如图 6-69 所示。2 个乡镇资源环境承载力预警等级变差。

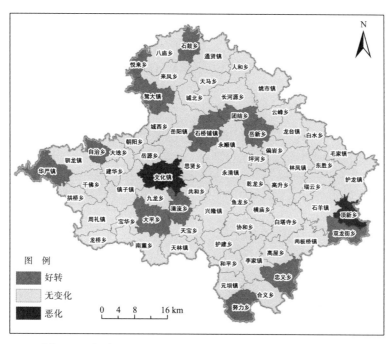

图 6-69 安岳县 2010~2014 年资源环境承载力综合预警变化

2. 限制性指标预警变化

2010~2014 年，安岳县 69 个乡镇中，共有 39 个乡镇限制性指标承载力预警级别有所好转，如图 6-70 所示。19 个乡镇预警级别没有变化。资源环境承载力预警等级变差的乡镇有 11 个。粮食安全是影响安岳县限制性指标预警结果的主要因素。

3. 最终预警变化

2000~2014 年，安岳县资源环境承载力状况得到了极大改善，如图 6-71 所示。有 38 个乡镇的资源环境承载力最终预警级别发生好转，占总乡镇数的 55.1%，有 30 个乡镇的资源环境承载力最终预警级别没有变化，占总乡镇数的 43.5%，仅有 1 个乡镇的预警级别恶化。

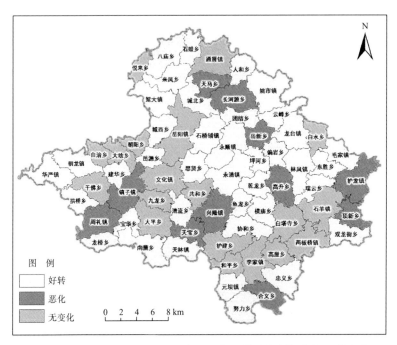

图 6-70　安岳县 2000～2014 年资源环境承载力限制性指标预警变化

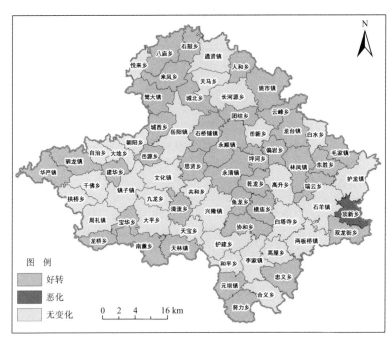

图 6-71　安岳县 2000～2014 年资源环境承载力最终预警变化

6.4 小 结

6.4.1 结论

(1)通过对安岳县可利用土地资源进行监测发现,2010~2014年,安岳县的可利用土地资源总面积变化较小,分别为288.78km^{2}和290.04km^2,可利用土地资源的空间分布也较为均匀。结合安岳县的实际情况分析发现,安岳县地处成渝经济区腹地,海拔均在200~500m,坡度以<15°为主,人口和基本农田都分布均匀,被誉为"中国柠檬之都",也是我国农产品主产区之一,适宜建设用地较多。由于城市化进程加快、交通运输的发达使得安岳县的经济有了明显发展,使得已有建设用地面积增加,基本农田面积减少,从而可利用土地资源面积有一定程度的增加,但增长幅度较小。安岳县是农业大县,是全国农产品主产区,必须在保护耕地数量和质量的同时,控制建设用地对耕地的占用,才能更有效地保证安岳县农业的可持续发展。

(2)通过对安岳县可利用水资源进行监测发现,相比于2010年,2014年安岳县可利用水资源潜力减少了4.07亿m^3,减少率高达40.7%,人均可利用水资源潜力减少了262.23m^3/人,减少率41.9%,等级也由2010年的较丰富水平转变成2014年的中等水平,各乡镇的水资源潜力都表现出明显的下降趋势。结合相关资料分析发现,2010~2014年,安岳县降水量减少、气候变暖等导致地表产流量及地下水补给量减少,加上人口增加等原因导致安岳县人均可利用水资源潜力降低。近年来,由于地表水污染严重,地表水可利用率降低,安岳县水资源紧缺问题日益突显,人均地表水量少,常年出现缺水情况。为保证安岳县长远的发展,切不可过度消耗环境资源,不仅要控制安岳县人口增长速度,提高农业用水效率,发展节水农业,实施水资源优化配置;在进行经济人口布局规划时要合理考虑,全面推进节水型社会建设,加强水资源开发节约利用;加快安岳县水资源开发利用工程建设,提高安岳县的水资源承载能力,保障经济社会可持续发展;大力推广节水灌溉新材料、新技术、新工艺、新设备和搞好渠道防洪整治,提高渠系的利用率。

(3)通过对安岳县环境容量进行监测发现,2010~2014年,安岳县SO$_2$排放量增加258.1t,COD排放量增加6068.65t,大气和水污染情况变得日趋严重。结合相关资料分析可知,安岳县农业发达,农产品生产是其经济的主要来源,伴随农业发展的同时也带来一系列的环境污染问题,农药污染物排放严重,化肥污染物,农膜污染,燃烧秸秆等,这些都是导致安岳污染排放量增加的主要原因。故为改善安岳县的环境质量,本书提出以下建议:加快环境保护、管理体制改革,推进环保设施商业化运营;实行清洁生产,减少农药的使用量;增强全社会保护环境的意识,建立健全社会监督机制,多形式多层次组织社会公众参与环保工作;通过生态功能区合理规划和产业板块区域化布局,促进环境保护和经济发展有机统一。增强产业生态修复力,增加环境容量,扩大生态对产业的包容性;充分考虑环境容量,坚决走资源节约型、环境保护型路线。

(4)通过对安岳县自然灾害影响进行监测发现,安岳县在2010年、2014年境内自然灾害危险性主要分为无影响、影响略大和影响较大三类。2010年,安岳县境内大部分区域自然灾害影响略大,由于安岳县北部及西部河网密度较高的区域洪水危险性较高,导致该区域受自然灾害影响较大;

2014 年，安岳县内受自然灾害影响较大的区域面积有所减少。从乡镇尺度来看，安岳县境内大部分区域地形坡度≤25°，安岳县境内大部分乡镇地势较为平坦，且受地灾影响较小，但由于部分区域河网密集分布，且降水充沛，时有暴雨发生，大部分乡镇受洪水影响较大，其中石桥铺镇、通贤镇、城北乡、来凤乡、天马乡、长河源乡和团结乡处于河网密集区，易受暴雨和极端降雨的影响。

(5)通过对安岳县林草地覆盖率进行监测发现，安岳县的林草地覆盖在数量和空间分布上都保持较稳定状态，分布均匀，覆盖度较低。结合安岳县的实际情况可知，安岳县是农业大县，是全国较少的农产品主产区，耕地资源受保护度较高，林草地资源主要以森林资源和荒草地的形式分布在田间，故而林草地的覆盖度较小，空间分布的变化情况也较小。

(6)通过对安岳县经济发展水平进行监测发现：2010～2014 年，安岳县各乡镇的经济发展水平有较大提高，极落后乡镇由 2010 年的 54 个减少到 2014 年的 14 个，落后乡镇从 14 个增加到 45 个，中等乡镇从 1 个增加到 10 个，其中岳阳镇的经济发展水平提高最明显，分析其原因发现岳阳镇是安岳县城所在地，是全县政治、经济和文化中心，近年来，岳阳镇党委、政府依靠科技领先，积极开发东西两山，全镇经济走上了高速度、跳跃式发展的轨道。总的来说，安岳县在这期间，人民收入提高，生活水平好转，经济发展较快。

(7)通过对安岳县人口聚集度进行监测发现，安岳县 2010 年、2014 年的人口聚集度分别为 836.19 和 725.38，降低了 110.81，表明安岳县的人口聚集情况有所降低，分析其原因发现，一方面相比于 2010 年，2014 年安岳县的人口增加较少，另一方面 2014 年安岳县的人口增长率低于 2010 年，致使 2014 年安岳县的人口聚集度低于 2010 年，但是安岳县及各乡镇仍属于人口高度密集区。总体来说，安岳县人口众多，人口密集，是全国不多的人口过百万的县，属于典型的农业、人口大县。安岳县人口分布密集，这跟安岳县优越的自然条件有很大关系，再加上安岳县气候温和，很适宜居住，交通也发达，成为人口聚集重要因素。另外，2010 年安岳县全县转移输出农村富余劳动力 49 万人，这是导致安岳县乡镇人口聚集度减少的重要原因。

(8)通过对安岳县交通网络密度分析发现，2010～2014 年，安岳县的交通网络越来越发达，道路通车里程由 2010 年的 6114.65km 增加到 2014 年的 7026.57km，增加率 14.91%，交通网络密度均属于高密度区。结合安岳县的实际情况分析发现，近年来，安岳县突出交通基础设施建设，坚持变交通节点为交通枢纽，攻坚克难，加速构建"成渝中部区域性次级交通枢纽"，"联结双核"，"承接成渝"的交通区位优势正逐步凸显，县内"半小时"，成渝"1 小时"快速交通路网正在加快构建。始终坚持把"建设大通道、打通中通道、推进一体化"作为交通工作的重点。安岳位于成渝经济区腹心，公路密布城乡，客货运输四通八达。国道 319、省道 206 及建设中的内资遂高速公路、成安渝高速公路和规划建设的资安潼广高速公路等交通要道穿境而过，使安岳处于成都、重庆 1 小时经济圈，内江、遂宁半小时经济圈内。这些都使得安岳县交通发展越来越好。

(9)通过对安岳县的耕地资源进行监测发现，2010～2014 年，安岳县的耕地资源减少 19.96km²，减少率 0.23%，耕地安全指数也由 2010 年的 1.46 减少到 2014 年的 1.44，减少率较低，表明安岳县的耕地资源保持着较稳定状态，且耕地资源的安全性较高。结合相关资料分析得知，安岳县是全国农产品主产区，农业发达，物产丰富，农产品及其再生产业是主要的经济来源，所以耕地资源作为农民收入的重要保障得到有效的保护。但是，为了预防安岳县耕地资源减少而导致的粮食安全等一系列问题，应采取措施推进农田水利设施建设、加大耕地保护力度、稳定耕地面积、提高耕地物质生产能力、治理环境污染等。

（10）通过对安岳县粮食安全进行监测发现，2010~2014 年，安岳县 69 个乡镇的粮食产量普遍呈现出减少的趋势，经过分析得知，该趋势与耕地资源的减少有着密切关系。通过计算 2010 年、2014 年的粮食趋势产量增长率发现，2014 年安岳县各乡镇的粮食趋势产量增长率高于 2010 年，主要因素是粮食实际粮食产量高于粮食趋势产量，这对于安岳县粮食安全来说是一个好的现象。实际粮食产量高于粮食趋势产量，说明政府在保护粮食安全方面做出的努力显现出了效果。

（11）通过对安岳县资源环境承载力预警发现，安岳县资源环境承载力状况得到了极大改善。2014 年，资源环境承载力最终预警等级以中度预警和重度预警为主，其中 39 个乡镇为中度预警，21 个乡镇为重度预警。预警级别为轻度预警和危险的乡镇个数分别为 1 个和 8 个。与 2010 年相比，38 个乡镇有所好转，1 个乡镇等级变差，其他乡镇无变化。

综上，安岳县作为"中国柠檬之都"，是我国农产品主产区之一，对快速引领川东地区现代化农业的发展，加快推进全面实施农业现代化有着不可小觑的作用。该区域位于成渝经济区腹心，气候温和，四季分明，适于居住。但目前综合资源环境承载力水平处于警戒水平，因此，持续评估该区域的资源环境承载力，能全面客观反映该区域的资源、环境、生态和社会经济等现状，为安岳县的长远规划和社会经济发展提供意见具有重大作用。

6.4.2　建议与对策

由于安岳县是农业大县，是全国农产品主产区，对土地资源、水资源以及交通资源的数量和质量较为依赖。据此，为促进安岳县经济与环境的可持续发展提出以下几点对策与建议：

（1）合理开发利用自然生态资源。坚持保护耕地数量和质量为主，控制建设用地对耕地的占用；充分考虑环境容量，坚决走资源节约型，环境保护型路线。

（2）统筹规划，突出重点。坚持"要想富，先修路"以交通带动发展的路线，合理规划安岳县的交通，并与周边区域做好相关规划衔接。

（3）综合治理与防治并重。统筹推进林地覆盖、地质灾害、土地规划、大气监测等的常态化监测与评估、治理工作，扎实推进各类建设工作。

（4）建立健全监督机制和机构。加大法律法规的宣传力度，严格执行保护耕地、环境、林地等相关政策，提高土地综合生产能力，调动农民参与管理与保护的积极性。

（5）加强农业、水利、交通等基础设施，实施各类资源优化配置。

（6）以市场为导向，优化经济结构。调整经济收入结构，建设集约化、规模化、专业化现代农业及其加工业，提高经济发展水平和效益，确实增加农民收入，提高生活水平。

（7）政府主导，社会广泛参与。政府可实施差别化扶持政策，对经济生产薄弱、交通欠发达、环境污染严重和粮食安全等级较差的乡镇建立长期有效的帮扶措施。

第7章 重点开发区和市辖区资源环境承载力监测预警
——以郫县为例

7.1 区域概况

郫县(2016年12月更名为郫都区)地处成都西北近郊，是古蜀国古都，素有"蜀都起源、生态郫县"之美誉。如今，这座城市已成为全国县域经济基本竞争力百强县(市)和全国科学发展百强城市，连续3年蝉联四川最具投资价值城市第一名，跻身全国最具投资潜力的中小城市50强。郫县以"两园一总部"(小微企业创新园、智慧科技园、建筑业和房地产总部基地)为抓手，打造新型高端产业载体，促进区域产业结构调整优化和转型升级，全面推进西门口卫星城建设。郫县无疑是全省183个县(市、区)中最具发展活力、最具发展潜力的区域之一。

7.1.1 地理位置

郫县地处川西平原腹心地带，介于东经103°42′至104°2′，北纬30°43′至30°52′之间，位于成都市西北近郊，东靠金牛区，西连都江堰市，北与彭州市和新都区接壤，南与温江区毗邻，是通往世界著名风景名胜区都江堰、青城山、黄龙和九寨沟的必经之路。郫县面积437.5km²，监测范围如图7-1所示(其中，合作街道由成都市高新西区主管，因此，在资源环境承载力监测评价过程中不考虑其范围及相应数值)。

7.1.2 地形地貌

郫县整个地势由西北到东南逐步下降，相对高度差为121.8m。境内除西北角有一面积为4.6km²的浅丘台地外，其余均为平原地区。地形平面略似一只五指并拢、由西北伸向东南的手掌。县城西衔都江堰，南倚温江，北靠彭州，东北面为新都，县城郫筒街道东至金牛区仅13km。郫县地貌类型分区属四川盆地西平原区，具有川西坝坝区的典型特点，是岷江冲洪积扇状平原，由西北向东南倾斜，具有"大平小不平"的特点，因古河道的冲击和近代河流的冲刷切割，形成众多成扇形状展开，微地貌呈凸凹状的条堤形地，相对高度不超过2m。西北部浅丘台地横山子，是县内唯一的山丘。全县除浅丘台地为老冲击黄泥黏土层，下覆紫色砂岩和砾岩以外，平原地表皆为岷江新冲积灰色水稻土细沙粒泥层，下伏洪积物黄泥层或黄泥夹沙层，适宜各种农作物生长。全县水系发

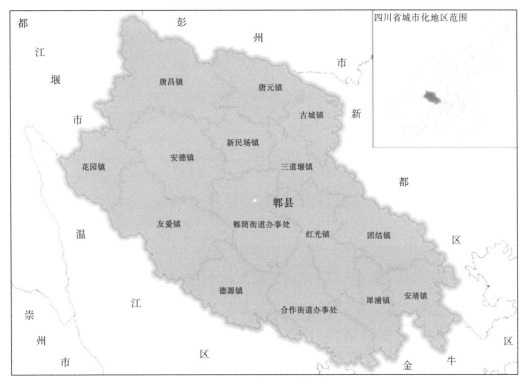

图 7-1　郫县地理位置

达，内江四大干流流经县境，并行成八条干渠，两条分干渠和一条东风渠干渠，以下又形成密如蛛网的排灌系统。郫县大地构造属新华夏构造体系的第三沉降带，地质构造区划属四川中台拗——川西台陷——成都新生代断陷。

7.1.3　气候水文

郫县气候宜人，属亚热带季风性湿润气候，夏无酷暑，冬无严寒，雨量充沛。年平均气温16℃，一月平均气温 5℃，八月平均气温 26℃ 左右。全年风向频率以东南风最多，具有春早、夏长、秋雨、冬暖、无霜期长、雨量充沛、冬季多雾、日照偏少和四季分明的特点。

郫县地形、地理位置特殊，绝大部分为平原，属都江堰的上游灌溉区，境内河流密布。主要有蒲阳河、柏条河、走马河、江安河、府河、毗河、徐堰河和沱江河，总长 158km，是郫县主要的水资源。同时向都江堰下游灌区输送农业用水，为成都市输送工业、环保用水以及市民生活用水。成都市的主要输水厂市自来水六厂取水口即在郫县三道堰镇。

7.1.4　交通经济

国道 317 线、成灌高速、成都绕城高速、成铁西环线等近 10 条主干道纵贯东西、横跨南北，镇镇通二级公路，村村通水泥路。截至 2011 年，郫县已形成"三横六纵一圈"的城市交通网络体系和一刻钟经济圈。成都地铁 2 号线穿越境内，乘地铁 10 分钟可到达郫县。

2014 年郫县实现地区生产总值 396.66 亿元，比上年增长 9.7%，比成都市高 0.8 个百分点。其中第一产业增值 20.92 亿元，增长 3.4%；第二产业增加值 231.27 亿元，增长 9.7%；第三产业增加值 144.47 亿元，增长 10.8%。三次产业结构 5.3∶58.3∶36.4。三次产业对经济增长的贡献率分别为 1.9%、61.3% 和 71.3%。

7.2　监　测　结　果

7.2.1　资源

7.2.1.1　可利用土地资源

通过对郫县 2010 年、2014 年不同土地利用类型的面积统计分析(表 7-1、图 7-2、图 7-3 和图 7-4)得出，可利用土地资源面积由 62.14km² 增加到 131.81km²，增加明显；土地资源主要分布在西部、西北部和北部地区；其中适宜建设用地和已建设用地面积保持稳定，基本农田面积由 181.57km² 减少到 87.19km²，减少率达 52%，基本农田面积的减少是导致郫县可利用土地面积增加的主要原因。从各乡镇来看，相较于 2010 年，2014 年郫县各乡镇已有建设用地面积和可利用土地资源面积都有所增加，而基本农田面积都有不同程度的减少，友爱镇的可利用土地资源面积从 18.18km² 增加到 29.93km²，明显高于其他乡镇，其次依次有安德镇、唐昌镇、红光镇和花园镇；犀浦镇的可利用土地资源面积最低，仅从 0.26km² 增加到 0.82km²。从人均可利用土地资源丰度分级来看，2010 年、2014 年郫县各乡镇人均可利用土地资源缺乏的乡镇分别为 5 个和 1 个，较缺乏的分别为 7 个和 4 个，中等的分别为 2 个和 7 个，较丰富的分别为 0 个和 2 个，各乡镇的人均可利用土地资源的安全性有所提高。

表 7-1　郫县 2010 年、2014 年各乡镇不同土地利用类型面积统计　　　　　单位：km²

土地利用类型 乡镇	适宜建设用地		已有建设用地		基本农田		可利用土地资源	
	2010 年	2014 年	2010 年	2014 年	2010 年	2014 年	2010 年	2014 年
郫筒街道	28.98	28.4	12.96	15.43	11.15	3.19	4.87	9.77
团结镇	23.55	23.57	8.07	10.22	13.38	7.13	2.10	6.22
犀浦镇	13.34	14.29	11.01	12.12	2.06	1.36	0.26	0.82
花园镇	21.11	20.74	3.15	3.51	7.00	0.97	10.95	16.26
唐昌镇	45.35	45.00	10.40	10.57	30.26	20.6	4.69	13.83
安德镇	35.76	35.16	8.78	10.31	21.2	10.41	5.78	14.45
三道堰镇	17.81	16.61	4.84	5.36	11.65	5.36	1.31	5.89
安靖镇	18.18	18.55	10.03	12.30	5.97	1.21	2.18	5.03

| 土地利用类型 | 适宜建设用地 | | 已有建设用地 | | 基本农田 | | 可利用土地资源 | |
乡镇	2010 年	2014 年	2010 年	2014 年	2010 年	2014 年	2010 年	2014 年
新民场镇	16.57	16.38	4.62	4.99	9.29	4.53	2.66	6.86
德源镇	27.26	21.27	7.93	8.39	16.6	10.41	2.73	2.47
友爱镇	43.54	42.69	8.57	9.17	16.79	3.59	18.18	29.93
古城镇	15.70	14.06	3.97	4.36	10.36	4.38	1.38	5.32
唐元镇	23.22	23.32	5.35	5.87	15.15	11.29	2.72	6.15
红光镇	24.78	24.19	11.76	12.63	10.71	2.75	2.31	8.81
合计	355.14	344.23	111.42	125.23	181.57	87.19	62.14	131.81

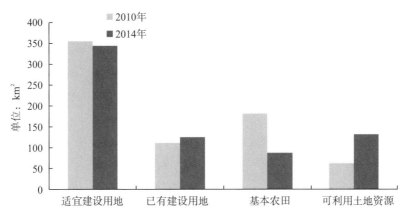

图 7-2　郫县 2010 年、2014 年不同土地利用类型面积对比

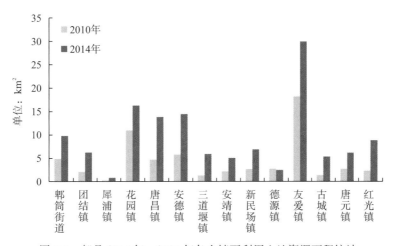

图 7-3　郫县 2010 年、2014 年各乡镇可利用土地资源面积统计

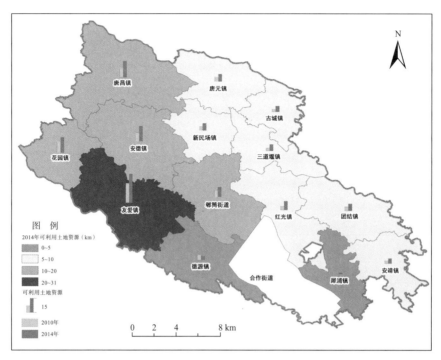

图 7-4　郫县 2010 年、2014 年可利用土地资源分布与变化

　　根据人均可利用土地资源计算公式和《国家级可利用土地资源分级标准》，得出郫县各乡镇的人均可利用土地资源面积及丰度分级，如表 7-2 所示。

表 7-2　郫县 2010 年、2014 年人均可利用土地资源面积及丰度分级

乡镇名	2010 年				2014 年			
	可利用土地资源（亩）	人口	人均可利用土地资源（亩/人）	等级	可利用土地资源（亩）	人口	人均可利用土地资源（亩/人）	等级
郫筒街道	7304.96	98345	0.07	0	14654.93	120592	0.12	1
团结镇	3149.98	35039	0.09	0	9329.95	32511	0.29	1
犀浦镇	390.00	59971	0.01	0	1229.99	64882	0.02	0
花园镇	16424.92	21699	0.76	2	24389.88	22050	1.11	3
唐昌镇	7034.96	51054	0.14	1	20744.90	50903	0.41	2
安德镇	8669.96	37590	0.23	1	21674.89	38033	0.57	2
三道堰镇	1964.99	18845	0.10	0	8834.96	20134	0.44	2
安靖镇	3269.98	24456	0.13	1	7544.96	26757	0.28	1
新民场镇	3989.98	16890	0.24	1	10289.95	17524	0.59	2
德源镇	4094.98	27331	0.15	1	3704.98	23845	0.16	1
友爱镇	27269.86	42240	0.65	2	44894.78	43490	1.03	3
古城镇	2069.99	16224	0.13	1	7979.96	16839	0.47	2
唐元镇	4079.98	24070	0.17	1	9224.95	24429	0.38	2
红光镇	3464.98	34789	0.10	0	13214.93	40537	0.33	2
合计	93179.53	508543	0.18	1	197714.01	542526	0.36	2

郸县各乡镇 2010 年、2014 年人均可利用土地资源丰度分级对比情况如图 7-5、图 7-6 所示。

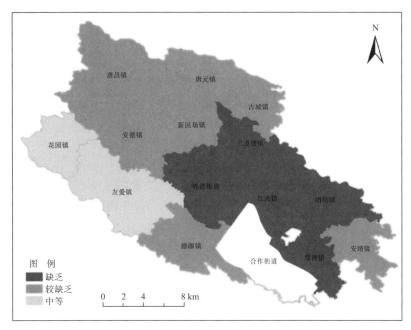

图 7-5　郸县各乡镇 2010 年人均可利用土地资源丰度分级

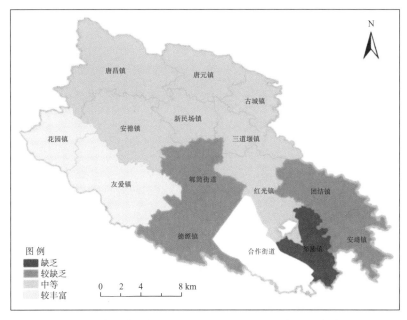

图 7-6　郸县各乡镇 2014 年人均可利用土地资源丰度分级

通过对郸县的可利用土地资源进行监测发现：2010 年到 2014 年，可利用土地资源面积由 62.14km² 增加到 131.81km²，各乡镇的人均可利用土地资源面积增加，人均可利用土地的安全性提高。结合郸县的实际情况分析发现，随着城市规模的扩大，郸县城市开发建设速度不断加快，经济建设占用了部分耕地，使得已有建设用地面积增加和基本农田面积减少，而基本农田面积减少的幅度大于已有建设用地面积增长的幅度,致使郫县各乡镇可利用土地资源面积均有增加。随着社会经济的不断发展,城镇化、工业化的不断加快,人口的持续增加以及不合理的土地利用方式,导致我国土地资源的稀缺与社会需求的增长之间的矛盾越来越明显。郫县作为一个快速发展的工业化城市,在发展经济的同时,需控制城市建设用地规模,充分提高已开发用地的利用率达到资源的高效利用,以保障土地资源的安全,通过编制区域土地生态功能规划,制定相应的土地、生态保护规划,从而达到因地制宜地指导经济布局和生态建设的目的。

7.2.1.2　可利用水资源

通过对郫县 2010 年、2014 年的可利用水资源潜力进行计算和对比分析(表 7-3、图 7-7、图 7-8)发现,郫县 2014 年可利用水资源潜力与人均可利用水资源潜力较 2010 年都有所下降;两年的人均可利用水资源潜力都属于中等水平;同时通过郫县各乡镇人均可利用水资源潜力等级图可知,除郫筒街道和犀浦镇的人均可利用水资源潜力属于较缺乏外,其余十二个乡镇均属于中等水平,两年中郫县各乡镇的人均可利用水资源潜力等级保持稳定,但各乡镇的可利用水资源都有不同程度的减少。

表 7-3　郫县 2010 年、2014 年可利用水资源潜力统计

乡镇	2010 年				2014 年			
	可利用水资源潜力(m³)	人口(人)	人均可利用水资源潜力(m³/人)	等级	可利用水资源潜力(m³)	人口(人)	人均可利用水资源潜力(m³/人)	等级
郫筒街道	12380773.28	98345	125.89	1	10246157.20	120592	84.97	1
团结镇	10277538.27	35039	293.32	2	8505548.91	32511	261.62	2
犀浦镇	6926199.25	59971	115.49	1	5732026.97	64882	88.35	1
花园镇	8001089.27	21699	368.73	2	6621591.12	22050	300.30	2
唐昌镇	17781574.50	51054	348.29	2	14715785.79	50903	289.09	2
安德镇	14044188.48	37590	373.62	2	11622776.67	38033	305.60	2
三道堰镇	7220904.03	18845	383.17	2	5975920.57	20134	296.81	2
安靖镇	7756160.00	24456	317.15	2	6418891.04	26757	239.90	2
新民场镇	6671989.25	16890	395.03	2	5521646.28	17524	315.09	2
德源镇	11090435.82	27331	405.78	2	9178291.72	23845	384.91	2
友爱镇	16723397.34	42240	395.91	2	13840052.97	43490	318.24	2
古城镇	6189296.25	16224	381.49	2	5122176.20	16839	304.19	2
唐元镇	9161501.99	24070	380.62	2	7581932.68	24429	310.37	2
红光镇	10773652.23	34789	309.69	2	8916125.98	40537	219.95	2
合计	145000000.00	508543	285.90	2	120000000.00	542526	221.96	2

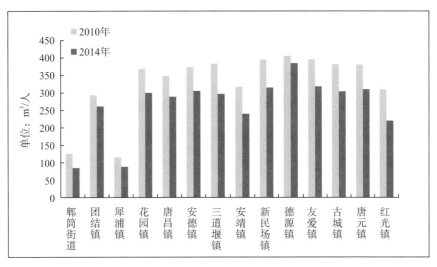

图 7-7　郫县 2010 年、2014 年人均可利用水资源潜力对比

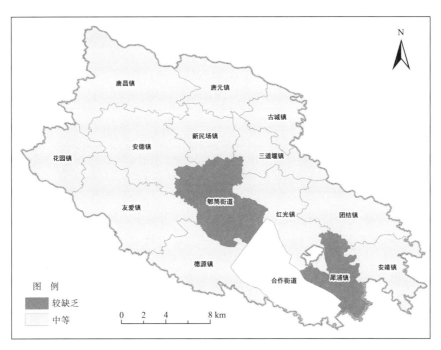

图 7-8　郫县各乡镇 2010 年、2014 年人均可利用水资源潜力等级

　　通过对郫县可利用水资源潜力进行监测发现：相比于 2010 年，可利用水资源潜力减少 0.25 亿 m³，减少率高达 17%；人均可利用水资源潜力分别是 285.90m³/人和 221.96m³/人，相比减少 63.94m³/人，减少率 22.4%。经分析发现，近年来郫县由于地下水资源的减少，生活用水、工业用水和人口的增加导致 2014 年人均水资源潜力减少 63.94 亿 m³。结合郫县的实际情况分析，郫县作为城市化工业区，人口较多、工业发达，农村人口逐步向城市转移，城市用水一年比一年增多，但是水资源却不是很发达，水资源供需矛盾突出。近年来，地表水污染严重，进一步减少了地表水可利用率。另外，郫县的水环境状况不仅影响到成都市区的水环境，而且与成都 1200 万市民的饮

水安全息息相关。为保证郫县足够的可利用水资源，保证经济的发展和人民生活水平的质量，拟提出以下建议：郫县应适当控制人口增长速度，提高人均可利用水资源量；在进行经济人口布局规划时要合理考虑，减少污染，全面推进节水型社会建设，加强水资源开发节约利用；加快郫县水资源开发利用工程建设，提高水资源承载能力，保障经济社会可持续发展。

7.2.2　环境、生态

7.2.2.1　环境容量

通过计算郫县 2010 年、2014 年的环境容量（表 7-4、表 7-5）发现，2014 年 SO_2 排放量为与 COD 排放量较 2010 年均有大幅度的增加。郫县及各乡镇两年的环境容量等级均属于无超载。

表 7-4　郫县 2010 年、2014 年大气环境容量（SO_2）统计

年份	$A(\mathrm{km}^2$ $\times 10^4/a)$	C_{ki} $(\mu g/m^3)$	C_0	S_i (km^2)	S (km^2)	大气环境容量 $(SO_2)G_i$	$P_i(SO_2)$ (t)	A_i	环境容量等级
2010 年	2.94	60	0	400.29	400.29	35292.79	1009.47	−0.97	4
2014 年	2.94	60	0	400.29	400.29	35292.79	1346.60	−0.96	4

表 7-5　郫县 2010 年、2014 年水环境容量（COD）统计

年份	Q_i （亿 m^3）	C_i (mg/L)	C_{i0}	$k(1/d)$	水环境容量 $(COD)G_i$	$P_i(COD)$ (t)	A_i	环境容量等级
2010 年	2.54	20	0	0.20	6096	3797.02	−0.38	4
2014 年	3.36	20	0	0.20	8064	4968.81	−0.38	4

通过对郫县环境容量进行监测发现：2010 年到 2014 年，SO_2 排放量增加 337.13t，增长率为 33.4%，COD 排放量增加 1171.79t，增长率为 30.9%，大气和水污染情况变得日益严重。结合相关资料分析可知，郫县是工业化城市，在工业化建设中由于技术水平不高、工艺设施落后，加之在迅速发展的过程中缺乏完善的管理，资源、能源浪费严重，工业"三废"大量排放，大气污染物、工业废水以及工业及城市固体废弃物的排放构成了郫县环境的主要污染源。另外生活污水和汽车尾气的排放也是构成环境污染的重要因素。为保证郫县的长远发展，现提出以下建议：加快环境保护、管理体制改革，推进环保设施商业化运营。长期以来，环境保护治污、防污工作都在国家计划经济模式下运作，对国家补贴有强烈的依赖性，以致环保设施维修不足，再生产或扩大再生产的能力差，防污染保护环境的作用不强。以单元环境容量的差别来安排产业结构和布局各地区发展经济，规划产业布局必须与调整产业结构有机结合起来，根据当地环境容量特点进行规划，发挥环境容量的最大效益。增强全社会保护环境的意识，建立健全的社会监督机制，多形式多层次的组织社会公众参与环保工作。充分发挥新闻媒体的舆论监督作用，树立环保光荣的社会风尚，使环境保护由政策法规角度深入到人们的伦理道德之中，促进全民自发的环境保护、减少污染的行动。郫县是工业化城市，要削减工业主要污染物排放总量，才能提升环境容量，优化人居环境。

7.2.2.2　自然灾害影响

1.　干旱

1）孕灾环境因子

根据郫县的地形地貌特征，将地形坡度划分为<5°、5°~10°、10°~20°和 20°~30°四个等级，由图 7-9 可以看出，郫县境内大部分区域地势平坦，地形坡度<5°，只有西北方向小部分区域的地形坡度>5°。

根据郫县的地表覆盖情况，同时依据干旱灾害成灾特征，将地表覆盖按照干旱成灾的危险性从低到高划分为六类：①宅基地；②荒漠、裸露地表；③有林地、灌木林地；④草地、园地；⑤水田、湿地；⑥旱地；如图 7-10 所示。

2）致灾因子

利用郫县临近气象观测站点 1980~2014 年气温和降水监测数据，计算得到站点 2010 年和 2014 年两期 SPEI 指数，并通过 Arcgis 空间插值方法获得 SPEI 空间分布结果，如图 7-11、图 7-12 所示。

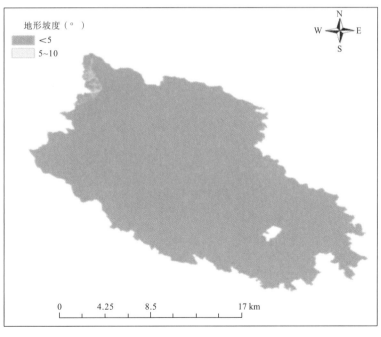

图 7-9　郫县干旱孕灾环境因子（坡度）

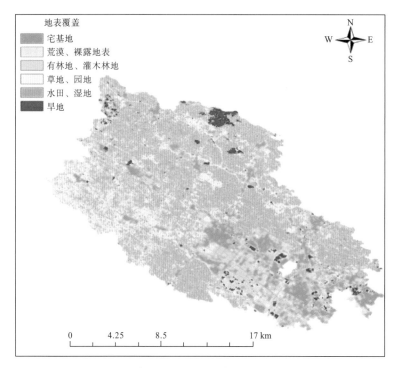

图 7-10　郫县干旱孕灾环境因子(地表覆盖)

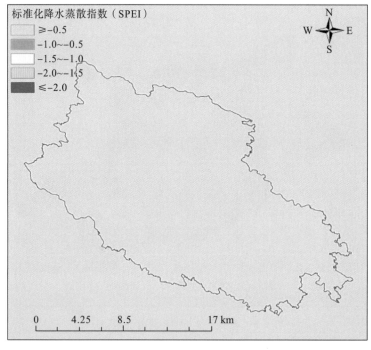

图 7-11　郫县 2010 年干旱致灾指标因子(标准化降水蒸散指数)

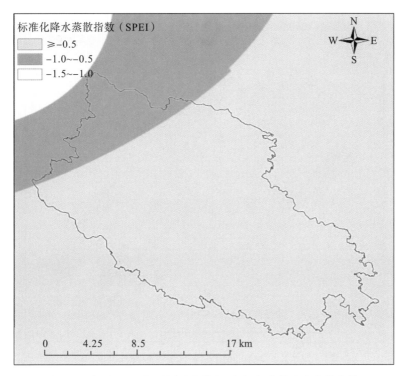

图 7-12　郫县 2014 年干旱致灾指标因子(标准化降水蒸散指数)

由图 7-11、图 7-12 可以看出，2010 年，整个郫县境内 SPEI≥−0.5；2014 年，郫县大部分地区的 SPEI≥−0.5，只有西北方向小部分区域的 SPEI 处于−0.5～−1.0 值域区间。

3)危险分区

通过层次分析法和专家经验打分，获得干旱灾害危险性计算过程中所涉及的孕灾环境因子和致灾因子的权重系数。通过 Arcgis 软件的栅格计算工具计算获得郫县 2010 年和 2014 年 2 期干旱灾害危险分区结果，并利用灾史资料或专家经验进行修正，获得最终干旱危险性评价结果，如图 7-13、图 7-14 所示。

将干旱危险性计算结果按照等级划分为：无旱、轻旱、中旱、重旱和特旱五类，由上图可知，郫县在 2010 年和 2014 年没有出现重旱和特旱现象，然而相较于 2010 年，2014 年郫县北部一部分地区出现了中旱现象。

2. 洪水

1)孕灾环境因子

根据郫县的地形地貌以及洪水灾害的危害特征，将地形坡度划分为 10°～25°和≤10°两个等级，由图 7-15 可以看出，郫县境内大部分区域地形坡度≤10°，处于洪水的高危区域。从河网密度情况来看，郫县的中部区域河道密集分布，为河网密度高值区域(图 7-16)。

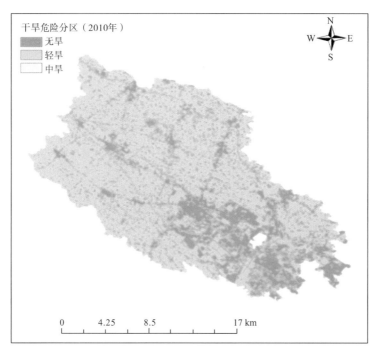

图 7-13　郫县 2010 年干旱灾害危险性分区

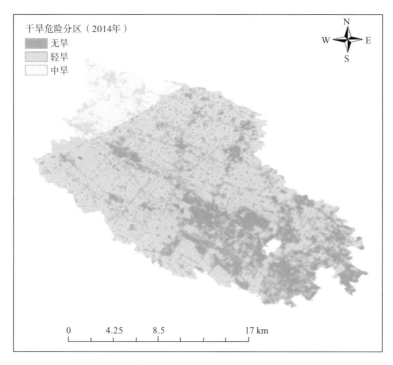

图 7-14　郫县 2014 年干旱灾害危险性分区

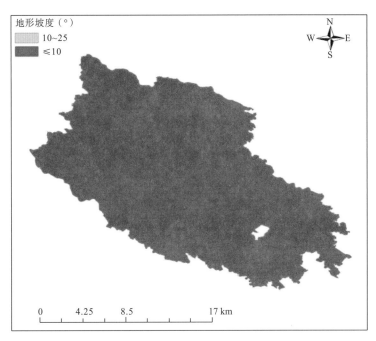

图 7-15　郫县洪水孕灾环境指标因子(坡度)

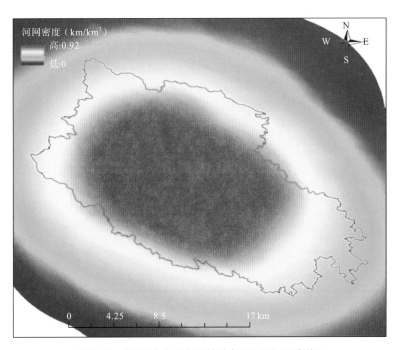

图 7-16　郫县洪水孕灾环境指标因子(河网密度)

　　根据郫县的地表覆盖情况,同时依据洪水灾害成灾特征,将地表覆盖按照干旱成灾的危险性从低到高划分为六类:①有林地、灌木林地;②草地、园地、疏林地;③耕地;④荒漠、裸露地表;⑤人工堆掘地;⑥宅基地、交通设施(图 7-17)。郫县大部分区域地形高差≤50m,地势较为平坦,为洪水高危区域(图 7-18)。

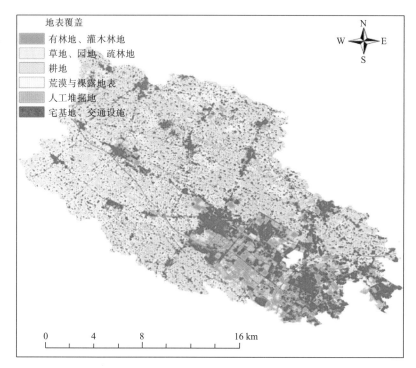

图 7-17　郫县洪水孕灾环境指标因子（地表覆盖）

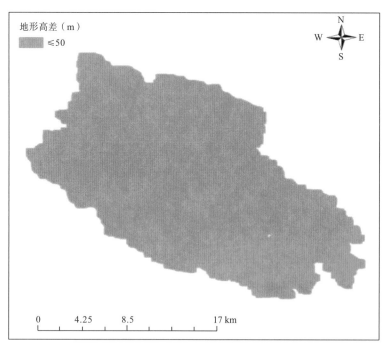

图 7-18　郫县洪水孕灾环境指标因子（地形高差）

2）致灾因子

洪水灾害的评价选取了 3 个致灾因子：暴雨日数、降水变率和年降水量。从图 7-19 和图 7-20

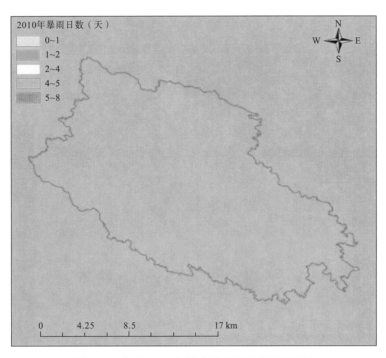

图 7-19　郫县 2010 年洪水致灾因子（暴雨日数）

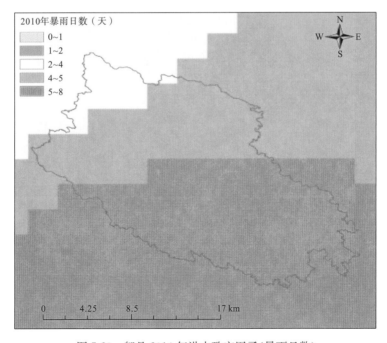

图 7-20　郫县 2014 年洪水致灾因子（暴雨日数）

可以看出，郫县境内在 2010 年暴雨日数为 4～5 天，2014 年，郫县西北小部分区域暴雨现象有所减缓，南部及东南部区域的暴雨日有所增加，为 5～8 天；由图 7-21 和图 7-22 看出，在降水变率方面，2010 年郫县西北小部分地区雨量稍有增加，其余区域雨量与往年大致持平，2014 年全县降水变率≤0.15，降水没有明显的增加现象；而图 7-23 和图 7-24 反映了郫县在 2010 年和 2014 年的年降水量为 900～1300mm。

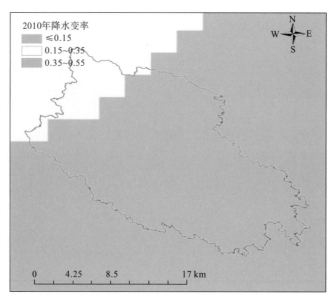

图 7-21　郫县 2010 年洪水致灾因子（降水变率）

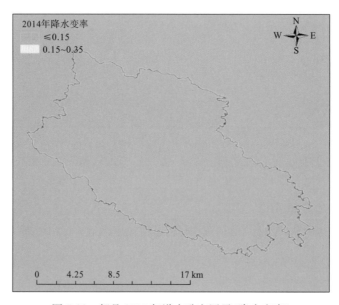

图 7-22　郫县 2014 年洪水致灾因子（降水变率）

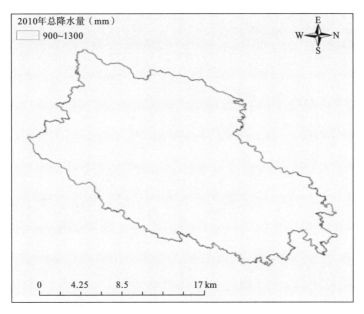

图 7-23　郫县 2010 年洪水致灾因子(降水量)

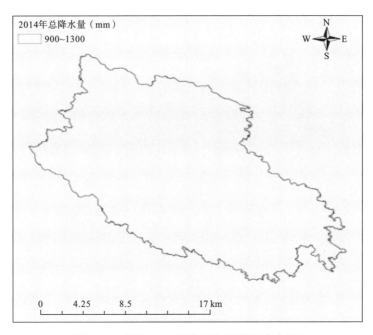

图 7-24　郫县 2014 年洪水致灾因子(降水量)

3)危险分区

　　通过层次分析法和专家经验打分，获得洪水灾害危险性计算过程中所涉及的孕灾环境因子和致灾因子的权重系数。通过 Arcgis 软件的栅格计算工具计算获得郫县 2010 年和 2014 年 2 期洪水灾害危险分区结果，并利用灾史资料或专家经验进行修正，获得最终洪水危险性评价结果，如图 7-25、图 7-26 所示。

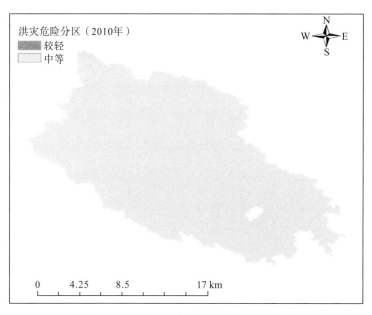

图 7-25　郫县 2010 年洪水灾害危险性分区

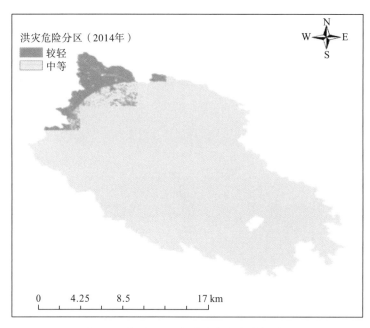

图 7-26　郫县 2014 年洪水灾害危险性分区

将洪水危险性计算结果按照等级划分为：较轻、中等、较严重、严重和极其严重五类，由图 7-25 和图 7-26 可知，2010 年郫县全县境内洪水危险性为中等；2014 年，由于气候条件变化，郫县西北方向小部分区域的洪水危险性有所减轻。

3. 地震

地震灾害的危险性主要是根据地震动峰值加速度的分区进行评估。按照地震动峰值加速度的值域区间，将地震动峰值加速度划分为：0~0.05g、0.1~0.15g、0.2g、0.3g 和≥0.4g，对应的地震危害程度依次为：无、略大、较大、大和极大。

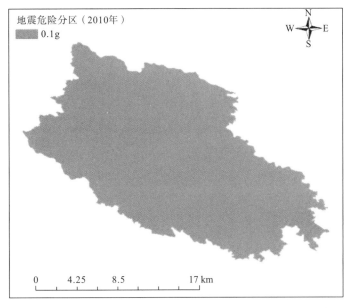

图 7-27　郫县 2010 年地震动峰值加速度分区

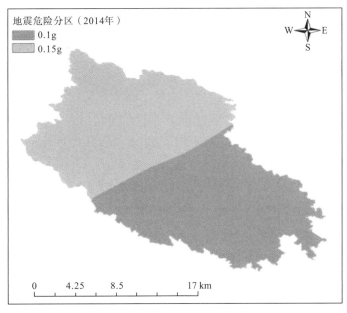

图 7-28　郫县 2014 年地震动峰值加速度分区

由图 7-27 和图 7-28 可以看出，郫县 2010 年与 2014 年间地震动峰值加速度的空间分布格局稍有变化，但受地震灾害的危害程度没有变化。2010 年，郫县境内的地震动峰值加速度为 0.1g，地震危害程度为略大。2014 年，郫县西北部地震动峰值加速度有所增大，增至 0.15g，境内受地震的危害程度依旧为略大。

4. 地质灾害

1) 孕灾环境因子

由图 7-29、图 7-30 和图 7-31 可见，郫县境内主要分布着软弱岩组，地势平坦，地形坡度≤15°，地形高差<100m。

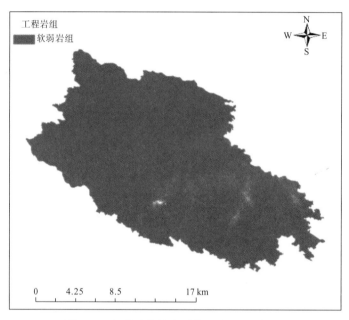

图 7-29　郫县地灾孕灾环境因子(工程岩组)

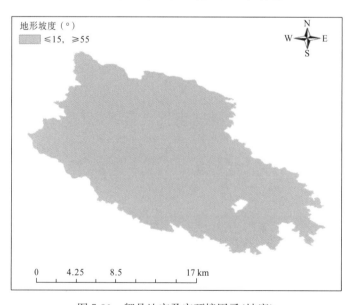

图 7-30　郫县地灾孕灾环境因子(坡度)

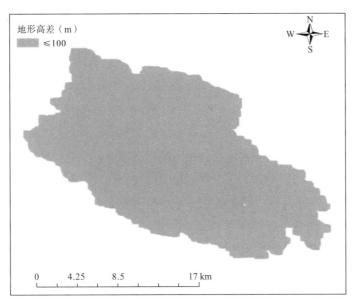

图 7-31　郫县地灾孕灾环境因子(高差)

2)致灾因子

地质灾害危险性评价选取了 2 个致灾因子：地震动峰值加速度(PGA)和年降水量。从图 7-32和图 7-33 可以看出，相比于 2010 年，2014 年地震动峰值加速度分区变化较为明显，郫县境内地震动峰值加速度分区空间分布格局发生改变，西北部 PGA 由 2010 年的 0.1g 增加至 0.15g；从图 7-34和图 7-35 可以看出，2010 年和 2014 年的降雨量区间没有明显变化，为 900~1300mm。

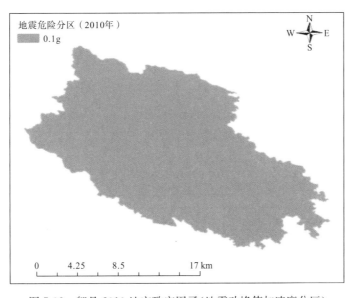

图 7-32　郫县 2010 地灾致灾因子(地震动峰值加速度分区)

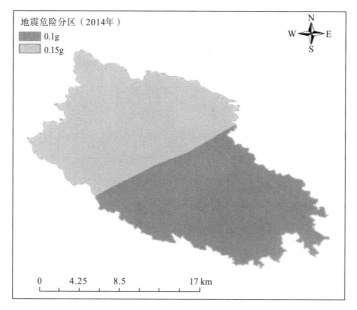

图 7-33　郫县 2014 地灾致灾因子(地震动峰值加速度分区)

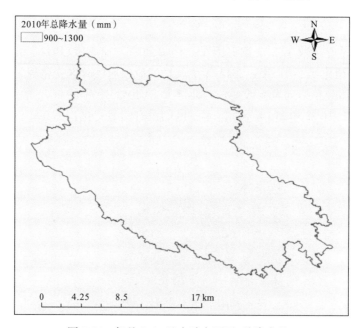

图 7-34　郫县 2010 地灾致灾因子(总降水量)

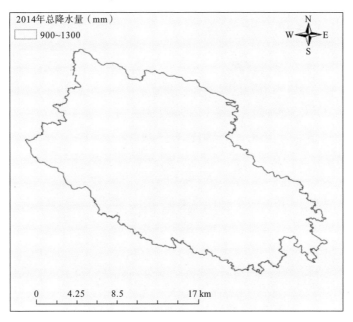

图 7-35　郫县 2014 地灾致灾因子(总降水量)

3)危险分区

通过层次分析法和专家经验打分，获得地质灾害危险性计算过程中所涉及的孕灾环境因子和致灾因子的权重系数。通过 Arcgis 软件的栅格计算工具计算获得郫县 2010 年和 2014 年 2 期地质灾害危险分区结果，并利用灾史资料或专家经验进行修正，获得最终地质危险性评价结果(图 7-36、图 7-37)。

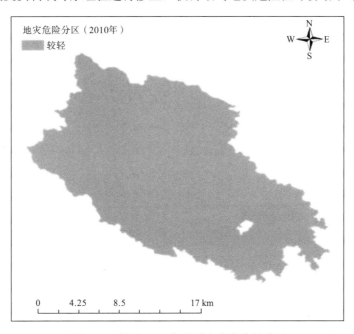

图 7-36　郫县 2010 年地质灾害危险性分区

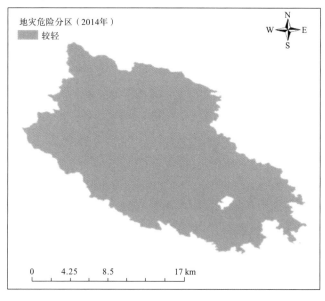

图 7-37　郫县 2014 年地质灾害危险性分区

将地灾危险性计算结果按照等级划分为：较轻、中等、较严重、严重和极其严重五类，由图 7-36、图 7-37 可知，郫县在 2010 和 2014 年境内大部分区域地灾危险性较轻。

5. 综合评价

采用最大值法作为综合分析的方法，来评价干旱、洪水、地震以及地质灾害对郫县的综合危险性，并将自然灾害危险性计算结果按照等级划分为：无影响、影响略大、影响较大、影响大和影响极大五类。

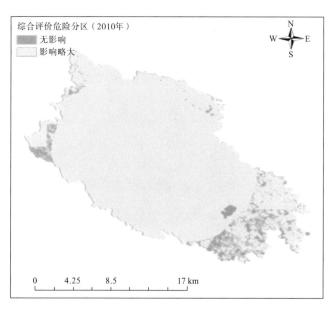

图 7-38　郫县 2010 年自然灾害危险性分区

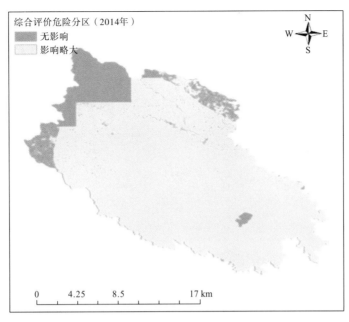

图 7-39　郫县 2014 年自然灾害危险性分区

由图 7-38 和和 7-39 可知，郫县在 2010 年、2014 年境内自然灾害危险性主要分为无影响和影响
略大两类。境内大部分面积受自然灾害影响略大，2014 年西北部区域受自然灾害影响程度较 2010
年有所减轻，无影响区域面积有所增加。对郫县 2010 年、2014 年各乡镇的自然灾害影响进行综合
评价，结果如图 7-40、图 7-41 所示。

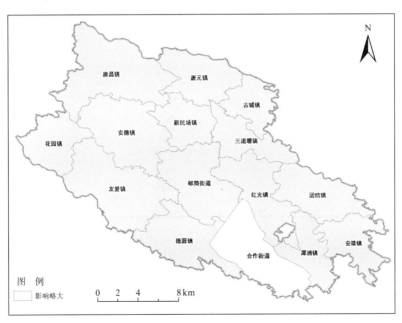

图 7-40　郫县 2010 年自然灾害影响分级

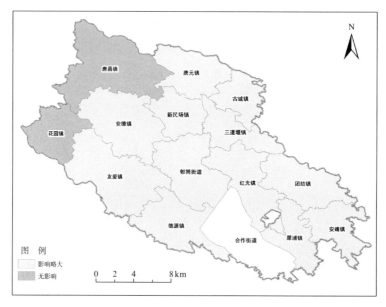

图 7-41　郫县 2014 年自然灾害影响分级

　　从乡镇尺度来看，受自然灾害影响，2010 年郫县各乡镇均属于影响略大。到 2014 年，大部分地区受自然灾害影响度有所缓解，唐昌镇和花园镇由 2010 年的影响略大改善为 2014 年的无影响，其他乡镇的自然灾害影响分级保持稳定。

7.2.2.3　林草地覆盖率

　　本节从行政单元对郫县 2010 年、2014 年林草地覆盖变化情况进行统计分析。郫县 2010 年、2014 年林草地覆盖空间分布情况如图 7-42、图 7-43 所示。

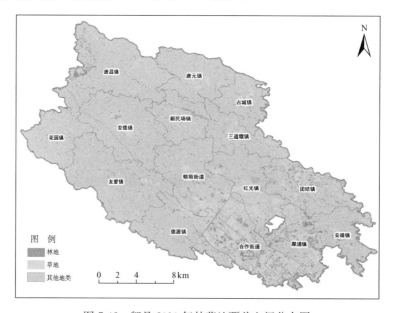

图 7-42　郫县 2010 年林草地覆盖空间分布图

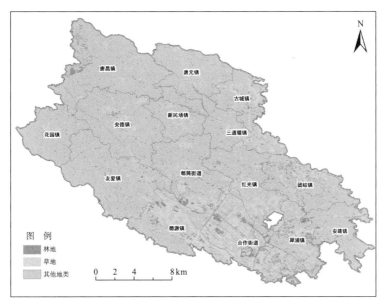

图 7-43　郫县 2014 年林草地覆盖空间分布图

通过对郫县 2010 年、2014 年林地、草地和林草地类型面积及占比(表 7-6、表 7-7、表 7-8、图 7-44 和图 7-45)统计分析发现，林草地面积分别为 40.11km² 和 50.39km²，占比分别为 10.02% 和 12.59%，面积增加 10.28km²，增长率 25.63%；其中林地面积分别为 20.72km² 和 21.22km²，总面积基本保持不变，但空间分布呈现出一定的变化，各乡镇的林地资源面积也有不同程度的波动；草地面积分别为 19.36km² 和 29.15km²，草地面积增加 9.79km²，增长率 50.57%，增加区域主要集中在德源镇，该镇草地面积增长率高达 200%，其次依次有古城镇、三道堰镇、红光镇和花园镇；犀浦镇的草地面积减少相对明显，减少率 17%；另外，2010 年郫县 14 个乡镇中，13 个乡镇的林草地覆盖是低度覆盖，1 个轻度覆盖，2014 年 12 个低度覆盖，2 个轻度覆盖乡镇。

表 7-6　郫县 2010 年、2014 年林地面积及占比

乡镇名	2010 年		2014 年		变化量(km²)
	林地面积(km²)	占比(%)	林地面积(km²)	占比(%)	
安德镇	1.33	3.44	1.41	3.65	0.08
安靖镇	1.84	8.69	1.56	7.29	−0.30
德源镇	1.74	5.69	1.94	6.34	0.20
古城镇	0.67	3.91	0.88	5.17	0.21
红光镇	1.36	4.57	1.27	4.26	−0.09
花园镇	0.60	2.73	0.58	2.62	−0.03
郫筒街道	1.64	4.81	2.07	6.05	0.42
三道堰镇	0.65	3.27	0.65	3.27	0.00
唐昌镇	2.47	5.03	2.50	5.10	0.04
唐元镇	0.69	2.73	0.76	3.02	0.07

续表

乡镇名	2010 年		2014 年		变化量（km²）
	林地面积（km²）	占比（%）	林地面积（km²）	占比（%）	
团结镇	3.03	10.69	2.98	10.50	−0.05
犀浦镇	2.21	11.54	2.07	10.85	−0.13
新民场镇	0.97	5.27	0.95	5.18	−0.02
友爱镇	1.52	3.29	1.60	3.46	0.08
合计	20.72	5.18	21.22	5.30	0.50

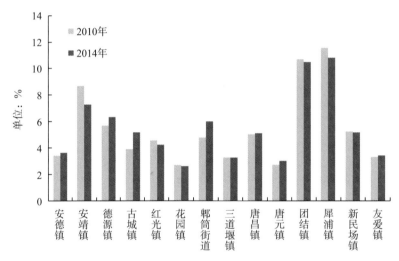

图 7-44　郫县 2010 年、2014 年林地面积占比对比

表 7-7　郫县 2010 年、2014 年草地面积及占比

乡镇名	2010 年		2014 年		变化量（km²）
	草地面积（km²）	占比（%）	草地面积（km²）	占比（%）	
安德镇	1.26	3.24	1.75	4.51	0.49
安靖镇	0.96	4.47	0.90	4.21	−0.05
德源镇	1.28	4.19	7.13	23.29	5.85
古城镇	0.64	3.76	2.03	11.88	1.39
红光镇	3.52	11.85	3.99	13.43	0.47
花园镇	0.21	0.96	0.57	2.56	0.35
郫筒街道	3.42	10.02	3.53	10.32	0.10
三道堰镇	0.73	3.65	1.83	9.16	1.10
唐昌镇	0.63	1.29	0.89	1.80	0.25
唐元镇	0.93	3.68	0.66	2.59	−0.27
团结镇	1.36	4.79	1.35	4.76	−0.01
犀浦镇	3.28	17.13	2.49	13.00	−0.79

乡镇名	2010 年		2014 年		变化量（km²）
	草地面积（km²）	占比（%）	草地面积（km²）	占比（%）	
新民场镇	0.54	2.91	0.72	3.89	0.18
友爱镇	0.60	1.30	1.34	2.90	0.74
合 计	19.36	4.84	29.18	7.29	9.79

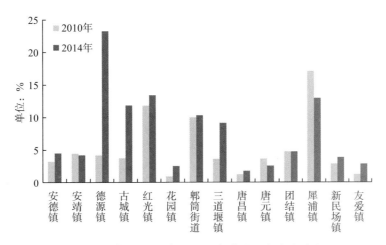

图 7-45　郫县 2010 年、2014 年草地面积占比对比

表 7-8　郫县 2010 年、2014 年林草地面积及占比

乡镇名	2010 年			2014 年			变化量（km²）
	林草地面积（km²）	林草地占比（%）	分级	林草地面积（km²）	林草地占比（%）	分级	
安德镇	2.59	6.68	0	3.16	8.16	0	0.57
安靖镇	2.82	13.16	0	2.46	11.51	0	−0.35
德源镇	3.03	9.89	0	9.07	29.63	1	6.05
古城镇	1.31	7.67	0	2.91	17.05	0	1.60
红光镇	4.88	16.42	0	5.26	17.69	0	0.38
花园镇	0.82	3.69	0	1.14	5.18	0	0.33
郫筒街道	5.07	14.83	0	5.59	16.37	0	0.52
三道堰镇	1.38	6.92	0	2.48	12.44	0	1.10
唐昌镇	3.10	6.31	0	3.39	6.90	0	0.29
唐元镇	1.62	6.40	0	1.42	5.62	0	−0.20
团结镇	4.39	15.48	0	4.33	15.26	0	−0.06
犀浦镇	5.48	28.67	1	4.56	23.85	1	−0.92
新民场镇	1.51	8.18	0	1.67	9.07	0	0.16
友爱镇	2.12	4.58	0	2.94	6.36	0	0.82
合 计	40.11	10.02	0	50.39	12.59	0	10.28

根据以上数据统计分析得出郫县 2010 年、2014 年林草地覆盖率等级空间分布情况，如图 7-46、图 7-47 所示。

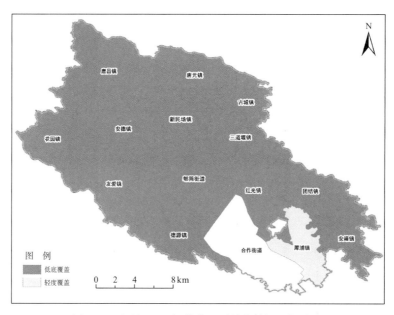

图 7-46　郫县 2010 年林草地覆盖率等级空间分布

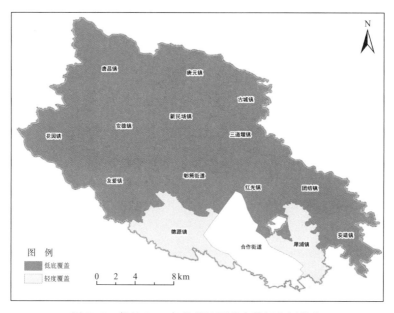

图 7-47　郫县 2014 年林草地覆盖率等级空间分布

通过对郫县的林草地覆盖率进行监测发现：郫县的林地资源面积基本保持稳定，在空间分布上略有变化但不明显，草地资源明显增加，空间分布上也有较大变化。结合相关资料分析，郫县近年来城市化建设大大推进，林草地分布变化且配置合理，林草地资源多以绿化林地和草地的形式分布在建筑和道路周围。绿化林地、草地面积增加与社会经济发展的相关性较大，其主要驱动力是郫县的城市化快速推进，人居环境与自然联系得更紧密，更加注重区域生态环境建设。但是林草地在郫县所有用地中的比重还是比较低的，为促进区域经济的协调发展，保障生态系统的安全，提供优良的生活环境，我们仍要加大力度确保林草的覆盖覆盖率与质量，为此提出以下建议：土地的开发利用要以保护环境为前提，有度有序的开发；工业化城镇化的开发必须建立在该区域综合环境承载力评价的基础之上；合理促进人口、经济和资源环境的空间平衡。

7.2.3　社会经济

7.2.3.1　社会经济发展水平

利用 2010 年、2014 年统计年鉴统计出郫县人口数据、GDP 生产总值，以此计算出郫县 2010 年、2014 年的社会经济发展水平（见表 7-9），统计分析发现郫县 2010 年、2014 年的人口分别是 508543 人和 542526 人，同比增加了 33983 人，增长率 6.68％；GDP 生产总值分别是 2303404 万元和 3966600 万元，增加了 1663196.00 万元，增长率 42％；人均 GDP 分别是 4.53 万元/人和 7.31 万元/人，增加 2.78 万元/人，增长率 61.4％；经济发展水平由 2010 年的 5.89 增长到 2014 年的 8.77，增加 2.89；经济发展水平等级也由发达地区升级为极发达地区。

表 7-9　郫县 2010 年、2014 年人口与经济水平统计

郫县	2010 年	2014 年	变化量
总人口(人)	508543	542526	33983
GDP 生产总值(万元)	2303404	3966600	1663196
人均 GDP(万元/人)	4.53	7.31	2.78
经济发展水平	5.89	8.78	2.89
经济发展水平等级划分	3	4	

通过对郫县社会经济发展水平监测数据的统计分析发现：郫县社会经济水平快速提高，GDP 增加的速度远远高于人口增加速度，这是郫县人均 GDP 提高的直接原因，也间接提高郫县的经济发展水平。经济发展水平是衡量一个地区经济发展的最普遍的一个标准，一般来说，人均 GDP 高，社会福利水平就高，由此可看出郫县在这期间社会经济发展良好。结合相关资料分析得知，郫县已成为全国县域经济基本竞争力百强县(市)、全国科学发展百强城市，连续 3 年蝉联四川最具投资价值城市第一名，跻身全国最具投资潜力的中小城市 50 强。郫县以"两园一总部"（小微企业创新园、智慧科技园、建筑业和房地产总部基地）为抓手，打造新型高端产业载体，促进区域产业结构调整优化和转型升级，全面推进西门口卫星城建设。郫县无疑是全省 183 个县(市、区)中最具发展活力、最具发展潜力的区域之一，在未来的日子里，郫县的经济发展水平还会有突飞猛进的提升。

7.2.3.2　人口聚集度

通过对郫县 2010 年、2014 年人口进行统计分析发现（表 7-10、图 7-48），郫县 2010 年、2014 年的人口聚集度分别为 1778.94 和 2439.62，增加 660.68，增长率为 37.14％，这两年间，郫县均属于人口高度密集区，且人口聚集度进一步提高；从各乡镇的人口聚集度对比可看出，郫筒街道和犀浦镇的人口聚集度明显高于其他乡镇，且人口聚集度增长幅度较高，分别由 3452.86 和 3763.75 增加到 4939.6 和 4750.62，增长率分别为 43.1% 和 26.2%，红光镇和安靖镇的人口聚集度增长幅度次之，增长幅度最小的是德源镇，增长率仅为 1.8%；另外，郫县各乡镇人口聚集度最高的由 2010 年的犀浦镇变成 2014 年的郫筒街道，形成新的人口高度聚集地。

表 7-10　郫县 2010 年、2014 年人口聚集度统计

乡镇名	乡镇面积 (km²)	2010 年			2014 年			变化量
		总人口(人)	人口聚集度	分级	总人口(人)	人口聚集度	分级	
郫筒街道	34.18	98345	3452.86	0	120592	4939.60	0	1486.74
团结镇	28.37	35039	1481.96	0	32511	1604.21	0	122.25
犀浦镇	19.12	59971	3763.75	0	64882	4750.62	0	986.87
花园镇	22.09	21699	1178.87	0	22050	1397.59	0	218.72
唐昌镇	49.09	51054	1248.06	0	50903	1451.76	0	203.70
安德镇	38.77	37590	1163.46	0	38033	1373.36	0	209.90
三道堰镇	19.93	18845	1134.43	0	20134	1414.03	0	279.60
安靖镇	21.41	24456	1370.61	0	26757	1749.49	0	378.88
新民场镇	18.42	16890	1100.40	0	17524	1331.98	0	231.58
德源镇	30.62	27331	1071.23	0	23845	1090.36	0	19.13
友爱镇	46.17	42240	1097.93	0	43490	1318.82	0	220.89
古城镇	17.09	16224	1139.44	0	16839	1379.74	0	240.30
唐元镇	25.29	24070	1142.05	0	24429	1352.26	0	210.21
红光镇	29.74	34789	1403.63	0	40537	1908.14	0	504.51
合计	400.29	508543	1778.94	0	542526	2439.62	0	372.67

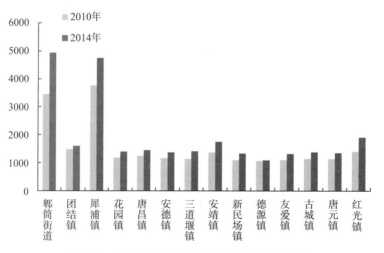

图 7-48　郫县 2010 年、2014 年人口聚集度对比

　　通过对郫县人口聚集度的监测发现:2010~2014 年,郫县各乡镇人口聚集度不断提高,相比较高的是犀浦镇和郫筒街道,在这期间郫筒街道的人口聚集度超过犀浦镇,成为人口最密集的乡镇,皆属于人口高度密集区。分析其原因发现,郫筒街道是成都市卫星城,地势平坦,土地肥沃,农业和种养殖业发达,是郫县政治、经济和文化中心,随着城乡统筹发展的推进和郫县定位成都西部健康休闲中心,便捷的交通使郫筒街道和成都的联系愈发紧密,城市功能更加显现,吸引着大量的人口。犀浦镇位于郫县东部,紧邻成都市金牛区和高新区,属于成都市中心城区组成部分,区位优势明显,城市功能完善,投资环境优越,交通便利,人文气息浓郁,犀浦是连接成都市区与郫县、都江堰市的有效交通枢纽,也是成都北改以及卫星城市建设的重点发展对象,"进则繁华,退则宁静",宜居宜商的犀浦将是更多人们的选择。总的来说,郫县近年来城市化进程快,经济发展迅速,第二产业和第三产业经济增长突飞猛进,经济增长的同时吸引了更多的外来人口,越是经济发达的地区越会成为人口聚集的地方,这很大程度上提高了郫县的人口聚集度。

7.2.3.3　交通网络密度

　　郫县 2010 年、2014 年交通网络的空间分布情况如图 7-49、图 7-50 所示。

　　通过计算 2010 年、2014 年郫县及各乡镇的交通网络密度(表 7-11、图 7-51)发现,2014 年郫县各乡镇的交通网络密度均有不同程度的提高;从交通网络密度分级来看,郫县各乡镇两年都属于交通网络高密度区。

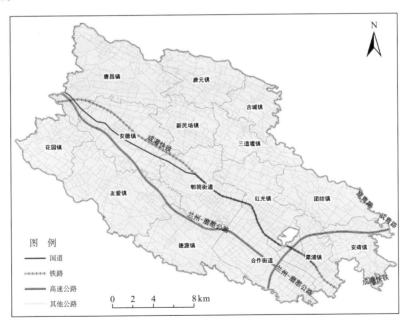

图 7-49　郫县 2010 年交通网络空间分布

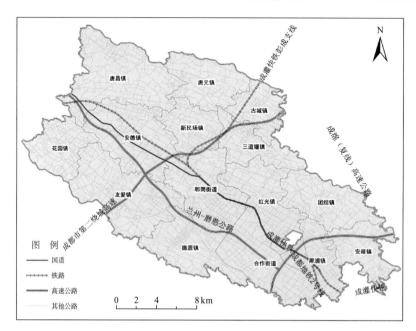

图 7-50　郫县 2014 年交通网络空间分布

表 7-11　郫县 2010 年、2014 年交通网络密度统计

乡镇名	2010 年			2014 年			变化量
	通车里程 (km)	交通网络密度 (km/km²)	分级	通车里程 (km)	交通网络密度 (km/km²)	分级	
郫筒街道	130.09	3.81	4	143.13	4.19	4	13.04
团结镇	95.69	3.37	4	99.40	3.50	4	3.71
犀浦镇	78.59	4.11	4	86.71	4.53	4	8.12
花园镇	88.86	4.02	4	99.01	4.48	4	10.15
唐昌镇	162.78	3.32	4	181.18	3.69	4	18.40
安德镇	137.55	3.55	4	157.57	4.06	4	20.02
三道堰镇	75.09	3.77	4	82.53	4.14	4	7.44
安靖镇	73.37	3.43	4	76.58	3.58	4	3.21
新民场镇	74.79	4.06	4	84.73	4.60	4	9.94
德源镇	96.88	3.16	4	120.47	3.93	4	23.59
友爱镇	159.77	3.46	4	177.46	3.84	4	17.69
古城镇	62.39	3.65	4	68.31	4.00	4	5.92
唐元镇	92.51	3.66	4	93.96	3.72	4	1.45
红光镇	110.76	3.72	4	123.27	4.14	4	12.51
合计	1439.12	3.60	4	1594.31	3.98	4	155.19

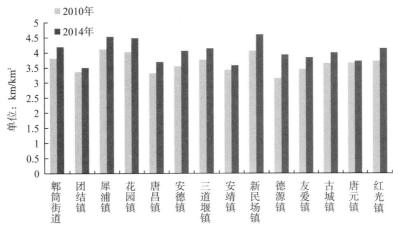

图 7-51　郫县 2010 年、2014 年交通网络密度对比

通过对郫县交通网络密度分析发现：郫县道路通车里程由 1439.12km 增加到 1594.31km，增加 155.19km，增长率 10.78％，交通网络密度由 3.60 增加到 3.98，增长率 10.56％，表明郫县的交通网络越来越发达；2010 年交通网络密度最大的是犀浦镇 4.11km/km^2，最小的是德源镇 3.16km/km^2；2014 年交通网络密度最大的是新民场镇 4.60km/km^2，最小的团结镇 3.50km/km^2；与 2010 年相比，区域的交通网络密度越增大，其交通运输干线密集度增加，说明区域内紧密度变高，所以交通设施保障水平和支撑能力高。郫县交通网络密度越来越高主要表现在国道 317 线、成灌高速、成都绕城高速、成铁西环线等近 10 条主干道纵贯东西、横跨南北，镇镇通二级公路，村村通水泥路。截至 2011 年，郫县已形成"三横六纵一圈"的城市交通网络体系和一刻钟经济圈。规划中的成都地铁东西线穿越境内，乘地铁 10 分钟可到达郫县，由此可见，郫县的交通条件还会更加发达。

7.2.4　专题指标

7.2.4.1　城镇化水平

通过计算郫县 2010 年、2014 年的城镇化水平(表 7-12、图 7-52、图 7-53 和图 7-54)发现，2010 年总人口 508633 人，其中城镇人口 237828 人，农村人口 270805 人，2014 年总人口 542526 人，其中城镇人口 246269 人，农村人口 296257 人；相比于 2010 年，城镇人口增加 8441 人，农村人口增加 25452 人，增长率分别为 3.55％和 9.40％；城镇化水平分别为 46.76％和 45.39％，均属于中等水平；从各乡镇的城镇化水平来看，郫筒街道、犀浦镇和红光镇的城市化水平远远高于其它乡镇，最小的是唐元镇；2010 年、2014 年郫县城镇化水平高、较低和低的乡镇分别有 3、2 和 9 个，其中德源镇由 2010 年的低水平升级为 2014 年的较低水平，团结镇由较低水平降级为低水平，其他乡镇城镇化水平等级保持稳定；另外，从郫县 2010 年、2014 年城镇化水平对比图可知，郫县各乡镇的城镇化水平波动较大，增加与减少呈现出不规律现象。

表 7-12　郫县 2010 年、2014 年城市化水平统计

乡镇	2010 年				2014 年			
	总人口	非农业人口	城镇化水平	分级	总人口	非农业人口	城镇化水平	分级
郫筒街道	98345	98345	100.00	4	120592	101269	83.98	4
团结镇	35039	10284	29.35	1	32511	6651	20.46	0
犀浦镇	59971	59971	100.00	4	64882	52686	81.20	4
花园镇	21699	1455	6.71	0	22050	1280	5.80	0
唐昌镇	51054	10131	19.84	0	50903	9403	18.47	0
安德镇	37590	7842	20.86	0	38033	7662	20.15	0
三道堰镇	18845	1716	9.11	0	20134	4139	20.56	0
安靖镇	24456	6159	25.18	1	26757	7755	28.98	1
新民场镇	16890	1975	11.69	0	17524	2092	11.94	0
德源镇	27331	1642	6.01	0	23845	7374	30.92	1
友爱镇	42240	1251	2.96	0	43490	5618	12.92	0
古城镇	16224	1775	10.94	0	16839	1978	11.75	0
唐元镇	24070	493	2.05	0	24429	450	1.84	0
红光镇	34789	34789	100.00	4	40537	37912	93.52	4
合计	508543	237828	46.77	2	542526	246269	45.39	2

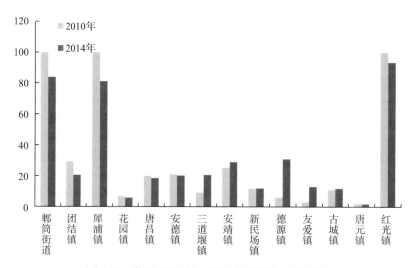

图 7-52　郫县 2010 年、2014 年城镇化水平对比

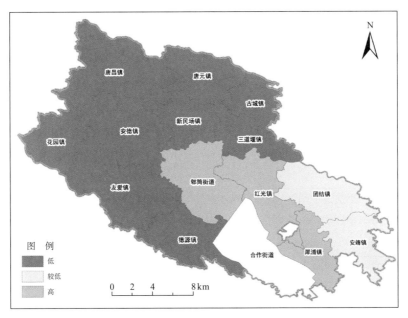

图 7-53　郫县 2010 年各乡镇城镇化水平等级

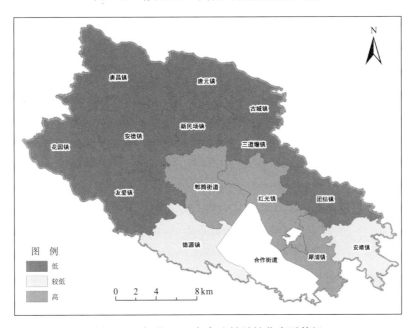

图 7-54　郫县 2014 年各乡镇城镇化水平等级

通过对郫县城镇化水平进行对比分析发现：郫县 2010 年、2014 年的城镇化水平分别为 46.76% 和 45.39%，降低 1.37%，分析其原因发现，相比于 2010 年，城镇人口有所增加，但是增加的人口数远小于农村人口数，结果导致郫县的城镇化水平有所下降。郫筒街道、犀浦镇、红光镇交通发达，经济水平高，由此城镇化水平相应处于高水平。另外近年来郫县经济发展迅速，经济发展的同时带动了大量的人口流动，这也是导致郫县各乡镇城镇化水平波动，增加与减少呈现出不规律现象的原因。2014 年郫县的城镇化水平 45.39%，（2013 年全国城镇化率为 53.73%；四川省城镇化率为 44.90%），与四川省的城镇化水平相当，但是还远远落后于全国的城镇化水平，所以总的来说郫县的城镇化水平还有待于提高。

7.2.4.2 污染物排放强度

相比于 2010 年，2014 年郫县的污染物排放量明显增加。

表 7-13　郫县 2010 年、2014 年污染物排放强度统计

年份	COD(kg)	氨氮(kg)	SO₂(kg)	NOx(kg)	县域总面积（km²）	污染物排放强度（kg/km²）	等级
2010 年	3797020	280064	1009470	250920	400.29	13334.02	1
2014 年	4968809.60	559712.6	1346600	146049.2	400.29	17540.21	0
变化量	1171789.60	279648.6	337130	−104870.8	0	4206.19	

通过对郫县污染物排放强度统计（表 7-13）分析发现：郫县 2010 年、2014 年的污染物排放强度分别为 13334.02kg/km² 和 17540.21kg/km²，增加 4206.19kg/km²，增长率为 31.5%，各乡镇污染水平由较高变为高污染；在构成污染物排放强度的成分中，COD、氨氮、SO₂ 增加，增加量分别是 1171789.60kg 和 279648.60kg、337130.00kg，增长率分别为 30.86% 和 99.85%、33.40%；NOx 的排放有所减少，减少量 104870.80kg，减少率 41.79%。结合相关资料分析得知，郫县近年来城市化发展快速推进，形成城市化工业区的新的产业格局。随着工业的发展，带动了郫县经济的增长，但是由于我国能源结构落后，煤炭是工农业生产和生活的主体，同时排放的废气构成我国大气污染的最主要因素，由此带来一系列的环境污染问题。为保证郫县长远的发展，防止环境严重恶化，因此提出以下建议：降低污染物的排放强度，从各地区总体状况来看，要不断增加环境保护投入，大力发展循环经济和清洁生产，从产前产中和产后全方位加强对污染物的治理；坚决淘汰高能耗高污染的落后生产工艺和设备，改善能源使用结构，不断增加洁净能源的使用比重；调整和优化产业结构，加强技术创新和更新改造投资，不断降低单位 GDP 能源消耗量，提高能源效率，改革现行的排污收费制度；严格执行污染物排放的奖惩激励制度，促进节能减排工作的顺利开展。

7.2.4.3 交通优势度

1. 交通网络密度监测

交通网络密度监测结果见 7.2.3.3 章节。

2. 交通干线影响度监测

通过分析 2010 年、2014 年郫县各乡镇的交通干线影响度（图 7-55、表 7-14）发现，2010 年郫县境内穿过两条高速公路，一条铁路，分别是兰州—磨憨公路、京昆高速公路和成灌快铁；2014 年郫县境内增加成都市第二绕城高速、成灌快铁彭成支线和地铁 2 号线；从郫县各乡镇交通干线影响度分值来看，郫筒街道、三道堰镇、新民场镇和古城镇的分值都有所增加，其他乡镇保持不变。结合郫县的实际情况发现，郫县境内 4 个乡镇的干线影响度增加归功于新建成都市第二绕城高速公路和

成灌快铁彭成支线，使得郫县的交通越来越发达，干线影响度增强。

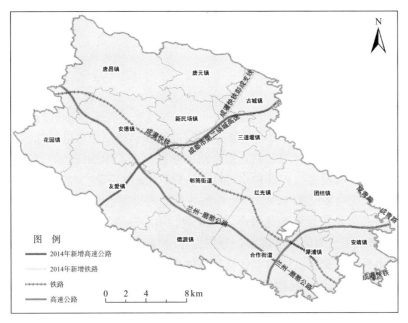

图 7-55　郫县的交通干线变化情况

表 7-14　郫县各乡镇交通干线影响度对比

乡镇名	2010 年				2014 年				变化量
	复线铁路	高速公路	国道公路	交通干线影响度	复线铁路	高速公路	国道公路	交通干线影响度	
郫筒街道	2	1	0.5	3.5	2	1.5	0.5	4	0.5
团结镇	1.5	1.5	0	3	1.5	1.5	0	3	0
犀浦镇	2	1.5	0.5	4	2	1.5	0.5	4	0
花园镇	1.5	1	0	2.5	1.5	1	0	2.5	0
唐昌镇	2	1.5	0.5	4	2	1.5	0.5	4	0
安德镇	2	1.5	0.5	4	2	1.5	0.5	4	0
三道堰镇	1.5	1	0	2.5	2	1.5	0	3.5	1
安靖镇	1.5	1.5	0	3	1.5	1.5	0	3	0
新民场镇	1.5	1	0	2.5	2	1.5	0	3.5	1
德源镇	1.5	1.5	0	3	1.5	1.5	0	3	0
友爱镇	1.5	1.5	0	3	1.5	1.5	0	3	0
古城镇	1.5	1	0	2.5	2	1.5	0	3.5	1
唐元镇	1.5	1	0	2.5	1.5	1	0	2.5	0
红光镇	2	1.5	0.5	4	2	1.5	0.5	4	0

3. 郫县的区位优势度监测

由于郫县各乡镇与中心城市成都市的交通距离都在阈值 100km 以内，所以郫县各乡镇的区位优势度权重都为 2。

4. 郫县的交通优势度监测

对郫县的交通网络密度、交通干线影响度和区位优势度三个要素指标进行无量纲处理，并对以上数据进行加权求和，计算出各县的交通优势度（表 7-15、图 7-56）。通过对郫县的交通优势度进行监测发现：2010 年郫县有兰州—磨憨公路，由西北向东南穿过，成绵（复线）高速公路从团结镇东边通过，成灌快铁由西北向东南穿过；2014 年郫县境内增加成都市第二绕城高速，由西南向东北穿过，增加成灌快铁彭成支线和成都地铁 2 号线；从各乡镇的交通优势度来看，新民场镇交通优势度变化最大，变化量为 1.54，唐元镇变化最小，变化量仅 0.06；犀浦镇交通优势度最大，两年分别为 10.51 和 10.53，唐元镇交通优势度最小，分别为 8.16 和 8.22；另外，从交通优势度分级情况来看，2010 年郫县各乡镇交通优势度适中、较高、高的乡镇分别有 9、2 和 3 个，2014 年适中、较高和高的乡镇分别有 3、3 和 8 个，其中郫筒街道和唐昌镇由较高升级为高水平，新民场镇、三道堰镇和古城镇由适中升级为高水平，花园镇、德源镇和友爱镇由适中升级为较高。

表 7-15　郫县 2010 年、2014 年交通优势度统计

乡镇名	2010 年				2014 年				变化量
	交通网络密度	交通干线影响度	区位优势度	交通优势度	交通网络密度	交通干线影响度	区位优势度	交通优势度	
郫筒街道	3.81	3.5	2	9.31	4.19	4	2	10.19	0.88
团结镇	3.37	3	2	8.37	3.50	3	2	8.50	0.13
犀浦镇	4.11	4	2	10.11	4.53	4	2	10.53	0.42
花园镇	4.02	2.5	2	8.52	4.48	2.5	2	8.98	0.46
唐昌镇	3.32	4	2	9.32	3.69	4	2	9.69	0.37
安德镇	3.55	4	2	9.55	4.06	4	2	10.06	0.51
三道堰镇	3.77	2.5	2	8.27	4.14	3.5	2	9.64	1.37
安靖镇	3.43	3	2	8.43	3.58	3	2	8.58	0.15
新民场镇	4.06	2.5	2	8.56	4.60	3.5	2	10.10	1.54
德源镇	3.16	3	2	8.16	3.93	3	2	8.93	0.77
友爱镇	3.46	3	2	8.46	3.84	3	2	8.84	0.38
古城镇	3.65	2.5	2	8.15	4.00	3.5	2	9.50	1.35
唐元镇	3.66	2.5	2	8.16	3.72	2.5	2	8.22	0.06
红光镇	3.72	4	2	9.72	4.14	4	2	10.14	0.42

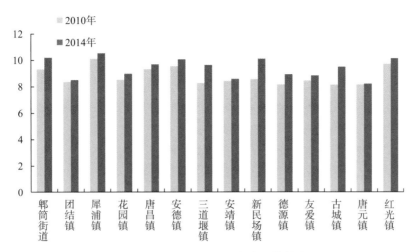

图 7-56　郫县 2010 年、2014 年交通优势度对比

　　对郫县各乡镇的交通优势度进行归一化处理，结果如表 7-16 所示。

表 7-16　郫县 2010 年、2014 年交通优势度归一化值

乡镇名	2010 年			2014 年			变化量
	交通优势度	归一化值	等级	交通优势度	归一化值	等级	
犀浦镇	10.11	0.71	4	10.53	0.75	4	0.04
郫筒街道	9.31	0.65	3	10.19	0.72	4	0.07
红光镇	9.72	0.68	4	10.14	0.72	4	0.04
新民场镇	8.56	0.59	2	10.10	0.71	4	0.12
安德镇	9.55	0.67	4	10.06	0.71	4	0.04
唐昌镇	9.32	0.65	3	9.69	0.68	4	0.03
三道堰镇	8.27	0.57	2	9.64	0.68	4	0.11
古城镇	8.15	0.56	2	9.50	0.67	4	0.11
花园镇	8.52	0.59	2	8.98	0.63	3	0.04
德源镇	8.16	0.56	2	8.93	0.62	3	0.06
友爱镇	8.46	0.59	2	8.84	0.62	3	0.03
安靖镇	8.43	0.58	2	8.58	0.60	2	0.02
团结镇	8.37	0.58	2	8.50	0.59	2	0.01
唐元镇	8.16	0.56	2	8.22	0.57	2	0.01

　　对郫县 2010 年、2014 年各乡镇交通优势度进行等级划分，结果如图 7-57、图 7-58 所示。

　　通过对郫县 2010 年、2014 年交通优势度对比分析发现：郫县 2014 年各乡镇的交通优势度都不同程度地比 2010 年有所增加，表明郫县的交通网络越来越发达。结合相关资料发现，一方面郫县地理位置优越，处于成都市西北部，川西平原的腹心地带，一方面作为全国城市化工业区，经济的迅速增长带动了交通网络的发展，所以郫县交通优势度的基本格局与空间特征，是由国家在本地

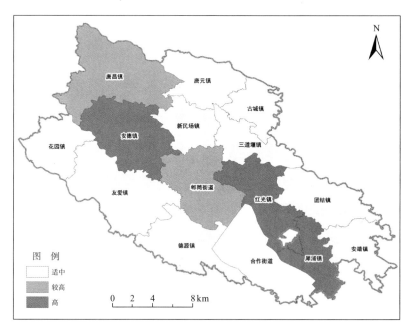

图 7-57　郫县 2010 年交通优势度分级图

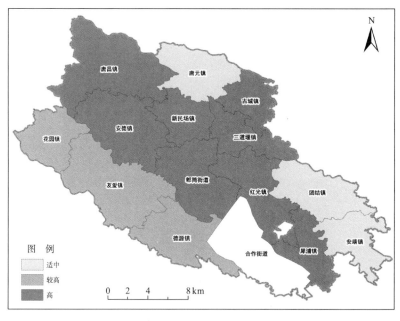

图 7-58　郫县 2014 年交通优势度分级图

区基础设施上的投入与扶持，经济发展和此地区的地形地貌等因素造成的，是一种综合作用的结果。另外在全国主体功能区规划中提到，对于重点开发区，我们还要加大开发力度，挖掘其最大化的发展潜力，充分发挥郫县在促进经济发展中的作用，构建区域经济的优势互补、国土空间的高效利用以及人与自然和谐相处的区域发展格局。总的来说要进一步发展郫县的经济，最重要的是充分发挥其交通的优势度。在今后的发展中，郫县更要强化综合交通网络建设，平衡各种交通方式的衔接联动发展,如发展轨道交通等,形成更好的交通发展合力,进一步打造出郫县更好的交通优势。

7.2.4.4　经济密度

利用 2010 年、2014 年统计年鉴统计出郫县的区域生产总值,以此计算出郫县 2010 年、2014 年的经济密度(表 7-17、表 7-18),统计分析发现郫县的经济密度整体呈上升趋势,地区生产总值大幅度的上升,并且各项产业中第二产业和第三产业的增加尤为明显,构建了郫县产业发展的新格局。郫县及各乡镇均属于经济发达地区。

表 7-17　郫县 2010 年、2014 年 GDP 统计表　　　　　单位:GDP 万元

类别	2010 年 GDP	2014 年 GDP	变化量
第一产业	168296	209273	40977
第二产业	1385638	2312651	927013
第三产业	749470	1444679	695209
合计	2303404	3966603	1663199

表 7-18　郫县 2010 年、2014 年经济密度统计表

年份	GDP(万元)	经济密度(万元/km²)	等级
2010 年	2303404	5754.34	3
2014 年	3966603	9909.32	3
变化量	4154.99	4154.98	

通过对郫县经济密度的监测发现:郫县 2010 年第一产业、第二产业和第三产业的收入分别为 168296 万元、1385638 万元和 749470 万元,总产值 2303404 万元;2014 年第一产业、第二产业和第三产业的收入分别为 209273 万元、2312651 万元和 1444679 万元,总产值 3966603 万元;各项产业的增长率分别为 24.35%、66.9% 和 92.76%,其中第三产业的增长率最高;GDP 增加了 1663199 万元,增长率 72.21%;经济密度值分别是 5754.34 万元/km² 和 9909.32 万元/km²。一般而言,人口(特别是就业人口)规模越大,经济活动规模越大,经济密度就越大。而产业结构的升级、良好的交通区位、科技条件和市场环境也促进了经济密度增加。结合郫县的实际情况分析可知,郫县地处川西平原腹心地带,位置优越,交通发达,是四川省工业化城市的重点开发区,经济迅猛发展,第二产业和第三产业成为郫县收入的重要来源。同时,郫县作为中国最具投资潜力中小城市 50 强,在发展的同时要注重环境的保护,要以经济又快又好的发展为目标,促进协调发展,走可持续发展道路。

7.3 预 警 结 果

7.3.1　2010 年预警结果

1. 综合预警结果

根据资源环境承载力综合预警方法，2010 年，郫县各乡镇资源环境承载力综合预警基本以中度预警为主，郫县参与预警的 14 个乡镇，有 11 个乡镇中度预警。花园镇、唐昌镇和红光镇 3 个乡镇为轻度预警，如表 7-19 所示。

表 7-19　郫县 2010 年资源环境承载力综合预警

乡镇	预警阈值						预警级别
	S_1	S_2	S_3	S_4	S_5	S_6	
郫筒街道	6.71	5.89	4.63	4.68	5.22	5.57	中度预警
团结镇	5.16	3.87	2.63	2.88	3.90	4.86	中度预警
犀浦镇	6.41	6.17	5.41	6.26	7.22	7.79	轻度预警
花园镇	4.56	3.94	3.91	4.75	5.48	6.30	轻度预警
唐昌镇	5.25	3.87	2.62	2.88	3.73	4.67	中度预警
安德镇	4.96	3.82	2.76	3.22	4.08	4.95	中度预警
三道堰镇	5.06	4.08	2.79	2.88	3.60	4.52	中度预警
安靖镇	4.93	3.70	2.65	3.16	4.19	5.18	中度预警
新民场镇	4.68	4.03	3.07	3.51	4.28	5.10	中度预警
德源镇	5.73	4.39	3.37	3.12	3.74	4.64	中度预警
友爱镇	5.13	3.94	3.59	3.89	4.49	5.31	中度预警
古城镇	4.92	3.83	2.68	2.96	3.79	4.77	中度预警
唐元镇	5.03	3.94	2.79	2.96	3.69	4.65	中度预警
红光镇	4.42	3.58	2.80	3.89	5.15	6.00	轻度预警

2. 限制性指标预警结果

2010 年，郫县各乡镇人均可利用水资源量限制性指标预警结果多为中度预警（共 12 个），仅团结镇和犀浦镇 2 个乡镇为重度预警。各乡镇环境容量限制性指标预警结果都为安全。但是，各乡镇污染物排放强度较大，参与预警的 14 个乡镇都是重度预警（表 7-20），受此影响，各乡镇限制性指标预警结果为重度预警。郫县大气环境和水环境治理压力较大。

表 7-20　郫县 2010 年资源环境承载力限制性指标预警

乡镇	人均可利用水资源	环境容量	污染物排放强度	预警级别
郫筒街道	重度预警	安全	重度预警	重度预警
团结镇	中度预警	安全	重度预警	重度预警
犀浦镇	重度预警	安全	重度预警	重度预警
花园镇	中度预警	安全	重度预警	重度预警
唐昌镇	中度预警	安全	重度预警	重度预警
安德镇	中度预警	安全	重度预警	重度预警
三道堰镇	中度预警	安全	重度预警	重度预警
安靖镇	中度预警	安全	重度预警	重度预警
新民场镇	中度预警	安全	重度预警	重度预警
德源镇	中度预警	安全	重度预警	重度预警
友爱镇	中度预警	安全	重度预警	重度预警
古城镇	中度预警	安全	重度预警	重度预警
唐元镇	中度预警	安全	重度预警	重度预警
红光镇	中度预警	安全	重度预警	重度预警

3. 最终预警结果

2010 年，郫县资源环境承载力综合预警结果显示，有 11 个乡镇为中度预警，3 个乡镇为轻度预警，见图 7-59。因为污染物排放强度限制性指标预警结果为重度预警。受此影响，该年郫县参与预警的各乡镇最终预警结果为重度预警。

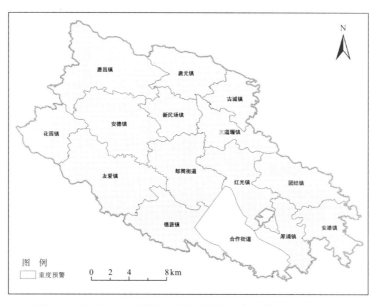

图 7-59　郫县 2010 年资源环境承载力最终预警空间分布格局

7.3.2　2014 年预警结果

1.　综合预警结果

2014 年，郫县各乡镇资源环境承载力综合预警级别以中度预警为主，郫县参与预警的 14 个乡镇，有 10 个乡镇中度预警。有花园镇 1 个乡镇为轻度预警。团结镇、安靖镇和唐元镇 3 个乡镇为重度预警，如表 7-21 所示。

表 7-21　郫县 2014 年资源环境承载力综合预警

乡镇	预警阈值						预警级别
	S_1	S_2	S_3	S_4	S_5	S_6	
郫筒街道	6.92	6.07	4.41	4.25	4.82	5.28	中度预警
团结镇	6.33	5.00	3.36	2.29	2.88	3.85	重度预警
犀浦镇	6.71	6.18	4.68	4.89	5.67	6.19	中度预警
花园镇	5.31	4.73	4.28	4.83	5.55	6.43	轻度预警
唐昌镇	5.62	4.41	3.17	3.39	4.27	5.32	中度预警
安德镇	5.11	4.06	2.59	2.70	3.63	4.63	中度预警
三道堰镇	4.97	3.97	2.28	2.31	3.39	4.44	中度预警
安靖镇	6.31	4.95	3.19	2.06	2.61	3.61	重度预警
新民场镇	4.74	4.18	2.92	3.46	4.39	5.32	中度预警
德源镇	5.30	4.63	3.55	3.64	4.76	5.72	中度预警
友爱镇	5.69	4.54	3.65	3.40	3.91	4.77	中度预警
古城镇	4.86	3.83	2.26	2.38	3.56	4.66	中度预警
唐元镇	6.37	5.14	3.64	2.75	3.02	3.99	重度预警
红光镇	5.03	4.14	2.81	3.39	4.63	5.52	中度预警

2.　限制性指标预警结果

2014 年各乡镇污染物排放强度仍然较大，预警级别达到危险级别，相比 2010 年情况进一步恶化。受此影响，各乡镇限制性指标预警结果为危险，如表 7-22 所示。

表 7-22　郫县 2014 年资源环境承载力限制性指标预警

乡镇	人均可利用水资源	环境容量	污染物排放强度	预警级别
郫筒街道	重度预警	安全	危险	危险
团结镇	中度预警	安全	危险	危险
犀浦镇	重度预警	安全	危险	危险
花园镇	中度预警	安全	危险	危险

续表

乡镇	人均可利用水资源	环境容量	污染物排放强度	预警级别
唐昌镇	中度预警	安全	危险	危险
安德镇	中度预警	安全	危险	危险
三道堰镇	中度预警	安全	危险	危险
安靖镇	中度预警	安全	危险	危险
新民场镇	中度预警	安全	危险	危险
德源镇	中度预警	安全	危险	危险
友爱镇	中度预警	安全	危险	危险
古城镇	中度预警	安全	危险	危险
唐元镇	中度预警	安全	危险	危险
红光镇	中度预警	安全	危险	危险

3. 最终预警结果

由于 2014 年各乡镇限制性指标预警结果为危险。因此，郫县各乡镇 2014 年最终预警结果为危险，如图 7-60 所示。

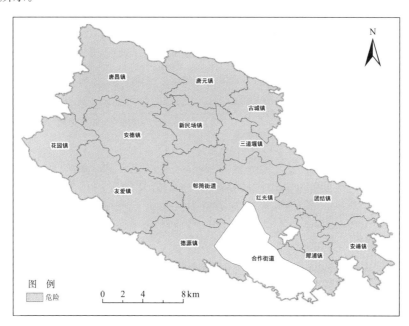

图 7-60　郫县 2014 年资源环境承载力最终预警空间分布格局

7.3.3　2010~2014 年资源环境承载力变化

1. 综合预警变化

2010~2014 年，郫县参与预警的 14 个乡镇，有 9 乡镇资源环境承载力综合预警级别无变化，5 个乡镇预警等级变差，发生恶化的乡镇形成两个组团，分布于郫县的西北部和东南部，如图 7-61 所示。

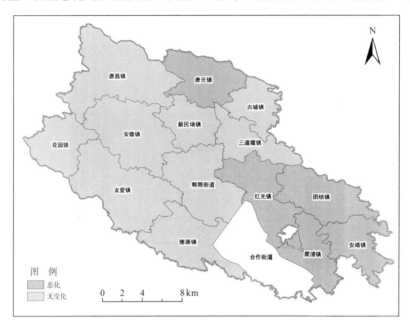

图 7-61　郫县 2010~2014 年资源环境承载力综合预警变化

2. 限制性指标预警变化

2010~2014 年，郫县各乡镇污染物排放强度相比 2010 年情况进一步增加。受此影响，各乡镇限制性指标预警结果由重度预警升级为危险预警级别，如图 7-62 所示。

3. 最终预警变化

2010~2014 年，郫县参与预警的 14 个乡镇，受限制性指标影响，所有乡镇资源环境承载力综合水平变差。如图 7-63 所示。

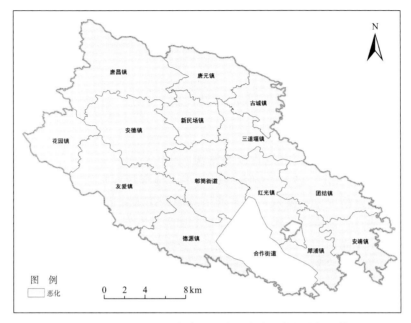

图 7-62 郫县 2010~2014 年资源环境承载力限制性指标预警变化

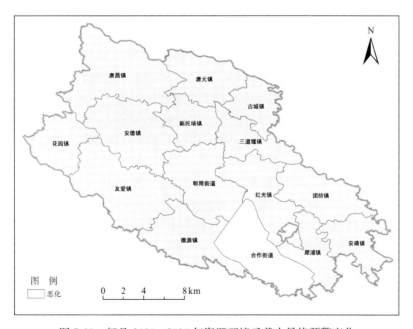

图 7-63 郫县 2010~2014 年资源环境承载力最终预警变化

7.4　小　　结

7.4.1　结论

(1)通过对郫县的可利用土地资源进行监测发现，2010~2014 年，郫县的可利用土地资源面积由 62.14km² 增加到 131.81km²，各乡镇的人均可利用土地资源面积增加，人均可利用土地的安全性提高。结合郫县的实际情况分析发现，随着城市规模的扩大，郫县城市开发建设速度不断加快，经济建设占用了部分耕地，使得已有建设用地面积增加和基本农田面积减少，而基本农田面积减少的幅度大于已有建设用地面积增长的幅度，致使郫县各乡镇可利用土地资源面积均有增加。

(2)通过对郫县可利用水资源潜力进行监测发现，相比于 2010 年，2014 年郫县可利用水资源潜力减少 10.25 亿 m³，减少率高达 17%；人均可利用水资源潜力分别为 285.90m³/人和 221.96m³/人，相比减少 63.94m³/人，减少率 22.4%。经分析发现，近年来郫县由于地下水资源的减少以及生活用水、工业用水和人口的增加，导致人均水资源潜力减少 63.94 亿 m³。结合郫县的实际情况分析，郫县作为城市化工业区，人口较多、工业发达，农村人口逐步向城市转移，城市用水一年比一年增多，但是水资源却不是很发达，水资源供需矛盾突出。近年来，地表水污染严重，进一步减少了地表水可利用率。

(3)通过对郫县环境容量进行监测发现，2010 年到 2014 年，郫县 SO₂ 排放量增加了 337.13t，增长率 33.4%，COD 排放量增加了 1171.79t，增长率 30.9%，大气和水污染情况变得日益严重。结合相关资料分析可知，郫县是工业化城市，在工业化建设中由于技术水平不高、工艺设施落后，加之在迅速发展的过程中缺乏完善的管理，资源、能源浪费严重，工业"三废"大量排放，大气污染物、工业废水以及工业及城市固体废弃物的排放构成了郫县环境的主要污染源。另外生活污水和汽车尾气的排放也是构成环境污染的重要因素。

(4)通过对郫县自然灾害影响评估发现，郫县在 2010 年和 2014 年境内自然灾害危险性主要分为无影响和影响略大两类。郫县境内大部分面积受自然灾害影响略大，2014 年郫县西北部区域受自然灾害影响程度较 2010 年有所减缓，无影响区域面积有所增加。从乡镇尺度来看，受自然灾害影响 2010 年郫县各乡镇均属于影响略大。到 2014 年，郫县大部分地区受自然灾害影响度有所缓解，唐昌镇和花园镇由影响略大改善为无影响，其他乡镇的自然灾害影响分级保持稳定。

(5)通过对郫县林草地覆盖率进行监测发现，郫县的林地资源面积基本保持稳定，在空间分布上略有变化但不明显，草地资源明显增加，空间分布上也有较大变化。结合相关资料分析，郫县近年来城市化建设大大推进，林草地分布变化，配置合理，林草地资源多以绿化林地和草地的形式分布在建筑和道路周围。绿化林地、草地面积增加与社会经济发展的相关性较大，其主要驱动力是郫县的城市化快速推进，人居环境与自然联系得更紧密，更加注重区域生态环境建设。

(6)通过对郫县社会经济发展水平进行监测发现，从 2010 年到 2014 年，郫县社会经济水平快速提高，从发达地区升级为极发达地区。据以上数据统计，2014 年郫县人口增加 33893 人，增长率6.7%，同时 GDP 增加了 1663196.00 万元，增长率达 42%，GDP 增加的速度远远高于人口增加速度，这是郫县人均 GDP 提高的直接原因，也间接提高郫县的经济发展水平。

(7)通过对郫县人口聚集度进行监测发现，2010 年到 2014 年，郫县各乡镇人口聚集度不断提高，其中较高有犀浦镇和郫筒街道，在这期间郫筒街道的人口聚集度超过犀浦镇，成为人口最密集的乡镇，皆属于人口高度密集区。分析其原因发现，郫筒街道是成都市卫星城，地势平坦，土地肥沃，农业和种养殖业发达，是郫县政治、经济和文化中心，随着城乡统筹发展的推进和郫县定位成都西部健康休闲中心，便捷的交通使郫筒街道和成都的联系愈发紧密，城市功能更加显现，吸引着大量的人口。犀浦镇位于郫县东部，紧邻成都市金牛区和高新区，属于成都市中心城区组成部分，区位优势明显，城市功能完善，投资环境优越，交通便利，人文气息浓郁，犀浦是连接成都市区与郫县、都江堰市的有效交通枢纽，也是成都北改以及卫星城市建设的重点发展对象，"进则繁华，退则宁静"，宜居宜商的犀浦将是更多人们的选择。总的来说，郫县近年来城市化进程快，经济发展迅速，第二产业和第三产业经济增长突飞猛进，经济增长的同时吸引了更多的外来人口，越是经济发达的地区越会成为人口聚集的地方，这很大程度上提高了郫县的人口聚集度。

(8)通过对郫县交通网络密度分析发现，从 2010~2014 年，郫县各乡镇的交通网络密度都有不同程度的提高，其中增加最多的是德源镇，增加 0.77km/km^2，最少的是团结镇，增加 0.13km/km^2。交通发展速度最快的是德源镇，交通最发达的是新民场镇。区域的交通网络密度越大，其交通运输干线越密集，说明区域内紧密度越高，交通设施保障水平和支撑能力也越高。郫县交通网络密度越来越高主要表现在国道 317 线、成灌高速、成都绕城高速、成铁西环线等近 10 条主干道纵贯东西、横跨南北，镇镇通二级公路，村村通水泥路。截至 2011 年，郫县已形成"三横六纵一圈"的城市交通网络体系和一刻钟经济圈。规划中的成都地铁东西线穿越境内，乘地铁 10 分钟可到达郫县，由此，郫县的交通还会更加发达。

(9)通过对郫县城镇化水平进行对比分析发现，郫县 2010 年、2014 年的城镇化水平分别为 46.76% 和 45.39%，降低 1.37%，分析其原因发现，相比于 2010 年，郫县城镇人口有所增加，但是增加的人口数远小于农村人口数，结果导致郫县的城镇化水平有所下降。郫筒街道、犀浦镇和红光镇交通发达，经济水平高，由此城镇化水平相应处于高水平。另外近年来郫县经济发展迅速，经济发展的同时带动了大量的人口流动，这也是导致郫县各乡镇城镇化水平波动，增加与减少呈现出不规律现象的原因。2014 年郫县的城镇化水平 45.39%，(2013 年全国城镇化率为 53.73%；四川省城镇化率为 44.90%)，与四川省的城镇化水平相当，但是还远远落后于全国的城镇化水平，所以总的来说郫县的城镇化水平还有待于提高。

(10)通过对郫县污染物排放强度进行监测发现，相比于 2010 年，2014 年郫县的污染物排放量明显增加，增长率高达 31.5%，污染水平也由较高变为高污染。结合相关资料分析得知，郫县近年来城市化发展快速推进，形成城市化工业区的新的产业格局。随着工业的发展，带动经济的飞速提高，但是由于我国能源结构落后，煤炭是工农业生产和生活的主体，同时排放的废气构成我国大气污染的最主要因素，导致郫县的环境污染问题日趋严重。

(11)通过对郫县的交通优势度进行监测发现，郫县 2014 年各乡镇的交通优势度都不同程度地比 2010 年有所增加，表明郫县的交通网络越来越发达。结合相关资料分析发现，一方面郫县地理位置优越，处于成都市西北部和川西平原的腹心地带，另一方面作为全国城市化工业区，经济的迅速增长带动了交通网络的发展，所以郫县交通优势度的基本格局与空间特征，是由国家在本地区基础设施上的投入与扶持，经济发展和此地区的地形地貌等因素造成的，是一种综合作用的结果。

(12)通过对郫县的经济密度进行监测发现，郫县的经济密度整体呈上升趋势，2014 年实现地区生产总值 3966603 万元，同比增加 1663199 万元，增长率 72.21%，并且各项产业中第二产业和第三产业的增加尤为明显，构建了郫县产业发展的新格局。一般而言，人口特别是就业人口规模越大经济密度越高，经济活动规模越大，经济密度越大，随着产业结构升级经济密度不断提高，而良好交通区位、科技条件和市场环境也促进了经济密度增加。结合郫县的实际情况分析可知，郫县地处川西平原腹心地带，位置优越，交通发达，是四川省工业化城市的重点开发区，经济迅猛发展，第二产业和第三产成为郫县收入的重要来源。同时，郫县作为中国最具投资潜力中小城市 50 强，在发展的同时要注重环境的保护，要以经济又快又好发展为目标，促进协调发展，走可持续发展道路。

(13)通过对郫县资源环境承载力预警发现，2014 年，资源环境承载力综合预警等级以中度预警为主，参与预警的 14 个乡镇，有 10 个乡镇中度预警，3 个重度预警，1 个轻度预警。相比 2010 年，6 个乡镇资源环境承载力综合预警级别变差，由于污染物排放强度的增加，郫县各乡镇限制性指标预警结果由重度预警升级到危险预警，受此影响，郫县 2014 年资源环境承载力最终预警结果为各乡镇都有所恶化。

综上，郫县已成为全国县域经济基本竞争力百强县(市)和全国科学发展百强城市，连续 3 年蝉联四川最具投资价值城市第一名，跻身全国最具投资潜力的中小城市 50 强。通过监测发现，该区域人口聚集度高，社会经济水平发达，工业发达，交通发达，林草地配置合理，可利用土地资源面积有所增加。但是经济的飞速发展也带来了一系列环境恶化问题，继续解决水资源欠缺、污染物排放强度超标等问题。

7.4.2　建议与对策

由于郫县是工业化郊县，工业发达，人口众多，交通网络密度大，社会经济发展水平高，环境却严重受到污染。因此，我们在发展的同时要保护环境，走可持续发展之路。为了更好地促进郫县未来经济发展与环境协调，提出以下几点对策与建议：

(1)保持发展。对于重点开发区，我们应提升产业聚集与效益，优化产业结构，淘汰落后产能，营造"产业聚集高效，生活舒适宜居、生态自然优美"的新郊区。要加大开发密度，挖掘其最大化的发展潜力，充分发挥郫县在促进经济发展中的作用，构建区域经济的优势互补、国土空间的高效利用，人与自然和谐相处的区域发展格局。强化综合交通网络建设，平衡各种交通方式的衔接联动发展，如发展轨道交通等，形成更好的交通发展合力。打造新型高端产业载体，促进区域产业结构调整优化和转型升级，全面推进西门口卫星城建设。

(2)治理污染。从郫县总体状况来看，要不断增加环境保护投入，大力发展循环经济和清洁生产，从产前产中和产后全方位加强对污染物的治理；坚决淘汰高能耗高污染的落后生产工艺和设备；改善能源使用结构，不断增加洁净能源的使用比重；调整和优化产业结构，加强技术创新和更新改造投资，不断降低单位 GDP 能源消耗量，提高能源效率；改革现行的排污收费制度；保好饮用水源，划定生态红线，优化能源结构，全域实现以气代煤，保护基本农田；严格执行污染物排放的奖惩激励制度，促进节能减排工作的顺利开展。

(3)宣传教育。加强宣传环境保护，增强全社会保护环境的意识，建立健全社会监督机制，多形式多层次组织社会公众参与环保工作。充分发挥新闻媒体的舆论监督作用，树立环保光荣的社会风尚，使环境保护由政策法规角度深入到人们的伦理道德之中，促进全民自发的环境保护、减少污染的行动。

（4）争创生态文明示范区。以国家生态县和生态文明试点县为契机，建设形成符合主体功能定位的开发格局，建立资源循环利用体系，降低节能减排和碳强度指标，城镇供水水源地全面达标，森林、湖泊、湿地等面积逐步增加、质量逐步提高，耕地质量稳步提高，建立覆盖全社会的生态文化体系，推行绿色生活方式，严格执行耕地保护制度、水资源管理制度和环境保护制度，形成可复制、可推广的生态文明建设典型模式，争创全国生态文明示范区。

第8章 扶贫开发区资源环境承载力监测预警
——以昭觉县为例

8.1 监测区域概况

8.1.1 地理位置

昭觉县隶属四川省凉山彝族自治州，位于四川省西南部，北纬27°45′至28°21′，东经102°22′至103°19′之间(图8-1)。昭觉县地处大凉山腹心地带，是典型的山区县、民族县、贫困县，西距州府西昌100km。东邻美姑、雷波县，南连金阳、布拖和普格县，西接西昌市和喜德县，北靠越西县。县境东西长95.28km，南北宽66.15km，全县面积2699km²。

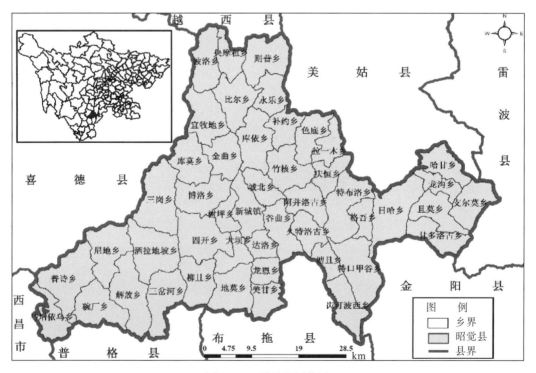

图 8-1 昭觉县监测范围

8.1.2　地形地貌

昭觉县境内地形西高东低，海拔落差较大，有低山、低中山、中山、山间盆地、阶地、河漫滩地、洪积扇等地形。以山原为主，约占总面积的 89%，最高海拔 3873m，最低海拔 520m，平均海拔 2170m。

8.1.3　气候水文

昭觉县地处低纬度高海拔的中山和山原，气候具有高原气候特点：冬季干寒而漫长，夏季暖和湿润。按四川气候分区，昭觉县属川西高原雅砻江温带气候区。多年平均气温 10.9℃，最暖年平均气温 11.6℃，最冷年平均气温 10.1℃，冷暖年温差 1.5℃。境内最低点 520m，最高点 3878m，相对高差 3358m，立体地貌导致产生了立体气候，高低点年均气温相差 18℃左右。

昭觉县境内河流属长江上游金沙江水系，境内流域面积大于 100km^2 的河流共有 11 条。

8.1.4　交通经济

昭觉县省道、县道和乡道总里程约 560km，通车里程较短，路网密度较低。以"四纵一环"（四纵：宜攀铁路、西昭高速公路、307 国道和 208 国道；一环：南环线南坪与 307 国道昭觉大桥接壤）为目标，县城至竹核四车道扩建工程全面完成；S307 雷波坪头至昭觉大桥段、西昌川兴至昭觉县城段以及 S208 线庆恒至金阳段 3 个改建工程全面开工建设。

2014 年昭觉县经济实现平稳较快增长。全县地区生产总值（GDP）达到 23.37 亿元，增长 9%。其中：第一产业完成增加值 9.16 亿元，增长 9.4%；第二产业完成增加值 6.4 亿元，增长 8.1%；第三产业完成增加值 7.81 亿元，增长 9.1%。人均 GDP 达到 9385 元，增长 8.1%。

8.2　监　测　结　果

8.2.1　资源

8.2.1.1　可利用土地资源

可利用土地资源是指可被作为人口集聚、产业布局和城镇发展的后备适宜建设用地，由后备适宜建设用地的数量、质量和集中规模三个要素构成，具体通过人均可利用土地资源或可利用土地资源总量来反映，用以评价一个地区剩余或潜在可利用土地资源对未来人口集聚、工业化和城镇化发展的承载能力，对地区经济建设是否具有发展后劲、发展潜力有重要的影响。本节重点对昭觉县 2010 年、2014 年各乡镇可利用土地资源进行监测，反映各乡镇土地资源情况。

表 8-1 和图 8-2 分别为昭觉县 2010 年、2014 年各乡镇不同土地利用类型面积统计表和昭觉县 2010 年、2014 年不同土地利用类型面积统计图。

表 8-1　昭觉县 2010 年、2014 年各乡镇不同土地利用类型面积统计表

乡镇名称	适宜建设用地（km²）		已有建设用地（km²）		基本农田（km²）		可利用土地资源（km²）	
	2010 年	2014 年	2010 年	2014 年	2010 年	2014 年	2010 年	2014 年
阿并洛古乡	3.10	3.10	0.15	0.15	2.94	2.94	0.44	0.44
比尔乡	3.42	3.46	0.08	0.11	3.35	3.35	0.50	0.50
波洛乡	0.64	0.65	0.05	0.05	0.59	0.61	0.09	0.09
博洛乡	1.68	1.68	0.04	0.04	1.64	1.64	0.25	0.25
补约乡	1.87	1.87	0.00	0.00	1.87	1.87	0.28	0.28
城北乡	7.21	7.21	0.54	0.54	6.67	6.67	1.00	1.00
齿可波西乡	4.70	4.70	0.16	0.16	4.54	4.54	0.68	0.68
达洛乡	0.46	0.46	0.00	0.00	0.46	0.46	0.07	0.07
大坝乡	5.81	5.81	0.27	0.27	5.54	5.54	0.84	0.84
地莫乡	11.75	11.75	0.52	0.52	11.24	11.24	1.69	1.69
甘多洛古乡	0.66	0.66	0.02	0.02	0.64	0.64	0.10	0.10
格吾乡	0.50	0.50	0.02	0.02	0.48	0.48	0.07	0.07
谷曲乡	3.07	3.00	0.22	0.22	2.84	2.78	0.43	0.42
哈甘乡	4.69	4.69	0.07	0.07	4.62	4.62	0.69	0.69
解放乡	1.36	1.36	0.03	0.03	1.33	1.33	0.20	0.20
金曲乡	1.35	1.35	0.00	0.00	1.35	1.35	0.20	0.20
久特洛古乡	2.38	2.38	0.12	0.12	2.26	2.26	0.34	0.34
库莫乡	0.59	0.59	0.02	0.02	0.57	0.57	0.09	0.09
库依乡	1.26	1.27	0.02	0.04	1.24	1.24	0.19	0.19
拉一木乡	2.79	2.79	0.05	0.05	2.74	2.74	0.41	0.41
柳且乡	4.20	4.20	0.14	0.14	4.06	4.06	0.61	0.61
龙恩乡	0.99	0.99	0.04	0.04	0.95	0.95	0.14	0.14
龙沟乡	1.13	1.13	0.03	0.03	1.10	1.10	0.16	0.16
玛增依乌乡	1.53	1.53	0.02	0.02	1.51	1.51	0.23	0.23
美甘乡	1.32	1.32	0.02	0.02	1.29	1.29	0.20	0.20
尼地乡	0.23	0.23	0.00	0.00	0.23	0.23	0.04	0.03
普诗乡	5.14	5.14	0.01	0.01	5.14	5.14	0.77	0.77
且莫乡	1.54	1.52	0.02	0.02	1.52	1.50	0.23	0.23
庆恒乡	3.73	3.73	0.10	0.10	3.61	3.61	0.56	0.56

乡镇名称	适宜建设用地（km²）		已有建设用地（km²）		基本农田（km²）		可利用土地资源（km²）	
	2010 年	2014 年	2010 年	2014 年	2010 年	2014 年	2010 年	2014 年
日哈乡	3.94	3.79	0.09	0.09	3.85	3.70	0.58	0.55
洒拉地坡乡	11.97	11.96	0.30	0.30	11.40	11.39	1.98	1.98
三岔河乡	1.77	1.77	0.04	0.04	1.73	1.73	0.26	0.26
三岗乡	2.51	2.51	0.03	0.03	2.48	2.48	0.37	0.37
色底乡	0.66	0.66	0.00	0.00	0.66	0.66	0.10	0.10
树坪乡	0.51	0.52	0.00	0.00	0.51	0.51	0.08	0.08
四开乡	13.37	13.37	0.71	0.71	12.66	12.66	1.90	1.90
塘且乡	0.49	0.49	0.06	0.06	0.43	0.43	0.07	0.07
特布洛乡	2.71	2.70	0.00	0.00	2.71	2.70	0.41	0.41
特口甲谷乡	2.97	2.97	0.05	0.05	2.91	2.91	0.44	0.44
碗厂乡	3.21	3.20	0.00	0.00	3.21	3.20	0.48	0.48
新城镇	7.06	7.00	1.83	1.98	5.24	5.02	0.79	0.75
央摩租乡	1.71	1.71	0.04	0.04	1.66	1.67	0.25	0.25
宜牧地乡	3.03	3.03	0.01	0.01	3.02	3.02	0.45	0.45
永乐乡	0.95	0.95	0.01	0.01	0.94	0.94	0.14	0.14
则普乡	2.10	2.10	0.01	0.01	2.10	2.09	0.31	0.31
支尔莫乡	1.15	1.15	0.01	0.01	1.15	1.15	0.17	0.17
竹核乡	9.32	9.31	0.38	0.47	8.83	8.74	1.43	1.41
合计	148.53	148.27	6.32	6.62	141.80	141.24	21.68	21.60

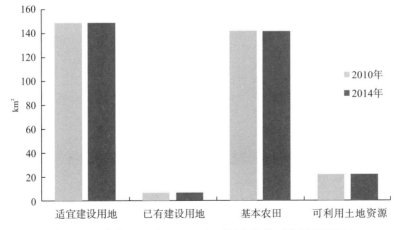

图 8-2　昭觉县 2010 年、2014 年不同土地利用类型面积统计

　　图 8-3 为昭觉县 2010 年、2014 年各乡镇可利用土地资源面积统计图，图 8-4 是昭觉县 2010 年、2014 年可利用土地资源分布与变化图。

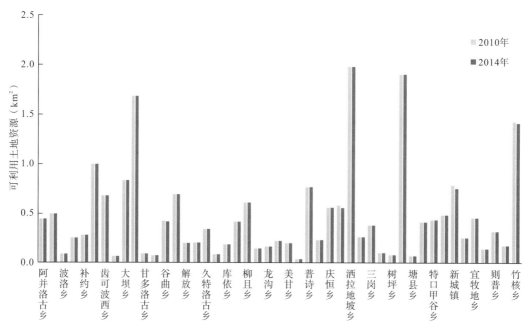

图 8-3　昭觉县 2010 年、2014 年各乡镇可利用土地资源面积统计

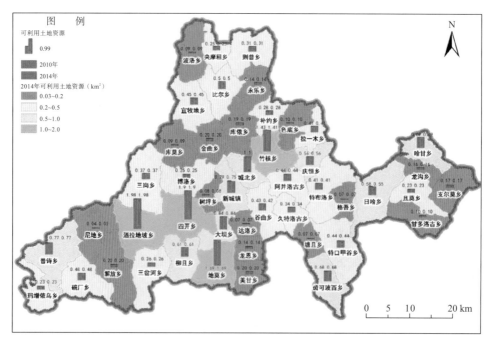

图 8-4　昭觉县 2010 年、2014 年可利用土地资源分布与变化

　　根据人均可利用土地资源计算公式和《国家级可利用土地资源分级标准》，得出昭觉县各乡镇的人均可利用土地资源面积及丰度分级，如表 8-2 所示。

表 8-2　昭觉县 2010 年、2014 年人均可利用土地资源面积和丰度分级

乡镇名	2010 年				2014 年			
	可利用土地资源（亩）	人口	人均可利用土地资源（亩/人）	等级	可利用土地资源（亩）	人口	人均可利用土地资源（亩/人）	等级
阿并洛古乡	660.00	5800	0.11	1	660.00	5900	0.11	1
比尔乡	750.00	7500	0.10	0	750.00	9385	0.08	0
波洛乡	135.00	2300	0.06	0	135.00	2368	0.06	0
博洛乡	375.00	4800	0.08	0	375.00	5000	0.07	0
补约乡	420.00	2600	0.16	1	420.00	2380	0.18	1
城北乡	1499.99	7400	0.20	1	1499.99	8212	0.18	1
齿可波西乡	1019.99	8300	0.12	1	1019.99	10018	0.10	1
达洛乡	105.00	2200	0.05	0	105.00	2402	0.04	0
大坝乡	1259.99	5700	0.22	1	1259.99	6550	0.19	1
地莫乡	2534.99	9700	0.26	1	2534.99	9900	0.26	1
甘多洛古乡	150.00	1800	0.08	0	150.00	1794	0.08	0
格吾乡	105.00	7000	0.01	0	105.00	7645	0.01	0
谷曲乡	645.00	2300	0.28	1	630.00	2887	0.22	1
哈甘乡	1034.99	6000	0.17	1	1034.99	6120	0.17	1
解放乡	300.00	5100	0.06	0	300.00	5400	0.06	0
金曲乡	300.00	3100	0.10	0	300.00	2936	0.10	0
久特洛古乡	510.00	3100	0.16	1	510.00	3210	0.16	1
库莫乡	135.00	2900	0.05	0	135.00	3048	0.04	0
库依乡	285.00	7600	0.04	0	285.00	7688	0.04	0
拉一木乡	615.00	4300	0.14	1	615.00	4600	0.13	1
柳且乡	915.00	5700	0.16	1	915.00	5800	0.16	1
龙恩乡	210.00	3800	0.06	0	210.00	4094	0.05	0
龙沟乡	240.00	1700	0.14	1	240.00	1700	0.14	1
玛增依乌乡	345.00	4200	0.08	0	345.00	7000	0.05	0
美甘乡	300.00	3600	0.08	0	300.00	4128	0.07	0
尼地乡	60.00	2800	0.02	0	45.00	3320	0.01	0
普诗乡	1154.99	6100	0.19	1	1154.99	6806	0.17	1
且莫乡	345.00	3600	0.10	1	345.00	3647	0.09	1
庆恒乡	840.00	5700	0.15	1	840.00	5745	0.15	1
日哈乡	870.00	4500	0.19	1	825.00	5000	0.16	1
洒拉地坡乡	2969.99	7500	0.40	2	2969.99	7800	0.38	2
三岔河乡	390.00	4300	0.09	0	390.00	4450	0.09	0
三岗乡	555.00	3900	0.14	1	555.00	4300	0.13	1

续表

乡镇名	2010 年				2014 年			
	可利用土地资源（亩）	人口	人均可利用土地资源（亩/人）	等级	可利用土地资源（亩）	人口	人均可利用土地资源（亩/人）	等级
色底乡	150.00	2100	0.07	0	150.00	2009	0.07	0
树坪乡	120.00	1900	0.06	0	120.00	2144	0.06	0
四开乡	2849.99	10400	0.27	1	2849.99	10700	0.27	1
塘且乡	105.00	3100	0.03	0	105.00	3426	0.03	0
特布洛乡	615.00	5900	0.10	0	615.00	6100	0.10	0
特口甲谷乡	660.00	3200	0.21	1	660.00	3467	0.19	1
碗厂乡	720.00	2900	0.25	1	720.00	3222	0.22	1
新城镇	1184.99	9900	0.12	1	1124.99	10129	0.11	1
央摩租乡	375.00	2800	0.13	1	375.00	2458	0.15	1
宜牧地乡	675.00	2600	0.26	1	675.00	2544	0.27	1
永乐乡	210.00	2400	0.09	0	210.00	2563	0.08	0
则普乡	465.00	5000	0.09	0	465.00	5205	0.09	0
支尔莫乡	255.00	2000	0.13	1	255.00	2483	0.10	1
竹核乡	2144.99	11100	0.19	1	2114.99	11100	0.19	1
合计	32519.84	222200	0.15	1	32399.84	238783	0.14	1

昭觉县 2010 年、2014 年人均可利用土地资源丰度分级情况如图 8-5。

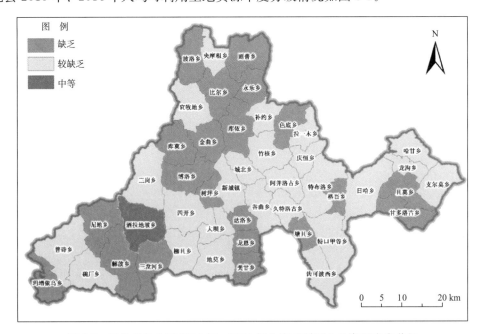

图 8-5　昭觉县各乡镇 2010 年、2014 年人均可利用土地资源丰度分级

监测结果：

1. 昭觉县可利用土地资源监测结果

2010 年、2014 年两个时间段内，昭觉县可利用土地资源面积差异较小，分别为 21.68km^2、21.60km^2，减少 0.08km^2；人均可利用土地资源从 0.15（亩/人）降至 0.14（亩/人），减少 0.01（亩/人），丰度分级都为较缺乏。

2. 各乡镇可利用土地资源监测结果

(1)2010 年、2014 年昭觉县可利用土地资源主要分布在中部和南部地区，其余地区分布较为均匀。

(2)两个时间段内，全县 47 个乡镇中，仅有谷曲乡、尼地乡、日哈乡、新城镇和竹核乡 5 个乡镇的可利用土地资源面积有不同程度的减少，其余乡镇均没有变化。

(3)洒拉地坡乡和四开乡在 2010 年、2014 年的可利用土地资源面积分别为 1.98km^2 和 1.9km^2，居全县之首。

(4)其次是地莫乡，2010 年、2014 年的可利用土地资源面积都为 1.69km^2。

(5)尼地乡的可利用土地资源面积最少，2010 年和 2014 年分别为 0.04km^2 和 0.03km^2。

(6)从昭觉县人均可利用土地资源丰度分级图可看出，2010 年和 2014 年昭觉县各乡镇的人均可利用土地资源丰度分级没有发生变化，其中人均可利用土地资源缺乏的乡镇 21 个、较缺乏 25 个以及中等 1 个。

通过对昭觉县的可利用土地资源进行分析发现：2010~2014 年，昭觉县的可利用土地资源面积较小且基本保持稳定，人均可利用土地资源处于较缺乏状态。结合昭觉县的实际情况发现：昭觉县地处大凉山腹心地带，平均海拔 2170m，境内地形以山原为主，占总面积 89% 左右，地表覆盖多为森林和草地，致使昭觉县适宜建设用地面积总量较少，加之山原地形在一定程度上限制了城市建设，因此，昭觉县可利用土地资源较为缺乏。

8.2.1.2　可利用水资源

可利用水资源在计算过程中，通过与政府部门及专业部门多次对接，确实无法获取相关数据，因此对于该类计算缺失是一大遗憾，后期在获取相关数据后，将通过学术研究论文形式进行丰富完善。

8.2.2　环境、生态

8.2.2.1　环境容量

在计算环境容量过程中，通过与政府部门及专业部门多次对接，确实无法获取相关数据，因此对于该类计算缺失是一大遗憾，后期在获取相关数据后，将通过学术研究论文形式进行丰富完善。

8.2.2.2　自然灾害影响

自然灾害是指给人类生存带来危害或损害人类生活环境的自然现象，包括干旱、洪涝、台风、冰雹、暴雪、沙尘暴等气象灾害，火山、地震灾害山体崩塌、滑坡、泥石流等地质灾害，风暴潮、海啸等海洋灾害，森林草原火灾和重大生物灾害等。本节结合专业资料对昭觉县干旱、地质灾害、地震和洪水自然灾害进行分析，全面掌握 2010 年、2014 年昭觉县内自然灾情，为部署和实施防灾减灾工作提供可靠依据和保障。

1. 干旱

1）孕灾环境因子

根据昭觉县的地形地貌特征，将地形坡度划分为<5°、5°~10°、10°~20°、20°~30°和≥30°五个等级，由图 8-6 可以看出，昭觉县境内除小部分区域地形坡度<5°外，大部分区域地形坡度为 10°~30°，县域境内的山地地形坡度≥30°。

根据昭觉县的地表覆盖情况，同时依据干旱灾害成灾特征，将地表覆盖按照干旱成灾的危险性从低到高划分为六类：①宅基地；②荒漠、裸露地表；③有林地、灌木林地；④草地、园地；⑤水田、湿地；⑥旱地（图 8-7）。

2）致灾因子

利用昭觉县临近气象观测站点 1980~2014 年气温和降水监测数据，计算得到站点 2010 年和 2014 年两期 SPEI 指数，并通过 Arcgis 空间插值方法获得 SPEI 空间分布结果（图 8-8、图 8-9）。

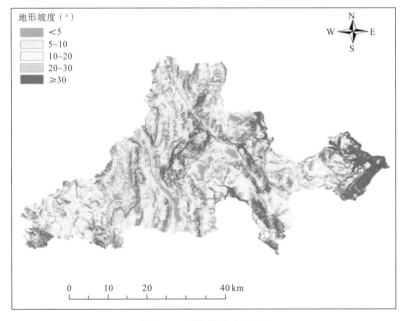

图 8-6　昭觉县坡度分区

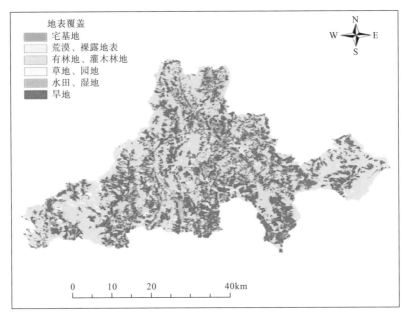

图 8-7　昭觉县地表覆盖分区

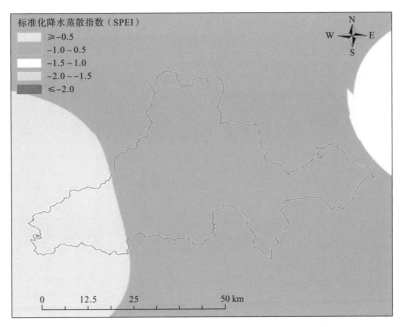

图 8-8　昭觉县 2010 年 SPEI 空间分布(标准化降水蒸散指数)

　　由图 8-8 可以看出，2010 年昭觉县县境内西部的 SPEI≥−0.5，中部和东部的 SPEI 为−1.0～
−0.5；由图 9-9 可以看出 2014 年，昭觉县县境内 SPEI≥−0.5。

3)危险分区

通过层次分析法和专家经验打分，获得干旱灾害危险性计算过程中所涉及的孕灾环境因子和致灾因子的权重系数。通过 Arcgis 软件的栅格计算工具计算获得昭觉县 2010 年和 2014 年 2 期干旱灾害危险分区结果，并利用灾史资料或专家经验进行修正，获得最终干旱危险性评价结果(图 8-10、图 8-11)。

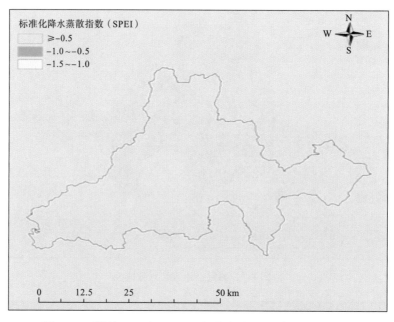

图 8-9　昭觉县 2014 年 SPEI 空间分布(标准化降水蒸散指数)

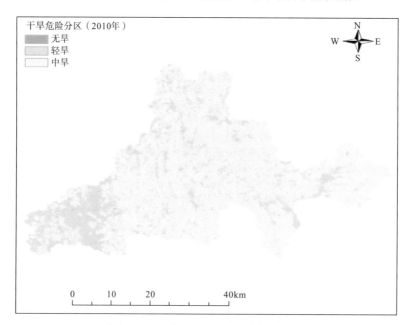

图 8-10　昭觉县 2010 年干旱危险分区

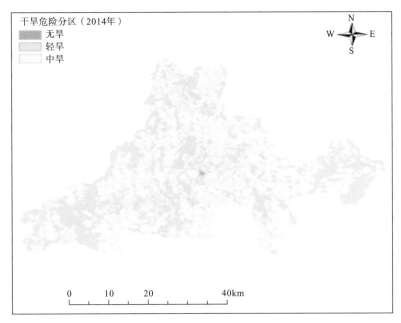

图 8-11　昭觉县 2014 年干旱危险分区

将干旱危险性计算结果按照等级划分为：无旱、轻旱、中旱、重旱和特旱五类，由图 8-10、图 8-11可知，昭觉县在 2010 年和 2014 年并没出现重旱和特旱现象。2010 年，昭觉县中东地区坡度＞20°的大面积旱地基本上为中旱状态；2014 年，昭觉县境内的中旱区域有所减少，大部分区域为轻旱或无旱。

2. 洪水

1）孕灾环境因子

根据昭觉县的地形地貌以及洪水灾害的危害特征，将地形坡度划分为≥45°、35°～45°、25°～35°、10°～25°和≤10°五个等级，由图 8-12 可以看出，昭觉县境内大部分区域地形坡度为 10°～25°，处于洪水的较高危险区域。从河网密度情况来看，昭觉县的北部及中部为河网密度高值区域（图 8-13）。

根据昭觉县的地表覆盖情况，同时依据洪水灾害成灾特征，将地表覆盖按照干旱成灾的危险性从低到高划分为六类：①有林地、灌木林地；②草地、园地、疏林地；③耕地；④荒漠、裸露地表；⑤人工堆掘地；⑥宅基地、交通设施（图 8-14）。昭觉县大部分区域地形高差为 200～500m 和 50～200m，地势稍陡（图 8-15）。

2）致灾因子

洪水灾害的评价选取了 3 个致灾因子：暴雨日数（图 8-16、图 8-17）、降水变率（图 8-18、图 8-19）和年降水量（图 8-20、图 8-21）。昭觉县境内大部分区域在 2010 年暴雨日数＜1 天，2014 年暴雨日数有明显变化，境内大部分区域增加至 2～4 天，西部部分区域甚至增加到＞4 天；降水变率方面，2010 年全县降水变率≤0.15，降水没有明显增加现象，2014 年昭觉县中部及西部地区降水变率为 0.15~0.35，表明雨量较历史同期雨量稍有增加；年降雨量方面，昭觉县在 2010 年和 2014 年的年降水量基本上为 900~1300mm。

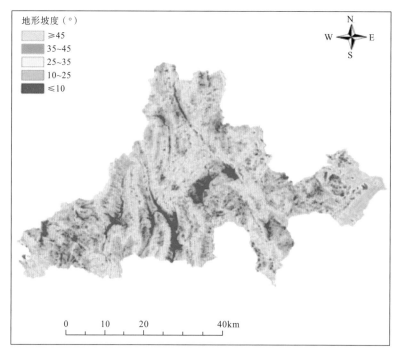

图 8-12 昭觉县坡度分区

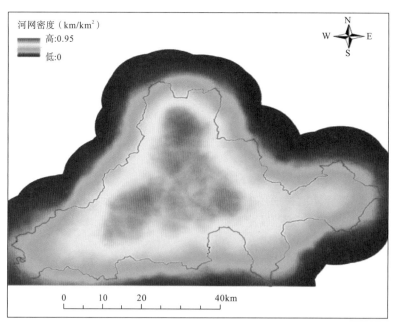

图 8-13 昭觉县河网密度

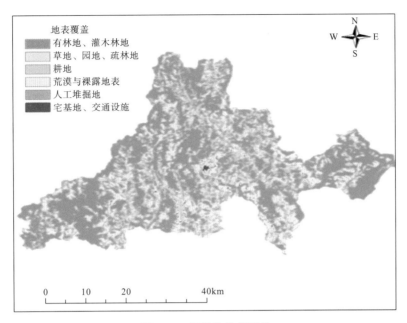

图 8-14　昭觉县地表覆盖

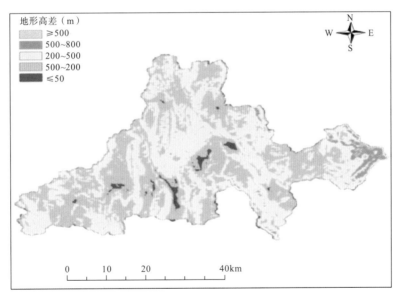

图 8-15　昭觉县地形高差

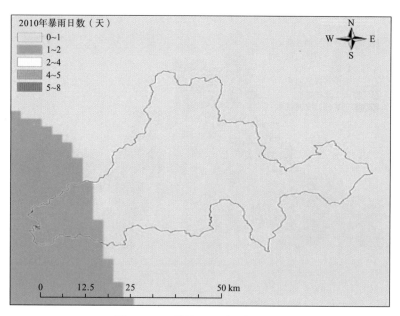

图 8-16 昭觉县 2010 年暴雨日数

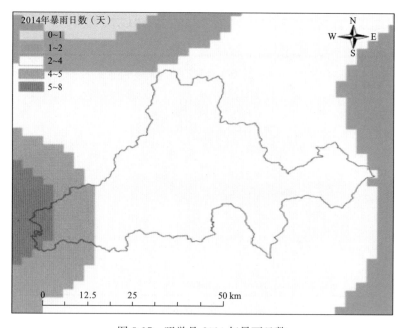

图 8-17 昭觉县 2014 年暴雨日数

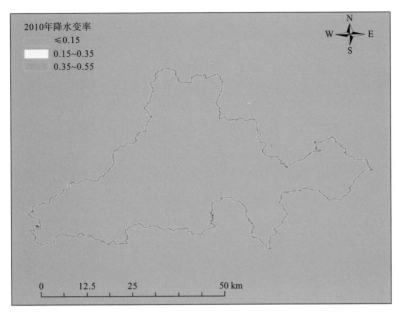

图 8-18　昭觉县 2010 年降水变率

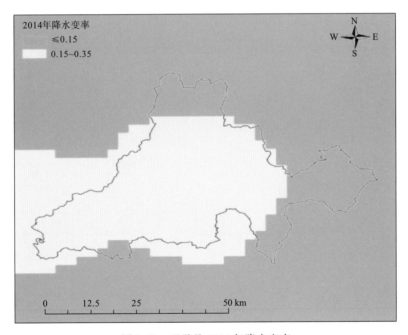

图 8-19　昭觉县 2014 年降水变率

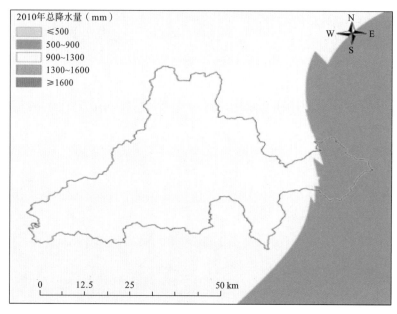

图 8-20　昭觉县 2010 年降水变率

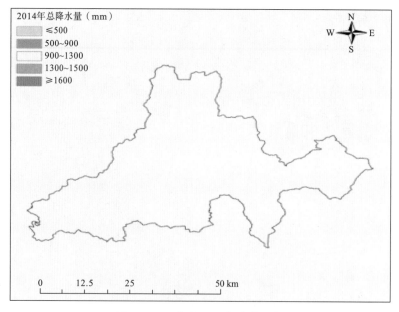

图 8-21　昭觉县 2014 年降水变率

3）危险分区

通过层次分析法和专家经验打分，获得洪水灾害危险性计算过程中所涉及的孕灾环境因子和致灾因子的权重系数。通过 Arcgis 软件的栅格计算工具计算获得昭觉县 2010 年和 2014 年 2 期洪水灾害危险分区结果，并利用灾史资料或专家经验进行修正，获得最终洪水危险性评价结果（图 8-22、图 8-23）。

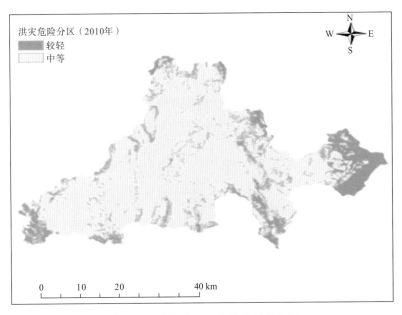

图 8-22　昭觉县 2010 年洪水危险分区

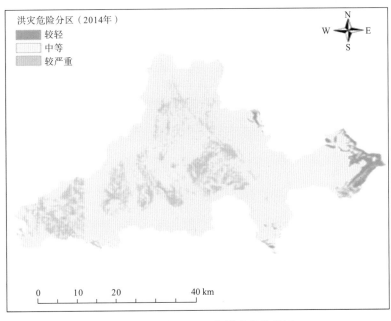

图 8-23　昭觉县 2014 年洪水危险分区

将洪水危险性计算结果按照等级划分：较轻、中等、较严重、严重和极其严重五类，由图 8-22、图 8-23 可知，昭觉县在 2010 年洪水灾害危险性为较轻和中等。2014 年洪水灾害危险性增加到较轻、中等和较严重三个等级。2010 年，昭觉县境内大部分区域洪水危险性为中等，东部及西部高陡地形区域处于较轻危险性；2014 年，受暴雨和降雨变率增加的影响，昭觉县境内洪水危险性出现较严重的区域，主要分布在中部及西部地区。

3. 地震

地震灾害的危险性评价主要是利用地震动峰值加速度的区划的方法进行危险性评估。按照地震动峰值加速度的值域区间，将地震动峰值加速度划分为：0~0.05g、0.1~0.15g、0.2g、0.3g 和≥0.4g，对应的地震危害程度依次为：无、略大、较大、大和极大。

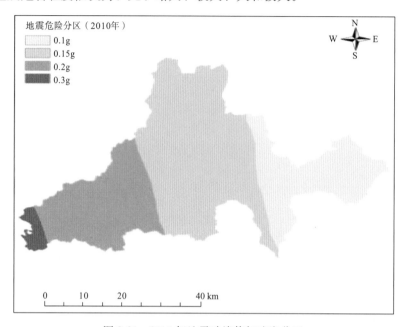

图 8-24　2010 年地震动峰值加速度分区

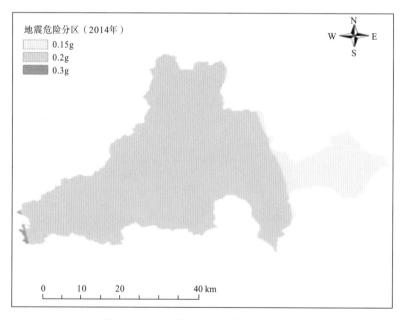

图 8-25　2014 年地震动峰值加速度分区

由图 8-24、图 8-25 可以看出，昭觉县 2010 年与 2014 年间地震动峰值加速度的空间分布格局发生变化。2010 年，昭觉县境内分布四条地震动峰值加速度区间，从西至东的 PGA 依次减小，分别为：0.3g、0.2g、0.15g 和 0.1g，县域西部受地震危害程度较大，中部和东部受地震危害程度略大。2014 年，昭觉县中部受地震影响较 2010 年有所增大，由 0.15g 增大至 0.2g，全县除东部小部分区域受地震危害程度略大外，其余大部分区域受地震危害程度较大。

4. 地质灾害

1）孕灾环境因子

根据地质灾害的危害特征，将昭觉县内的岩层性状划分为四类：软弱岩组、较软岩组、较硬岩组和坚硬岩组。由图 8-26 可见，坚硬岩组主要分布在昭觉县中部和东部，较软岩组主要分布在西部。根据昭觉县的地形地貌，将地形坡度按照地灾危险性从低到高划分为 ≥55°、≤15°、15°～25°、25°～35°、35°～45° 和 45°～55° 五个等级（图 8-27）。

由图 8-28 可知，昭觉县大部分区域地势高差 ≤300m，中部部分山区地势高差 300～500m，东部少部分山区地势高差 >500m。

2）致灾因子

地质灾害危险性评价选取了 2 个致灾因子：地震动峰值加速度（PGA）和年降水量。从图 8-29、图 8-30、图 8-31 和图 8-32 可以看出，昭觉县的东部山区 2014 年降雨量较 2010 年有所增加，全县年降雨为 900～1300mm；2014 年昭觉县中部地区的地震动峰值加速度由 2010 年的 0.15g 增加至 0.2g，使得昭觉县大部分地区的 PGA ≥0.2g。

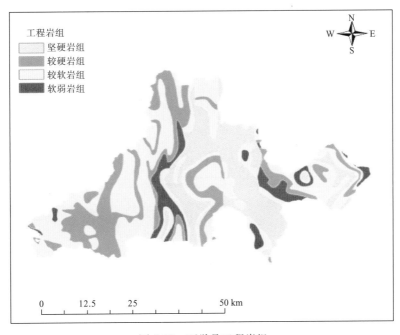

图 8-26　昭觉县工程岩组

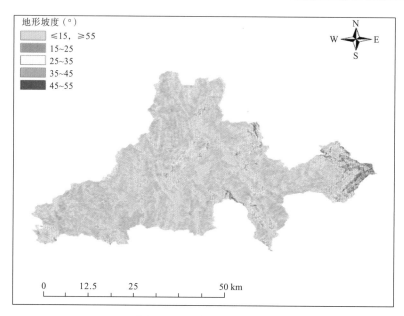

图 8-27　昭觉县地形坡度

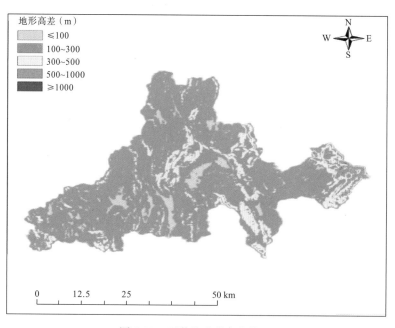

图 8-28　昭觉县地形高差分区

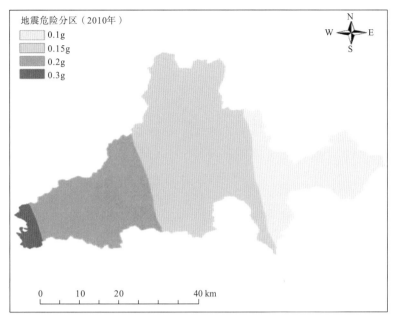

图 8-29　2010 年地震动峰值加速度分区

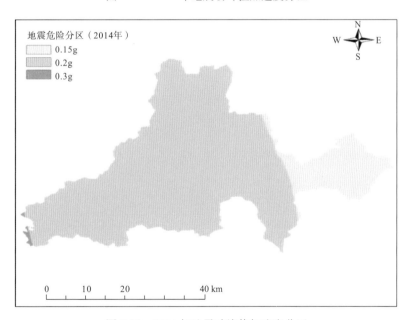

图 8-30　2014 年地震动峰值加速度分区

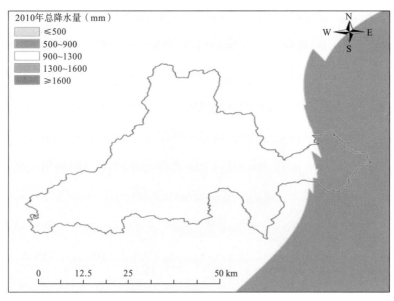

图 8-31　2010 年总降水量

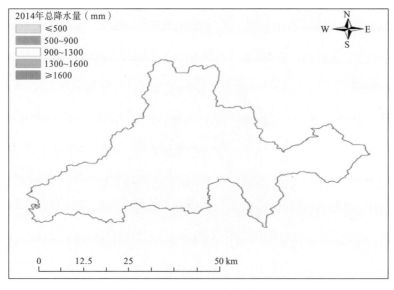

图 8-32　2014 年总降水量

3）危险分区

　　通过层次分析法和专家经验打分，获得地质灾害危险性计算过程中所涉及的孕灾环境因子和致灾因子的权重系数。通过 Arcgis 软件的栅格计算工具计算获得昭觉县 2010 年和 2014 年 2 期地质灾害危险分区结果，并利用灾史资料或专家经验进行修正，获得最终地质危险性评价结果（图 8-33、图 8-34）。

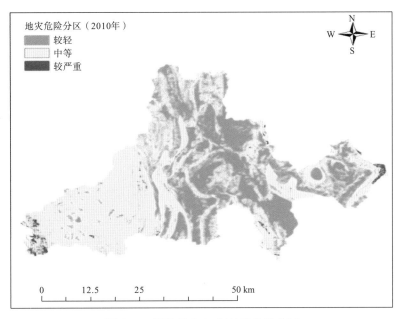

图 8-33 昭觉县 2010 年地灾危险分区

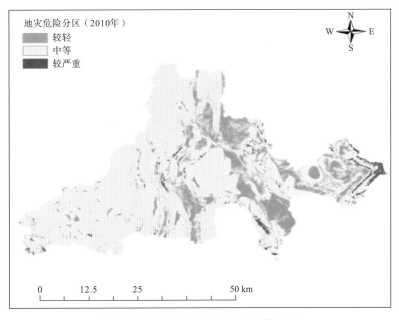

图 8-34 昭觉县 2014 年地灾危险分区

将地灾危险性计算结果按照等级划分为较轻、中等、较严重、严重和极其严重五类，由图 8-33、图 8-34 可知，昭觉县在 2010 和 2014 年境内地灾危险性主要为较轻，中等和较严重三类。受到 PGA 的影响，2014 年昭觉县中部地灾危险性较轻的区域危险性加重至中等，较严重的区域主要集中在东部山区。

5. 综合评价

采用最大值法作为综合分析的方法，评价干旱、洪水、地震以及地质灾害对这四个典型县的综合危险性。并将自然灾害危险性计算结果按照等级划分为：无影响、影响略大、影响较大、影响大和影响极大五类。

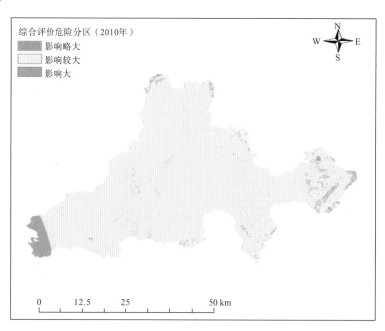

图 8-35　昭觉县 2010 年自然灾害危险分区

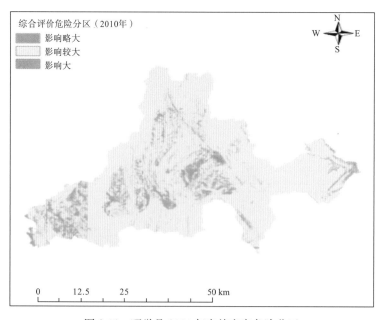

图 8-36　昭觉县 2014 年自然灾害危险分区

由图 8-35、图 8-36 可知，昭觉县境内在 2010 年和 2014 年均受到自然灾害不同程度的影响，危险性从低到高主要分为无影响、影响略大和影响较大三类。2010 年，昭觉县境内大部分区域自然灾害影响较大，西南部受地震影响较大；2014 年，昭觉县境内中部及西部受自然灾害影响大的区域面积有所增加。

8.2.2.3　林草地覆盖率

林地覆盖率是指县域内林地面积占县域国土面积的比例，草地覆盖率是指县域内草地面积占县域国土面积的比例。

本节从行政单元对昭觉县 2010 年、2014 年林草地覆盖变化情况进行统计分析。

昭觉县 2010 年、2014 年林草地覆盖空间分布图如图 8-37、图 8-38 所示。

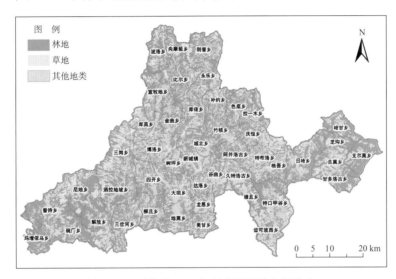

图 8-37　昭觉县 2010 年林草地覆盖空间分布

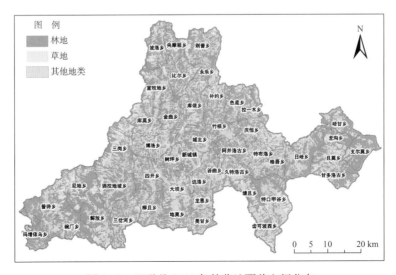

图 8-38　昭觉县 2014 年林草地覆盖空间分布

昭觉县 2010 年、2014 年各乡镇林地、草地和林草地类型面积及占比如表 8-3、表 8-4、表 8-5、图 8-39、图 8-40 所示。

表 8-3　昭觉县各乡镇 2010 年、2014 年林地面积及占比

乡镇名称	2010 年		2014 年		变化量（km²）
	林地面积（km²）	占比（%）	林地面积（km²）	占比（%）	
阿并洛古乡	23.81	48.70	23.81	48.70	0.00
比尔乡	33.25	49.57	33.25	49.57	0.00
波洛乡	32.26	54.26	32.26	54.26	0.00
博洛乡	25.98	37.74	25.98	37.74	0.00
补约乡	16.57	41.63	16.57	41.63	0.00
城北乡	18.35	49.26	18.35	49.26	0.00
齿可波西乡	15.86	29.50	15.85	29.49	−0.01
达洛乡	11.07	38.62	11.07	38.62	0.00
大坝乡	12.51	34.02	12.51	34.02	0.00
地莫乡	28.39	40.90	28.39	40.90	0.00
甘多洛古乡	26.36	52.64	26.38	52.69	0.02
格吾乡	13.65	45.21	13.65	45.21	0.00
谷曲乡	24.56	42.15	24.55	42.15	0.00
哈甘乡	28.90	63.75	28.90	63.75	0.00
解放乡	47.71	52.35	47.50	52.12	−0.21
金曲乡	27.30	50.11	27.30	50.11	0.00
久特洛古乡	13.24	32.91	13.24	32.91	0.00
库莫乡	25.59	40.51	25.59	40.51	0.00
库依乡	32.05	44.77	32.05	44.77	0.00
拉一木乡	18.44	51.60	18.47	51.68	0.03
柳且乡	31.01	51.34	31.01	51.34	0.00
龙恩乡	11.30	37.93	11.30	37.93	0.00
龙沟乡	20.38	65.69	20.38	65.69	0.00
玛增依乌乡	31.81	73.37	31.89	73.55	0.08
美甘乡	14.13	38.45	14.13	38.45	0.00
尼地乡	44.38	57.89	44.27	57.75	−0.11
普诗乡	53.46	55.19	53.63	55.37	0.18
且莫乡	26.90	49.72	26.90	49.72	0.00
庆恒乡	18.60	49.62	18.60	49.62	0.00
日哈乡	53.19	56.30	53.19	56.30	0.00
洒拉地坡乡	43.75	47.96	43.75	47.96	0.00
三岔河乡	33.19	47.55	33.19	47.55	0.00

续表

乡镇名称	2010 年		2014 年		变化量（km²）
	林地面积（km²）	占比（%）	林地面积（km²）	占比（%）	
三岗乡	39.69	40.73	39.87	40.91	0.18
色底乡	25.60	50.90	25.60	50.90	0.00
树坪乡	13.42	45.78	13.42	45.78	0.00
四开乡	39.21	45.03	39.21	45.03	0.00
塘且乡	12.98	45.28	12.98	45.28	0.00
特布洛乡	29.99	35.43	29.97	35.40	−0.02
特口甲谷乡	35.11	40.13	34.86	39.84	−0.25
碗厂乡	41.74	59.69	41.73	59.68	−0.01
新城镇	21.93	39.25	22.12	39.60	0.19
央摩租乡	19.00	51.21	19.00	51.21	0.00
宜牧地乡	35.40	50.92	35.39	50.91	−0.01
永乐乡	22.50	51.29	22.50	51.29	0.00
则普乡	33.39	47.09	33.59	47.37	0.20
支尔莫乡	44.53	78.80	44.33	78.45	−0.19
竹核乡	31.80	50.17	31.80	50.17	0.00
合计	1304.25	48.23	1304.31	48.23	0.06

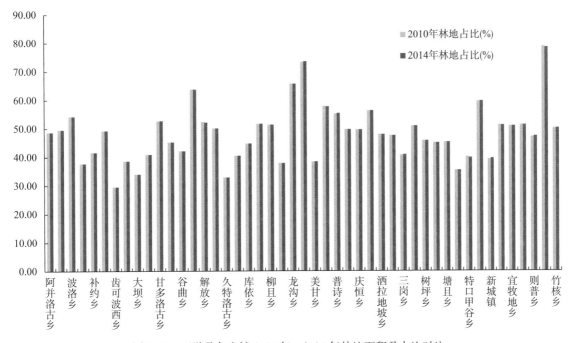

图 8-39　昭觉县各乡镇 2010 年、2014 年林地面积及占比对比

表 8-4　昭觉县各乡镇 2010 年、2014 年草地面积及占比

乡镇名称	2010 年		2014 年		变化量(km²)
	草地面积(km²)	占比(%)	草地面积(km²)	占比(%)	
阿并洛古乡	6.72	13.74	6.72	13.74	0.00
比尔乡	12.10	18.04	12.06	17.99	−0.04
波洛乡	10.66	17.93	10.00	16.82	−0.66
博洛乡	18.58	27.00	18.58	27.00	0.00
补约乡	5.73	14.39	5.73	14.39	0.00
城北乡	4.60	12.35	4.60	12.35	0.00
齿可波西乡	9.36	17.42	9.33	17.36	−0.03
达洛乡	4.86	16.94	4.84	16.90	−0.01
大坝乡	8.56	23.29	8.56	23.29	0.00
地莫乡	7.52	10.84	7.52	10.84	0.00
甘多洛古乡	11.06	22.09	11.06	22.09	0.00
格吾乡	3.73	12.36	3.73	12.36	0.00
谷曲乡	5.93	10.17	6.00	10.30	0.07
哈甘乡	5.04	11.12	5.04	11.12	0.00
解放乡	16.14	17.71	16.35	17.94	0.21
金曲乡	7.97	14.62	7.97	14.62	0.00
久特洛古乡	6.18	15.37	6.18	15.37	0.00
库莫乡	20.32	32.15	20.32	32.15	0.00
库依乡	15.08	21.06	15.05	21.02	−0.03
拉一木乡	3.53	9.87	3.52	9.86	0.00
柳且乡	6.38	10.57	6.41	10.61	0.03
龙恩乡	1.06	3.56	1.06	3.56	0.00
龙沟乡	3.78	12.17	3.78	12.17	0.00
玛增依乌乡	1.42	3.27	1.42	3.27	0.00
美甘乡	1.00	2.72	1.00	2.72	0.00
尼地乡	16.14	21.05	16.30	21.26	0.16
普诗乡	16.92	17.46	16.74	17.28	−0.18
且莫乡	11.93	22.04	12.02	22.22	0.10
庆恒乡	3.10	8.27	3.10	8.27	0.00
日哈乡	9.34	9.88	9.52	10.08	0.19
洒拉地坡乡	7.81	8.56	7.88	8.64	0.08
三岔河乡	4.26	6.10	4.21	6.03	−0.05

乡镇名称	2010 年		2014 年		变化量（km²）
	草地面积（km²）	占比（%）	草地面积（km²）	占比（%）	
三岗乡	29.43	30.19	29.27	30.03	−0.16
色底乡	6.05	12.02	6.13	12.18	0.08
树坪乡	8.91	30.38	8.79	29.99	−0.12
四开乡	8.88	10.19	8.88	10.19	0.00
塘且乡	5.47	19.07	5.47	19.07	0.00
特布洛乡	20.00	23.63	20.04	23.67	0.04
特口甲谷乡	14.23	16.27	14.48	16.55	0.25
碗厂乡	8.76	12.52	8.76	12.52	0.00
新城镇	11.23	20.11	11.12	19.91	−0.11
央摩租乡	9.87	26.60	9.75	26.29	−0.12
宜牧地乡	11.80	16.97	11.80	16.97	0.00
永乐乡	8.16	18.61	8.14	18.55	−0.03
则普乡	13.96	19.69	13.85	19.53	−0.11
支尔莫乡	2.71	4.79	2.81	4.97	0.10
竹核乡	2.99	4.72	3.03	4.78	0.04
合计	429.23	15.87	428.92	15.86	−0.31

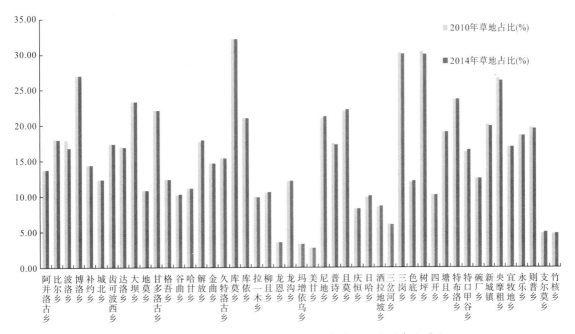

图 8-40　昭觉县各乡镇 2010 年、2014 年草地面积及占比对比

表 8-5　觉县各乡镇 2010 年、2014 年林草地面积及占比

乡镇名	2010 年			2014 年			变化量 (km²)
	林草地面积 (km²)	林草地占比 (%)	林草地覆盖分级	林草地面积 (km²)	林草地占比 (%)	林草地覆盖分级	
阿并洛古乡	30.52	62.44	3	30.52	62.44	3	0.00
比尔乡	45.35	67.62	3	45.31	67.56	3	−0.04
波洛乡	42.92	72.20	3	42.26	71.09	3	−0.66
博洛乡	44.57	64.74	3	44.57	64.74	3	0.00
补约乡	22.30	56.01	2	22.30	56.01	2	0.00
城北乡	22.96	61.61	3	22.96	61.61	3	0.00
齿可波西乡	25.22	46.92	2	25.18	46.85	2	−0.04
达洛乡	15.93	55.56	2	15.92	55.52	2	−0.01
大坝乡	21.07	57.31	2	21.07	57.31	2	0.00
地莫乡	35.91	51.73	2	35.91	51.73	2	0.00
甘多洛古乡	37.42	74.74	3	37.44	74.78	3	0.02
格吾乡	17.38	57.57	2	17.38	57.57	2	0.00
谷曲乡	30.48	52.33	2	30.55	52.45	2	0.07
哈甘乡	33.95	74.87	3	33.94	74.87	3	0.00
解放乡	63.84	70.06	3	63.84	70.06	3	0.00
金曲乡	35.27	64.73	3	35.27	64.73	3	0.00
久特洛古乡	19.42	48.28	2	19.42	48.28	2	0.00
库莫乡	45.91	72.66	3	45.91	72.66	3	0.00
库依乡	47.13	65.83	3	47.10	65.79	3	−0.03
拉一木乡	21.97	61.47	3	22.00	61.54	3	0.02
柳且乡	37.39	61.91	3	37.42	61.95	3	0.03
龙恩乡	12.36	41.49	1	12.36	41.49	1	0.00
龙沟乡	24.16	77.87	3	24.16	77.87	4	0.00
玛增依乌乡	33.23	76.63	3	33.31	76.82	4	0.08
美甘乡	15.13	41.17	1	15.13	41.17	1	0.00
尼地乡	60.52	78.94	3	60.57	79.01	4	0.05
普诗乡	70.37	72.65	3	70.37	72.65	3	0.00
且莫乡	38.83	71.76	3	38.92	71.94	3	0.10
庆恒乡	21.70	57.89	2	21.70	57.89	2	0.00
日哈乡	62.53	66.19	3	62.71	66.39	3	0.19
洒拉地坡乡	51.56	56.51	2	51.64	56.60	2	0.08
三岔河乡	37.45	53.65	2	37.40	53.58	2	−0.05
三岗乡	69.11	70.92	3	69.14	70.94	3	0.02
色底乡	31.64	62.92	3	31.72	63.07	3	0.08

乡镇名	2010年			2014年			变化量(km²)
	林草地面积(km²)	林草地占比(%)	林草地覆盖分级	林草地面积(km²)	林草地占比(%)	林草地覆盖分级	
树坪乡	22.33	76.16	3	22.21	75.77	4	-0.12
四开乡	48.09	55.22	2	48.09	55.22	2	0.00
塘且乡	18.45	64.35	3	18.45	64.35	3	0.00
特布洛乡	49.99	59.05	2	50.01	59.07	2	0.02
特口甲谷乡	49.34	56.39	2	49.34	56.39	2	0.00
碗厂乡	50.49	72.21	3	50.49	72.20	3	-0.01
新城镇	33.16	59.36	2	33.24	59.51	2	0.08
央摩租乡	28.87	77.81	3	28.76	77.50	4	-0.12
宜牧地乡	47.19	67.88	3	47.18	67.87	3	-0.01
永乐乡	30.66	69.90	3	30.64	69.84	3	-0.03
则普乡	47.36	66.78	3	47.44	66.90	3	0.08
支尔莫乡	47.23	83.59	4	47.14	83.42	4	-0.10
竹核乡	34.80	54.89	2	34.83	54.95	2	0.04
合计	1733.47	64.10	3	1733.23	64.09	3	-0.24

据以上数据统计分析出昭觉县 2010 年、2014 年林草地覆盖率等级分布情况，如图 8-41 所示。

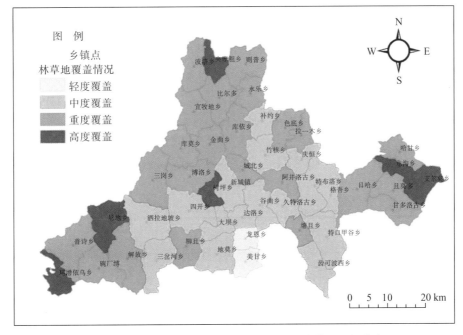

图 8-41 昭觉县 2010~2014 年林草地覆盖率等级空间分布

监测结果表明：①2010 年、2014 年昭觉县林地面积分别为 1304.25km² 和 1304.31km²，草地面积分别为 429.23km² 和 428.92km²；②林地面积占比 48%，草地占比 15%；③两个年份中林草地的面积基本保持稳定；④林地覆盖度最高的是支而莫乡，其次依次是玛增依乌乡、龙沟乡和哈甘乡，草地覆盖度最高的是库莫乡，其次依次是三岗乡、树坪乡和博洛乡；⑤从昭觉县林草地覆盖率等级空间分布图可看出昭觉县林草地高度覆盖乡镇 6 个，重度覆盖 23 个，中度覆盖 16 个，轻度覆盖 2 个。

通过对昭觉县 2010 年、2014 年林草地覆盖率进行监测发现：林地覆盖度明显高于草地覆盖度，且西部高于东部，这与昭觉县的地形地貌有着密切关系，昭觉县地势西高东低，地形以山原为主，山地约占总面积的 89%，平均海拔 2170m，这样的地形导致了昭觉县林地资源多于草地资源。2008年昭觉县实施了一系列的环境治理措施，包括退耕还林、人工造林以及实施水土流失综合治理等，林草地资源作为保护生态环境的有效屏障，一直保持着较高的覆盖度，昭觉县的生态系统安全因此得到了有效的保护。

8.2.3 社会经济

8.2.3.1 社会经济发展水平

经济发展水平反映一个地区经济发展现状和增长活力的综合性指标，它是由地区生产总值和人均地区生产总值增长率两个要素构成，通过县域地区生产总值增长率和人均地区生产总值规模来反映。

本节利用 2010 年、2014 年统计资料统计出了昭觉县人口数据和 GDP 生产总值，以此计算出了昭觉县 2010 年、2014 年社会经济发展水平，具体数据见表 8-6，图 8-42。

表 8-6 昭觉县 2010 年、2014 年经济发展水平统计

乡镇名	2010 年				2014 年			
	GDP	人口（万人）	经济发展水平	经济发展水平等级	GDP	人口（万人）	经济发展水平	经济发展水平等级
新城镇	3674.00	0.9900	0.48	0	5035.00	1.0129	0.70	0
城北乡	2071.57	0.7400	0.42	0	3428.30	0.8212	0.54	0
树坪乡	505.60	0.1900	0.35	0	620.75	0.2144	0.29	0
谷曲乡	2502.32	0.7000	0.43	0	3121.37	0.7645	0.49	0
达洛乡	615.63	0.2200	0.36	0	938.80	0.2402	0.47	0
龙恩乡	1004.21	0.3800	0.34	0	1595.74	0.4094	0.55	0
美甘乡	1037.00	0.3600	0.40	0	1504.29	0.4128	0.36	0
四开乡	3738.43	1.0400	0.50	0	6135.12	1.07	0.57	0
大坝乡	1885.41	0.5700	0.46	0	2785.42	0.655	0.43	0
地莫乡	3319.77	0.9700	0.48	0	4830.63	0.99	0.49	0

续表

乡镇名	2010 年				2014 年			
	GDP	人口 （万人）	经济发 展水平	经济发展 水平等级	GDP	人口 （万人）	经济发 展水平	经济发展 水平等级
柳且乡	2035.05	0.5700	0.36	0	2235.60	0.58	0.39	0
博洛乡	1548.35	0.4800	0.45	0	2852.66	0.5	0.74	0
库莫乡	959.66	0.3100	0.40	0	1315.60	0.321	0.41	0
解放乡	1680.32	0.5100	0.46	0	2265.10	0.54	0.50	0
三岗乡	1503.12	0.3900	0.54	0	2349.75	0.43	0.71	0
洒拉地坡乡	2663.87	0.7500	0.46	0	3251.78	0.78	0.42	0
三岔河乡	1430.06	0.4300	0.43	0	2046.31	0.445	0.46	0
尼地乡	970.56	0.2800	0.49	0	1681.24	0.332	0.66	0
碗厂乡	921.67	0.2900	0.44	0	1330.24	0.3222	0.41	0
普诗乡	1834.84	0.6100	0.42	0	2866.00	0.6806	0.42	0
玛增依乌乡	1677.00	0.4200	0.60	0	4077.00	0.7	0.87	0
塘且乡	1419.94	0.3100	0.60	0	2607.27	0.3426	1.07	1
久特洛古乡	1240.35	0.2900	0.56	0	1909.92	0.3048	0.75	0
齿可波西乡	2633.82	0.8300	0.44	0	4895.70	1.0018	0.49	0
特口甲谷乡	1260.00	0.3200	0.55	0	2261.59	0.3467	0.85	0
竹核乡	4761.71	1.1100	0.56	0	7179.00	1.11	0.84	0
阿并洛古乡	2335.00	0.5800	0.52	0	3394.00	0.59	0.75	0
格吾乡	814.74	0.2300	0.46	0	1325.33	0.2887	0.60	0
特布洛乡	2205.78	0.5900	0.49	0	3241.30	0.61	0.64	0
庆恒乡	2120.58	0.5700	0.48	0	3672.00	0.5745	0.77	0
拉一木乡	1675.78	0.4300	0.47	0	2644.55	0.46	0.57	0
色底乡	760.00	0.2100	0.47	0	1185.19	0.2009	0.71	0
补约乡	972.00	0.2600	0.49	0	1583.00	0.238	0.80	0
比尔乡	2760.59	0.7500	0.48	0	5679.15	0.9385	0.91	0
库依乡	2815.17	0.7600	0.52	0	4236.49	0.7688	0.55	0
金曲乡	1149.21	0.3100	0.48	0	1621.40	0.2936	0.72	0
宜牧地乡	1037.00	0.2600	0.52	0	1283.00	0.2544	0.50	0
波洛乡	870.37	0.2300	0.49	0	1278.55	0.2368	0.70	0
央摩租乡	1102.82	0.2800	0.39	0	1163.00	0.2458	0.47	0
则普乡	1805.28	0.5000	0.47	0	3543.89	0.5205	0.89	0
永乐乡	788.12	0.2400	0.49	0	1141.59	0.2563	0.45	0

续表

乡镇名	2010 年				2014 年			
	GDP	人口（万人）	经济发展水平	经济发展水平等级	GDP	人口（万人）	经济发展水平	经济发展水平等级
且莫乡	1358.23	0.3600	0.49	0	2166.76	0.3647	0.83	0
甘多洛古乡	676.69	0.1800	0.45	0	1115.24	0.1794	0.93	0
支尔莫乡	799.34	0.2000	0.60	0	1459.13	0.2483	0.71	0
龙沟乡	619.37	0.1700	0.47	0	796.87	0.17	0.47	0
日哈乡	1639.82	0.4500	0.44	0	2755.00	0.5	0.77	0
哈甘乡	2331.77	0.6000	0.51	0	3434.67	0.612	0.73	0
合计	79531.92	22.2200	0.47	0	123840.29	23.8783	0.67	0

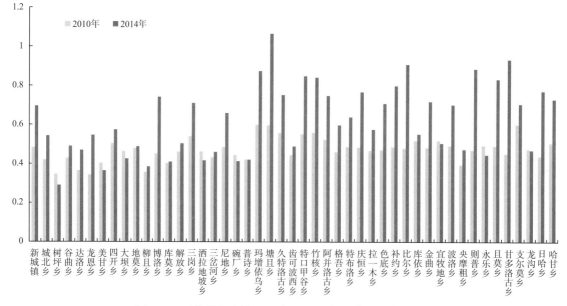

图 8-42　昭觉县各乡镇 2010 年、2014 年经济发展水平对比

监测结果表明：①在 2010 年，昭觉县各乡镇中经济发展水平最高的是塘且乡，玛增依乌乡，皆为 0.60；②在 2014 年，昭觉县各乡镇中经济发展水平最高的是塘且乡，为 1.07；③2010～2014年，昭觉县 47 个乡镇，其中有 7 个乡镇的经济发展水平降低，其余 40 个乡镇的经济发展水平皆有不同程度的增长；④2010～2014 年，昭觉县经济发展水平从 0.47 增加到 0.67，增加 0.20，增长率为 42.55%，⑤从经济发展水平等级划分看，昭觉县 2010 年经济发展水平等级都为 0，属于极落后地区，2014 年塘且乡经济发展水平等级为 1，属于落后地区，其余乡镇皆为 0，属于极落后地区。

从以上数据分析得出：2010～2014 年，昭觉县经济发展水平有大幅度增长，增长率为 42.55%，其中塘且乡经济发展水平从 0 升级为 1，相比之下，经济发展的较好，由此可见，昭觉县人民的生活水平逐渐在改善，但是总的来说，整个县还是属于极落后地区，经济发展水平比较低。

结合相关资料分析发现，昭觉县经济落后一方面是该县自然灾害频发，更重要的是该县地处凉山州，地势山高水急，形成一个封闭、独立的地理单元，很多村寨不通路，不通水，高山土壤贫瘠，很多地区贫穷落后，贫富差距很大。

不过，近年来在县委、县政府的正确领导下，全县上下坚持以科学发展观为指导，以加快转变经济发展方式为主线，紧围绕"稳定增势、高位求进、加快发展"的工作基调，着力"两化"互动、统筹城乡、解放思想、励精图治，使全县经济社会保持平稳较快发展。希望在以后的发展中，政府能对昭觉县的经济发展加大力度，以科学的方式保障经济科持续发展。

8.2.3.2　人口聚集度

利用 2010 年、2014 年统计年鉴统计出昭觉县人口数据以及昭觉县面积，计算出昭觉县的人口聚集度，具体数据见表 8-7、图 8-43。

表 8-7　昭觉县 2010 年、2014 年人口聚集度统计

乡镇名称	乡镇面积 (km²)	2010 年			2014 年			变化量
		总人口 (人)	人口聚集度	人口聚集度分级	总人口 (人)	人口聚集度	人口聚集度分级	
新城镇	55.86	9900	212.67	1	10129	253.86	1	41.19
城北乡	37.26	7400	357.49	0	8212	396.71	0	39.22
谷曲乡	58.26	7000	144.18	2	7645	236.2	1	92.02
达洛乡	28.67	2200	138.12	2	2402	150.81	2	12.69
龙恩乡	29.8	3800	229.53	1	4094	247.29	1	17.76
美甘乡	36.74	3600	156.78	2	4128	202.24	1	45.46
树坪乡	29.32	1900	77.76	3	2144	131.62	2	53.86
竹核乡	63.39	11100	210.13	1	11100	210.13	1	0
阿并洛古乡	48.89	5800	213.54	1	5900	144.81	2	−68.73
庆恒乡	37.48	5700	212.91	1	5745	183.94	2	−28.97
特布洛乡	84.66	5900	125.44	2	6100	129.7	2	4.26
格吾乡	30.19	2300	91.42	3	2887	172.13	2	80.71
拉一木乡	35.74	4300	192.5	2	4600	231.67	1	39.17
色底乡	50.29	2100	33.41	3	2009	71.91	3	38.5
补约乡	39.82	2600	52.24	3	2380	71.72	3	19.48
四开乡	87.09	10400	167.18	2	10700	147.43	2	−19.75
柳且乡	60.4	5700	113.25	3	5800	172.85	2	59.6
地莫乡	69.42	9700	223.57	1	9900	171.13	2	−52.44
大坝乡	36.77	5700	279.03	1	6550	320.64	0	41.61
博洛乡	68.84	4800	83.67	3	5000	130.74	2	47.07

乡镇名称	乡镇面积（km²）	2010 年			2014 年			变化量
		总人口（人）	人口聚集度	人口聚集度分级	总人口（人）	人口聚集度	人口聚集度分级	
库莫乡	63.19	3100	88.31	3	3210	91.44	3	3.13
解放乡	91.12	5100	100.75	3	5400	71.12	3	−29.63
洒拉地坡乡	91.23	7500	131.54	2	7800	102.6	3	−28.94
三岗乡	97.46	3900	72.03	3	4300	52.94	3	−19.09
尼地乡	76.67	2800	65.74	3	3320	51.96	3	−13.78
三岔河乡	69.81	4300	110.87	3	4450	76.49	3	−34.38
碗厂乡	69.92	2900	49.77	3	3222	82.95	3	33.18
普诗乡	96.87	6100	113.35	3	6806	126.47	2	13.12
玛增依乌乡	43.36	4200	174.35	2	7000	290.59	1	116.24
塘且乡	28.68	3100	194.56	2	3426	215.02	1	20.46
齿可波西乡	53.75	8300	216.19	1	10018	335.49	0	119.3
特口甲谷乡	87.5	3200	65.83	3	3467	71.32	3	5.49
久特洛古乡	40.23	2900	129.75	2	3048	90.92	3	−38.83
波洛乡	59.44	2300	30.96	3	2368	71.71	3	40.75
比尔乡	67.07	7500	201.28	1	9385	251.87	1	50.59
库依乡	71.59	7600	84.93	3	7688	128.87	2	43.94
金曲乡	54.49	3100	45.51	3	2936	96.99	3	51.48
宜牧地乡	69.52	2600	29.92	3	2544	43.91	3	13.99
央摩租乡	37.11	2800	60.36	3	2458	52.99	3	−7.37
永乐乡	43.87	2400	43.77	3	2563	70.11	3	26.34
则普乡	70.91	5000	98.72	3	5205	88.08	3	−10.64
龙沟乡	31.03	1700	65.74	3	1700	65.74	3	0
支尔莫乡	56.51	2000	63.71	3	2483	79.09	3	15.38
甘多洛古乡	50.07	1800	43.14	3	1794	28.66	3	−14.48
且莫乡	54.1	3600	79.85	3	3647	121.34	2	41.49
日哈乡	94.47	4500	57.16	3	5000	95.27	3	38.11
哈甘乡	45.34	6000	158.8	2	6120	242.96	1	84.16
合计	2704.16	222200	65.74	3	238783	70.64	3	4.9

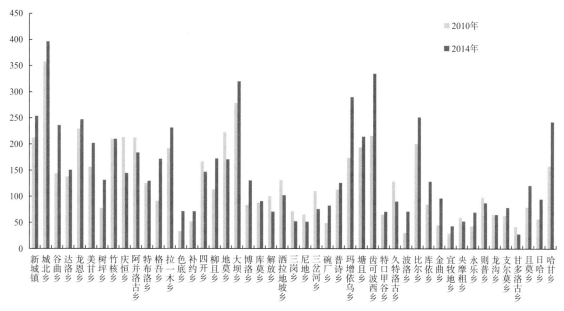

图 8-43　昭觉县各乡镇 2010 年、2014 年人口聚集度对比

据以上数据统计分析出昭觉县各乡镇 2010 年、2014 年人口聚集度等级空间分布情况，如图 8-44、图 8-45 所示：

监测结果表明：①昭觉县 2010 年、2014 年的人口聚集度分别是 65.74 和 70.64，均属人口稀疏区，但相较于 2010 年，人口聚集度提高；②2010 年到 2014 年，昭觉县有 32 个乡镇人口聚集度升高，2 个保持稳定，13 个乡镇降低，且两年中人口聚集度最高的都是城北乡，分别为 357.49 和

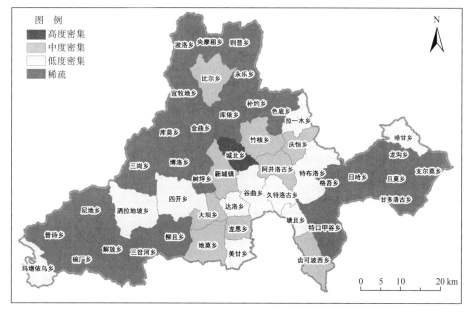

图 8-44　昭觉县 2010 年人口聚集度等级空间分布

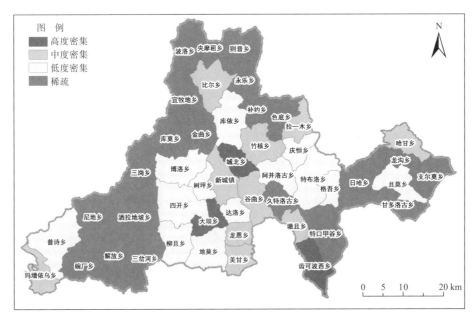

图 8-45　昭觉县 2014 年人口聚集度等级空间分布

396.71；③2010 年中人口聚集度最小的是宜牧地乡 29.92，2014 年最小的是甘多洛古乡 28.66；
④从两年的人口聚集度对比来看，涨幅最高的是齿可波西乡，其次依次有玛增依乌乡、谷曲乡、哈
甘乡和比尔乡，其余乡镇的的增长较小；⑤从人口聚集度的等级空间分布来看，2010 年昭觉县 47
个乡镇中，人口高度密集乡镇 1 个、中度密集乡镇 9 个、低度密集乡镇 11 个以及稀疏乡镇 26 个，
2014 年高度密集乡镇 3 个、中度密集乡镇 10 个、低度密集乡镇 13 个以及稀疏乡镇 21 个，且昭觉
县的中部以及偏南部地区人口聚集度的改善情况较为明显。结合昭觉县的实际情况分析发现，昭觉
县自然地理条件恶劣，经济发展水平落后。一般来说地势、气候优越，经济越是发达的地区越是人
口聚集的地方，所以昭觉县人口聚集度低，人口稀疏。

8.2.3.3　交通网络密度

利用 2010 年、2014 年基础数据提取出了昭觉县各乡镇的通车里程，由此计算出昭觉县各乡镇
的交通网络密度，具体数据见表 8-8、图 8-46。

表 8-8　昭觉县 2010 年、2014 年交通网络密度统计

乡镇	2010 年			2014 年			变化量
	通车里程 (km)	交通网络密度 (km/km²)	交通网络密度分级	通车里程 (km)	交通网络密度(km/km²)	交通网络密度分级	
新城镇	66.17	1.18	4	75.39	1.35	4	9.22
城北乡	37.14	1	3	41.06	1.1	4	3.92
树坪乡	7.74	0.26	1	8.74	0.3	1	1
谷曲乡	77.02	1.32	4	81.28	1.4	4	4.26
达洛乡	22.49	0.78	2	26.08	0.91	3	3.59

乡镇	2010 年			2014 年			变化量
	通车里程（km）	交通网络密度（km/km²）	交通网络密度分级	通车里程（km）	交通网络密度（km/km²）	交通网络密度分级	
龙恩乡	29.02	0.97	3	31.81	1.07	4	2.79
美甘乡	40.62	1.11	4	47.17	1.28	4	6.55
四开乡	66.8	0.77	2	77.12	0.89	2	10.32
大坝乡	27.05	0.74	2	31.92	0.87	3	4.87
地莫乡	62.81	0.9	3	76.54	1.1	4	13.73
柳且乡	23.39	0.39	1	25.74	0.43	2	2.35
博洛乡	28.37	0.41	2	36.55	0.53	2	8.18
库莫乡	6.73	0.11	1	10.52	0.17	1	3.79
解放乡	57.84	0.63	2	69.09	0.76	2	11.25
三岗乡	26.45	0.27	1	36.33	0.37	2	9.88
洒拉地坡乡	62.9	0.69	2	69.95	0.77	2	7.05
三岔河乡	73.75	1.06	4	82.66	1.18	4	8.91
尼地乡	44.89	0.59	2	49.24	0.64	2	4.35
碗厂乡	49.68	0.71	2	56.41	0.81	2	6.73
普诗乡	82.4	0.85	2	93.17	0.96	3	10.77
玛增依乌乡	28.57	0.66	2	31.42	0.72	2	2.85
塘且乡	33.39	1.16	4	35.26	1.23	4	1.87
久特洛古乡	39.12	0.97	3	41.7	1.04	4	2.58
齿可波西乡	55.71	1.04	4	57.83	1.08	4	2.12
特口甲谷乡	82.76	0.95	3	86.94	0.99	3	4.18
竹核乡	75.68	1.19	4	82.66	1.3	4	6.98
阿并洛古乡	23.99	0.49	2	26.05	0.53	2	2.06
格吾乡	30.2	1	4	32.47	1.08	4	2.27
特布洛乡	53.07	0.63	2	57.29	0.68	2	4.22
庆恒乡	36.86	0.98	3	40.65	1.08	4	3.79
拉一木乡	30.35	0.85	2	35.04	0.98	3	4.69
色底乡	30.01	0.6	2	31.57	0.63	2	1.56
补约乡	21.62	0.54	2	23.91	0.6	2	2.29
比尔乡	44.05	0.66	2	46.01	0.69	2	1.96
库依乡	14.43	0.2	1	16.29	0.23	1	1.86
金曲乡	26.48	0.49	2	30.44	0.56	2	3.96

续表

乡镇	2010 年			2014 年			变化量
	通车里程（km）	交通网络密度（km/km²）	交通网络密度分级	通车里程（km）	交通网络密度(km/km²)	交通网络密度分级	
宜牧地乡	32.9	0.47	2	36.41	0.52	2	3.51
波洛乡	28.37	0.48	2	33.24	0.56	2	4.87
央摩租乡	19.78	0.53	2	21.38	0.58	2	1.6
则普乡	13.3	0.19	1	14.97	0.21	1	1.67
永乐乡	13.1	0.3	1	15.59	0.36	2	2.49
且莫乡	29.14	0.54	2	39.1	0.72	2	9.96
甘多洛古乡	4.89	0.1	0	7.5	0.15	1	2.61
支尔莫乡	12.97	0.23	1	15.39	0.27	1	2.42
龙沟乡	29.85	0.96	3	31.35	1.01	4	1.5
日哈乡	74.83	0.79	2	84.54	0.89	2	9.71
哈甘乡	50.44	1.11	4	55.88	1.23	4	5.44
合计	1829.12	0.68	2	2057.65	0.76	2	228.53

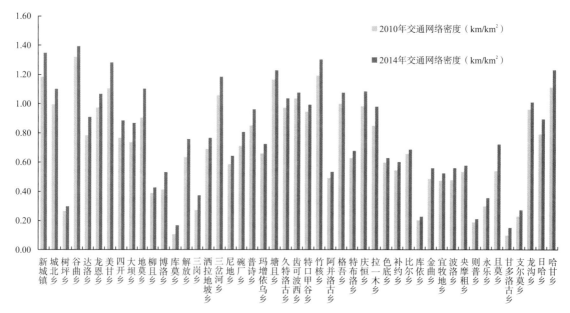

图 8-46 昭觉县 2010 年、2014 年交通网络密度对比

监测结果表明：①昭觉县 2010 年交通网络密度最小的乡镇是甘多洛古乡为 0.1km/km²，除此之外，树萍乡、库莫乡、三岗乡、库依乡、责普乡、永乐乡和支尔摸交通网络密度都是相对较低的，皆在 0~0.3km/km²；②2014 年交通网络密度最高的乡镇是古曲乡，为 1.32km/km²，相比之下较高的还有新城镇、美甘乡、地莫乡、竹核乡、哈甘乡、三岔河乡和塘且乡，皆在 1.00～

$1.40km/km^2$，交通网络密度最低的仍然是甘多洛古乡为 $0.15km/km^2$，最高的也是古曲乡，达到 $1.40km/km^2$；③从交通网络密度来看，昭觉县 2010 年、2014 年交通网络密度高密度乡镇分别为 9 个和 15 个，中高密度乡镇分别为 7 个和 5 个，中密度乡镇分别为 22 个和 21 个，中低密度乡镇分别为 8 个和 6 个，低密度乡镇分别为 1 个和 0 个。

由以上数据分析得出：从 2010 年到 2014 年，昭觉县多数乡镇交通网络密度分级仍然处于中低密度区或者低密度区，交通还很落后，很大原因是由昭觉县的地形以及经济发展水平落后所约束的。昭觉县地势山高水急，形成一个封闭、独立的地理单元，境内地形西高东低，有低山、低中山、中山、山间盆地、阶地、河漫滩地、洪积扇等地形，很多村寨属于贫困地区，贫富差距大。但是，在这期间，昭觉县各乡镇的交通网络密度还是有不同程度的提高，这是因为昭觉县在这几年里加大了交通建设的总投资，其中重点公路，地方公路的投资比例占比最大，更是提倡通村通畅，通村通达，而且在规划中的西昭高速公路将从这里经过，待建成后将极大改善当地交通条件。

8.2.4 专题指标

8.2.4.1 交通通达度

1. 公路网密度

昭觉县省道、县道和乡道总里程约 560km。其中省级公路有 3 条，总长度 201.80km（包括美雷路 13km 在内），密度 $0.07km/100km^2$；县级公路 3 条，总长度 134.5km，密度 $0.05km/100km^2$；乡级公路 32 条，总长度 217.09km，密度 $0.080.05km/100km^2$；其他道路里程约 1504.08km，密度 $0.56km/100km^2$。昭觉县公路网总密度 $0.76km/100km^2$。

表 8-9 给出了昭觉县各乡镇公路长度和密度。可以看出，各乡镇省道长度均不超过 20km，过境省道长前三名分别是竹核乡、四开乡和普诗乡，省道密度大于 $0.2km/100km^2$。

表 8-9　昭觉县乡（镇）公路长度及密度表

乡镇名称	省道		县道		乡道		乡村道路	
	长度（km）	密度（km/km²）	长度（km）	密度（km/km²）	长度（km）	密度（km/km²）	长度（km）	密度（km/km²）
新城镇	7.21	0.13	0.00	0.00	15.75	0.28	52.43	0.94
城北乡	5.80	0.16	0.00	0.00	1.61	0.04	33.65	0.90
谷曲乡	1.64	0.03	14.46	0.25	0.00	0.00	65.18	1.12
达洛乡	0.00	0.00	0.00	0.00	9.33	0.33	16.75	0.58
龙恩乡	0.00	0.00	0.00	0.00	11.49	0.39	20.32	0.68
美甘乡	0.00	0.00	0.00	0.00	1.89	0.05	45.28	1.23
树坪乡	3.78	0.13	0.00	0.00	0.00	0.00	4.96	0.17
竹核乡	19.40	0.31	0.00	0.00	12.07	0.19	51.20	0.81

乡镇名称	省道		县道		乡道		乡村道路	
	长度 （km）	密度 （km/km²）	长度 （km）	密度 （km/km²）	长度 （km）	密度 （km/km²）	长度 （km）	密度 （km/km²）
阿并洛古乡	0.00	0.00	0.00	0.00	0.07	0.00	26.05	0.53
庆恒乡	14.37	0.38	0.00	0.00	0.00	0.00	26.28	0.70
特布洛乡	7.47	0.09	0.00	0.00	0.00	0.00	49.82	0.59
格吾乡	8.75	0.29	0.00	0.00	0.00	0.00	23.72	0.79
拉一木乡	0.79	0.02	0.00	0.00	4.85	0.14	29.40	0.82
色底乡	0.00	0.00	0.00	0.00	2.84	0.06	28.73	0.57
补约乡	0.00	0.00	0.00	0.00	12.18	0.31	11.73	0.29
四开乡	18.55	0.21	5.03	0.06	5.95	0.07	47.58	0.55
柳且乡	0.00	0.00	10.16	0.17	0.00	0.00	15.58	0.26
地莫乡	0.00	0.00	8.82	0.13	0.00	0.00	67.71	0.98
大坝乡	0.00	0.00	5.37	0.15	0.00	0.00	26.55	0.72
博洛乡	0.00	0.00	0.00	0.00	8.32	0.12	28.23	0.41
库莫乡	0.00	0.00	0.00	0.00	2.74	0.04	7.78	0.12
解放乡	11.27	0.12	0.00	0.00	0.00	0.00	57.82	0.63
洒拉地坡乡	12.02	0.13	0.00	0.00	11.21	0.12	46.72	0.51
三岗乡	0.00	0.00	0.00	0.00	4.47	0.05	31.86	0.33
尼地乡	3.09	0.04	0.00	0.00	8.32	0.11	37.83	0.49
三岔河乡	0.00	0.00	3.63	0.05	5.20	0.07	73.82	1.06
碗厂乡	7.62	0.11	0.00	0.00	11.33	0.16	37.47	0.54
普诗乡	18.51	0.19	0.00	0.00	7.85	0.08	66.80	0.69
玛增依乌乡	0.00	0.00	0.00	0.00	2.60	0.06	28.81	0.66
塘且乡	0.00	0.00	11.70	0.41	9.28	0.32	14.28	0.50
齿可波西乡	0.00	0.00	11.06	0.21	0.00	0.00	46.77	0.87
特口甲谷乡	0.00	0.00	0.00	0.00	14.39	0.16	72.55	0.83
久特洛古乡	0.00	0.00	5.19	0.13	2.60	0.06	33.92	0.84
波洛乡	0.00	0.00	0.00	0.00	5.37	0.09	27.88	0.47
比尔乡	9.68	0.14	7.91	0.12	6.47	0.10	21.94	0.33
库依乡	10.19	0.14	0.00	0.00	0.18	0.00	5.92	0.08
金曲乡	0.00	0.00	0.00	0.00	1.82	0.03	28.62	0.53
宜牧地乡	0.00	0.00	0.00	0.00	6.32	0.09	30.09	0.43
央摩租乡	11.87	0.32	0.00	0.00	1.16	0.03	8.35	0.23

乡镇名称	省道		县道		乡道		乡村道路	
	长度 (km)	密度 (km/km²)	长度 (km)	密度 (km/km²)	长度 (km)	密度 (km/km²)	长度 (km)	密度 (km/km²)
永乐乡	0.00	0.00	4.55	0.10	0.00	0.00	11.03	0.25
则普乡	0.00	0.00	7.65	0.11	0.00	0.00	7.32	0.10
龙沟乡	0.00	0.00	19.58	0.63	0.00	0.00	11.76	0.38
支尔莫乡	1.88	0.03	0.00	0.00	3.32	0.06	10.18	0.18
甘多洛古乡	0.00	0.00	0.00	0.00	4.89	0.10	2.61	0.05
且莫乡	0.00	0.00	4.98	0.09	5.79	0.11	28.10	0.52
日哈乡	11.92	0.13	14.38	0.15	3.49	0.04	54.75	0.58
哈甘乡	15.99	0.35	0.00	0.00	11.94	0.26	27.95	0.62
合计	201.80	0.07	134.48	0.05	217.09	0.08	1504.08	0.56

图 8-47 给出了昭觉县乡镇尺度的等效公路密度的空间的分布情况。可以看出，庆恒乡、哈甘乡、竹核乡、格吾乡和央摩租乡五个乡镇的等效公路网密度大于 10km/100km²，交通状况较好，美甘乡、甘多洛古乡、阿并洛古乡、色底乡、玛增依乌乡和西北边的六个乡镇的等效公路网密度小于 1km/100km²，是全县交通最落后的区域，交通极不方便。

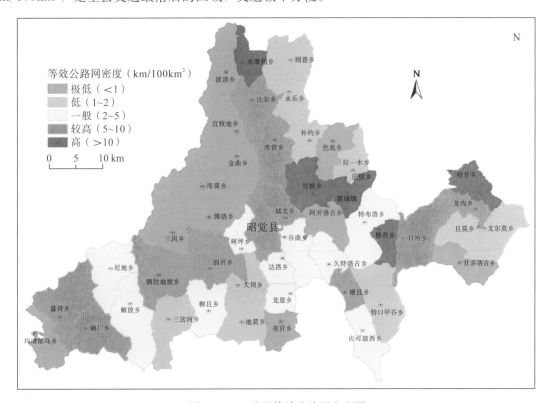

图 8-47　昭觉县等效公路网密度图

2. 交通设施技术等级

根据交通设施技术等级赋值方法，确定各个交通枢纽和每个乡镇的交通设施技术等级。交通设施技术等级判定主要依据《四川省地图集》、百度地图、高德地图和四川省第一次地理国情监测成果。

表 8-10 给出了各交通枢纽的交通设施技术等级。从表 8-10 中可以看出，西昌市境内拥有国道、省道、支线机场及其铁路，因此交通技术等级最高，且受雅西高速开通影响，西昌市 2010 年到 2014 交通设施技术等级得到极大提高。其他交通枢纽交通设施技术等级值在这五年间没有变化。布拖县境内仅有县道，而美姑县和普格县境内仅含县道和一条省道，交通设施技术等级值很低，都小于 1。

表 8-10　各交通枢纽的交通设施技术等级

序号	交通枢纽	交通设施技术等级
1	西昌市	2010 年为 3.6，2014 年为 5.1
2	普格县	0.7
3	布拖县	0.3
4	金阳县	0.7
5	雷波县	1.2
6	美姑县	0.7
7	越西县	1.8
8	喜德县	1.3
9	昭觉县	1.3

注：除西昌市之外，其余交通枢纽交通设施等级 2010~2014 年没有变化。

表 8-11 展示的是昭觉县各个乡镇的交通技术等级。新城乡、谷曲乡、四开乡和日哈乡由于同时含有省道和县道，故交通设施技术等级值较高，达到 0.6，其余乡镇交通设施技术等级较低。

表 8-11　各乡镇自身的交通设施技术等级

序号	乡镇名称	交通设施技术等级
1	新城镇	0.60
2	城北乡	0.50
3	树坪乡	0.50
4	谷曲乡	0.60
5	达洛乡	0.00
6	龙恩乡	0.00
7	美甘乡	0.00
8	四开乡	0.60
9	大坝乡	0.10

序号	乡镇名称	交通设施技术等级
10	地莫乡	0.10
11	柳且乡	0.10
12	博洛乡	0.00
13	库莫乡	0.00
14	解放乡	0.50
15	三岗乡	0.00
16	洒拉地坡乡	0.50
17	三岔河乡	0.10
18	尼地乡	0.00
19	碗厂乡	0.50
20	普诗乡	0.50
21	玛增依乌乡	0.00
22	塘且乡	0.10
23	久特洛古乡	0.00
24	齿可波西乡	0.10
25	特口甲谷乡	0.00
26	竹核乡	0.50
27	阿并洛古乡	0.50
28	格吾乡	0.50
29	特布洛乡	0.50
30	庆恒乡	0.50
31	拉一木乡	0.50
32	色底乡	0.00
33	补约乡	0.00
34	比尔乡	0.50
35	库依乡	0.50
36	金曲乡	0.00
37	宜牧地乡	0.00
38	波洛乡	0.00
39	央摩租乡	0.00
40	则普乡	0.10
41	永乐乡	0.10
42	且莫乡	0.10

序号	乡镇名称	交通设施技术等级
43	甘多洛古乡	0.00
44	支尔莫乡	0.00
45	龙沟乡	0.10
46	日哈乡	0.60
47	哈甘乡	0.50

图 8-48 展示的昭觉县各乡镇综合的交通设施技术等级，它由各交通枢纽对其辐射衰减后的等级和各乡镇本身的技术等级组成。可以看出昭觉县周边的乡镇交通设施技术等级最高，普诗乡由于受交通枢纽西昌市辐射，交通枢纽等级也较高。且莫乡、甘多洛古乡、支尔莫乡、龙沟乡和特口甲谷乡离周边县城均相对较远且自身对外交通线路稀少，综合等级也最低。

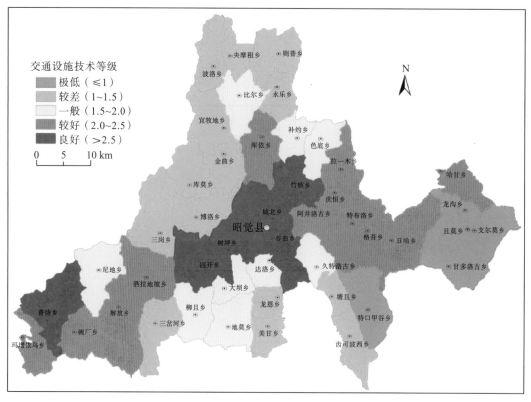

图 8-48　昭觉县交通设施技术等级图

3. 通行时间

利用百度地图、高德地图等平台计算交通枢纽到各个乡镇的交通通行时间。各交通枢纽到昭觉县各乡镇的平均通行时间从低到高分别是昭觉县、布拖县、美姑县、雷波县、金阳县、西昌市、越西县、喜德县和普格县，平均通行时间分别是 2.07h，3.70h，4.55h，4.84h，5.37h，6.18h，

7.56h，7.97h 和 10.26h。通行时间决定了各交通枢纽对各乡镇的交通设施技术等级的衰减，通行时间越长，交通设施技术等级衰减越多。值得注意的是，虽然西昌市到各乡镇平均的通行时间达到 6.18h，但由于其自身的交通设施等级高，衰减后对各乡镇的交通设施技术等级影响仍然很大。

4. 交通通达度

受地形条件和国境公路的影响，昭觉县沿 S307 和 S208 的区域交通通达度较高，地处分水岭的乡镇交通通达度较差。评估结果表明，2010 年昭觉县交通通达度良好的乡镇有 3 个，分别是离县城较近而又位于两条省道交汇处的竹核乡、庆恒乡和由于自身公路网密度较高的哈甘乡；交通通达度较好的乡镇有 8 个，分别是普诗乡、四开乡、新城镇、城北乡、央摩租乡、比尔乡、格吾乡和日哈乡，他们的共同特点是位于均有省道过境且自身公路网密度较大；交通通达度一般的乡镇有 7 个，一般位于省道附近，自身公路网密度一般；交通通达度较差的乡镇共 17 个，都是远离省道，自身交通密度相对较差；交通通达度极差的乡镇有 11 个，均是离交通枢纽较远，远离省道，且自身等效交通密度较低。2014 年，昭觉县交通通达度良好的乡镇有 7 个，新增普诗乡、四开乡、新城镇、和格吾乡；交通通达度较好的乡镇有 11 个，新增库衣乡、谷曲乡，树坪乡、塘且乡、碗厂乡、解放乡和洒拉地坡乡。而交通通达度一般的乡镇 7 个，通达度较差的乡镇减少到 15 个，交通通达度极差的乡镇 12 个。

乡镇的交通通达度的变化由交通枢纽、自身的设施技术等级及其公路网密度决定。从图 8-49～图 8-51 反映的是昭觉县 2014 年相对于 2010 年的交通通达度的变化情况。其中，普诗乡交通明显改善，而碗厂乡、解放乡、洒拉地坡乡、四开乡、竹核乡、庆恒乡、哈甘乡、格吾乡等交通通达度有所改善，由于 2010 年和 2014 年各乡镇自身的公路网密度和设施技术等级基本无变化，各交通枢纽

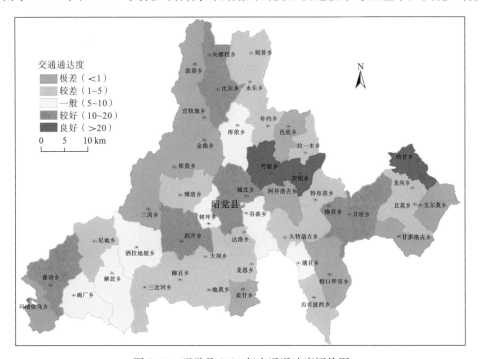

图 8-49　昭觉县 2010 年交通通达度评价图

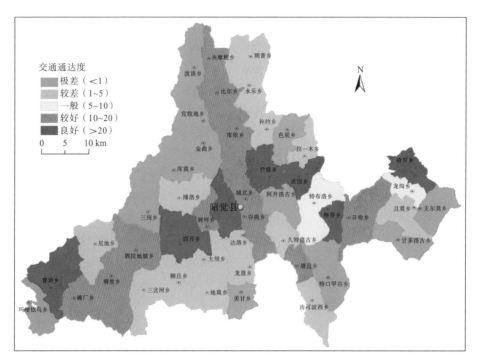

图 8-50　昭觉县 2014 年交通通达度评价图

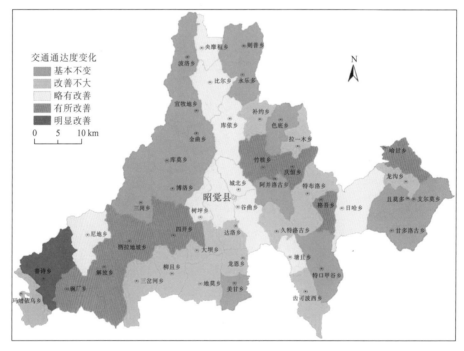

图 8-51　昭觉县 2000～2014 年交通通达度变化图

衰减后的技术等级变化决定了交通通达度的改善情况。而交通枢纽中，仅西昌市设施技术等级由于高速公路通车而明显提高。因此可以说，由于受西昌市交通改善的辐射影响，使得昭觉县自身综合的交通设施技术等级提高，进而改善了交通通达度。

5. 昭觉县城对各乡镇的交通辐射

受行政隶属关系影响，各乡镇到昭觉县城的通行时间极大影响着各乡镇的交通通达度。图 8-52 和图 8-53 分别是昭觉县城到各乡镇的通行时间图和昭觉县城对各乡镇交通辐射影响图。图 8-52、图 8-53 可以看出，昭觉县城对新城镇、城北乡、谷曲乡、树坪乡、四开乡、竹核乡等乡镇的交通辐射影响作用明显，而其他乡镇到县城的通行时间较长，收到昭觉县城的交通辐射作用非常微弱。

6. 西昌市对昭觉县各乡镇的交通辐射

西昌市是凉山彝族自治州的首府，也是该州交通设施条件最好的地区。西昌市到各个乡镇的通行时间在很大程度上决定了各个乡镇的交通通达度。图 8-54 和图 8-55 分别是昭觉县城到各乡镇的通行时间图和昭觉县城对各乡镇交通辐射影响图。从图 8-54、图 8-55 可以看出，紧邻西昌市的普诗乡、玛增依乌乡、碗厂乡、解放乡、尼地乡、洒拉地坡乡、三岔河乡、柳且乡、四开乡、大坝乡、三岗乡等乡镇受西昌市交通辐射作用明显，交通通达度较好，其余乡镇则受到西昌市交通辐射作用非常微弱，交通通达度较差。

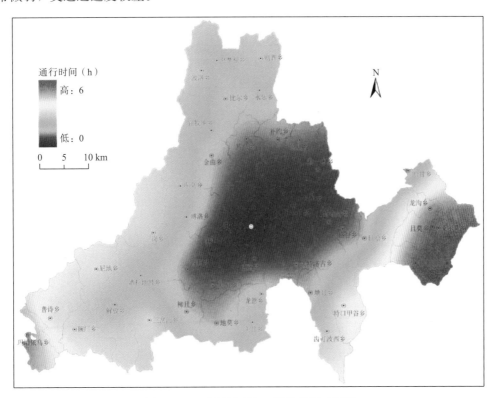

图 8-52　昭觉县城到各乡镇的通行时间图

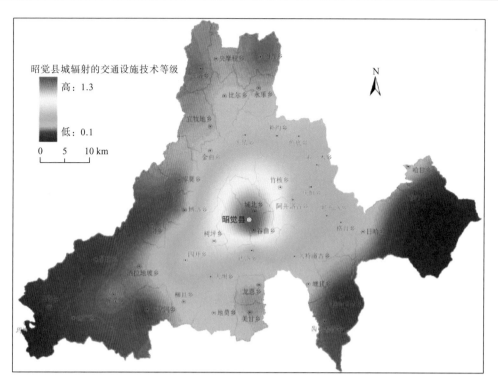

图 8-53　昭觉县城对各乡镇交通辐射影响图

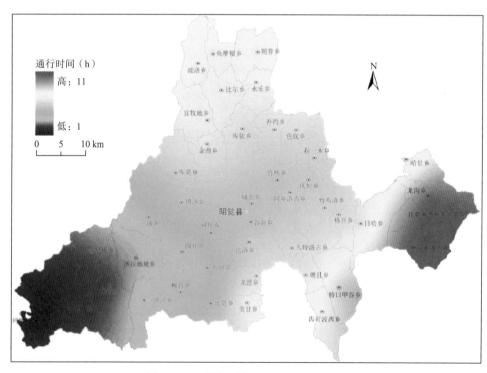

图 8-54　西昌市到各乡镇的通行时间图

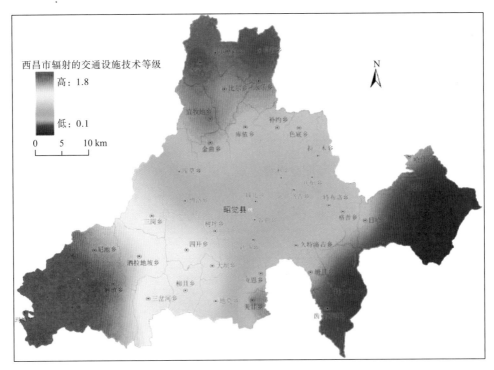

图 8-55 西昌市对各乡镇交通辐射影响图

8.2.4.2 农村人均纯收入

农民人均纯收入,指农村住户当年从各个来源得到的总收入相应地扣除所发生的费用后的收入总和。

1. 农村人均纯收入时间变化

根据专题资料计算得到昭觉县 2010~2014 年农民人均纯收入,结果(如图 8-56)表明:农民人均纯收入在 2010~2014 年间逐年增加,2010 年农民人均纯收入为 2931 元,2014 年增长至 5554 元;其中 2014 年增长值最高,为 772 元,2012 年增长值最低,为 560 元。

图 8-56 2010~2014 年昭觉县农民人均纯收入变化趋势

2. 农民人均纯收入空间变化

参考《河南省县域农民人均纯收入增长差异及其演变格局分析》及国家相关规定将农民人均纯收入分为 5 级，分别为 2000≤、2001~3000、3001~4000、4000~5000、≥5001，同时对昭觉县2010 年和 2014 年的农民人均纯收入进行分级表示。

3. 昭觉县 2010 年农民人均纯收入空间分布格局

由图 8-57、表 8-12 可知：2010 年昭觉县各乡镇农民人均纯收入水平在较低和中等两个区间内，整体偏低。县域中南部和西部地区农民人均纯收入水平稍高，属于中等水平，如城北乡、树坪乡、谷曲乡和达洛乡等 10 个乡镇；其他地区农民人均纯收入水平均为较低水平，如新城镇、四开乡、大坝乡和地莫乡等 37 个乡镇。

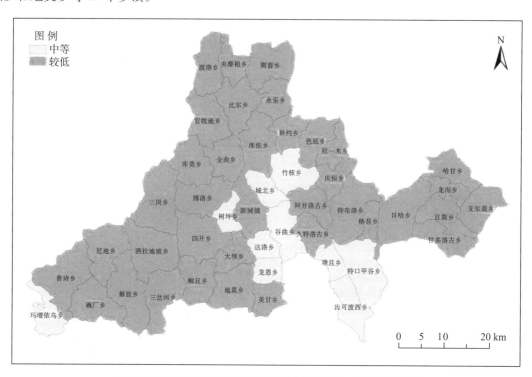

图 8-57　2010 年昭觉县各乡镇农民人均纯收入空间分布格局

表 8-12　2010 年昭觉县各乡镇农民人均纯收入

乡镇名	农民人均纯收入(元)	分级
新城镇	2992	较低
城北乡	3046	中等
树坪乡	3054	中等
谷曲乡	3136	中等
达洛乡	3053	中等

乡镇名	农民人均纯收入(元)	分级
龙恩乡	3004	中等
美甘乡	2858	较低
四开乡	2995	较低
大坝乡	2956	较低
地莫乡	2963	较低
柳且乡	2925	较低
博洛乡	2855	较低
库莫乡	2879	较低
解放乡	2825	较低
三岗乡	2913	较低
洒拉地坡乡	2905	较低
三岔河乡	2878	较低
尼地乡	2907	较低
碗厂乡	2823	较低
普诗乡	2749	较低
玛增依乌乡	3285	中等
塘且乡	3049	中等
久特洛古乡	2976	较低
齿可波西乡	3009	中等
特口甲谷乡	3013	中等
竹核乡	3092	中等
阿并洛古乡	2971	较低
格吾乡	2664	较低
特布洛乡	2865	较低
庆恒乡	2988	较低
拉一木乡	2926	较低
色底乡	2835	较低
补约乡	2920	较低
比尔乡	2959	较低
库依乡	2909	较低
金曲乡	2901	较低
宜牧地乡	2956	较低
波洛乡	2916	较低

乡镇名	农民人均纯收入(元)	分级
央摩租乡	2973	较低
则普乡	2792	较低
永乐乡	2825	较低
且莫乡	2866	较低
甘多洛古乡	2809	较低
支尔莫乡	2899	较低
龙沟乡	2849	较低
日哈乡	2881	较低
哈甘乡	2925	较低

4. 昭觉县 2014 年农民人均纯收入空间分布格局

由图 8-58、表 8-13 可知：2014 年昭觉县各乡镇农民人均纯收入均为高水平；则普乡增长值最高，为 2768 元；其次是阿并洛古乡、解放乡和普诗乡，分别是 2738 元、2732 元和 2727 元；增长值最低的是谷曲乡，为 2452 元。

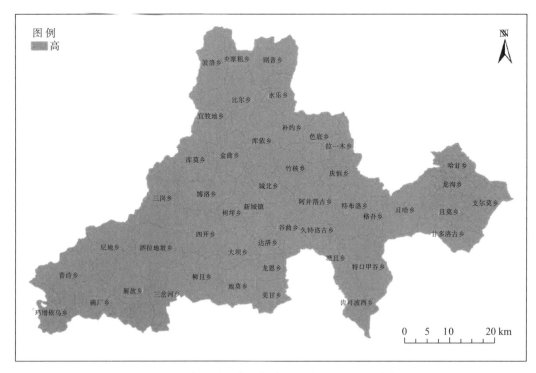

图 8-58　2014 年昭觉县各乡镇农民人均纯收入空间分布格局

表 8-13　2014 年昭觉县各乡镇农民人均纯收入

乡镇名	农民人均纯收入/元	分级
新城镇	5578	高
城北乡	5670	高
树坪乡	5664	高
谷曲乡	5588	高
达洛乡	5661	高
龙恩乡	5617	高
美甘乡	5464	高
四开乡	5635	高
大坝乡	5585	高
地莫乡	5575	高
柳且乡	5574	高
博洛乡	5436	高
库莫乡	5447	高
解放乡	5557	高
三岗乡	5497	高
洒拉地坡乡	5507	高
三岔河乡	5492	高
尼地乡	5505	高
碗厂乡	5465	高
普诗乡	5476	高
玛增依乌乡	5898	高
塘且乡	5650	高
久特洛古乡	5629	高
齿可波西乡	5629	高
特口甲谷乡	5638	高
竹核乡	5732	高
阿并洛古乡	5709	高
格吾乡	5244	高
特布洛乡	5468	高
庆恒乡	5640	高
拉一木乡	5567	高
色底乡	5433	高
补约乡	5509	高
比尔乡	5639	高
库依乡	5530	高
金曲乡	5574	高
宜牧地乡	5575	高
波洛乡	5511	高

乡镇名	农民人均纯收入/元	分级
央摩租乡	5581	高
则普乡	5560	高
永乐乡	5463	高
且莫乡	5465	高
甘多洛古乡	5397	高
支尔莫乡	5508	高
龙沟乡	5438	高
日哈乡	5550	高
哈甘乡	5526	高

5. 基于县域农民人均纯收入的增长类型分布格局

按农民人均纯收入增长类型区划分方法，对昭觉县农民人均纯收入进行增长类型区划分，结果（图 8-59、表 8-14）表明：昭觉县农民人均纯收入增长类型分为三个类型区，分别为中等农民收入较高增长速度区、中等农民收入高增长速度区和较低农民收入高增长速度区；其中谷曲乡增长速度较为缓慢，属于中等农民收入较高增长速度区；县域中南部和西部地区的竹核乡、城北乡、树坪乡和达洛乡等 9 个乡镇属于中等农民收入高增长速度区；其余新城镇、美甘乡、四开乡和大坝乡等 37 个乡镇增长速度最快，属于较低农民收入高增长速度区。

图 8-59　2010~2014 年昭觉县农民人均纯收入增长类型分布格局

表 8-14　2010～2014 年昭觉县农民人均纯收入增长值

乡镇名	2010 年农民 人均纯收入（元）	2014 年农民 人均纯收入（元）	增长值	增长类型
新城镇	2992	5578	2586	较低收入高增长
城北乡	3046	5670	2624	中等收入高增长
树坪乡	3054	5664	2610	中等收入高增长
谷曲乡	3136	5588	2452	中等收入较高增长
达洛乡	3053	5661	2608	中等收入高增长
龙恩乡	3004	5617	2613	中等收入高增长
美甘乡	2858	5464	2606	较低收入高增长
四开乡	2995	5635	2640	较低收入高增长
大坝乡	2956	5585	2629	较低收入高增长
地莫乡	2963	5575	2612	较低收入高增长
柳且乡	2925	5574	2649	较低收入高增长
博洛乡	2855	5436	2581	较低收入高增长
库莫乡	2879	5447	2568	较低收入高增长
解放乡	2825	5557	2732	较低收入高增长
三岗乡	2913	5497	2584	较低收入高增长
洒拉地坡乡	2905	5507	2602	较低收入高增长
三岔河乡	2878	5492	2614	较低收入高增长
尼地乡	2907	5505	2598	较低收入高增长
碗厂乡	2823	5465	2642	较低收入高增长
普诗乡	2749	5476	2727	较低收入高增长
玛增依乌乡	3285	5898	2613	中等收入高增长
塘且乡	3049	5650	2601	中等收入高增长
久特洛古乡	2976	5629	2653	较低收入高增长
齿可波西乡	3009	5629	2620	中等收入高增长
特口甲谷乡	3013	5638	2625	中等收入高增长
竹核乡	3092	5732	2640	中等收入高增长
阿并洛古乡	2971	5709	2738	较低收入高增长
格吾乡	2664	5244	2580	较低收入高增长
特布洛乡	2865	5468	2603	较低收入高增长
庆恒乡	2988	5640	2652	较低收入高增长
拉一木乡	2926	5567	2641	较低收入高增长
色底乡	2835	5433	2598	较低收入高增长

乡镇名	2010 年农民人均纯收入(元)	2014 年农民人均纯收入(元)	增长值	增长类型
补约乡	2920	5509	2589	较低收入高增长
比尔乡	2959	5639	2680	较低收入高增长
库依乡	2909	5530	2621	较低收入高增长
金曲乡	2901	5574	2673	较低收入高增长
宜牧地乡	2956	5575	2619	较低收入高增长
波洛乡	2916	5511	2595	较低收入高增长
央摩租乡	2973	5581	2608	较低收入高增长
则普乡	2792	5560	2768	较低收入高增长
永乐乡	2825	5463	2638	较低收入高增长
且莫乡	2866	5465	2599	较低收入高增长
甘多洛古乡	2809	5397	2588	较低收入高增长
支尔莫乡	2899	5508	2609	较低收入高增长
龙沟乡	2849	5438	2589	较低收入高增长
日哈乡	2881	5550	2669	较低收入高增长
哈甘乡	2925	5526	2601	较低收入高增长

8.2.4.3　生态脆弱性

1. 昭觉县 2010 年生态系统脆弱性监测分析

根据《省级主体功能区域划分技术规程(试用)》计算方案,计算了昭觉县 2010 年生态系统脆弱性,结果(图 8-60、图 8-61、表 8-15)表明:昭觉县 2010 年总体生态系统脆弱性平均值为 2.53,属于一般脆弱。全县不脆弱区面积最广,为 757.16km²,占全县面积的 28%,零星分布于中部、东部、西南部以及北部少数地区,如洒拉地坡乡、地莫乡、大坝乡中部、新城镇、城北乡、支尔莫乡东南部和日哈乡西部等地区;其次为略脆弱区、一般脆弱区和较脆弱区,面积为 676.04km²、594.92km² 和 513.79km²,所占面积百分比分别为 25%、22% 和 19%,较均匀地分布于全县内;脆弱区面积较小,为 162.25km²,所占面积百分比为 6%,呈带状分布于中部、东北部和西南部。总体上昭觉县的生态系统脆弱性属于一般脆弱,这主要是受到气候、降水等因素的影响,林地和草地较均匀地分布于县域内各处;中部、东部、西南部以及北部少数地区临近河流,水源充沛、农作物生长良好,所以生态系统脆弱性属于不脆弱;中部、东北部和西南部受气候影响,土地沙化和土壤侵蚀等问题严重,生态系统脆弱性为脆弱。

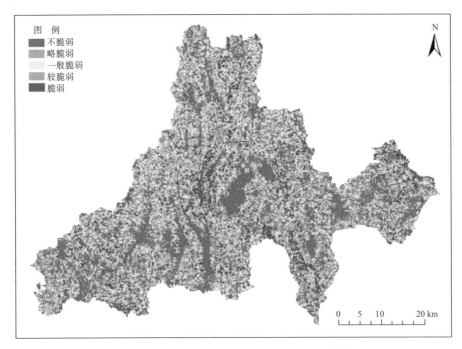

图 8-60 2010 年昭觉县生态系统脆弱性空间分布格局

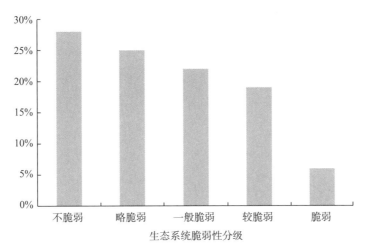

图 8-61 2010 年昭觉县生态系统脆弱性分级

表 8-15 2010 年昭觉县生态系统脆弱性分级统计结果

脆弱性等级	面积（km²）	面积百分比（%）
不脆弱	757.16	28%
略脆弱	676.04	25%
一般脆弱	594.92	22%
较脆弱	513.79	19%
脆弱	162.25	6%
合计	2704.16	100%

2010 年，昭觉县各乡镇的生态系统脆弱性差异较小，结果（图 8-62、表 8-16）表明：新城镇、波洛乡、央摩租乡和宜牧地乡等 26 个乡镇的平均生态系统脆弱性属于略脆弱；则普乡、比尔乡、永乐乡和库依乡等 21 个乡镇的平均生态系统脆弱性属于一般脆弱。表 8-16 进一步显示了各个乡镇的生态系统脆弱性大小分布：其中塘且乡的生态系统脆弱性值最大，为 3.46；其次为树坪乡和博洛乡，脆弱性值分别为 3.44 和 3.07；生态系统脆弱性值最小的乡镇为日哈乡，生态系统脆弱性值为 1.13，其余 43 个乡镇生态系统脆弱性值均在 2.0～3.0。

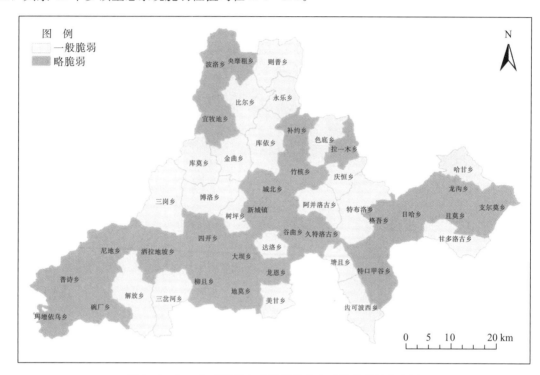

图 8-62　2010 年昭觉县各乡镇平均生态系统脆弱性分布图

表 8-16　2010 年昭觉县各乡镇平均生态系统脆弱性状况

乡镇名称	脆弱性指数	脆弱性等级	脆弱性赋值
新城镇	2.45	略脆弱	3
城北乡	2.15	略脆弱	3
树坪乡	3.44	一般脆弱	2
谷曲乡	2.49	略脆弱	3
达洛乡	2.66	一般脆弱	2
龙恩乡	2.34	略脆弱	3
美甘乡	2.74	一般脆弱	2
四开乡	2.21	略脆弱	3
大坝乡	2.33	略脆弱	3
地莫乡	2.36	略脆弱	3

乡镇名称	脆弱性指数	脆弱性等级	脆弱性赋值
柳且乡	2.05	略脆弱	3
博洛乡	3.07	一般脆弱	2
库莫乡	2.78	一般脆弱	2
解放乡	2.71	一般脆弱	2
三岗乡	2.71	一般脆弱	2
洒拉地坡乡	2.19	略脆弱	3
三岔河乡	2.50	一般脆弱	2
尼地乡	2.48	略脆弱	3
碗厂乡	2.13	略脆弱	3
普诗乡	2.45	略脆弱	3
玛增依乌乡	2.44	略脆弱	3
塘且乡	3.46	一般脆弱	2
久特洛古乡	2.33	略脆弱	3
齿可波西乡	2.95	一般脆弱	2
特口甲谷乡	2.33	略脆弱	3
竹核乡	2.26	略脆弱	3
阿并洛古乡	2.64	一般脆弱	2
格吾乡	2.26	略脆弱	3
特布洛乡	2.52	一般脆弱	2
庆恒乡	2.72	一般脆弱	2
拉一木乡	2.48	略脆弱	3
色底乡	2.71	一般脆弱	2
补约乡	2.30	略脆弱	3
比尔乡	2.56	一般脆弱	2
库依乡	2.99	一般脆弱	2
金曲乡	2.80	一般脆弱	2
宜牧地乡	2.30	略脆弱	3
波洛乡	2.47	略脆弱	3
央摩租乡	2.48	略脆弱	3
则普乡	2.63	一般脆弱	2
永乐乡	2.68	一般脆弱	2
且莫乡	2.06	略脆弱	3
甘多洛古乡	2.58	一般脆弱	2

续表

乡镇名称	脆弱性指数	脆弱性等级	脆弱性赋值
支尔莫乡	2.36	略脆弱	3
龙沟乡	2.45	略脆弱	3
日哈乡	1.92	略脆弱	3
哈甘乡	2.90	一般脆弱	2

2. 昭觉县 2014 年生态系统脆弱性监测分析

同样，根据《省级主体功能区域划分技术规程（试用）》计算方案，计算了昭觉县 2014 年生态系统脆弱性，结果（见图 8-63、图 8-64 和表 8-17）表明：昭觉县 2014 县总体生态系统脆弱性平均值为 2.74，属于一般脆弱。全县不脆弱区面积最广，为 703.08km²，占全县面积的 26%，零星分布于中部、东部、西南部以及北部少数地区，如洒拉地坡乡、地莫乡、大坝乡中部、新城镇、城北乡、支尔莫乡东南部和日哈乡西部等地区；其次为较脆弱区、略脆弱区和一般脆弱区，面积为 594.92km²、567.87km² 和 540.83km²，所占面积百分比分别为 22%、21% 和 20%，较均匀地分布于全县内；脆弱区面积较小，为 297.46km²，所占面积百分比为 11%，呈带状分布于中部、东北部和西南部。总体上昭觉县的生态系统脆弱性属于一般脆弱，这主要是受到气候、降水等因素的影响，林地和草地较均匀地分布于县域内各处；中部、东部、西南部以及北部少数地区临近河流，水源充沛、农作物生长良好，所以生态系统脆弱性属于不脆弱；中部、东北部和西南部受气候影响，土地沙化和土壤侵蚀等问题严重，生态系统脆弱性为脆弱。

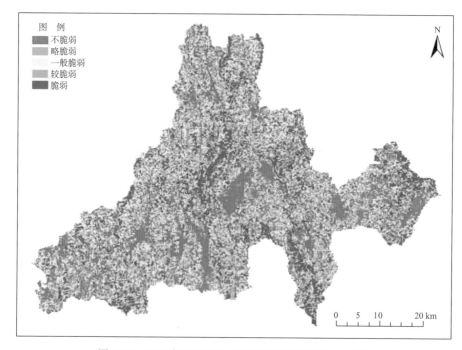

图 8-63　2014 年昭觉县生态系统脆弱性空间分布格局

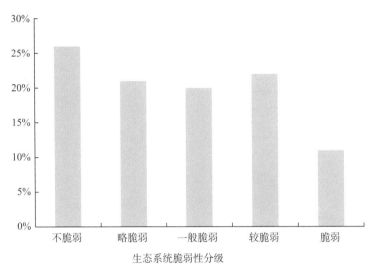

图 8-64　2014 年昭觉县生态系统脆弱性分级

表 8-17　2014 年昭觉县生态脆弱性分级统计结果

脆弱性等级	面积(km²)	面积百分比
不脆弱	703.08	26%
略脆弱	567.87	21%
一般脆弱	540.83	20%
较脆弱	594.92	22%
脆弱	297.46	11%
合计	2704.16	100%

　　2014 年，昭觉县各乡镇的生态系统脆弱性有较大差异性，整体呈现出北高南低、中间高、东西低的趋势。结果(图 8-65、表 8-18)表明：县域南部碗厂乡、柳且乡、地莫乡和日哈乡等 11 个乡镇的平均生态系统脆弱性属于略脆弱；县域北部波洛乡、央摩租乡、则普乡和比尔乡等 35 个乡镇的平均生态系统脆弱性均属于一般脆弱；仅塘且乡的平均生态系统脆弱性属于较脆弱。表 8-18 进一步显示了各个乡镇的生态系统脆弱性大小分布：其中塘且乡的生态系统脆弱性值最大，为 3.62；其次为库依乡、树坪乡、齿可波西、博洛乡、哈甘乡、达洛乡、色底乡、金曲乡、则普乡和库莫乡，脆弱性值分别为 3.41、3.34、3.29、3.2、3.17、3.12、3.1、3.1、3.03 和 3.02；其余 36 个乡镇生态系统脆弱性值均在 2.0~3.0，以日哈乡生态系统脆弱性值最小，为 2.12。

表 8-18　2014 年昭觉县各乡镇平均生态系统脆弱性状况

乡镇名称	脆弱性指数	脆弱性等级	脆弱性赋值
新城镇	2.53	一般脆弱	2
城北乡	2.32	略脆弱	3
树坪乡	3.34	一般脆弱	2

乡镇名称	脆弱性指数	脆弱性等级	脆弱性赋值
谷曲乡	2.72	一般脆弱	2
达洛乡	3.12	一般脆弱	2
龙恩乡	2.69	一般脆弱	2
美甘乡	2.81	一般脆弱	2
四开乡	2.29	略脆弱	3
大坝乡	2.43	略脆弱	3
地莫乡	2.40	略脆弱	3
柳且乡	2.24	略脆弱	3
博洛乡	3.20	一般脆弱	2
库莫乡	3.02	一般脆弱	2
解放乡	2.85	一般脆弱	2
三岗乡	2.90	一般脆弱	2
洒拉地坡乡	2.26	略脆弱	3
三岔河乡	2.65	一般脆弱	2
尼地乡	2.70	一般脆弱	2
碗厂乡	2.28	略脆弱	3
普诗乡	2.62	一般脆弱	2
玛增依乌乡	2.36	略脆弱	3
塘且乡	3.62	较脆弱	1
久特洛古乡	2.64	一般脆弱	2
齿可波西乡	3.29	一般脆弱	2
特口甲谷乡	2.64	一般脆弱	2
竹核乡	2.57	一般脆弱	2
阿并洛古乡	2.68	一般脆弱	2
格吾乡	2.62	一般脆弱	2
特布洛乡	2.72	一般脆弱	2
庆恒乡	2.83	一般脆弱	2
拉一木乡	2.84	一般脆弱	2
色底乡	3.10	一般脆弱	2
补约乡	2.60	一般脆弱	2
比尔乡	2.82	一般脆弱	2
库依乡	3.41	一般脆弱	2
金曲乡	3.10	一般脆弱	2

乡镇名称	脆弱性指数	脆弱性等级	脆弱性赋值
宜牧地乡	2.68	一般脆弱	2
波洛乡	2.77	一般脆弱	2
央摩租乡	2.60	一般脆弱	2
则普乡	3.03	一般脆弱	2
永乐乡	2.97	一般脆弱	2
且莫乡	2.32	略脆弱	3
甘多洛古乡	2.66	一般脆弱	2
支尔莫乡	2.44	略脆弱	3
龙沟乡	2.65	一般脆弱	2
日哈乡	2.12	略脆弱	3
哈甘乡	3.17	一般脆弱	2

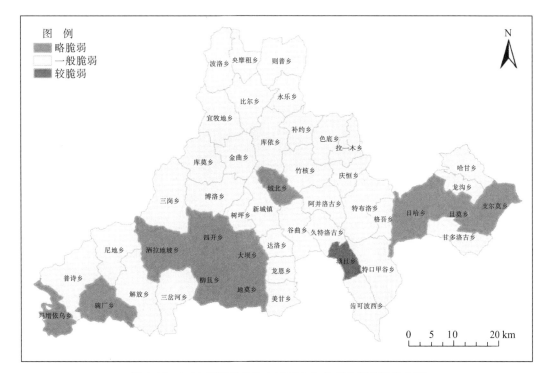

图 8-65　2014 年昭觉县各乡镇平均生态系统脆弱性分布图

3. 昭觉县 2010 至 2014 年生态系统脆弱性监测分析

2010~2014 年，昭觉县生态系统脆弱性总体上呈现增强趋势，主要表现为：2010 年该县的生态系统脆弱性平均值为 2.53，而 2014 年的生态系统脆弱性平均值为 2.74；不脆弱、略脆弱和一般脆弱面积分别由 2010 年的 757.16km²、676.04km² 和 594.92km² 减少至 703.08km²、567.87km² 和

540.83km²，面积百分比分别下降 2%、4% 和 2%，而一般脆弱、较脆弱和脆弱区面积则分别由 2010 年的 513.79km² 和 162.25km² 增加为 594.92km² 和 297.46km²，面积百分比分别增加 3% 和 5%。从各个乡镇的平均生态系统脆弱性变化强度（图 8-66、图 8-67）来看，玛增依乌乡、洒拉地坡乡、四开乡、树坪乡、新城镇、地莫乡、美甘乡、阿并洛古乡、支尔莫乡和甘多洛古乡 10 个乡镇

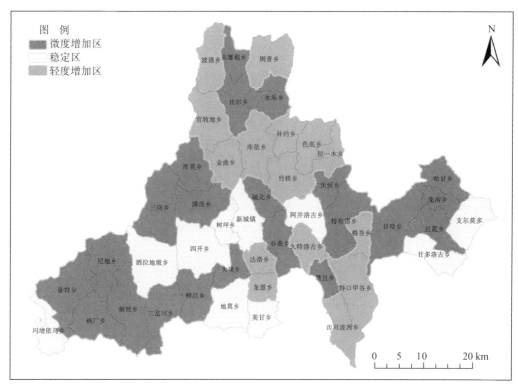

图 8-66　昭觉县 2010～2014 年生态系统脆弱性变化空间分布格局

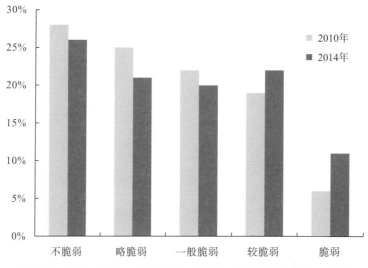

图 8-67　昭觉县 2010～2014 年生态系统脆弱性变化空间分布格局

的生态系统脆弱性相对稳定；波洛乡、则普乡、宜牧地乡和金曲乡等 15 个乡镇的生态系统脆弱性呈现轻度增加趋势；其余央摩租乡、比尔乡、库莫乡和尼地乡等 22 个乡镇的生态系统脆弱性表现为微度增加。

根据昭觉县生态系统脆弱性呈现出增强趋势进一步分析，一方面由于环境恶化、全球气候变暖，造成土壤侵蚀、土地沙漠化和石漠化等问题加重；另一方面由于人口逐年增加，对环境的影响也与日俱增。人类的乱砍滥伐和对土地的不合理开垦、利用使得土地荒漠化加剧，导致生态环境遭到破坏，生态系统脆弱性急剧上升。

8.2.4.4　教育水平

昭觉县教育水平通过小学生师比进行衡量，根据四川省教职工编制标准以及与专业部门沟通对昭觉县小学生师比进行分级表示，如表 8-19 所示。2010 年、2014 年昭觉县小学专任教师数分别为 1452 人和 1550 人，小学生在校生总数分别为 27277 人和 34861 人，生师比分别为 18.79：1 和 22.49：1，生师比分别处于适中、较低状态；2010~2014 年生师比增长 3.7：1；随着国家对九年义务制教育的普及，昭觉县 2014 年小学生人数增加 7584 人，增长率为 27.8%，小学专任教师增加了 98 人，增长率为 6.75%，然而随着小学人数的增加，专任教师增长率较小，这是由于整个昭觉县 2014 年比 2010 年专任教师编制增加较少，每专任教师负担的学生数较多，任务较重，教育资源相对缺乏。

表 8-19　小学师生比分级

等级	低	较低	中等	适中	较高
师生比	<1：23	[1：23，1：21)	[1：21，1：19)	[1：19，1：18)	>1：18
分值	0	1	2	3	4

8.3　预　警　结　果

8.3.1　2010 年预警结果

1. 综合预警结果

根据资源环境承载力综合预警方法，2010 年，昭觉县各乡镇资源环境承载力综合预警级别中度预警稍多。昭觉县 47 个乡镇，有 10 个乡镇轻度预警，26 个乡镇中度预警，重度预警的乡镇有 11 个，如表 8-20 所示。

表 8-20　昭觉县 2010 年资源环境承载力综合预警

乡镇	预警阈值						预警级别
	S_1	S_2	S_3	S_4	S_5	S_6	
阿并洛古乡	5.24	3.61	2.48	2.45	3.09	3.80	中度预警

乡镇	预警阈值						预警级别
	S_1	S_2	S_3	S_4	S_5	S_6	
比尔乡	5.30	3.68	2.05	1.88	2.74	3.59	中度预警
波洛乡	5.26	3.47	2.28	2.53	3.67	4.65	中度预警
博洛乡	6.42	4.51	2.91	1.85	2.18	2.99	重度预警
补约乡	4.96	3.04	2.12	2.42	3.35	4.29	中度预警
城北乡	5.71	5.05	4.37	4.50	4.94	5.35	中度预警
齿可波西乡	6.43	5.01	3.47	2.95	2.90	3.44	重度预警
达洛乡	6.16	4.72	3.03	2.35	2.85	3.71	重度预警
大坝乡	5.68	4.28	3.20	3.07	3.40	3.92	中度预警
地莫乡	5.03	3.72	3.12	3.41	3.89	4.48	中度预警
甘多洛古乡	6.39	4.49	3.30	2.82	3.54	4.35	中度预警
格吾乡	6.66	6.11	5.67	5.80	6.24	6.60	中度预警
谷曲乡	5.08	4.17	3.79	4.33	4.99	5.71	轻度预警
哈甘乡	4.39	3.43	3.10	3.80	4.67	5.33	轻度预警
解放乡	6.33	4.67	2.97	1.90	2.28	2.91	重度预警
金曲乡	5.47	3.50	2.13	1.87	2.80	3.77	中度预警
久特洛古乡	4.52	3.29	2.92	3.62	4.30	5.00	轻度预警
库莫乡	6.74	4.87	3.32	2.29	2.82	3.63	重度预警
库依乡	6.16	4.27	3.06	2.65	3.21	3.99	中度预警
拉一木乡	4.83	3.35	1.98	2.07	2.86	3.62	中度预警
柳且乡	6.02	4.51	3.38	2.70	3.26	3.94	重度预警
龙恩乡	6.98	5.80	4.22	3.55	3.50	3.95	重度预警
龙沟乡	4.64	3.22	2.28	2.93	4.07	4.94	中度预警
玛增依乌乡	7.71	6.93	6.40	6.37	6.77	7.15	中度预警
美甘乡	6.76	5.37	3.71	3.02	2.84	3.31	重度预警
尼地乡	5.84	4.38	3.04	2.70	3.55	4.28	中度预警
普诗乡	6.31	4.93	3.75	3.14	3.46	3.82	重度预警
且莫乡	4.99	3.37	2.38	2.80	3.89	4.78	中度预警
庆恒乡	5.05	3.67	2.43	2.59	3.18	3.89	中度预警
日哈乡	4.26	2.96	2.64	3.32	4.42	5.27	轻度预警
洒拉地坡乡	5.57	4.38	4.46	4.63	5.08	5.53	轻度预警
三岔河乡	6.11	4.71	3.06	2.32	2.52	3.11	重度预警
三岗乡	6.05	4.17	3.16	2.76	3.32	4.00	中度预警
色底乡	5.58	3.75	2.34	2.15	2.99	3.92	中度预警
树坪乡	7.13	5.80	4.98	4.59	5.09	5.72	中度预警
四开乡	4.55	3.33	3.25	3.71	4.38	5.00	轻度预警

乡镇	预警阈值						预警级别
	S_1	S_2	S_3	S_4	S_5	S_6	
塘且乡	6.26	5.36	4.68	5.01	5.43	5.93	中度预警
特布洛乡	5.50	3.66	1.97	1.62	2.36	3.27	中度预警
特口甲谷乡	4.28	2.74	2.53	3.53	4.48	5.36	轻度预警
碗厂乡	5.43	4.02	3.45	3.45	4.20	4.83	中度预警
新城镇	4.58	3.70	2.84	3.32	4.04	4.68	中度预警
央摩租乡	4.91	3.38	2.55	2.75	3.97	4.92	中度预警
宜牧地乡	4.09	2.20	2.69	3.59	4.69	5.59	轻度预警
永乐乡	5.90	3.94	2.68	2.34	3.13	4.00	中度预警
则普乡	6.35	4.38	2.93	2.17	2.66	3.43	重度预警
支尔莫乡	5.49	3.85	3.53	4.00	4.94	5.70	轻度预警
竹核乡	4.49	3.63	3.31	4.15	4.88	5.56	轻度预警

　　2010 年昭觉县资源环境承载力综合预警结果如图 8-68。中度预警和重度预警的乡镇基本连片分布，重度预警乡镇主要位于昭觉县的西南部，中度预警的乡镇主要位于县域中东部。而轻度预警乡镇分布较为分散。

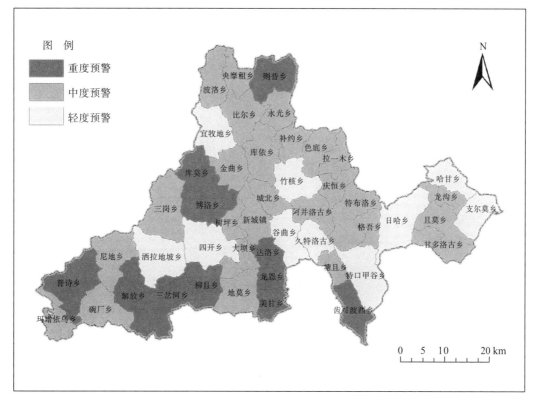

图 8-68　昭觉县 2010 年资源环境承载力综合预警空间分布格局

2. 限制性指标预警结果

扶贫开发区以农村人均纯收入作为限制性指标参与限制性指标预警。2010 年，昭觉县各乡镇农村人均纯收入多数在 3000 元以下，限制性指标预警结果基本为重度预警，共 37 个（表 8-21）。

表 8-21 昭觉县 2010 年资源环境承载力限制性指标预警

乡镇	农村人均纯收入	预警级别
阿并洛古乡	2971	重度预警
比尔乡	2989	重度预警
波洛乡	2916	重度预警
博洛乡	2855	重度预警
补约乡	2920	重度预警
城北乡	3046	中度预警
齿可波西乡	3009	中度预警
达洛乡	3053	中度预警
大坝乡	2956	重度预警
地莫乡	2963	重度预警
甘多洛古乡	2809	重度预警
格吾乡	2664	重度预警
谷曲乡	3136	中度预警
哈甘乡	2925	重度预警
解放乡	2825	重度预警
金曲乡	2901	重度预警
久特洛古乡	2976	重度预警
库莫乡	2879	重度预警
库依乡	2909	重度预警
拉一木乡	2926	重度预警
柳且乡	2925	重度预警
龙恩乡	3004	中度预警
龙沟乡	2849	重度预警
玛增依乌乡	3285	中度预警
美甘乡	2858	重度预警
尼地乡	2907	重度预警
普诗乡	2749	重度预警
且莫乡	2866	重度预警
庆恒乡	2988	重度预警
日哈乡	2881	重度预警
洒拉地坡乡	2905	重度预警
三岔河乡	2878	重度预警

乡镇	农村人均纯收入	预警级别
三岗乡	2913	重度预警
色底乡	2835	重度预警
树坪乡	3054	中度预警
四开乡	2995	重度预警
塘且乡	3049	中度预警
特布洛乡	2865	重度预警
特口甲谷乡	3013	中度预警
碗厂乡	2823	重度预警
新城镇	2992	重度预警
央摩租乡	2973	重度预警
宜牧地乡	2956	重度预警
永乐乡	2825	重度预警
则普乡	2792	重度预警
支尔莫乡	2899	重度预警
竹核乡	3092	中度预警

　　根据昭觉县 2010 年资源环境承载力限制性指标预警空间分布格局(图 8-69)，昭觉县多数区域较为贫困。仅南部少数几个乡镇经济状况稍好，为中度预警。

图 8-69　昭觉县 2010 年资源环境承载力限制性指标预警空间分布格局

3. 最终预警结果

以农村人均纯收入作为限制性指标，可以直接对扶贫开发区的经济发展状况作出预警。因昭觉县2010年农村人均纯收入较低，资源环境承载力最终预警结果与限制性指标预警结果较为相符，图8-70。

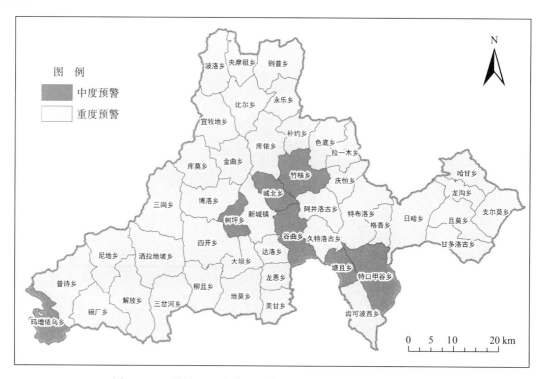

图 8-70　昭觉县 2010 年资源环境承载力最终预警空间分布格局

8.3.2　2014 年预警结果

1. 综合预警结果

根据资源环境承载力综合预警方法，对 2014 年昭觉县各乡镇资源环境承载力进行综合预警。昭觉县 47 个乡镇，有 28 个乡镇中度预警，17 个乡镇轻度预警，重度预警的乡镇有 2 个。如表 8-22 所示。

表 8-22　昭觉县 2014 年资源环境承载力综合预警

乡镇	预警阈值						预警级别
	S_1	S_2	S_3	S_4	S_5	S_6	
阿并洛古乡	3.94	2.46	2.00	2.97	4.21	5.18	轻度预警
比尔乡	4.84	3.51	2.47	3.09	4.04	4.83	中度预警

乡镇	预警阈值						预警级别
	S_1	S_2	S_3	S_4	S_5	S_6	
波洛乡	4.86	3.20	1.84	2.32	3.62	4.61	中度预警
博洛乡	5.66	3.95	2.54	2.39	3.13	3.92	中度预警
补约乡	4.41	2.60	2.10	2.91	3.95	4.86	轻度预警
城北乡	5.31	4.87	4.24	4.48	5.06	5.49	中度预警
齿可波西乡	6.66	5.49	3.99	3.60	3.64	4.08	重度预警
达洛乡	5.50	4.16	2.51	2.41	3.25	4.18	中度预警
大坝乡	5.94	4.90	3.72	3.38	3.74	4.16	中度预警
地莫乡	4.18	3.23	2.95	3.68	4.56	5.33	轻度预警
甘多洛古乡	5.74	4.18	3.81	4.36	5.33	6.15	轻度预警
格吾乡	6.59	6.19	5.74	5.98	6.47	6.83	中度预警
谷曲乡	5.46	4.61	3.65	3.72	4.18	4.68	中度预警
哈甘乡	4.09	3.55	3.45	4.44	5.42	6.11	轻度预警
解放乡	4.95	3.43	1.81	2.07	3.42	4.46	中度预警
金曲乡	4.80	3.01	1.76	2.22	3.39	4.38	中度预警
久特洛古乡	4.52	3.53	3.14	3.69	4.48	5.20	轻度预警
库莫乡	6.49	4.81	3.33	2.65	3.39	4.20	中度预警
库依乡	6.26	4.57	3.22	2.69	3.31	4.10	中度预警
拉一木乡	4.33	3.12	1.84	2.45	3.49	4.33	中度预警
柳且乡	4.89	3.52	2.64	2.80	3.85	4.71	中度预警
龙恩乡	5.86	4.76	3.27	3.20	3.59	4.25	中度预警
龙沟乡	4.50	3.39	2.70	3.54	4.79	5.71	轻度预警
玛增依乌乡	5.96	5.39	4.84	5.23	6.05	6.68	中度预警
美甘乡	6.43	5.33	3.77	3.40	3.57	4.09	重度预警
尼地乡	5.54	4.29	3.10	3.07	4.11	4.88	中度预警
普诗乡	5.20	4.03	2.90	2.81	3.73	4.42	中度预警
且莫乡	4.30	3.03	2.46	3.55	4.77	5.66	轻度预警
庆恒乡	3.76	2.54	1.82	2.99	4.07	4.96	轻度预警
日哈乡	2.85	1.85	2.31	3.88	5.24	6.19	轻度预警
洒拉地坡乡	5.36	4.48	4.65	4.96	5.63	6.18	轻度预警
三岔河乡	5.04	3.82	2.39	2.68	3.61	4.50	中度预警
三岗乡	5.05	3.19	2.26	2.62	3.77	4.72	中度预警
色底乡	5.33	3.64	2.32	2.43	3.35	4.21	中度预警

乡镇	预警阈值						预警级别
	S_1	S_2	S_3	S_4	S_5	S_6	
树坪乡	6.09	4.95	4.20	4.07	4.90	5.65	中度预警
四开乡	4.34	3.57	3.65	4.20	5.04	5.71	轻度预警
塘且乡	5.59	4.91	4.43	5.07	5.73	6.31	轻度预警
特布洛乡	5.03	3.36	1.75	1.93	2.98	3.92	中度预警
特口甲谷乡	3.73	2.28	2.16	3.48	4.62	5.57	轻度预警
碗厂乡	5.17	4.08	3.44	3.55	4.47	5.15	中度预警
新城镇	4.38	3.89	3.14	3.69	4.48	5.06	中度预警
央摩租乡	3.95	2.54	2.14	2.98	4.44	5.44	轻度预警
宜牧地乡	4.08	2.48	2.69	3.46	4.66	5.59	轻度预警
永乐乡	5.81	4.09	2.66	2.25	3.24	4.17	中度预警
则普乡	5.48	3.63	2.77	3.06	3.99	4.87	中度预警
支尔莫乡	5.45	4.03	3.29	3.44	4.52	5.30	中度预警
竹核乡	4.45	3.83	3.51	4.25	5.03	5.69	轻度预警

　　昭觉县资源环境承载力综合预警结果为轻度预警的乡镇主要位于东部，综合预警空间分布格局见图 8-71。

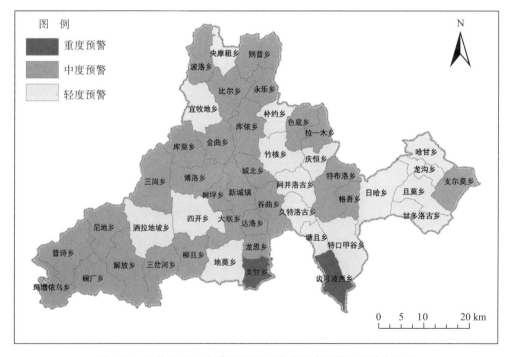

图 8-71　昭觉县 2014 年资源环境承载力综合预警空间分布格局

2. 限制性指标预警结果

2014 年昭觉县农村人均纯收入有了大幅度提高，人均纯收入均在 5000 元以上，资源环境承载力限制性指标预警结果都为安全级别（表 8-23，图 8-72）。

表 8-23　昭觉县 2014 年资源环境承载力限制性指标预警

乡镇	农村人均纯收入	预警级别
阿并洛古乡	5709	安全
比尔乡	5639	安全
波洛乡	5511	安全
博洛乡	5436	安全
补约乡	5509	安全
城北乡	5670	安全
齿可波西乡	5629	安全
达洛乡	5661	安全
大坝乡	5585	安全
地莫乡	5575	安全
甘多洛古乡	5397	安全
格吾乡	5244	安全
谷曲乡	5588	安全
哈甘乡	5526	安全
解放乡	5557	安全
金曲乡	5574	安全
久特洛古乡	5629	安全
库莫乡	5447	安全
库依乡	5530	安全
拉一木乡	5567	安全
柳且乡	5574	安全
龙恩乡	5617	安全
龙沟乡	5438	安全
玛增依乌乡	5898	安全
美甘乡	5464	安全
尼地乡	5505	安全
普诗乡	5476	安全
且莫乡	5465	安全
庆恒乡	5640	安全
日哈乡	5550	安全
洒拉地坡乡	5507	安全

乡镇	农村人均纯收入	预警级别
三岔河乡	5492	安全
三岗乡	5497	安全
色底乡	5433	安全
树坪乡	5664	安全
四开乡	5635	安全
塘且乡	5650	安全
特布洛乡	5468	安全
特口甲谷乡	5638	安全
碗厂乡	5465	安全
新城镇	5578	安全
央摩租乡	5581	安全
宜牧地乡	5575	安全
永乐乡	5463	安全
则普乡	5560	安全
支尔莫乡	5508	安全
竹核乡	5732	安全

图 8-72　昭觉县 2014 年资源环境承载力限制性指标预警空间分布格局

3. 最终预警结果

由于昭觉县 2014 年限制性指标预警结果皆为安全级别，根据资源环境承载力最终预警结果的计算方法，昭觉县 2014 年资源环境承载力最终预警结果与综合预警结果一致(图 8-73)。

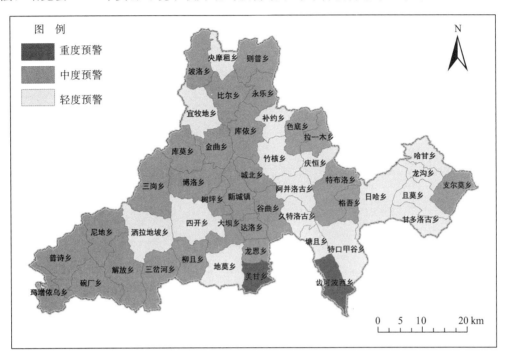

图 8-73　昭觉县 2014 年资源环境承载力最终预警空间分布格局

8.3.3　2010~2014 年资源环境承载力变化

1. 综合预警变化

2010~2014 年，昭觉县各乡镇的资源环境承载力综合预警结果为：18 个乡镇资源环境承载力有所好转，27 个乡镇无变化。另外有 2 个乡镇资源环境承载力变差，如图 8-74 所示。

2. 限制性指标预警变化

2010~2014 年，昭觉县各乡镇农村人均纯收入均有了大幅度提升。受此影响，各乡镇限制性指标预警结果均有所好转，如图 8-75 所示。

3. 最终预警变化

2010~2014 年，昭觉县资源环境承载力最终预警级别预警结果显示，有 3 乡镇无变化，3 个乡镇情况有所恶化，41 个乡镇资源环境承载力变好，如图 8-76 所示。

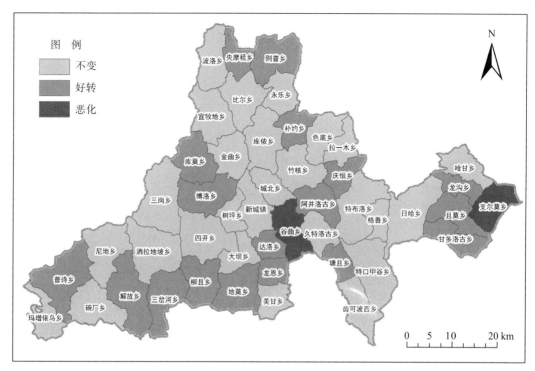

图 8-74　昭觉县 2010—2014 年资源环境承载力综合预警变化

图 8-75　昭觉县 2010~2014 年资源环境承载力限制性指标预警变化

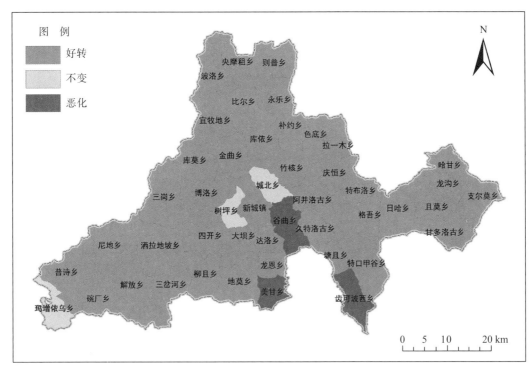

图 8-76　昭觉县 2010~2014 年资源环境承载力最终预警变化

8.4　小　　结

8.4.1　结论

(1)通过对昭觉县可利用土地资源进行监测发现，2010~2014 年昭觉县可利用土地资源面积差异较小，分别为 21.68km² 和 21.60km²，减少 0.08km²，土地资源主要分布在中部和南部地区，其余地区分布较为均匀；人均可利用土地资源从 0.15(亩/人)降低至 0.14(亩/人)，减少 0.01(亩/人)，丰度分级都为较缺乏。结合昭觉县的实际情况发现，昭觉县地处大凉山腹心地带，平均海拔2170m，境内地形以山原为主，占总面积的 89% 左右，地表覆盖多为森林和草地，致使昭觉县的可利用土地总量较少，加之山原地形在一定程度上限制对土地的开发利用，因此，昭觉县可利用土地资源较为缺乏。

(2)通过对昭觉县林草地覆盖率进行监测发现，昭觉县 2010 年、2014 年林地面积分别为1304.25km² 和 1304.31km²，占比皆为 48.23%，草地面积分别为 429.23km² 和 428.92km²，占比分别为 15.87% 和 15.86%。两个年份林草地的面积基本保持稳定且林地覆盖度明显高于草地覆盖度，西部高于东部。结合昭觉县的实际情况发现，这与昭觉县的地形地貌有着密切关系，昭觉县地势西高东低，地形以山原为主，山地约占总面积的 89%，平均海拔2170m，这样的地形导致昭觉县林地资源多于草地资源。此外，2008 年昭觉县实施了包括退耕还林、人工造林以及实施水土流失综合治理等一系列环境治理措施，林草地资源作为保护生态环境的有效屏障，一直保持着较高的覆盖度，昭觉县的生态系统安全也因此得到了有效保护。

(3)通过对昭觉县社会经济发展水平监测发现，昭觉县 2010 年、2014 年 GDP 生产总值分别为 65492.10 万元和 133170.55 万元，增加 67678.45 万元；人均 GDP 分别为 0.30 万/人和 0.56 万元/人，增加 0.26 万元/人；经济发展水平分别为 0.41 和 0.73，增加了 0.32。从经济水平等级划分看，昭觉县属于极落后区。以上数据表明，昭觉县在 2010~2014 年，经济水平在不断提升，人民的生活水平逐渐在改善，但是总的来说，整个县还属于极落后地区，经济发展水平比较低。结合相关资料分析发现，昭觉县经济落后一方面是该县自然灾害频发，更重要的是该县地处凉山州，地势山高水急，形成一个封闭、独立的地理单元，很多村寨不通路，不通水，高山土壤贫瘠，很多地区贫穷落后，贫富差距很大。不过近年来在县委，县政府的正确领导下，全县上下坚持以科学发展观为指导，以加快转变经济发展方式为主线，紧围绕"稳定增势、高位求进、加快发展"的工作基调，着力"两化"互动、统筹城乡，解放思想、励精图治，使全县经济社会保持平稳较快发展。

(4)通过对昭觉县人口聚集度监测发现，昭觉县 2010 年、2014 年人口分别为 222200 人和 238783 人，相比增长了 16583 人，增长率 7.5%，人口聚集度分别是 65.74 和 70.64，增长 4.90，两年人口密度分级皆为 3，属于人口稀疏地区。一般来说经济越是发达的地区越是人口聚集的地方，结合昭觉县的实际情况分析发现，昭觉县自然地理条件恶劣，经济发展水平落后，所以昭觉县人口聚集度低，人口稀疏。

(5)通过对昭觉县交通网络密度监测发现，昭觉县 2010 年、2014 年交通网络密度基本处于中低密度，交通落后。究其原因发现这与山地为主的地理环境有很大关系。但是，在这期间，昭觉县交通网络密度还是有不同程度的提高，这是因为昭觉县在这几年里加大了交通建设的总投资，其中重点公路，地方公路的投资占比最大，更是提倡通村通畅，通村通达，而且在规划中的西昭高速公路将从这里经过，待建成后将极大改善当地交通。

(6)通过对昭觉县资源环境承载力预警发现，2014 年，资源环境承载力最终预警等级以中度预警为主，47 个乡镇中，有 27 个乡镇中度预警，17 个乡镇轻度预警，重度预警的乡镇有 3 个。与 2010 年相比，40 个乡镇资源环境承载力有所好转，3 个乡镇无变化。另外有 4 个乡镇资源环境承载力变差。

综上，昭觉县地处凉山州，平均海拔 2170m，境内地形西高东低，有低山、低中山、中山、山间盆地、阶地、河漫滩地、洪积扇等地形，地形以山原为主，占总面积 89% 左右，这样的地形导致了昭觉县地表覆盖多为林地和草地，且林地资源更多于草地资源。此外昭觉县适宜建设用地面积总量较少，加之山原地形在一定程度上限制了城市建设，因此，昭觉县可利用土地资源较为缺乏。地形的限制，还使得昭觉县的交通落后，人口稀疏，经济发展水平低，很多村寨不通路，不通水，高山土壤贫瘠，众多地区贫穷落后，贫富差距很大。所以昭觉县的各项监测与评价，对促进该地区经济发展、保持生态安全、民族团结都具有重要的指导意义。

8.4.2　建议与对策

昭觉县地处凉山州少数民族区域，地势山高水急，形成一个封闭、独立的地理单元，以山原为主，林草地覆盖率很高，生态环境保护得较好，但是，由于地形限制，该地区经济发展落后，所以，昭觉县在以后的发展中，要在保护生态环境的基础上加大经济发展，改变昭觉县贫穷落后的现状。实现社会经济与环境协调、可持续发展，据此，本书提出以下对策与建议：

(1)坚持环境治理措施，包括退耕还林、人工造林以及实施水土流失综合治理等，保持林草地的覆盖度，从而有效保护生态系统安全。

(2)合理开发自然生态资源，倾力打造"高原风光生态旅游，彝族文化设施旅游"品牌。精心打造彝族文化之都，把县城新区打造成为既有彝族文化旅游支撑，又有工业园区产业支撑，具有浓郁彝族建筑特色的旅游新区。昭觉县人文景观和自然景观交相辉映，独具特色。

(3)全力建设"通道经济"。随着 S307、S208 线的升级改造全面完成，西昭高速、西乐高速公路、宜宾至西昌铁路和昭觉至普雄快速通道的开工建设，昭觉发展空间必将更加广阔，将成为凉山东北产业梯度的前沿对接地，积极思考通道周边的产业构造和布局，将通道、城镇化建设、产业、园区等一起纳入规划，积极主动的融入西昌经济圈，与西昌及周边其他县开展更深、更广的合作。

(4)全面实现农民增收。要牢牢把握省委"要把三农工作作为全部工作的重中之重，把农民增收作为三农工作的重中之重"的精神。经济转型升级，对昭觉农业来说，就是讲科学、调结构。一抓农业增产增收；二抓林业增产增收；三抓畜牧增产增收，加强农业科技推广力度，通过科技推广努力提高科技对农业的贡献率。抓住市场牛鼻子，推进农业产业化经营，努力打造大凉山昭觉农产品品牌，提高农产品附加值。

(5)全力形成工业主导。昭觉县资源匮乏，工业发展先天不足。必须发挥区位优势，与雷波县合作共同建设磷化工基地"飞地经济"。

(6)全面提升人口素质。无论是实现"民族复兴、国家富强、人民幸福"，还是实现昭觉县同步全面小康；无论实现昭觉县"经济腾飞、文化繁荣、社会进步、生态文明"，还是禁止妨碍建设一片净土，狠抓全民教育，全面提升人口素质都是根本的核心工作。经济可持续发展和社会健康发展，都要依靠教育这块基石，大力发展各级各类教育。

结　　论

　　资源环境承载能力，是指在自然生态环境不受危害并维系良好生态系统前提下，一定地域空间的资源禀赋和环境容量所能承载的经济和人口规模。资源环境承载能力具有客观性，虽然科技进步可以减少人类开发活动对资源环境的消耗和破坏，并在一定程度上提高资源环境承载能力，但随着资源开发利用和经济社会发展水平不断提高，资源环境约束趋紧、资源环境承载能力减弱的趋势会持续甚至加剧。

　　建立资源环境承载能力监测预警机制，对水土资源、环境容量、海洋资源超载区域实行限制性开发措施，是全面深化改革的一项重大任务。2006年，《中华人民共和国国民经济和社会发展第十一个五年纲要》明确提出："根据资源环境承载能力、现有开发密度和发展潜力，统筹考虑未来我国人口分布、经济布局、国土利用和城镇化格局，将国土空间划分为优化开发、重点开发、限制开发和禁止开发四类主体功能区，按照主体功能定位调整完善区域政策和绩效评价，规范空间开发秩序，形成合理的空间开发结构"。十八大报告中强调："优化国土空间开发格局、促进资源节约、加大自然生态系统和环境保护力度和生态文明制度建设。加快实施主体功能区战略，推动各地区严格按照主体功能定位发展，构建科学合理的城市化格局、农业发展格局和生态安全格局"。2014年召开的中央城镇化工作会议强调要根据资源环境承载能力优化城镇布局。十八届三中全会印发的《中共中央关于全面深化改革若干重大问题的决定》中明确提出要建立资源环境承载力监测预警机制，对水土资源、环境容量和海洋资源超载区域实行限制性措施。同时提出"建立空间规划体系，划定生产、生活和生态空间开发管制界限，落实用途管制"。空间规划的核心是进行空间功能区的划分，而资源环境承载力又是空间功能区划分的基础。进行资源环境承载力评价，其目的在于认知区域人－地系统及其地域分异，进行国土空间功能的科学定位，同时也可以为未来区域人口、产业布局和资源环境保护提供较为详实、准确的数据支持。

　　建立资源环境承载能力监测预警机制，有利于更加清晰地认识不同区域国土空间的特点和属性，把适宜开发的国土空间高效集约利用好，把需要珍惜的国土空间切实有效保护好，促进人口、经济和资源环境相协调；有利于及早科学地识别区域资源环境变化，警觉超载问题的发生，制定差异化、可操作的限制性措施，有效控制开发强度，切实改变盲目开发局面，将经济社会发展活动建立在资源环境承载能力基础之上；有利于根据不同地区的自然条件，明确资源利用上限、环境容量底线和生态保护红线，科学设计并有效实施相关限制性措施，为政府空间开发管控提供基础依据；有利于推动形成按资源环境承载能力谋划发展的长效机制，完善生态文明制度体系，推进生态文明建设取得实效。

　　资源环境承载力是一个多要素(主导的、协同的、制约的)耦合的变量，并随时空变化而表现出较大差异。资源环境承载力评价是对区域人地系统结构和功能重新定位的认识过程，既要考虑地域的基础性特征，又要统筹考虑地域的分异性，是运用人地系统理论和可持续发展理论指导区域国土空间开发决策的过程。对于国土空间特别是四川省的国土空间而言，具有复杂的地形地貌和显著的自然地域分异规律，经济社会发展水平、生态系统特征以及人类活动也表现出空间分异特征，这种区域空间结构的分异性是开展国土空间功能区划分的客观基础和重要依据。由此可见，自然地域分异理论是区域资源环境承载力评价的认识基础，地域功能及规划理论是资源环境承载力评估的理论指导；资源环境承载力评价是人类生态学理论和人居环境科学理论的综合体现，其评价的目的在于指导区域人口、产业、生态环境保护等经济社会发展总体战略安排和空间布局。

综上所述，当前，四川正处于经济、社会与环境可持续发展的关键时期，快速的经济发展及城市建设给资源环境带来巨大压力。2016 年，四川省委办公厅、省政府办公厅印发《关于完善县域经济发展工作推进机制的意见》和《四川省县域经济发展考核办法》，将全省 183 个县（市、区）划分为重点开发区和市辖区、农产品主产区、重点生态功能区、扶贫开发区四大类别，按照"十三五"时期四川省发展新的目标要求，实行分类指导，突出比较优势，实现差异化、特色化、可持续发展。因此，充分利用地理国情普查数据，深入研究四川省资源环境承载力监测方法与技术，建立四川省资源环境承载力监测预警方法既是贯彻落实国家生态文明建设精神的实际行动，也是四川改革发展和生态文明制度建设的迫切需要，同时也是四川生态文明建设取得突破的重要途径之一。该项目的成果，可以更好地引导经济、社会与环境的可持续发展，服务于市县经济发展总体规划，为四川快速、高效、平稳发展提供可靠的技术支撑，同时也有利于进一步推进实施国家主体功能区战略，建立完善科学的空间规划体系，是加生态环境保护、恢复和监管，建设美丽中国，实现生态文明，深化改革的重大战略部署。

主要参考文献

安翠娟，侯华丽，周璞，等. 2015. 生态文明视角下资源环境承载力评价研究——以广西北部湾经济区为例 [J]. 生态经济，31 (11)：144-148，179.

白天亮. 2013. 基础设施不能只以盈亏论短长 [J]. 中国中小企业，(06)：16.

白祥. 2010. 新疆艾比湖湖泊湿地生态脆弱性及其驱动机制研究 [D]. 上海：华东师范大学.

毕大川，刘树成. 1990. 经济周期与预警系统 [M]. 北京：科学出版社.

曹月娥，塔西甫拉提·特依拜，杨建军，等. 2008 新疆土地利用总体规划中的区域资源环境承载力分析 [J]. 干旱区资源与环境，22(1)：44-49.

陈百明. 中国土地资源的人口承载能力 [J]. 中国科学院院刊，1988，03：260-267.

陈丹，王然，等. 2015. 我国资源环境承载力态势评估与政策建议 [J]. 生态经济，31(12)：111-124.

陈国阶. 1996. 对环境预警的探讨 [J]. 重庆环境科学，18(5)：1-4.

陈海波，刘旸旸. 2013. 江苏省城市资源环境承载力的空间差异 [J]. 城市问题，(3)：33-37.

陈济才，文学虎，李国明. 2014. 基于面向对象的高分影像地表覆盖典型要素快速提取对比研究 [J]. 遥感信息，(4)：37-40.

陈磊，高铁梅，王金明，等. 2000. 2000 年我国经济景气形势分析和预测 [J]. 数量经济技术经济研究，17(6)：8-9.

陈心颖. 2015. 人口集聚对区域劳动生产率的异质性影响 [J]. 人口研究，39(1)：85-95.

陈新风. 山西省大气环境承载力初探 [J]. 经济问题，2006(11)：79-80.

陈修谦，夏飞. 2011. 中部六省资源环境综合承载力动态评价与比较 [J]. 湖南社会科学，(1)：106-109.

陈育峰，何建邦. 1995. 遥感与地理信息系统一体化技术在重大自然灾害监测与评估中的应用 [J]. 自然灾害学报，(04)：16-22.

陈兆荣. 2014. 安徽省资源环境承载力动态趋势与预测研究 [J]. 重庆文理学院学报(社会科学版)，33(6)：104-108.

程博，刘少峰，杨巍然. 2003. Terra 卫星 ASTER 数据的特点与应用 [J]. 华东地质学院学报，26(1)：15-17.

程国栋. 2002. 承载力概念的演变及西北水资源承载力的应用框架 [J]. 冰川冻土，24(4)：361-367.

程声通. 2003. 河流环境容量与允许排放量 [J]. 水资源保护，(02)：8-10.

程雨光. 2007. 江西省区域资源环境承载力评价及启示 [D]. 南昌：南昌大学.

池天河. 1996. 面向问题的自然灾害监测与评估集成系统研究 [J]. 自然灾害学报，(03)：10-14.

崔凤军，杨永慎. 1997. 泰山旅游环境承载力及其时空分异特征与利用强度研究 [J]. 地理研究，16(4)：47-55.

崔维，刘士竹. 2014. 地方政府应急监测预警模式研究——以山东省自然灾害监测预警为例 [J]. 天津行政学院学报，(04)：46-51.

邓玲. 2015. 推进生态文明建设的战略深意 [N]. 人民日报，8-12.

邓玲，李晓燕. 2009. 汶川地震灾区生态环境重建及对策 [J]. 西南民族大学学报(人文社科版)，30(3)：11-15.

邓伟. 2009. 重建规划的前瞻性：基于资源环境承载力的布局 [J]. 中国科学院院刊，01：28-33.

邓伟，刘邵权，孔纪名，等. 2015. 地震灾后重建规划：资源环境承载力评价 [M]. 成都：四川科学技术出版社.

邓文英. 2015. 我国优化开发区的资源环境承载力评价和人口规模预测研究 [J]. 兰州学刊，(8)：160-166.

邓文英，邓玲. 2015. 生态文明建设背景下优化国土空间开发研究——基于空间均衡模型 [J]. 经济问题探索，(10)：68-74.

丁文荣，吕喜玺. 2015. 横断山区干旱河谷大气水资源变化特征与演变趋势研究 [J]. 长江流域资源与环境，24(3)：395-401.

董超华，杨军，卢乃锰，等. 2010. 风云三号 A 星(FY-3A)的主要性能与应用 [J]. 地球信息科学学报，12(4)：458-465.

董文，张新，池在河等. 2011. 我国省级主体功能区划的资源环境承载力指标体系与评价方法 [J]. 地球信息科学学报，13(2)：177-183.

窦爱霞. 2003. 震害遥感图像变化检测技术研究 [D]. 济南：山东科技大学.

杜立彬，王军成，孙继昌. 2009. 区域性海洋灾害监测预警系统研究进展 [J]. 山东科学. 03：1-6.

杜晓. 2006. 基于旅游环境容量的旅游景区可持续发展探讨 [J]. 科技管理研究，26(6)：80-82.

樊杰. 2007. 我国主体功能区划的科学基础 [J]. 地理学报，04：339-350.

樊杰. 2009. 资源环境承载能力评价 [M]. 北京：科学出版社.

樊杰. 2010. 玉树地震灾后恢复重建：资源环境承载能力评价 [M]. 北京：科学出版社：07.

樊杰. 2013. 主体功能区战略与优化国土空间开发格局 [J]. 中国科学院院刊, 02: 193-206.

樊杰. 2014. 芦山地震灾后恢复重建: 资源环境承载能力评价 [M]. 北京: 科学出版社: 03.

樊杰. 2015. 中国主体功能区划方案 [J]. 地理学报, 70(2): 186-201.

樊杰. 2016. 鲁甸地震灾后恢复重建: 资源环境承载能力评价与可持续发展研究 [M]. 北京: 科学出版社: 03.

樊杰, 蒋子龙, 陈东. 2014. 空间布局协同规划的科学基础与实践策略 [J]. 城市规划, 38(1): 16-25.

樊杰, 陶岸君, 陈田, 等. 2008. 资源环境承载能力评价在汶川地震灾后恢复重建规划中的基础性作用 [J]. 中国科学院院刊, 05: 387-392.

樊杰, 王亚飞, 汤青, 等. 2015. 全国资源环境承载能力监测预警(2014 版)学术思路与总体技术流程 [J], 地理科学, (4): 20-24.

樊哲文, 刘木生, 沈文清, 等. 2009. 江西省生态脆弱性现状 GIS 模型评价 [J]. 地球信息科学学报, 11(2): 202-208.

范一大. 2013. 重大自然灾害监测评估空间数据共享研究 [J]. 地理信息世界, (03): 13-19.

范一大, 吴玮. 2016. "高分四号"发射成功助力防灾减灾事业 [J]. 中国减灾, (03): 48-49.

方秦华, 张珞平, 王佩儿, 等. 2004. 象山港海域环境容量的二步分配法 [J]. 厦门大学学报(自然科学版), 43(S1): 217-220.

方晓辉, 李晓敏, 朱国军. 2012. 平顶山市新城区资源环境承载力分析与评价 [J]. 河南科学, 30(4): 499-502.

方宗义, 江吉喜. 1990. 风云一号气象卫星在气象和农业遥感中的应用 [J]. 红外研究, (02): 156-161.

封志明. 1994. 土地承载力研究的过去, 现在与未来 [J]. 中国土地科学, (3): 1-9.

封志明, 杨艳昭, 张晶. 2008. 中国基于人粮关系的土地资源承载力研究: 从分县到全国 [J]. 自然资源学报, 23(5): 865-875.

冯婧. 2014. 气候变化对黑河流域水资源系统的影响及综合应对 [D]. 上海: 东华大学.

冯尚友, 傅春. 1999. 我国未来可利用水资源量的估测 [J]. 武汉水利电力大学学报, 32(6): 6-9.

冯秀春, 宋清泉, 王德冬, 等. 2003. 浅谈遥感三维飞行数据模型及其在自然灾害监测与评估中的作用 [J]. 山东国土资源, 19(6): 42-43.

傅伯杰. 1991. 区域生态环境预警的原理与方法 [J]. 资源开发与保护, 03: 138-141.

付博, 姜琦刚, 任春颖, 等. 2011. 基于神经网络方法的湿地生态脆弱性评价 [J]. 东北师大学报(自然科学版), 31(1): 139-143.

付云鹏, 马树才. 2015. 中国区域资源环境承载力的时空特征研究 [J]. 经济问题探索, 09: 96-103.

付云鹏, 马树才. 2016. 城市资源环境承载力及其评价——以中国 15 个副省级城市为例 [J]. 城市问题, (2): 36-40.

高峰. 2014. 地震预警系统综述 [J]. 自然灾害学报, 23(5): 62-69.

高红丽. 2011. 成渝城市群城市综合承载力评价研究 [D]. 重庆: 西南大学.

高吉喜. 1997. RS 和 GIS 技术在重大自然灾害监测评估中的应用 [J]. 中国环境监测, (06): 42-45.

高巍, 刘军, 林双, 等. 2014. 气候变化对本溪县可利用水资源的影响分析 [J]. 安徽农业科学, (30): 10592-10594.

高湘昀, 安海忠, 刘红红. 2012. 我国资源环境承载力的研究评述 [J]. 资源与产业, 14(6): 116-120.

宫海欣. 2016. 我国资源环境承载力的统计分析 [J]. 知识经济, (8): 22.

龚艳君. 2008. 威海湾污染物扩散数值模拟与环境容量研究 [D]. 青岛: 中国海洋大学.

顾晨洁, 李海涛. 2010. 基于资源环境承载力的区域产业适宜规模初探 [J]. 国土与自然资源研究, (2): 8-10.

顾康康, 刘景双, 陈昕. 2008. 辽中地区矿业城市水资源供需平衡动态分析 [J]. 地理学报, 63(5): 476-481.

郭安红, 延昊, 李泽椿, 等. 2015. 自然灾害与公共安全——我国的现状与差距 [J]. 城市与减灾, (01): 13-17.

郭宾, 周忠发, 苏维词, 等. 2014. 基于格网 GIS 的喀斯特山区草地生态脆弱性评价 [J]. 水土保持通报, 34(2): 204-207.

郭轲, 王立群. 2015. 京津冀地区资源环境承载力动态变化及其驱动因子 [J]. 应用生态学报, 26(12): 3818-3826.

郭良波. 2005. 渤海环境动力学数值模拟及环境容量研究 [D]. 青岛: 中国海洋大学.

郭良波, 江文胜, 李凤岐, 等. 2007. 渤海 COD 与石油烃环境容量计算 [J]. 中国海洋大学学报(自然科学版), 37(2): 310-316.

郭陆军. 1996. 气象卫星应用和自然灾害监测会议在京召开 [J]. 中国航天, (05): 21.

郭文娟, 张佳华. 2005. 利用 ASTER 遥感资料提取南京城郊土地利用信息的研究 [J]. 农业工程学报, (09): 62-66.

郭秀锐, 毛显强, 等. 2000. 国内环境承载力研究进展 [J]. 中国人口资源与环境, 3(1): 28-30.

郭中伟. 2001. 建设国家生态安全预警系统与维护体系——面对严重的生态危机的对策 [J]. 科技导报, 01: 54-56.

国家测绘地理信息局, 国家发展和改革委员会. 2015. 市县经济社会发展总体规划技术规范与编制导则(试行) [Z].

国家海洋局东海预报中心. 海洋立体监测系统上海示范区专题 [EB/OL] www.dhybzx.org/OceanPortal/pages/shanghai. html

何建邦, 田国良. 1996. 中国重大自然灾害监测与评估信息系统的建设与应用 [J]. 自然灾害学报, 76(3): 1-7.

何建雄. 2001. 建立金融安全预警系统: 指标框架与运作机制 [J]. 金融研究, (1): 105-117.

何欣年. 1990. 航空遥感系统及其在自然灾害监测中的应用 [J]. 环境遥感, (03): 187-194.

何莹. 2010. 榆神府矿区生态脆弱性评价 [D]. 西安: 西安科技大学.

何志明, 杨小雄. 2007. 城乡结合部土地利用预警研究 [J]. 资源开发与市场, 05: 419-421.

黄继鸿. 2003. 经济预警方法研究综述 [J]. 系统工程, 21(2): 64-70.

黄洁. 2014. 中原城市群资源环境承载力分析 [D]. 武汉: 华中师范大学.

黄莉平, 逄勇. 2008. 贵港市可利用水资源量及纳污能力研究 [J]. 江苏环境科技, 21(S1): 16-18.

黄勤. 2012. 我国省域生态文明建设的特点、模式及对策 [J]. 贵州社会科学, (04): 61-65.

黄勤. 2013. 我国生态文明建设的区域实现及运行机制 [J]. 国家行政学院学报, (02): 108-112.

黄勤, 周婷. 2016. 主体功能区制度及"十三五"实施重点研究 [J]. 开发性金融研究, (1): 28-35.

黄世奇, 刘代志, 王百合, 等. 2013. 一种基于双密度双树复小波变换和SAR图像的自然灾害监测方法 [C].

黄涛珍, 宋胜帮. 2013. 淮河流域水环境承载力评价研究 [J]. 中国农村水利水电, (4): 45-49.

黄煦, 罗亚东. 2013. 安徽省县域资源环境承载力研究 [J]. 赤峰学院学报(自然科学版), 29(9): 37-38.

黄宇民, 范一大, 马骏, 等. 2014. 中国遥感卫星系统灾害监测能力研究 [J]. 航天器工程, 23(6): 7-12.

黄志基, 马妍等. 2012. 中国城市群承载力研究 [J]. 城市问题, (9): 2-8.

惠绍棠. 2000. 海洋监测高技术的需求与发展 [J]. 海洋技术, 01: 1-17.

霍治国, 李世奎, 王素艳, 等. 2003. 主要农业气象灾害风险评估技术及其应用研究 [J]. 自然资源学报, 06: 692-703.

冀振松, 王金金, 田玉辉. 2013. 基于系统论思想的山西省资源环境承载力综合评价研究 [J]. 湖北农业科学, 52(15): 3537-3543.

贾海, 单志学. 2011. 承德市可利用水资源影响因素分析 [J]. 承德民族师范学院学报, 31(2): 40-42.

贾虎军, 杨武年, 周丹, 等. 2014. 基于MODIS地表温度和归一化植被指数的生态环境变化分析 [J]. 遥感信息, 29(3): 44-49.

贾立斌. 2015. 贵州省资源环境承载力评价研究 [D]. 北京: 中国地质大学.

贾怡然. 2006. 填海造地对胶州湾环境容量的影响研究 [D]. 青岛: 中国海洋大学.

蒋辉, 罗国云. 2011a. 可持续发展视角下的资源环境承载力——内涵、特点与功能 [J]. 资源开发与市场, 27(3): 253-256.

蒋辉, 罗国云. 2011b. 资源环境承载力研究的缘起与发展 [J]. 资源开发与市场, 27(5): 453-456.

蒋惠园, 黄永桑. 2015. 交通资源环境承载力预警研究 [J]. 交通运输系统工程与信息, 15(2): 10-16.

蒋晓辉, 黄强, 惠泱河. 2001. 陕西关中地区水环境承载力研究 [J]. 环境科学学报, 21(3): 312-317.

焦晓东, 尹庆民. 2015. 基于PSO-PP模型的江苏城市资源环境承载力评价 [J]. 水利经济, 33(2): 19-23, 50.

金雨泽, 李褘, 李焕. 2015. 南京郊区化发展的时空演化特征初探 [J]. 现代城市研究, (02): 11-17.

靳毅, 蒙吉军. 2011. 生态脆弱性评价与预测研究进展 [J]. 生态学杂志, 30(11): 2646-2652.

荆玉平, 张树文, 李颖. 2008. 奈曼旗生态脆弱性及空间分异特征 [J]. 干旱地区农业研究, 26(2): 159-164.

景晓芬. 2014. 西安市外来人口的居住空间隔离研究 [J]. 西北人口, (01): 120-124.

景跃军, 陈英姿. 2006. 关于资源承载力的研究综述及思考 [J]. 中国人口·资源与环境, 05: 11-14.

孔博, 陶和平, 李爱农, 等. 2010. 汶川地震灾区生态脆弱性评价研究 [J]. 水土保持通报, 30(6): 180-184.

孔繁洪. 2008. 泰安市小城镇建设问题研究 [D]. 泰安: 山东农业大学.

莱斯特R布朗, 哈尔凯恩. 1998. 人满为患 [M]. 北京: 科学技术文献出版社.

雷波. 2013. 黄土丘陵区生态脆弱性演变及其驱动力分析 [D]. 成都: 中国科学院研究生院(教育部水土保持与生态环境研究中心).

雷勋平, 邱广华. 2016. 基于熵权TOPSIS模型的区域资源环境承载力评价实证研究 [J]. 环境科学学报, 36(1): 314-323.

李滨勇, 陈海滨, 唐海萍. 2010. 基于AHP和模糊综合评判法的北疆各地州生态脆弱性评价 [J]. 北京师范大学学报(自然科学版), (02): 197-201.

李朝奎, 李吟, 汤国安, 等. 2012. 基于文献计量分析法的中国生态脆弱性研究进展 [J]. 湖南科技大学学报(社会科学版), 46(4): 91-94.

李丹丹, 陈南祥, 李耀辉, 等. 2015. 基于能值理论与方法的区域可利用水资源价值研究 [J]. 中国农村水利水电, 25(6): 22-24.

李德仁. 2007. 遥感用于自然灾害监测预警大有作为 [J]. 科技导报, (06): 1.

李登科, 张树誉. 2003. EOS/MODIS遥感数据与应用前景 [J]. 陕西气象, (02): 37-40.

李国明, 应国伟, 陈济才. 2013. WorldView-2影像数据融合方法比较研究——以在四川省地理国情监测项目中应用为例 [J]. 科学技术与工程. 13(33): 10021-10025.

李国明. 2012. 数字山地框架下典型植被垂直带谱的空间模式识别与气候环境分析——以西藏吉隆沟为例 [D]. 成都：成都理工大学.

李红, 王宏英, 白婷. 2007. 资源区经济与资源环境承载力与可持续发展研究 [J]. 数学的实践与认识, 37(9)：40-44.

李纪人, 苏东升, 杜龙江. 2000. 重大自然灾害监测评估业务运行系统的建立 [J]. 中国水利, (07)：29-30.

李捷, 张玉福, 许祯, 等. 2002. 环境预警系统在天津开发区环境质量评估中的应用 [J]. 城市环境与城市生态, 05：40-41+44.

李丽娟, 张勃. 2011. 甘肃省相对资源承载力的动态变化与区域差异研究 [J]. 干旱区资源与环境, 25(7)：1-5.

李连发, 王劲峰. 2002. 地理数据空间抽样模型 [J]. 自然科学进展, 12(5)：99-102.

李明霞. 2003. 淮河安徽段环境容量计算方法研究 [D]. 合肥：合肥工业大学.

李庆贺, 伍博炜, 曾月蛾, 等. 2014. 基于主成分分析法的福建省资源环境承载力空间差异研究 [J]. 绿色科技, (4)：277-279.

李适宇, 李耀初, 陈炳禄, 等. 1999. 分区达标控制法求解海域环境容量 [J]. 环境科学, (04)：96-99.

李听, 姜中. 2010. 城市资源环境承载力研究 [M]. 深圳：海天出版社.

李万莲. 2008. 蚌埠城市水生态环境预警研究 [J]. 环境科学导刊, 05：43-46.

李响, 陆君, 钱敏蕾, 等. 2014. 流域污染负荷解析与环境容量研究——以安徽太平湖流域为例 [J]. 中国环境科学, 34(8)：2063-2070.

李永化, 范强, 王雪, 等. 2015. 基于SRP模型的自然灾害多发区生态脆弱性时空分异研究——以辽宁省朝阳县为例 [J]. 地理科学, 35(11)：1452-1459.

李月华, 张志华. 2014. 从被动应对到主动防御——我国重大自然灾害监测与防御领域取得重大进展 [J]. 科技促进发展, (01)：103-111.

李悦, 成金华, 席晶. 2014. 基于GRA-TOPSIS的武汉市资源环境承载力评价分析 [J]. 统计与决策, (17)：102-105.

李正志, 韩彤, 杨瑞波, 等. 2015. 云南电网自然灾害监测预警系统研究 [J]. 云南电力技术, (01)：135-137.

梁亚婷. 2015. 基于遥感和GIS的城市人口时空分布研究 [D]. 上海：上海师范大学.

廖雪琴, 李巍, 侯锦湘. 2013. 生态脆弱性评价在矿区规划环评中的应用研究——以阜新矿区为例 [J]. 中国环境科学, 33(10)：1891-1896.

林春梅, 杨云, 朱贤浩, 等. 2014. 基于VB的铁路自然灾害实时监测数据库 [J]. 铁道通信信号, 50(11)：70-73.

凌卫宁, 范继辉. 2011. 广西水资源近年来变化趋势及可利用水资源潜力分析 [J]. 广西水利水电, (04)：45-48.

刘斌涛, 陶和平, 刘邵权, 等. 2012. 自然灾害胁迫下区域生态脆弱性动态——以四川省清平乡为例 [J]. 应用生态学报, 23(1)：193-198.

刘传正. 2000. 地质灾害预警工程体系探讨 [J]. 水文地质工程地质, 04：1-4.

刘传正, 刘艳辉. 2007. 地质灾害区域预警原理与显式预警系统设计研究 [J]. 水文地质工程地质, 34(6)：109-115.

刘传正, 温铭生, 唐灿. 2004. 中国地质灾害气象预警初步研究 [J]. 地质通报, 04：303-309.

刘春红, 刘邵权, 刘淑珍, 等. 2009. 四川省汶川地震重灾区人居环境适宜性评价 [J]. 四川大学学报(工程科学版), 41(S1)：102-108.

刘登伟. 2007. 京津冀都市(规划)圈水资源供需分析及其承载力研究 [D]. 北京：中国科学院研究生院.

刘殿生. 1995. 资源与环境综合承载力分析 [J]. 环境科学研究, 8(5)：7-12.

刘峰, 阚瑷珂, 李国明, 等. 2012. 工业园生态化推进的西部典型资源型城市可持续发展研究——以攀枝花为例 [J]. 资源与产业, 14(1)：8-11.

刘惠敏. 2011. 长江三角洲城市群综合承载力的时空分异研究 [J]. 中国软科学, (10)：114-122.

刘佳, 刘宁, 杨坤, 等. 2012. 我国旅游环境承载力预警研究综述与展望 [J]. 中国海洋大学学报(社会科学版), (1)：73-77.

刘建永. 2016. 滑坡地质灾害无人监测预警平台设计 [J]. 解放军理工大学学报(自然科学版), 17(1)：38-42.

刘晶, 刘学录, 侯莉敏. 2012. 祁连山东段山地景观格局变化及其生态脆弱性分析 [J]. 干旱区地理, 35(5)：795-805.

刘凯, 任建兰, 程钰, 等. 2016. 中国城镇化的资源环境承载力响应演变与驱动因素 [J]. 城市发展研究, 23(1)：27-33.

刘利. 2011. 北京典型山地森林生态脆弱性的研究 [D]. 北京：北京林业大学.

刘力玮. 2012. 基于生态足迹法的哈尔滨市土地生态承载力研究 [D]. 哈尔滨：东北农业大学.

刘熔. 1994. 淮河可利用水资源量分配是取水许可制度的基础 [J]. 治淮, (01)：35.

刘铁冬. 2011. 四川省杂谷脑河流域景观格局与生态脆弱性评价研究 [D]. 哈尔滨：东北林业大学.

刘铁鹰, 李京梅. 2013. 基于环境容量的中国沿海地区工业废水排放与经济增长关系的区域分异研究 [J]. 软科学, 27(8)：11-14.

刘晓丽, 方创琳. 2008. 城市群资源环境承载力研究进展及展望 [J]. 地理科学进展, 27(5)：35-42.

刘晓丽. 2013. 城市群地区资源环境承载力理论与实践 [M]. 北京：中国经济出版社.

刘兴权，姜群鸥，战金艳. 2008. 地质灾害预警预报模型设计与应用 [J]. 工程地质学报，03：55-60.

刘兆德，虞孝感. 2002. 长江流域相对资源承载力与可持续发展研究 [J]. 长江流域资源与环境，11(1)：10-15.

刘振波，倪绍祥，赵军. 2004. 绿洲生态预警信息系统初步设计 [J]. 干旱区地理，01：19-23.

刘忠，凌峰，张秋文. 2005. MODIS遥感数据产品处理流程与大气数据获取 [J]. 遥感信息，(02)：52-57.

卢万合，刘继生，蔡文香. 2010. 基于生态足迹的吉林省生态脆弱性分析 [J]. 干旱区资源与环境，24(5)：17-21.

卢小兰. 2014. 中国省域资源环境承载力评价及空间统计分析 [J]. 统计与决策，(7)：116-120.

卢亚灵，颜磊，许学工. 2010. 环渤海地区生态脆弱性评价及其空间自相关分析 [J]. 资源科学，32(2)：303-308.

罗婷文，苏墨. 2010. 生态环境预警研究进展及在土地领域的应用 [J]. 现代经济信息，16(1)：38-42.

罗贞礼. 2005. 土地承载力研究的回顾与展望 [J]. 国土资源导刊，2(2)：25-27.

马超群. 2003. 环境容量研究 [D]. 西安：西北大学.

马骏. 2014. 三峡库区重庆段生态脆弱性动态评价 [D]. 重庆：西南大学.

马骏，李昌晓，魏虹，等. 2015. 三峡库区生态脆弱性评价 [J]. 生态学报，35(21)：7117-7129.

马真臻，王忠静，顾艳玲，等. 2015. 中国西北干旱区自然保护区生态脆弱性评价——以甘肃西湖、苏干湖自然保护区为例 [J]. 中国沙漠，35(1)：253-259.

毛汉英，余丹林. 2001a. 区域承载力定量研究方法探讨 [J]. 地球科学进展，16(4)：549-555.

毛汉英，余丹林. 2001b. 环渤海地区区域承载力研究 [J]. 地理学报，03：363-371.

梅宝玲，陈舜华. 2003. 内蒙古生态环境预警指标体系研究 [J]. 南京气象学院学报，03：384-394.

牛西平，周杜辉. 2011. 县域主体功能区划中可利用水资源指标测算评价研究——以山西省河津市为例 [J]. 地下水，33(3)：139-142.

(美)佩塔克(Petak，William J.)，(美)阿特金森(Atkinson，Arthur A.)著. 1993. 向立云等译. 自然灾害风险评价与减灾政策. [M] 北京：地震出版社：02.

彭进平，逄勇. 2010. 沿海缺水区可利用水资源量计算研究——以湛江市为例 [J]. 水文，30(3)：80-83.

彭立，刘邵权，刘淑珍，等. 2009. 汶川地震重灾区10县资源环境承载力研究 [J]. 四川大学学报(工程科学版)，41(3)：294-300.

彭立，刘邵权，刘淑珍，苏春江. 2009. 汶川地震重灾区10县资源环境承载力研究 [J]. 四川大学学报(工程科学版)，03：294-300.

濮国梁，杨武年，袁配新，等. 2003. 岷江中上游流域生态环境的遥感动态监测分析 [J]. 遥感信息. (1)：19-21.

普丽. 2014. 曲靖市大气环境质量浓度模拟及环境容量核算 [D]. 昆明：昆明理工大学.

齐亚彬. 2005. 资源环境承载力研究进展及其主要问题剖析 [J]. 中国国土资源经济，18(5)：7-11.

钱骏，肖杰，蒋厦，等. 2009. 阿坝州地震灾区资源环境承载力评估 [J]. 西华大学学报(自然科学版)，28(2)：79-82.

乔璐璐，刘容子，鲍献文，等. 2008. 经济增长下的渤海环境容量预测 [J]. 中国人口. 资源与环境，18(2)：76-81.

乔青，高吉喜，王维，等. 2008. 生态脆弱性综合评价方法与应用 [J]. 环境科学研究，21(5)：117-123.

乔治. 2011. 东北林草交错区土地利用对生态脆弱性的影响评价 [D]. 济南：山东师范大学.

秦明，彭望琭，刘扬，等. 2007. 基于WebGIS的珠海市自然灾害预警系统设计与实现 [J]. 四川大学学报(工程科学版)，(S1)：297-302.

秦育罗. 2015. 基于InSAR技术的采矿区道路形变研究 [D]. 济南：山东师范大学.

邱东. 2014. 我国资源、环境、人口与经济承载力研究 [M]. 北京：经济科学出版社.

邱鹏. 2009. 西部地区资源环境承载力评价研究 [J]. 软科学，23(6)：66-69.

曲国胜，高庆华，杨华庭. 1996. 我国自然灾害评估中亟待解决的问题 [J]. 地学前缘，(02)：212-218.

全占军，李远，李俊生，等. 2013. 采煤矿区的生态脆弱性——以内蒙古锡林郭勒草原胜利煤田为例 [J]. 应用生态学报，24(6)：1729-1738.

任通平. 2010. 广州城市综合承载力评价与应用研究 [D]. 广州：华南理工大学.

任重，马海涛，王丽，等. 2011. CALPUFF在大气预测及环境容量核算中的应用 [J]. 环境科学与技术，34(6)：201-205.

尚虎平. 2011. 我国西部生态脆弱性的评估：预控研究 [J]. 中国软科学，(09)：122-132.

邵爱军，葛之艺，刘志刚，等. 2003. 环境变化对河北省可利用水资源的影响 [J]. 南水北调与水利科技，1(4)：33-36.

邵景力，谢振华，李志萍，等. 2010. 地下水环境容量的基本理论和计算方法 [J]. 地学前缘，17(6)：39-46.

石忆邵，尹昌应，王贺封，等. 2013. 城市综合承载力的研究进展及展望 [J]. 地理研究，32(1)：133-145.

石玉林，李立贤，石竹筠. 1989. 我国土地资源利用的几个战略问题 [J]. 自然资源学报，02：97-105.

时进钢，王亚男，祝晓燕，等. 2010. 基于资源环境承载力的规划结构优化方法探讨 [J]. 环境科学与技术，33(9)：187-191.

四川省人民政府. 2013. 四川省主体功能区规划 [Z].

苏文俊. 2009. 海岛型城镇的环境容量研究 [D]. 上海：复旦大学.

孙冬. 2013. 基于 GIS 的吉林省生态脆弱性研究 [D]. 哈尔滨：东北师范大学.

孙凡，李天云，黄轲，等. 2005. 重庆市生态安全评价与监测预警研究——理论与指标体系 [J]. 西南农业大学学报(自然科学版)，06：757-762.

孙海，冯启民，王俊杰. 2013. 基于 WebGIS 的城市综合灾害评估信息系统研究 [J]. 自然灾害学报，(02)：7-12.

孙慧，刘媛媛. 2014. 相对资源承载力模型的扩展与实证 [J]. 中国人口·资源与环境，24(11)：126-135.

孙久文，罗标强. 2007. 北京山区资源环境的生态承载力分析 [J]. 北京社会科学，06：53-57.

孙平军，修春亮，王忠芝. 2010. 基于 PSE 模型的矿业城市生态脆弱性的变化研究——以辽宁阜新为例 [J]. 经济地理，30(8)：1354-1359.

孙茜，张捍卫，张小虎. 2015. 河南省资源环境承载力测度及障碍因素诊断 [J]. 干旱区资源与环境，29(7)：33-38.

孙顺利，周科平，胡小龙. 2007. 基于投影评价方法的矿区资源环境承载力分析 [J]. 中国安全科学学报，17(5)：139-143.

孙岩. 2010. 中国东部经济区带区域承载力定量研究 [D]. 北京：中国地质大学.

孙钰，李新刚. 2013. 山东省土地综合承载力协调发展度分析 [J]. 中国人口·资源与环境，11：123-129.

孙园园，王欢，汪海洋. 2015. 驻马店市可利用水资源量分析 [J]. 河南科技，(05)：124-126.

谈家青，孙希华，李玉江. 2007. 山东半岛城市群相对资源承载力与竞争力研究 [J]. 资源开发与市场，23(3)：196-198.

覃先林，陈小中，钟祥清，等. 2015. 我国森林火灾预警监测技术体系发展思考 [J]. 林业资源管理，06：45-48.

唐剑武，郭怀成. 1997. 环境承载力及其在环境规划中的初步应用 [J]. 中国环境科学，17(1)：6-9.

唐剑武，叶文虎. 1998. 环境承载力的本质及其定量化初步研究 [J]. 中国环境科学，03：36-39.

唐凯，唐承丽，赵婷婷，等. 2012. 基于集对分析法的长株潭城市群资源环境承载力评价 [J]. 国土资源科技管理，29(1)：46-53.

唐梦雅. 2014. 长汀县山地生态脆弱性与水土保持过程研究 [D]. 福州：福建农林大学.

陶和平，刘斌涛，刘淑珍，等. 2008. 遥感在重大自然灾害监测中的应用前景——以 5·12 汶川地震为例 [J]. 山地学报，26(3)：276-279.

田广旭，陈俊. 2013. 甘肃省陇南市自然灾害监测预警指挥系统 [J]. 干旱气象，31(2)：437-440.

田国良，王均，刘纪远，等. 2001. "九五"期间"3S"技术综合应用研究的成果和展望：第十三届全国遥感技术学术交流会 [C]. 中国福州.

田亚平，常昊. 2012. 中国生态脆弱性研究进展的文献计量分析 [J]. 地理学报，67(11)：1515-1525.

汪成文，刘仁志，葛春风. 2011. 环境承载力理论研究及其实践 [M]. 北京：中国环境出版社.

汪晓文，潘剑虹，杨光宇. 2012. 资源枯竭型城市转型的路径选择——基于经济、社会、资源环境承载力视角的研究 [J]. 河北学刊，32(5)：128-131.

汪新. 2014. 基于数值模拟的海湾围填海工程环境容量价值损失评估研究 [D]. 厦门：厦门大学.

王超，龚新蜀，许文情. 2009. 新疆各地、州、市资源环境承载力研究 [J]. 资源与产业，11(1)：101-104.

王春乙，王石立，霍治国，等. 2005. 近 10 年来中国主要农业气象灾害监测预警与评估技术研究进展 [J]. 气象学报，05：659-671.

王德刚，赵建峰，黄潇婷. 2015. 山岳型遗产地环境容量动态管理研究 [J]. 中国人口·资源与环境，(10)：157-163.

王迪，霍守仙，等. 2015. 云南省凤庆县资源环境承载力研究 [J]. 云南地理环境研究，27(5)：55-59.

王红旗，田雅楠，孙静雯，等. 2013. 基于集对分析的内蒙古自治区资源环境承载力评价研究 [J]. 北京师范大学学报(自然科学版)，Z1：292-296.

王冀，娄德君，曲金华，等. 2009. IPCC-AR4 模式资料对东北地区气候及可利用水资源的预估研究 [J]. 自然资源学报，24(9)：1647-1656.

王坚，高井祥，张继贤. 2007. 滑坡灾害遥感遥测预警理论及方法 [J]. 测绘学报，(4)：369.

王金南，于雷，万军. 2013. 长江三角洲地区城市水环境承载力评估 [J]. 中国环境科学，33(6)：1147-1151.

王凯. 2003. 商业牧业的策划与营销 [D]. 武汉：武汉大学.

王莉芳，陈春雪. 2011. 济南市水环境承载力评价研究 [J]. 环境科学与技术，34(5)：199-202.

王丽婧，郭怀成，刘永，等. 2005. 邛海流域生态脆弱性及其评价研究 [J]. 生态学杂志，24(10)：1192-1196.

王梦园, 刘培, 梁静. 2013. 资源环境承载力约束下产业转移区域布局研究——以印染产业为例 [J]. 资源开发与市场, 29(9): 972-974, 1001.

王强, 包安明, 易秋香. 2012. 基于绿洲的新疆主体功能区划可利用水资源指标探讨 [J]. 资源科学, 34(4): 613-619.

王让会, 卢新民. 2002. 干旱区自然灾害监测预警系统的一般模式——以塔里木盆地为例 [J]. 干旱区资源与环境, 16(4): 64-68.

王小伟, 王卫, 王丽艳, 等. 2014. 基于土地差别化供给视角的资源环境承载力评价——以河北省为例 [J]. 国土资源科技管理, 31(6): 39-45.

王晓鹏, 丁生喜. 2015. 三江源地区人口资源环境承载力动态评价研究——以青海省果洛州为例 [J]. 生态经济, 31(11): 149-152.

王修林, 邓宁宁, 李克强, 等. 2004. 渤海海域夏季石油烃污染状况及其环境容量估算 [J]. 海洋环境科学, (4): 14-18.

王秀娟, 栗金娟, 王立军, 等. 2010. 邯郸市可利用水资源减少因素探讨 [J]. 河北水利, (07): 17.

王萱, 陈伟琪, 江毓武, 等. 2010. 基于数值模拟的海湾环境容量价值损失的预测评估——以厦门同安湾围填海为例 [J]. 中国环境科学, 30(3): 420-425.

王雪军, 付晓, 孙玉军, 等. 2013. 基于 GIS 赣州市资源环境承载力评价 [J]. 江西农业大学学报, (6): 1325-1332.

王妍. 2006. 基于 DEM 的地形信息提取与景观空间格局分析 [D]. 重庆: 西南大学.

王玉平. 1998. 矿产资源人口承载力研究 [J], 中国人口资源与环境, 8(3): 19-22.

王志伟, 耿春香, 赵朝成. 2010. 开发区资源环境承载力评价方法初探 [J]. 价值工程, 29(26): 127-129.

魏文侠, 祝秀莲, 江雅丽, 等. 2011. 空间信息在造纸资源环境承载力分析中的应用 [J]. 环境科学与技术, 34(2): 193-196.

文魁, 祝尔娟著. 2013. 京津冀发展报告(2013)——承载力测试与对策. [M] 北京: 社会科学文献出版社: 03.

邬彬, 车秀珍, 陈晓丹, 等. 2012. 深圳水环境容量及其承载力评价 [J]. 环境科学研究, 25(8): 953-958.

吴健生, 宗敏丽, 彭建. 2012. 基于景观格局的矿区生态脆弱性评价——以吉林省辽源市为例 [J]. 生态学杂志, 31(12): 3213-3220.

吴琼, 张华. 2014. 生态脆弱性研究述评 [J]. 首都师范大学学报(自然科学版), 35(3): 61-66.

吴晓萍, 杨武年, 李国明. 2013. 资源三号卫星 CCD 影像云处理方法研究 [J]. 电子技术应用. 39(9): 81-84.

吴晓萍, 杨武年, 李国明. 2014. 资源三号卫星正视全色与多光谱影像融合及评价 [J]. 物探化探计算技术. 36(1): 113-119.

吴映梅, 李亚, 张雷. 2006. 中国区域发展资源环境基础支撑能力动态评价——以西南区为例 [J]. 地域研究与开发, 03: 20-23.

武洪涛, 张震宇, 邬恺夫, 等. 2005. 河南省自然灾害监测与评估信息系统研究 [J]. 地域研究与开发, 24(6): 125-128.

夏华永, 李绪录, 韩康. 2011. 大鹏湾环境容量研究Ⅱ: 环境容量规划 [J]. 中国环境科学, 31(12): 2039-2045.

夏军, 朱一中. 2002. 水资源安全的度量: 水资源承载力的研究与挑战 [J]. 自然资源学报, 17(3): 262-269.

夏军, 王中根, 左其亭. 2004. 生态环境承载力的一种量化方法研究——以海河流域为例 [J]. 自然资源学报, 06: 786-794.

夏凌燕. 2012. 自然灾害监测预警系统科技成果转化模式研究 [D]. 大连: 大连海事大学.

萧瑞良. 2013. 德格县生态承载力综合评价研究 [D]. 成都: 成都理工大学

谢红. 2014. 环境容量预测法在城市总体规划人口规模预测中的应用研究 [D]. 合肥: 合肥工业大学.

新疆水资源软科学课题研究组. 1989. 新疆水资源及其承载能力和开发战略对策 [J]. 水利水电技术, (6): 2-9.

熊风, 罗洁. 2005. 河流水环境容量计算模型分析 [J]. 中国测试技术, 31(1): 116-117.

徐大海, 王郁. 2013. 确定大气环境承载力的烟云足迹法 [J]. 环境科学学报, 33(6): 1734-1740.

徐广才, 康慕谊, 贺丽娜, 等. 2009. 生态脆弱性及其研究进展 [J]. 生态学报, 29(5): 2578-2588.

徐广才, 康慕谊, Marc Metzger, 等. 2012. 锡林郭勒盟生态脆弱性 [J]. 生态学报, 32(5): 1643-1653.

许健民, 钮寅生, 董超华, 等. 2006. 风云气象卫星的地面应用系统 [J]. 中国工程科学, 8(11): 13-18.

许健民. 1991. 气象卫星在地球环境和自然灾害监测中的应用 [J]. 中国空间科学技术, (04): 22-28.

许应妹, 吴波, 于法展, 等. 2013. 重点开发区域资源环境承载力研究——以苏北地区为例 [J]. 安徽农业科学, 41(8): 3595-3598.

许颖, 杨光明, 郝晓丽. 2012. 县域环境承载力综合评价研究 [J]. 安徽农业科学, 40(25): 12581-12583.

薛文博, 王金南, 杨金田, 等. 2013. 淄博市大气污染特征模型模拟及环境容量估算 [J]. 环境科学, 34(4): 1264-1269.

薛文博, 付飞, 王金南, 等. 2014. 基于全国城市 $PM_{2.5}$ 达标约束的大气环境容量模拟 [J]. 中国环境科学, 34(10): 2490-2496.

闫旭骞, 徐俊艳. 2005. 矿区资源环境承载力评价方法研究 [J]. 金属矿山, (6): 56-59.

杨佃俊, 王秋生. 1994. 潍坊市干旱趋势及可利用水资源量预测的数学模型及其应用 [J]. 山东水利科技, (03): 4-8.

杨红卫，童小华．2012．中高分辨率遥感影像在农业中的应用现状［J］．农业工程学报，28(24)：138-149.

杨杰军，王琳，王成见，等．2009．中国北方河流环境容量核算方法研究［J］．水利学报，40(2)：194-200.

杨美玲，李同昇，米文宝，等．2014．宁夏限制开发区生态脆弱性评价及分类发展模式［J］．水土保持通报，34(4)：236-242.

杨渺．2015．基于线性变换的水质综合评价方法［J］．长江流域资源与环境，24(1)：156-161.

杨武年，丁纯勤，王大可，等．1998．TM正射遥感影像地图在四川南江地区区调研究及成矿预测中的应用［J］．地球科学，23(2)：188-192.

杨武年，刘恩勤，陈宁，等．2010．成都市土地利用遥感动态监测及驱动力分析［J］．西南交通大学学报．45(2)：185-190.

叶京京．2007．中国西部地区资源环境承载力研究［D］．成都：四川大学.

叶明霞，罗国云．2009．长江上游地区资源环境承载力的实证分析［J］．华东经济管理，23(3)：1-4.

叶萍，黄义雄．2006．闽江河口区湿地生态旅游环境容量研究［J］．台湾海峡，25(1)：77-82.

叶文，王会肖，许新宜，等．2015．资源环境承载力定量分析——以秦巴山水源涵养区为例［J］．中国生态农业学报，23(8)：1061-1072.

于伯华，吕昌河．2011．青藏高原高寒区生态脆弱性评价［J］．地理研究，30(12)：2289-2295.

于君宝，刘景双，王金达．2003．长春市城市用水需求与可利用水资源潜力分析［J］．水土保持学报，17(5)：81-84.

于文金，邹欣庆．2007．江苏海岸带新兴开发区环境预警模式研究［J］．长江流域资源与环境，06：775-780

余坤勇，刘健，黄维友，等．2009．基于GIS技术的闽江流域生态脆弱性分析［J］．江西农业大学学报，31(3)：568-573.

袁国华，郑娟尔，贾立斌，等．2013．国土空间开发须考虑资源环境承载力［N］．中国国土资源报，11-25.

袁国华．2014．资源环境承载力评价监测与预警思路设计［J］，中国国土资源经济，35(1)：1-10.

袁国明，何桂芳．2012．大亚湾水环境质量变化与环境容量评估［J］．台湾海峡，31(4)：472-478.

臧旭升，刘雪飞．2009．经济人口、资源环境承载力实证分析——以成都市为例［J］．改革与开放，(5)：112.

曾浩，邱烨，李小帆．2015．基于动态因子法和ESDA的资源环境承载力时空差异研究——以武汉城市圈为例［J］．宁夏大学学报（人文社会科学版），37(1)：153-161.

曾维华，杨月梅，陈荣昌．2007．环境承载力理论在区域规划环境影响评价中的应用［J］．中国人口·资源与环境，17(6)：27-31.

张长书．2008．利用InSAR技术监测城市地表沉降研究［D］．长沙：中南大学.

张广海，刘佳．2007．相对资源承载力综合分析与评价——以江苏省沭阳县为例［J］．哈尔滨师范大学自然科学学报，23(4)：97-102.

张红．2007．国内外资源环境承载力研究述评［J］．理论学刊，(10)：80-83.

张华，张勃，Verburg P．2007．不同水资源情景下干旱区未来土地利用/覆盖变化模拟——以黑河中上游张掖市为例［J］．冰川冻土，29(3)：397-405.

张健，肖鹤，汪振泽，等．2005．风景区环境容量的计算方法——以山海关五佛森林公园为例［J］．沈阳建筑大学学报(自然科学版)，21(3)：225-227.

张敬．2014．基于3S技术的山西省生态脆弱性评价方法与模式研究［D］．太原：山西农业大学.

张磊．1997．珠江三角洲经济区城市生态环境承载力研究［J］．环境科学与技术，(2)：11-12.

张龙．2014．宁安市土地利用/覆被变化及其生态脆弱性研究［D］．哈尔滨：东北农业大学.

张龙生，王建宏，尚立照．2010．基于土地退化的甘肃省生态脆弱性评价研究［J］．中国沙漠，30(4)：783-787.

张守一，葛新权，林寅．1991．宏观经济监测预警系统新方法论初探［J］．数量经济技术经济研究，08：23-33.

张守忠，王连元，赵映慧，等．2014．哈大齐工业走廊资源环境承载力空间分异研究［J］．国土与自然资源研究，(3)：54-56.

张树誉．2003．EOS/MODIS资料在陕西自然灾害监测中的应用［J］．陕西气象，(05)：33-35.

张天宇．2015．青岛市环境承载力综合评价研究［D］．北京：中国地质大学

张小刚．2015．城市资源环境承载力评价方法与提升路径探析［J］．湖南社会科学，(2)：96-100.

张小刚，罗雅．2015．长株潭城市群资源环境承载力评价及改善措施研究［J］．中南林业科技大学学报(社会科学版)，9(3)：34-39.

张鑫，杜朝阳，蔡焕杰．2010．黄河中游区佳芦河流域生态脆弱性评价［J］．中国人口·资源与环境，115(S1)：155-158.

张学良，杨朝远．2014．论中国城市群资源环境承载力［J］．学术月刊，09：64-70.

张彦英，樊笑英．2011．生态文明建设与资源环境承载力［J］．中国国土资源经济，24(4)：9-11，8.

张燕，徐建华，曾刚，等．2009．中国区域发展潜力与资源环境承载力的空间关系分析［J］．资源科学，31(8)：1328-1334.

张嫄．2013．煤炭城市鹤岗的资源环境承载力分析和国土空间评价研究［J］．现代城市研究，(7)：112-115.

张震宇，武洪涛，付安良. 2001. 河南重大自然灾害监测与评估 GIS 总体设计研究：海峡两岸地理学术研讨会暨 2001 年学术年会［C］. 中国上海.

赵冰，张杰，孙希华. 2009. 基于 GIS 的淮河流域桐柏一大别山区生态脆弱性评价［J］. 水土保持研究，(03)：135-138.

赵冰. 2010. 基于 GIS 的大别山—桐柏山区生态脆弱性评价与对策研究［D］. 济南：山东师范大学.

赵兵. 2008. 资源环境承载力研究进展及发展趋势［J］. 西安财经学院学报，21(3)：114-118.

赵红兵. 2007. 生态脆弱性评价研究［D］. 济南：山东大学.

赵乾坤. 2014. 山西省水土保持功能分区及生态脆弱性评价［D］. 泰安：山东农业大学.

赵庆杰. 2009. 生态脆弱性、可持续发展与生态伦理［J］. 科学管理研究，(05)：47-50.

赵鑫霈. 2011. 长三角城市群核心区域资源环境承载力研究［D］. 北京：中国地质大学.

赵雪雁. 2004. 西北干旱区城市化进程中的生态预警初探［J］. 干旱区资源与环境，06：1-5.

郑立中，承继成. 1994. 空间技术在资源、环境及重大自然灾害监测中的应用［J］. 遥感信息，(04)：12-15.

郑荣宝，刘毅华，董玉祥. 2007. 广州市土地安全预警系统与 RBF 评估模型的构建［J］. 地理科学，06：774-778.

郑宣宣. 2015. 西安市资源环境承载力研究［D］. 西安：长安大学.

郑振龙. 1998. 构建金融危机预警系统［J］. 金融研究. (8)：29-32.

中共四川省委办公厅、四川省人民政府办公厅. 2014. 四川省县域经济发展考核办法［Z］.

中国科学院. 2009. 国家汶川地震灾后重建规划：资源环境承载能力评价［M］. 北京：科学出版社，05.

中国银行国际金融研究所课题组. 2010. 金融危机监测指标体系研究. 国际金融研究，(3)：73-82.

周纯，舒廷飞等. 2003. 珠江三角洲地区土地资源承载力研究［J］. 国土资源科技管理，(6)：16-19.

周吉. 2013. 中部六省资源、环境与社会经济协调发展的评估研究［D］. 南昌：江西财经大学.

周嘉慧，黄晓霞. 2008. 生态脆弱性评价方法评述［J］. 云南地理环境研究，(01)：55-59.

周侃，樊杰. 2015. 中国欠发达地区资源环境承载力特征与影响因素——以宁夏西海固地区和云南怒江州为例［J］. 地理研究，34(1)：39-52.

周伟，袁国华，罗世兴. 2015. 广西陆海统筹中资源环境承载力监测预警思路［J］. 中国国土资源经济，(10)：8-12.

朱坦，王天天，高帅. 2015. 遵循生态文明理念以资源环境承载力定位经济社会发展［J］. 环境保护，43(16)：12-14.

Clarke A L. 2002. Assessing the carrying capacity of the Florida Keys［J］. Population and Environment，23(4)：405-418.

Arrow K，Bolin B，Costanza R. 1995. Economic growth，carrying capacity and the environment［J］. Science，268：520-521.

Brown M T，Ulgiati S. 2001. Emergy measures of carrying capacity to evaluate economic investments［J］. Population & Environment，22(5)：471.

Price D. 1999. Carrying capacity reconsidered［J］. Population and Environment，21(1)：5-26.

GB/T13201-91. 1991. 制定地方大气污染物排放标准的技术方法［S］. 北京：中国标准出版社.

HJ 192-2015. 2015. 生态环境状况评价技术规范［S］. 北京：中国环境出版社.

Seidl I，Tisdell C A，1999. Carrying capacity reconsidered：from Malthus'population theory to cultural carrying capacity［J］. Ecological Economics，31(3)：395-408.

Owen O S，Chiras D D. 1990. Natural resource conservation：an eco-logical approach［M］. NewYork：：Macmillan Publishing Company.

Pulliam H R，Haddad N M. 1994. Human population growth and the carrying capacity concept Bull Ecol Soc AM 75 141-156.

Sleeser M. 1990. Enhancement of carrying capacity options ECCO［J］. The Resource Use Institute，(10)：5.

Sweeting M N，陈芳允，杨存建. 1997. 用于自然灾害监测和减灾的低费用小卫星网［J］. 地球信息，(1)：71-77.

Witten J D，Bolin B. 2001. Carrying capacity and the comprehensive plan［J］. Boston College Environment Affairs Law Review，28(4)：147-156.